DURA MATER

SERKAN KARAİSMAİLOĞLU

Popüler Kültür-Bilim Serisi

Hayat Amacımız
Daha eğitimli, daha çok okuyan ve üreten bir ülke için çalışıyoruz.

Gelecek Hayalimiz
Alanımızda Türkiye'nin en saygı duyulan kurumu olacağız.

Değerlerimiz
Dürüstlük
İş Kalitesi
Girişimcilik
Saygı
Yurt Sevgisi

Popüler Kültür-Bilim Serisi
DURA MATER©
Serkan Karaismailoğlu

Genel Koordinatör: Çiğdem Karaca
Editör: İpek Arman
Redaksiyon: Onur Aslantürk
Kapak Görseli: Bruno La Versa
Kapak Tasarımı ve Mizanpaj: Songül Düzgün
Elma Ekibi: Ahmet Seyfi, Bilge, Ceyda, Demet, Gamze, Gülderen, Hüseyin, İsmail, Merve, Mesut, Selen, Selnur, Sevim, Vildan Barış

ISBN / 978-625-7112-37-6

1. Basım Ağustos 2021
18. Basım Ocak 2026

Elma Yayınevi
Aziziye Mah. Portakal Çiçeği Cad.
No: 37/A Çankaya/Ankara
Tel: 0312 417 72 73
bilgi@elmayayinevi.com
Yayıncı Sertifika No: 45776

Basımevi: Göktuğ Ofset Yayıncılık Matbacılık Tic. Ltd. Şti
Zübeyde Hanım Mah. Sedef Cad. No: 1 İskitler-Altındağ/Ankara
Matbaa Sertifika No: 47538

KÜTÜPHANE BİLGİ KARTI
Karaismailoğlu, Serkan
Dura mater / Serkan Karaismailoğlu ; editör: İpek Arman.—Ankara : Elma Yayınevi, 2021.
560 s. ; 21 cm.—(Popüler Kültür-Bilim Serisi)
Kaynakça var, dizin yok.
ISBN 978-625-7112-37-6
1. Bilimsel roman I. Arman, İpek II. Eser adı

MLA
Karaismailoğlu, Serkan. *Dura mater*. Ed. 18. bs. İpek Arman. Elma Yayınevi, 2026.

Mater Serisi
I. Kitap: Pia Mater (2019)
II. Kitap: Arachnoid Mater (2020)
III. Kitap: Dura Mater (2021)

Değerli Okuyucu

Şu an ellerinizin arasında bulunan *Dura Mater* adlı kitap, 3 kitaptan oluşan Mater Serisinin üçüncü ve sonuncu kitabıdır. O nedenle Bölüm 101'den başlamaktadır. Eğer serinin ilk iki kitabını okumadıysanız lütfen elinizdeki kitabı usulca aldığınız rafa geri koyunuz.

Dokuz ay boyunca
her bir hücremi tek tek dokuyan anneme…

İstemeden varım ve istemeden öleceğim.
Olduğum şeyle olmadığım şey arasında,
hayal ettiğim şeyle
hayatın beni yaptığı şey arasında
bir boşluğum.

Huzursuzluğun Kitabı - Fernando Pessoa

Bölüm 101

Yanmak Zorunda Olan Mektup

İnsanı keşfetmek zordur.
İnsanın kendisini keşfetmesi daha da zordur.
Çoğu zaman yalan söyler zihin, ruh hakkında...

Böyle Buyurdu Zerdüşt - Friedrich Nietzsche

Kadın, odasına giden uzun koridor boyunca hızlı adımlarla yürüyordu. Arkasından kendisine yetişmek için adımlarını hızlandıran hizmetçisinin çabası boşunaydı. Odasına girer girmez kapıyı sert bir şekilde kapadı. Kapının çıkardığı ses, hizmetçiler de dahil olmak üzere evde yaşayan herkes için net bir işaretti. Kadın asla rahatsız edilmemeliydi. Sanki odasında birilerinin olma ihtimali varmış gibi hızla etrafına bakındı. Son yarım saattir âdeta bir casus gibi davranıyordu. Hızlıca elbisesinin içindeki cepten çıkardığı zarfa baktı. Zarfın kabarıklığından içindeki kâğıtların gelişigüzel bir şekilde katlanıp, özensiz bir şekilde zarfa tıkıldığı belliydi. Ayrıca zarfın üzerindeki el yazısı da sanki bu özensizliği iyice vurgulamak ister gibi eğri büğrü yazılmıştı. Harflerin birbirinden tiksiniyormuş gibi gözüktüğü bu yazıda, *Prenses Ariadne'ye* yazıyordu. Demek ki adam hakkındaki söylentiler doğruydu. İlginç bir şekilde zarfın diğer yüzüne de bugünün tarihi not düşülmüştü. *25 Aralık 1888.*

Hayatı boyunca çok fazla önemli insanla yolu kesişmiş 51 yaşındaki kadının yüzünde, az kişinin fark edebileceği hafif bir gülümseme oluştu. Yılların biriktirdiği kırışıklıklar bu gülümseme ile bir anda yok olmuş gibiydiler. Adamın mektubu vermek için özellikle bugünü seçmiş olması tıpkı gençlik günlerindeki gibi bir heyecan duymasına neden oldu. Şu an tek istediği şey zarfın içindeki mektubu okumaktı ama kalbi o kadar hızlı atıyordu ki bunun için bir miktar sakinleşmesi gerekti. Yaklaşık 20 yıl önce neredeyse her gün mektuplaştığı adamla görüşmeyeli çok uzun zaman olmuştu. Mükemmel başlayan ilişkileri, ilerleyen zamanla birlikte, kadının gerçekleşmesini hiç istemediği bir düşmanlığa dönüşmüş ve bir anda kopmuştu. Hatta şu an tuttuğu zarfı, adamın elinden bizzat kendisi almamış olsaydı, mektubun doğruluğundan bile şüphe edebilirdi.

Zarfı yavaşça masanın üzerine bırakan kadın, şöminenin yanındaki koltuğuna oturdu. Tüm gün boyunca kapalı olan gökyüzü, ilerleyen saatle beraber daha da kararmaya başlamıştı. Sanki bu karanlık kendisine yetmiyormuş gibi gözlerini de kapadı. Gözünden içeri girecek hiçbir ışık taneciğinin hatıralarını engellemesini istemiyor gibiydi. Mektubu adamın elinden alırken sadece birkaç saniyeliğine bakışmışlardı. Kurulması gereken onlarca cümle varken ikisi de tek bir kelime etmemişti. Ama o birkaç saniye bile kadının gerçeği görebilmesi için yetmişti. Adamın gözlerinde yıllardan çok daha fazlasının yarattığı muazzam bir yorgunluk vardı. Her zaman olduğu gibi neredeyse yüzünün yarısını kaplayan bıyıkları, gözlerindeki bu anlamlı yorgunluğu daha da belirgin hale getirmek ister gibiydi. Muhtemelen böyle görünmesine neden olan en önemli etken son dönemde iyice artan hastalığıydı.

Gözleri kapalı, sakin bir şekilde oturan kadın sanki bir yerden bir anda uyarı gelmişçesine hızla yerinden kalkarak masanın üzerindeki zarfı aldı ve zamanla yarışıyormuş gibi içindeki katlanmış kâğıtları dışarı çıkardı. Gözleri ilk cümleyi okuduğu sırada vücudunu yeniden koltuğun üzerine bırakmıştı. Adamın tanıdık el yazısı öylesine bozulmuştu ki kelimeleri okumak bile oldukça zordu.

Prenses Ariadne, birazdan okuyacağınız cümleler yeryüzünün en yalnız canlısının, hastalıklı kelimelerinden başka bir şey değil ne yazık ki. Tıpkı dünyanın, var olduğu ilk günde sahip olduğu yalnızlık gibi bir yalnızlık benimkisi. Zaman içerisinde her şeyini kaybeden bir insan olarak elimde kalan tek şey, sadece birkaç kelime. Ama artık onlar da yok olacak hayatımda. Çünkü beynimin içerisinde hızla çoğalmakta olan hastalık, düşüncelerimi öyle bir esir aldı ki normalde bana ait olmayacak kelimeleri bile kendi ellerimle yazar oldum. Bir insanın ellerinin kendisine ihanet etmesinin ne korkunç bir deneyim olduğunu bilemezsin. O nedenle bu mektubun kaderi okunduktan sonra hemen yanmak olmalı. Çünkü beynimdeki hastalığın izlerini silecek güçte olan tek şey ateşin gücüdür. Bu mektubu okuduktan sonra yakmak zorundasın Cosima. Cümlelerim ve itiraflarım sadece senin beyninde yaşamalı ve yeryüzünde başka hiçbir göz buna şahit olmamalı. Çünkü ben yüce Dionysos'um ve senin dışında hiçbir ölümlünün bu zayıflığımı keşfetmesine razı olamam.

Kadının gözlerinde biriken damlalar zaten oldukça karışık yazılmış kelimeleri iyice okunmaz hale getirmişti. Yeryüzünün en müthiş beyinlerinden birine sahip olan adamın cümleleri âdeta gerçekler ve hayal dünyası arasına sıkışıp kalmış gibi gözüküyordu. Yazdıkları, nasıl bir hastalığın esiri olduğunu kanıtlar gibiydi. Cosima, hayatı boyunca sadece kuralları ve mantığı doğrultusunda yaşayan ve duygulara asla önem vermeyen bir kadındı. Ama yıllar onu da değiştirmişti. Özellikle beş yıl önce, kocasını kaybettiği o günden beri duygularını eskisi kadar kolay kontrol edemiyordu. Üstelik ölen kocası Richard'ı, hayatı boyunca bir kere bile içten sevmemişti. Muhtemelen yıllardır baskılamaya çalıştığı duygular, sadece özgürlüklerine kavuşmak istedikleri için bu ölümü bahane olarak kullanmışlardı. Kimbilir, belki de tüm bu zayıflığın nedeni artık yaşlanmaya başlayan vücuduydu. Şu an gözyaşı döktüğü mektubun sahibi, uzun yıllardır en büyük düşmanlarından birisi olsa da bu durum bir dehanın yok olmasına üzülmeyeceği anlamına gelmiyordu. Zaten zamanında bu adamı bu kadar sevmesinin sebebi de buydu. Sahip olduğu zekâ ve çağının çok ötesinde olan düşünme şekli her anlamda ilham vericiydi. Eğer adamı bir şekilde kontrol edebilmeyi başarsaydı Neon açısından muazzam bir gelişme olacaktı. Bu durumun çok net farkındaydı ama o dönem bir tercih yapmak zorundaydı ve tercihinin ne olacağı zaten çoktan belliydi.

Cosima tekrar gözlerini kapadı. Göz kapaklarının birbirine kavuşması, akıp akmama konusunda kararsız kalıp biriken gözyaşlarının kaderini belirlemişti. Yanağından hızla süzülen her damla gibi beyni de zaman içinde hızla süzülerek geçmişe gitmişti. Gençlik günlerinde çok fazla günah işlemişti ama bu günahların tek sebebi, kendisini ve hayatını adadığı o yüce davaydı. Yaklaşık 20 yıl önce, ilk büyük günahını işlediği sırada kendisini çok seven bir kocası ve iki çocuğu vardı. O sıralar Cosima'nın kafasında çok farklı düşünceler kök saldığından bu sevgi kadının zerre kadar umurunda değildi. Bir yolunu bulup kendisinden 24 yaş büyük, neredeyse babasıyla aynı yaştaki ünlü besteci Richard Wagner'in hayatına girmek zorundaydı. Çünkü kendisine verilen kutsal görev buydu. Müziğin insanları yönlendirme konusunda muazzam bir gücü vardı ve Wagner de bu gücü son notasına kadar mükemmel bir şekilde kullanan dahi bir müzisyendi.

Yaşlı ve hasta karısından yıllar önce sıkılmış olan Wagner'in dikkatini çekebilmek Cosima açısından hiç de zor olmamıştı. İki evli insanın gizli bir şekilde başlayan bu ilişkisi, zaman içerisinde artık saklamaya bile gerek duymadıkları bir birlikteliğe dönüşmüştü. Kendisini hiç olmadığı kadar genç ve üretken hisseden Wagner, her geçen gün Cosima'ya daha kuvvetli bağlarla bağlanıyordu. Diğer taraftan hem kocası hem de ünlü besteci ile olan ilişkisini aynı anda idare etmeyi başarabilen Cosima, tüm planını çok ince bir şekilde işlemeye devam etmişti. Bir başkasıyla evli olmasına rağmen, 4 yıl içerisinde gerçek babaları Wagner olan üç çocuk dünyaya getirmesi, bu planın kusursuz olmasından başka bir şey değildi.

İlerleyen zamanla beraber Wagner'in karısının ölmüş olması ve bu yasak ilişkinin artık gizlenemeyecek bir hale gelmesinin ardından, yıllardır aldattığı eşinden ayrılan Cosima, ünlü besteci ile resmi olarak evlenmeyi başarmıştı. İşlenen günah ne kadar büyük olursa olsun kendisine verilen kutsal görevi başarıyla tamamlamıştı. Ünlü müzisyenin sahip olduğu ve birçok insan üzerinde müthiş tesirleri olan bu güç, artık resmi ve hukuki olarak Cosima'nın kontrolüne girmişti. Bilimle beraber sanatın gücüne de inanan Neon için bu bağlantıyı kurabilmek, tarih içinde kazanılmış çok önemli zaferlerden sadece birisiydi.

Cosima, kendisini oturduğu koltuktan alıp 20 yıl önce işlediği günahlara götüren kâğıtlara baktı çünkü bu mektubun sahibi ile tam da o dönemlerde tanışmışlardı. Henüz 24 yaşında olmasına rağmen profesör unvanına sahip olmayı başarabilen bu genç dâhinin, Wagner'e ve müziğine karşı büyük bir hayranlığı vardı. Her iki adamın sahip oldukları ortak müzik zevki ve Filozof Schopenhauer'ın fikirlerine duydukları hayranlık, aralarındaki yaş farkına rağmen çok iyi arkadaş olmalarını sağlamıştı. O dönem Wagner'in hayatının merkezinde olan Cosima da doğal olarak bu iki adamın arkadaşlık ilişkisinin içine doğrudan girmişti. Özellikle müzik ve felsefe konusunda sağlam bir altyapısı olan kadının bu ilişkideki varlığı her iki adam için de mutluluk verici olmuştu.

Kısa bir zaman içerisinde üçünün ilişkileri öyle bir hale gelmişti ki yemekler, toplantılar, beraber çıkılan seyahatler ile âdeta birbirlerinden hiç ayrılmayan çok yakın dostlara dönüşmüşlerdi. Kadının amacı bir müzik dâhisini kazanmak iken hayat müthiş bir sürpriz yaparak ikinci bir dâhiyi kendisine armağan etmişti. Cosima'nın beyninde beliren her hatıra başka anıların canlanmasına neden olarak kadını hafıza denizinin derinliklerine çekiyordu. Daldığı geçmişten bir anda çıkmak istercesine derin bir nefes alarak tüm dikkatini yeniden ellerinin arasındaki kâğıda verdi.

Bir insanın kendine karşı en büyük görevi hakikati keşfetmektir ve 44 yıllık yaşamım boyunca inandığım tek hakikat, aklın ve fikirlerin gücüydü. Şimdi geçmişe bakınca sadece fikirler üzeri-

ne inşa edilmiş bir hayatın ince bir buz tabakasında yürümekten farksız olduğunu çok net görebiliyorum. Çünkü yeri geldiğinde tek bir duygu bile bu buz tabakasını paramparça etmeye yetiyor Cosima. Her ne kadar görmek istemesem de duyguların gücünün her zaman farkındaydım. Ama duyguların bu kadar kolay dönüşebileceğini asla tahmin edemezdim. Senin de çok iyi bildiğin gibi dünyada hiçbir şey insanı "kin besleme duygusu" kadar yıpratmaz. Peki, duyduğun kin duygusunun kaynağı bir zamanlar en çok sevdiklerin olursa! İşte o zaman sadece yıpranmıyorsun Ariadne. Kimsenin seni bir daha bir araya getiremeyeceği şekilde dağılıyorsun. Hayatta vazgeçmem dediğin fikirleri, dünyanın en hastalıklı düşünceleri gibi görmene neden olan bu kuvvetten başka bir şey değil. Tüm ömrüm boyunca en büyük sevgi ve inancı duyduğum kişilerin hepsinin zaman içerisinde düşmanım olmasının başka bir açıklaması olamaz.

Biliyor musun, aslında çocukken onu çok sevdim. Babamı ve sadece 2 yaşında olan erkek kardeşimi öldürmesine ve beni kadınların çizdiği bir kadere terk etmesine rağmen onu sevmeye devam ettim. Peki, o ne yaptı Cosima? Beni ve ona sunduğum karşılıksız sevgimi görmedi bile. İşte böylece sevgim bir anda bastırılamaz bir nefrete dönüştü ve henüz 20 yaşındayken onu öldürerek hayatımın ilk ve en büyük cinayetini işledim. Buna sen de şahitsin prensesim. Sonra diğerleri çıktı karşıma. Zekâlarına hayranlık duyduğum beyinlerin nasıl çürümüş olduklarını, onlarla vakit geçirdikten sonra anladım. Her gördüğümde tiksindiğim ihtiyar Minataur'dan seni kurtaracaktım. Çünkü bu ihtiyar ruh bana müzikten çok daha büyük bir armağan vermişti. Ama sen Ariadne, Dionysos'un sana uzattığı bu kutsal eli görmezden geldin ve hayatını yaşlılıktan kırışmış o kirli ellerin arasına bıraktın.

Cosima elindeki kâğıtları fırlatarak hızla yerinden kalktı. Adamın gerçekler ve mitoloji arasında gidip gelen dili ve okunması giderek zorlaşan el yazısı kadının sabrını taşırmıştı. Mektuptaki cümleleri herhangi biri okusa muhtemelen hiçbir şey anlamazdı ama Cosima, adamın söylemek istediklerinin ne anlama geldiğinin farkındaydı. Çünkü bu adamın tüm hayatı sevdiklerini teker teker ortadan kaldırmakla geçmişti ve şu an nihai sona gelip yalnız başına kalmıştı. Erken yaşta babasını ve kardeşini kaybeden adamı, annesi ve ailesindeki diğer kadınlar büyütmüştü. Muhafazakâr bir çevre tarafından din öğretileriyle büyütülen bu çocuk, ironik bir şekilde henüz 20 yaşına geldiğinde dini inancını ve Tanrı kavramını tümüyle yitirmişti. O dönemde oldukça dindar olan kız kardeşine yazdığı mektupta *insanların yolunun ikiye ayrıldığını* söylemişti. *Huzur ve zevkin inanmaktan geçtiğini, oysa hakikatin tutkunu olmak için sorgulamak gerektiğini* yazmıştı. Diğer taraftan üniversitede verdiği derslerde de sıklıkla inanç sistemini eleştiren bu adam, yıllar sonra eserlerinde hiç çekinmeden Tanrı'nın öldüğünü iddia etmişti. Cosima'ya göre adamın şu an zavallı bir durumda olmasının en büyük nedenlerinden biri de bu bilinçsizliğinden başka bir şey değildi.

Pencereye yaklaşan kadın, iyice kararan havaya inat beyazlığını korumaya çalışan karlara baktı. Bu küstah adam gerek mektubunda gerekse yayımladığı kitaplarda bir zamanlar hayranı olduğu ve üzerine onlarca satır yazdığı Schopenhauer ve Wagner için "beyinleri çürümüş" ifadesini kullanmaktan çekinmemişti. Cosima derin bir nefes aldı. Aslında adamın Wagner'e olan öfkesinin temel sebebi kendisiydi. İnsanlığa dair toplumsal ve sosyal birçok olayı mükemmel bir şekilde analiz etme yeteneğine sahip bu beynin, söz konusu kadınlar olduğunda bu kadar kötü kararlar vermesi gerçekten de inanılmazdı. Adam her ne kadar hayalindeki aşkı, "iki insanın birbirini sahiplenme duygusundan çok daha öte bir şey" olarak tanımlasa da gerçekte tek istediği şey sahip olmaktı. Cosima buna gözleri ile şahit olmuştu. Eğer koşullar farklı olsaydı adamın dehasından etkilenmeme ihtimali yoktu ama o dönem asıl ulaşılması gereken kişi, dâhiliği çoktan tescillenmiş olan Besteci Wagner'di. İşte bu tercih ve bunun yarattığı gerçekler, genç dâhiye kaldıramayacağı kadar ağır gelmişti. Bunu bir türlü kabullenemediği için bir anda kendileri ile görüşmeyi kesti. Ardından reddedilmenin yarattığı öfke ile hem Wagner hem de buna bağlı olarak Schopenhauer'ın pesimist felsefesine tepki gösterdiği birçok yazı yayımladı. Bir zamanlar delicesine övdüğü bu iki insana yönelttiği nefret, okuyucular tarafından algılanmasa da Cosima bunun nedenini çok iyi biliyordu.

"Siyah ve beyaz" dedi kadın içinden. Eğer adamın hayatını özetlemesi gerekseydi sadece bu iki kelime yeterli olurdu. Çünkü bu adam tüm yeteneklerine rağmen sadece iki renge sahipti ve hiçbir zaman gerçek renklerle ilgilenmemişti. Muhtemelen hayatının bu kadar renksiz oluşunun nedeni bu inatçı tavrından kaynaklanıyordu. Zamanında beyaz olup siyaha dönüşen şeyler sadece din ve felsefe ile sınırlı kalmamıştı. Benzer bir durum vatan sevgisi için de geçerliydi. Bu adam, zamanında yaşadığı topraklara o kadar önem vermişti ki 23 yaşındayken gönüllü olarak orduya bile katılmıştı. Ama fikirleri zaman içerisinde öyle bir dönüşmüştü ki artık savaşın ve milliyetçiliğin toplumlar için çok büyük bir hastalık olduğuna inanıyordu.

Adamın mektupta da bahsettiği gibi, duyguların bu kadar net dönüşümleri gerçekten korkutucuydu. Kendilerine karşı sergilediği bu saldırgan tavır nedeniyle gerek Cosima gerekse Wagner bu adamla ilişkilerini kesmişlerdi. Oysa Cosima yıllarca düşman oldukları bu adama karşı şu an anlamsız bir yakınlık ve hüzün hissediyordu. Belki de bunun en büyük nedeni kocası Wagner'in artık ölmüş olmasıydı. Ünlü bestecinin sahip olduğu tüm güç kadının elinin altındaydı. Cosima'nın düşüncelerinin bir yerlerinde bu dâhiyi kazanmak için çok küçük de olsa hâlâ bir umut vardı. Sanki bu duygular nedeniyle adama bir şans daha vermek istermiş gibi yere attığı kâğıtları aldı ve kaldığı yerden okumaya devam etti.

Çok uzun bir süre sonunda korkuların karanlıktan doğmadığını anladım. Korkular da yıldızlar gibi hep oradaydılar. Onları fark edemeyişimin nedeni ise sadece gün ışığıydı. Etrafımdaki bu geçici parlaklık. Ama nihayetinde içine hapsolduğum bu karanlığı sonunda anladım. Şu yerküre üzerinde dünyanın en yalnız canlısı gibi hissetsem de yıllardır biriktirdiğim tüm acı ve korkuların beni hiçbir zaman yalnız bırakmadığını fark ettim. İşte beni dönüştüren bu acımasız gerçek oldu. O kadar uzun süre karanlığa bakınca, karanlık da artık bana bakmaya başladı. Tüm hayatım boyunca canavarlarla çarpışan beni bir canavara dönüştüren ne yazık ki bu kısır döngüydü. Eskiden fikirlerle dolu beynimin içinde kalan tek şey acı. Hiçbir hücremin asla alışmadığı sonsuz bir acı. Ama bu acılar tıpkı doğum yapan bir kadının sancıları gibi Cosima. Doğacak olan her düşüncem için bu acılara katlanmak zorundayım. Çünkü acı çekmek öğrenmenin ve gelişmenin en önemli motivasyonuydu.

Cosima adamın neyi kastettiğini çok iyi biliyordu. Bu da sahip olduğu beynin ödemesi gereken bir bedeldi. Çünkü tanıştıkları dönemden beri adamın kâbusu olan hastalığını biliyordu. Çocukluğundan beri yaşadığı görme sorunları, şiddetli migren ağrıları ve hiçbir zaman adamı yalnız bırakmayan hazımsızlık sorunu o günlerde bile taşınması oldukça ağır bir yüktü. Zaten bu ağır yük nedeniyle çok farklı yerlere yolculuk ederek yaptığı uzun tatiller beynini bir miktar olsun dinlendirme girişimlerinden başka bir şey değildi. Cosima, adamın sağlık sorunlarını çok iyi bilse de mektupta okudukları, hastalığın ne derece ilerlemiş olduğunu gösteriyordu. Bazı ortak arkadaşlarından öğrendiği kadarıyla adamın vücudunu esir alan bu hastalık, gittiği genelevlerde yaşadığı ilişkilerden kaptığı başka hastalıklarla birleşerek iyice çekilmez hale gelmişti.

Odanın içi artık iyice karanlık olmuştu. Zaten oldukça kötü bir el yazısıyla yazılmış bu mektubu karanlıkta okumak neredeyse imkânsız hale gelmişti. Cosima bir anda kendisinin de beklemediği çok garip bir şey yaptı. Sadece yarısını okumuş olduğu kâğıtları ve zarfı ateşin içine fırlattı. Eğer bunu yapmasaydı tıpkı gençlik günlerindeki gibi okuduğu her satır ile adama doğru çekilmeye devam edecekti. Ama içinde bir yerlerde eski Cosima'dan kalan o güçlü irade sayesinde buna izin vermemişti. Çünkü karşısında çok açık bir gerçek vardı: Bu müthiş dâhi artık geri kazanılamayacak kadar hastaydı. Mektubun tamamını okumak sadece Cosima'nın daha zayıf bir hale dönüşmesine neden olacaktı. O nedenle tıpkı yazarının da dediği gibi bu mektup yanmalıydı. Alevler arasında beyazdan siyaha dönüşen kâğıtlar adamın yaşamını özetler gibi olmuştu. Cosima, bu hüzünlü görüntü nedeniyle hayatı boyunca kendisini affetmeyeceği bir pişmanlık yaşadı.

Mektubun acımasız alevler arasında yok olmasından tam 4265 gün sonra bu müthiş dâhi, ömrünün son günlerini felçli geçirdiği yatağında, yalnız bir şekilde hayata gözlerini yumacaktı. Adamın bedeni yok olsa da fikirleri yıllar sonra başka beyinlerde yaşamaya devam edecekti. Cosima, bu müthiş insanı Neon'a kazandıramasa da adamın fikirleri Neon'un nöronlarında yıllarca yaşayacaktı.

Bölüm 102

Ölüm, Diriliş ve Bir Avuç Yıldız Tozu

Hepimiz birer yıldız tozuyuz.

Carl Sagan

Ameliyathanenin içinde derin bir sessizlik vardı. Pia birkaç saniye önce kapıdan çıkıp gitmişti. Giderken Galen'in içinden devasa bir parçayı da beraberinde götürmüştü. Son ana kadar sabırla bekleyen gözyaşları, kızın ardından hızlı bir şekilde süzüldüler. Sanki adamdan ümitlerini kestikleri için kızın peşinden kendileri gitmeye karar vermiş gibiydiler. Ameliyathanenin kapanan kapısı, bir anlamda Galen'in ölü bedeni üzerine kapanan tabut kapağı gibiydi. İlk kez o an bir ölü olduğu gerçeğini tüm vücudunda hissetmişti. Nefes alan bedeni artık sadece gömülmeyi bekliyordu. Pia, birazdan arayacaktı ve sonrasında bu ameliyathane kendisine ve diğerlerine mezar olacaktı. Zaten Pia'nın ilk kaçırıldığı gün her anlamda ölmüştü. Günlerce gerçek ve hayalin arasında sıkışıp kalmıştı. Her türlü ölümün, o korkunç araftan daha az acı verici olacağını biliyordu. Alef'in evinde şahit olduğu mucize, ölüm ve hayat arasında sıkıştığı o yerden kendisini çekip çıkarmıştı. Hayat son bir şans daha verip yeniden dirilmesini sağlamıştı ama bu geçici bir dirilmeydi. Görevini tamamladıktan sonra sonsuza kadar ölü kalacağını biliyordu.

Aslında tüm hikâye, Meryam'ı kurtarması gerektiğini fark ettiği an başlamıştı. Bunu başardığı zaman bir şekilde Pia'ya ulaşabileceğine tüm hücreleriyle inanmıştı. Ama bu inancın, kendisini kısa bir süre içerisinde, üzerinde bombalarla bir ameliyathaneye sokacağını asla tahmin edemezdi. Tam 33 saat önce, elinde "Mucizelere inanır mısın Galen" yazılı bir kâğıtla Alef'in odasında öylece durduğu anı hatırladı. Sonra onu görmüştü. Tüm kapı girişini kaplayacak büyüklükte olan mucizesi, kendisine bakmaktaydı. Galen ilk başta beyninin yine sahte görüntüler oluşturduğunu düşünmüştü ama hızla atan kalbi bu sefer görüntülerin gerçek olduğunu anlatmaya çabalıyor gibiydi.

Karşısındaki dev, uzun bir sessizlikten sonra "Ben de seni bekliyordum Galen" demişti. Daha sonra odanın köşesinde yer alan bir sandalyeye oturan adam eliyle karşısındaki sandalyeyi işaret etmişti. Bu basit el hareketi sanki sihirli bir güç içeriyormuşçasına Galen, vücudunu sandalyenin üzerine bıraktı. Karşısındaki kişinin ağzından hangi kelimelerin çıkacağı hakkında hiçbir fikri yoktu ama adamın bakışları ne anlatacağını çok güzel bir şekilde özetliyordu.

"Galen" kelimesiyle daldığı düşüncelerden bir anda sıyrıldı. Hayallerini bıçak gibi kesen, Noah'ın ağzından çıkan ses dalgalarıydı. Kollarını iki yana açmış bir şekilde bir şeyler anlatmaya çabalıyordu. Kurmaya çalıştığı cümlelerin yarısı İngilizce, yarısı Galen'in anadiline ait olsa da mimik ve kol hareketleri anlatmak istediklerini çok net özetliyordu. Ortada bir yanlış anlama vardı ve kimsenin zarar görmesine gerek yoktu. Galen, İngilizce konuşarak adama çenesini kapamasını ve kıpırdamamasını emretti. Şu an karşısında kendisine korku dolu gözlerle bakan 11 kişi vardı ve konsantrasyonunu asla yitirmemeliydi. Pia, bu binadan sorunsuz bir şekilde çıkmak zorundaydı ve başka hiçbir alternatif kabul edilemezdi.

Etrafında rehin tuttuğu kişilere konsantre olmaya çabaladıkça beyni yine kendisiyle dalga geçer gibi geçmişe, Atlas ile karşılıklı oturdukları o ana gitmişti. Adam, Pia'yı nasıl kaçırdıklarıyla ilgili tüm operasyonu detaylarıyla sakin bir şekilde anlatmıştı. Kulübeyi nasıl keşfettiklerini, Ushan'ı nasıl öldürdüklerini, Pia'yı nasıl kaçırdıklarını ve Devin'in başına gelenleri sanki çok uzak zamanlara ait bir hikâyeyi anlatır gibi anlatmıştı. Galen tek kelime etmeden sadece dinlemişti. Devin ile ilgili kısımları duyduğunda sanki vücudundaki bütün elektrik bir anda gitmişti. Sandalyede oturan birinden ziyade, ipleri kesilmiş ve sandalyenin üzerine yığılmış bir kukla gibi gözüküyordu. Yaşadığına dair tek gösterge gözünden akan yaşlardı. Çocukluktan yetişkinliğe her dakikasına şahit olduğu güzeller güzeli kardeşi, kendi bencilliği ve ihmalkârlığı yüzünden büyük acılar çekerek ölmüştü. Galen bu kulübeye gelmeden önce bir günahkâr olduğunun bilincindeydi ama günahlarının bu kadar ağır olduğunu, altında ezilmeye başladığında anlamıştı.

Ne kadar ağladığını hatırlamıyordu ama Atlas, Galen'in acısını paylaşırcasına sadece sessiz bir şekilde izlemişti. Sanki adamın hiç bitmeyecek acısını sabırla dinlemek ister gibiydi. Sessizliği bozan bu sefer Galen olmuştu. Vücudundaki tüm su molekülleri gözyaşları aracılığıyla vücudunu terk ettiği için iyice kurumuş dudaklarının arasından duyulması çok zor bir "Pia" kelimesi çıkmıştı. Bunun üzerine Atlas oturduğu yerden kalktı, sol elini adamın omzuna koydu.

"Meraklanma, Pia oldukça iyi durumda. Ona bir şey olmasına asla izin vermem. Çünkü Pia, bizim uzun zamandır beklediğimiz kehanetin bizzat kendisi."

Atlas, odanın içinde yürüyerek anlatmaya başladı. Ama bu sefer dev gibi adamın ağzından çıkan cümleler, yeryüzünde çok az kulağın duymuş olduğu bilgileri içeriyordu. Görünürde kendisi Neon'un önemli optogen askerlerinden biriydi ama kimsenin bilmediği gizli gerçek, Atlas'ın son birkaç yıldır Neon'un asıl sahiplerine hizmet etmek için yemin ettiğiydi. Neon gibi sınırları belli olmayan bir güç sadece 1 Origon ve 12 kranialin kaderine bırakılamazdı. İçeride, Neon'un özünde yaşayan ve tüm gelişmeleri sessiz bir şekilde izleyen gerçek sahipler, bu gücün dengesini gerekli gördüklerinde korumak zorundaydı. Yüzlerce yıldır bu böyle devam etmişti. İşte, Atlas böylesine kutsal bir amaca hizmet etme şansına erişmiş nadir elçilerden birisi olmuştu. Origon Noah'ın son dönemlerde iyice sınırları aşması ve daha da önemlisi yıllardır beklenen kehanetin yani Pia'nın ortaya çıkması, artık hareket zamanının geldiğini gösteriyordu.

"İnan tüm bu yaşananlar gereksiz. Bizler aynı taraftayız."

Konuşan kişi bu sefer Alhazen olmuştu. Noah'ın gözlerinde çığlık atarcasına belli olan endişe hissi, Alhazen'in bakışlarında gözükmüyordu. Aksine yaşlı adamın gözlerinde, Galen'in vedasını anlayan ve buna saygı duyan bir bakış vardı. Belki de Galen'in böyle hissetmesinin nedeni, Atlas'ın yaşlı adam hakkında anlattıklarıydı. Alhazen, ağzından çıkan her kelimenin öneminin farkındaymışçasına tek tek konuşmuştu. Özetle söylediği şey aynıydı. Pia, kendileri için de çok kıymetliydi ve buradaki herkes zaten bunun bilincinde hareket ediyordu. Yani Galen ile aynı taraftaydılar. Şu an düşman gibi gözükmelerinin tek nedeni bilgi ve iletişim eksikliğiydi ve bu da kendilerinin suçuydu. Yaşlı adam bunun için özür diliyordu.

Pia bir asansörün içinde Atlas'ın kulağından bir parçayı ağzıyla kopardığı sırada, böyle bir görüntüyü hayal bile edemeyecek olan Galen, sadece yaşlı adama bakıyordu. Noah'ın sözünü anında kesmesine rağmen yaşlı adamı susturmamıştı çünkü söylediklerinin hiçbir önemi yoktu. Çaresizlik içine hapsolmuş her insanın böyle bir durumda kuracağı cümleleri kuruyordu. Ne kadar yaşlı olursa olsun bir ameliyathanede patlayarak ölmek istemediği kesindi ama ne yaparsa yapsın bu sondan kaçamayacaktı. Aslında Atlas'ın anlattığı planda kimsenin ölmesine gerek yoktu. Galen'in yapması gereken tek şey, Pia uzaklaşana kadar buradakileri elinden geldiğince oyalamaktı. Sonrasında Galen de dahil hiç kimsenin, Pia'yı bir daha görebilme şansı olmayacaktı. Atlas'ın anlattıkları mantıklı olsa da asla yeterli değildi. Galen'e göre, Pia'nın hayatı için çok tehlikeli olan bu insanları sonsuza kadar oyalamak için bu işi kökünden çözmek gerekiyordu.

Yaptıkları plan sayesinde hemen her şeyin yolunda gideceği bu gizli denklemin tek bilinmeyeni, Pia ve Atlas'ı buluşturabilmekti. Atlas'ın gizliliğinin devam edebilmesi için Noah ve diğerlerinin, adamın farkına varmamaları gerekiyordu. Galen'e yardım eden kişinin kimliği, sürecin her aşamasında gizli kalmak zorundaydı. Diğer taraftan, Pia'nın Atlas'a güvenebilmesini sağlayacak bir çözüm bulmaları gerekiyordu. İşte o an Galen, sahip olduğu en büyük hazineyi boynundan çıkarıp Atlas'ın devasa avuçlarının içine bırakmıştı. Pia'nın bebekken kendisine verdiği plastik oyuncağı hayatı boyunca hiç çıkarmadan üzerinde taşımıştı ama şimdi bir kolyenin ucunda durmakta olan bu oyuncak, Atlas'ın elindeydi. Tek yapması gereken bu oyuncağı Pia'ya göstermek olacaktı. Kız böylece Atlas'ın kendisine yardım edecek kişi olduğunu anlayacaktı. Çünkü yeryüzünde Galen'in isteği olmadan ya da adamı öldürmeden o oyuncağı almaya yetecek hiçbir güç yoktu.

Aslında Pia, kendisini kaçıran Atlas'ın elinde bu oyuncağı görebilseydi Galen'in düşündüğü gibi davranırdı. Ama olaylar hiç de öyle gelişmemişti. Atlas, kendisini ele verebilecek tüm güvenlik önlemlerini geçici bir süreliğine devre dışı bırakıp kızı beklediği sırada üçüncü katta beklenmeyen bir gelişme oldu. Bunun üzerine hızla karar değiştirerek kızın geleceği kata çıkmak için asansöre bindi. Asansörden çıkar çıkmaz kafasında bir heykelin parçalanacağını asla tahmin edemezdi. Aldığı darbeyle yere düşen adamın elindeki oyuncak da paramparça olmuş heykelin parçaları arasında bir anda gözden kaybolmuştu. İşte adamı birkaç saniye hareketsiz bırakan şey taş parçaları arasında kaybolan oyuncağı bulma umuduydu. Ama hemen bir hamle yapmaması durumunda Pia kendisi için hazırlanmış bu planı mahvedecekti. Tam o sırada tüm bu gelişmelerden habersiz olan Galen ise yaşlı adamı dinliyordu.

"Lütfen unutma Galen. Bizler yanlış zamanda, yanlış yerde karşılaşmış aynı taraftaki kişileriz sadece. Burada gördüğün herkes bilim insanı. Bizler, katil ya da terörist değiliz ve inan bana kimseye zarar vermek gibi bir amacımız yok. Zaten bizim için çok değerli olan Eva ve Yo Kan'ın mirasına zarar vermek, buradaki hiç kimsenin sahip olabileceği bir düşünce olamaz."

Alhazen'in kurduğu cümleler ve yılların iyice etkileyici hale getirdiği ses tonu âdeta Galen'in beyninde yer bulmak için çabalıyordu. Son dönemde yaşadıkları nedeniyle beyni o kadar yorulmuştu ki görevine konsantre olmakta zorluk çekmeye başlamıştı. Karşısındakiler hayatta kalmak için muhtemelen gerekli her türlü cümleyi kuracaklardı. Ama Galen'in buraya gelmeden önce bildiği tek bir gerçek vardı. Noah denen adam varolduğu müddetçe Pia asla güvende olmayacaktı.

Galen yine kendisini Alef'in kulübesinde bulmuştu. Adının Atlas olduğunu söyleyen bu kişiye ilginç bir şekilde güven duymuştu. Ama öyle derin bir çaresizlik içindeydi ki Pia ile ilgili en ufak bir bilgiye sahip olan her insana kayıtsız şartsız bağlanabilirdi. Bunun farkındaydı ama Atlas bu bağı daha da kuvvetli hale getirecek bir şey yapmıştı. Karşısındaki sandalyede iyice çökmüş bir şekilde oturan Galen'e, cebinden çıkardığı eni ve boyu yaklaşık 10 santimetre boyutlarında olan bir cam parçası uzatmıştı. Camın kenarlarını kaplayan çok ince bir tabaka vardı ve ilk bakışta görülmesi oldukça zordu. İçine fotoğraf konulacak sıradan bir çerçeveye benziyordu.

"Birazdan neden benimle beraber olman gerektiğini anlayacaksın Galen. Kendini toparla ve iyice konsantre ol. Çünkü birazdan göreceklerin ve duyacaklarını sadece bir kere yaşanılacak. Tekrarı yok. Hazır olduğunda ekranın üzerine üç kere tıkla."

Az önce Devin ile ilgili duydukları, beyninin çok büyük bir kısmının çökmesine neden olmuştu. Kafasının içindeki tüm nöronlar nefessiz kalmış gibiydiler. Bunun farkında olan vücudu sanki uzun süre kaldığı suyun altından yeni çıkmış gibi derin bir nefes aldı. Aynı zamanda kalp atışı da hızlanmıştı. Vücuda alınan oksijeni hemen nöronlara taşımak ve onları hayata döndürmek istiyor gibiydi. Atlas elindeki cam parçasının bir ekran olduğunu söylemişti. Demek ki birazdan Pia'yı görecekti. Sadece cama üç kere tıklaması yeterliydi. Galen'in işaret parmağı camın üzerinde harekete geçmek için bekliyordu. İzlemek için tek bir şansı olduğunu bilmek işaret parmağının cam üzerinde titremesine neden olmuştu. Sanki çok soğuk bir havada dışarıda kalan ve durduğu camın önünden içerideki sıcak ortama bakan bir evsiz gibi titriyordu.

Günler sonra Pia'yı görecek olmanın heyecanı bütün vücudunu sarmıştı. Uzun süre uyuşturucudan uzak kalmış bir bağımlının uyuşturucuyu vücuduna almadan önceki hali gibi gözüküyordu. Ekran üzerindeki işaret parmağında başlayan titreme bir anda tüm vücuduna yayılmıştı. Öyle ki bu titreme gözünde biriken damlalardan birinin camın üzerine düşmesine neden olmuştu. Sanki artık adamın beklemesine tahammül edememiş gibi kendisini camın üzerine bırakıp orada kalmıştı. Camın üzerine düşen damlanın ekrana zarar verme ihtimalinden korkan Galen elinin tersiyle hızlıca gözündeki yaşları sildi ve camın üzerine üç kere tıkladı. Atlas'ın devasa vücut ölçüleri yanında, çok istediği hediyeyi alana kadar ağlamış bir çocuk gibi gözüken Galen, heyecanla oyuncağını çalıştırdı.

Şeffaf camda bir anda hayat bulan pikseller ile oluşan görüntü Galen'in beyninde hiç beklemediği bir reaksiyona neden oldu. Adamın bütün hücreleri kızı görmek için heyecan içinde beklerken, ekrandaki görüntü karşısında âdeta birbirlerine bakıp hangi tepkiyi vermeleri gerektiğini sorar gibiydiler. Çünkü ekranda Pia'nın neredeyse aynısı olan ama daha yaşlı gözüken bir kadın vardı. Sanki bu görüntünün nedeni gözündeki yaşlarmış gibi daha sert bir şekilde tekrar gözlerini sildi. Ekrandaki kadının ses tonu hemen hemen Pia'nınki ile aynıydı ve kurduğu ilk cümle, Galen'in beyninde bir şok dalgası yaratmaya yetmişti.

"Merhaba Galen, ben Eva."

Günler önce ölen Galen, Alef'in odasında karşılaştığı mucize ile yeniden dirilmişti. Ama görünen o ki tek dirilen kendisi değildi. Yıllar önce ölmüş olması gereken Eva, cam bir çerçeve içerisinde konuşuyordu ve söyledikleri oldukça açıktı. Pia için en güvenilir yer Eva'nın yanıydı ve bunun gerçekleşmesini ancak ikisi sağlayabilirdi. Galen ve Atlas'ın beraber yer almadığı hiçbir denklem, bu problemi çözemezdi. Eva konuşmasını "Gerçek hayatta seninle tanışmayı o kadar çok isterdim ki Galen" diye bitirmişti. Daha sonra görüntü bir anda kayboldu ve elindeki ekran sanki üzerine minik bir çekiçle hafifçe vurulmuş gibi binlerce parçaya bölünecek şekilde çatladı. Atlas, adamın elinden aldığı cihazı yere atıp üzerine sertçe basarak çatlayan parçaların iyice dağılmasını sağladı. Daha sonra parçaların içinden çıkardığı incecik, ufak bir kartı cebinden çıkardığı çakmakla yaktı. "Hareket zamanı geldi Galen. Yolumuz uzun ve konuşacak çok şey var" dedi ve hızla kapıya yürüdü.

"Benim yaşımda olmanın en büyük avantajı ne biliyor musun?"

Alhazen'in cümlesi, tıpkı anılarındaki ekranın parçalanması gibi kurduğu hayalin parçalanıp gerçek hayata dönmesine neden olmuştu. Yaşlı adam bu cümle ile beraber kendisine doğru bir adım attığında Galen bir anda toparlanarak vücudu ile ne kadar ciddi olduğunu gösteren bir hareket yaptı. Noah büyük bir endişeyle Alhazen'e baksa da görünen o ki yaşlı adam sadece Galen ile ilgileniyordu.

"Uzun ömrüm boyunca o kadar çok farklı bakış ve gözler gördüm ki artık karşımdaki konuşmasa bile ne anlatmak istediğini anlayabiliyorum. Gözlerin her şeyi anlatıyor Galen. Hepimizin buradaki son akşamı ve hiçbirimiz buradan canlı çıkamayacağız. Ne söylersem söyleyeyim, hiçbir şey bu gerçeği değiştiremeyecek."

Alhazen'in cümleleri ameliyathanenin içinde buz gibi bir hava estirmişti. Tam bu sırada, birkaç kat altlarındaki bir laboratuvarda Atlas, Pia'yı soğuk bir odanın içine fırlatıp üzerine kapıyı kapatmıştı. Pia buz gibi odanın içinde, üzerine kapanan kapıya bakarken Galen de yaşlı adamın gözlerine bakıyordu. Karşısındaki kesinlikle blöf yapmıyordu. Alhazen'in bakışlarında canını kurtarmak isteyen birinden ziyade karşısındakine yardım etmek isteyen bir ifade vardı. Galen hızla kafasını iki yana salladı. Sanki nöronlarına tutunmuş bu zararlı cümleleri kafasından uzaklaştırmak istiyor gibiydi. Ama görünen o ki yaşlı adamın cümleleri hücrelerine güçlü bir şekilde yapışmıştı.

"İnancını görebiliyorum Galen. Öylesine kuvvetli bir inanç ki bu, kendi yaşamın bile bir önem ifade etmiyor. Söylesene, kendi yaşamını bile anlamsız kılan bir inanca sahipken nasıl olur da bizim yaşamlarımız için seni ikna edebilirim ki? Biliyor musun, her ne kadar beni öldürecek olsan da şu an damarlarında dolaşan bu inanca saygı duyuyorum. Yani bu yaşlı adamın seni ikna etmek gibi bir derdi yok. Sadece buradaki herkes adına senden tek bir ricam var. Bilirsin, idam öncesi mahkûmlara bile son istekleri sorulur. İşte benim senden istediğim sadece küçük bir istek. Ölmek üzere olan yaşlı bir adamın son isteği. Şu basit soruyu yüksek sesle düşün lütfen. Ya yanılıyorsan?"

Alhazen'in sorusu Galen'in tüm vücudunda dışarıdan algılanmayacak bir titremeye neden olmuştu. Sanki vücudunun içinde kısa süreli ama bir o kadar şiddetli bir deprem yaşanmış gibiydi. Âdeta içinden titriyordu. Görünen o ki bu kısa süreli sarsıntı, şüphe hissini içinde saklayan hücrelerin duvarlarında çatlamaya neden olmuştu. Yaşlı adamın ağzından çıkan kısa cümle bu çatlaklardan sızan şüphe duygusuyla beraber Galen'in beynindeki her yerde yankılanıyordu.

"Ya yanılıyorsan?"

Sadece 33 saat öncesinde tanıştığı birisine hayatının anlamını teslim etmişti. Atlas ile o kadar çaresiz bir zamanda karşılaşmıştı ki adama güvenmek dışında hiçbir alternatifi yoktu. Ama ne olursa olsun kendisine sunulan bilgiler ve gerçekler bu güvenin oluşması için yeterliydi.

"Ya yanılıyorsan?"

Galen'in beyninde yankılan ses dalgaları bir anda sorgulayıcı bir sese dönüşmüştü. Belki de Atlas, Pia'dan faydalanmak isteyen çok daha zararlı bir organizasyonun üyesiydi ve zaten tükenme noktasında olan Galen'i birkaç illüzyonla kandırmayı başarmıştı. Belki de bu laboratuvardan çıkan Pia, şu an çok daha tehlikeli bir laboratuvara götürülüyordu. Her bir düşünce, içinde onlarca olasılık barındıran başka düşünceleri ortaya çıkarsa da kafasında dönüp dolaşan soru aynıydı.

"Ya yanılıyorsan?"

Galen'in içine düştüğü paradoksu fark eden yaşlı adam çok ufak hamlelerle yaklaşmaya devam ediyordu. Hamleleri ne kadar ufak olsa da aralarındaki mesafe giderek kısalmıştı. Sadece bir dakika öncesinde ne yapacağından emin olan kafası bir anda karmakarışık bir hale gelmişti. Kuşku denen karanlık bir anda beynini işgal etmişti ve bu hisle ölmesi imkânsızdı. Vücudundaki titremeler artçı sarsıntıların devam ettiğini gösteriyordu. İşin daha kötüsü bunu algılayan yaşlı adam acımasız bir şekilde kendisine yaklaşmaya devam ediyordu. Galen âdeta kilitlenmişti ve ne yapacağı hakkında hiçbir fikri yoktu. Alhazen ile arasında sadece iki adımlık mesafe kaldığında sanki evren, Galen'in çaresizliğini görmüş ve ona son bir fırsat vermek istermiş gibi cebindeki telefon çalmıştı. Herkesin derin bir sessizliğe gömüldüğü ameliyathane içinde yankılanan bu ses Galen de dahil olmak üzere tümünün irkilmesine neden olmuştu.

Telefonun sesi ile kendisine gelen Galen, masa üzerinde yer alan gereksiz eşyaları tek bir el hamlesiyle süpürür gibi, şüpheli düşüncelerin hepsini âdeta elinin tersiyle uzaklaştırmıştı. Sonuçta buraya girmeden bir plan yapmışlardı ve şu an göstereceği en ufak bir zayıflık tüm planı mahvederdi. İçindeki sese güvenerek telefonu açtı. Telefonun diğer ucundaki Atlas, *sürecin tamamlandığını ve sadece onaya ihtiyaç duyduklarını* söylemişti. Demek ki Pia artık güvendeydi ya da değil miydi? Galen, içinde tekrar hayat bulmaya çalışan şüpheleri susturmaya çalıştı. Eğer kız bu paradoksu hissederse işler sonunu asla tahmin edemeyeceği karmakarışık bir hale dönebilirdi. O nedenle derin bir nefes alan Galen söylenmesi gereken cümleleri tam da söylenmesi gereken şekilde Pia'ya aktardı.

Telefonu kapayan Galen, karşısında her türlü duyguyu içeren bakışları gördüğünde sadece 30 saniyeliğine ertelemeyi başardığı saçma gerçeğine geri dönmüştü. Kendi planına göre nihai sona gelmişlerdi. Artık yapılması gereken tek şey düğmeye basmak ve Pia'nın annesine güven içinde ulaşmasını sağlamaktı.

"Ya yanılıyorsan?"

Kafasının içindeki aptal ses geri dönmüştü ve bu sefer daha yüksek sesle konuşuyordu. Sadece bir ekrana bakarak yıllar önce ölmüş bir kadının yaşadığına nasıl olmuştu da inanabilmişti. İçindeki sesin azarlayıcı tonu karşısında zavallı gibi hissetti. Bilgisayar teknolojilerine oldukça hâkim olan ve *DeepFake* gibi bir gerçeği bilen Galen'in, sadece cam bir ekranda gördüklerine bu kadar kuvvetli inanması içinde bulunduğu çaresizlikten kaynaklanıyordu. Yapay zekânın en önemli nimetlerinden biri olan derin öğrenme (*deep learning*) ve sahte (*fake*) kelimelerinin bir araya getirilmesi ile tanımlanan *DeepFake* kavramı ile biraz çaba harcayan herkes, bir heykelin ya da Mona Lisa'nın bile konuşmasını sağlayabilirdi. Üstelik bunları yapmak için pahalı bilgisayarlara ve olağanüstü kodlara ihtiyaç yoktu. Bu konulara meraklı herhangi bir üniversite öğrencisi bile kolayca Galen'in bir cam üzerinde izlediği illüzyonu yaratabilirdi (1).

Alhazen oldukça kritik bir hamle yaparak kendisine doğru bir adım daha atmıştı. Galen'i daldığı düşüncelerden sıyıran, yaşlı adamın hareketinden ziyade Noah'ın bakışlarında beliren endişe olmuştu. Artık çok az zamanı vardı. Ya düğmeye basıp kafasındaki planı sonlandıracaktı ya da hepsinin kaderini yaşlı adamın eline bırakacaktı. İşin komik tarafı Galen de şu an itibarıyla ne yapacağını bilmiyordu. Alhazen o kadar yakınındadı ki yaşlı adamın garip kokusunu bile hissedebiliyordu. Eğer bombayı patlatacaksa şimdi yapmalıydı. Kafasının içinde deli gibi korkmasına neden olacak tonlarca senaryo vardı ve ilginç bir şekilde bu senaryoların hiçbirinde kendi ölümüne ait korku yoktu. Hepsi Pia'nın tehlikede olduğu olası senaryolardı.

Sadece bir saniyeliğine gözlerini kapadığında kumandayı tutan elinin üzerinde Alhazen'in elini hissetti. Şaşkınlıkla bir anda gözleri açılan Galen içinden "Şimdi" dedi ve derin bir nefes alarak düğmeye basmak için hamle yaptı. İşte o an dünyanın en garip şeylerinden biri oldu. Başparmağı, beyninden gelen emirlere itaat etmedi. Sanki bu mükemmel hayatta fazladan birkaç gün daha yaşamak istermiş gibi emirleri görmezden gelmişti. Tüm vücudu donmuş olan Galen'in hissettiği tek şey, yaşlı adamın elinin yumuşak dokusu ve sıcaklığıydı. Tam o anda Alhazen, Galen'in kulağına bir şeyler fısıldadı. Bir anda gözlerinden yaşlar akmaya başladı. Bu gözyaşlarının nedeni duydukları değil, kendi beceriksizliğiydi. Sevdiği insan uğruna ölmeyi bile becerememişti. Yaşlı adamın eli, sanki vücudunun bir uzantısıymış gibi usulca kumandayı avuçlarının arasından aldı.

Galen, hayatının en büyük hatasını yaptığını Noah'ın bakışlarını gördüğünde anlamıştı. Az önce korku ve endişe içeren bakışlardaki ifade, inanılmaz bir hızla öfkeye dönüşmüştü. Yerinden fırlayıp kapıya doğru hamle yapan Origon'u durduran, Alhazen'in ağzından çıkan "hayır" kelimesi olmuştu. Az önceki yumuşak ses tonu gitmiş, yerine gerçek bir liderin güçlü ses tonu gelmişti. Başta Noah olmak üzere herkes bu sefer büyük bir şaşkınlıkla Alhazen'e bakıyordu. Tam o sırada hiç kimsenin beklemediği bir şey oldu ve Galen'in telefonu tekrar çalmaya başladı.

Telefon çıkardığı seslerle Galen'in yüzüne, ne kadar büyük bir ahmaklık yaptığını haykırıyor gibiydi. Normalde yaptıkları planda böyle bir şey yoktu ve telefon çaldığına göre kesinlikle yolunda gitmeyen bir şey olmuştu. Bu da yetmezmiş gibi Galen, saçma sapan düşüncelerin beynini işgal etmesi nedeniyle sahip olduğu tek kozu yaşlı bir adamın avuçları arasına bırakmıştı. O kadar derin bir çaresizlik hissetti ki bir an korkudan telefonu açmak bile istemedi. Pia'ya bir kez daha hayal kırıklığı yaşatmanın acısını kaldıramazdı.

Galen'in telefonu çaldığı sırada, Pia bir arabanın arka koltuğunda, yıllar önce ölmüş olması gereken annesi Eva ile telefonda konuşuyordu. O an beyni esir alınmış Galen'in bunu bilmesi imkânsızdı. Her ne kadar telefonu açmakta tereddüt yaşasa da az önce kendisine gelen emirlere uymayan başparmağı gelen uyarıyı şimdi fark etmiş gibi telefonun açma düğmesine bastı. Başparmağının gecikmiş cevabıyla panikleyen Galen hızlıca telefonu kulağına götürdü. Normalde konuşması gereken dudakları âdeta mühürlenmiş gibiydi. Sanki karşısındakinin daha çabuk konuşmasını sağlayacakmış gibi telefonu iyice kulağına bastırdı. Hattın diğer ucundan gelen ses Pia'ya veya daha önce duymuş olduğu birine ait değildi. Karşısında inanılmaz büyüleyici ses tonuna sahip bir kadın vardı.

"Merhaba Galen. Senin gibi birinin dünya üzerinde var olduğunu bilmek benim için büyük bir mutluluk. Keşke seninle farklı şartlar altında tanışmış olsaydık. Aslında senden öğrenmek istediğim o kadar çok şey vardı ki."

Sesinin titremesini engelleyemeyen adamın ağzından çıkan tek kelime "Kimsiniz" sorusu oldu. Karşı tarafta hafif bir sessizlik oluştu. Sanki söyleyecek daha çok şeyi vardı ama adam anlamsız sorusuyla buna engel olmuş gibiydi. Kısa bir iç çekişin ardından konuşmaya devam etti.

"Adım Dura. Sen beni tanımasan da ben seni çok iyi tanıyorum. Birazdan söyleyeceklerim hepinizi ilgilendiriyor. Telefonun hoparlörünü açabilir misin?"

Galen, kadının isteğini yerine getirdiğinde telefondan çıkan tek kelimelik ses, ameliyathanenin içinde yayıldı.

"Sonunda..."

Duydukları ses, herkesin garip bakışları altında kendisine gidecek bir yer arıyor gibiydi. Noah'ın büyük bir şaşkınlıkla açılmış gözleri bu kelimenin hangi kulağa ait olduğunu çok net gösteriyordu. Son 20 dakika içerisine hayatının en ilginç sürprizleri sığsa da Noah en büyük şaşkınlığını, bu ses karşısında yaşıyor gibiydi. Dünyanın en büyük gücüne sahip yüce Origon oldukça titrek ve alçak bir sesle "Dura" dedi. Telefondan iç çekişlere benzeyen birtakım nefes sesleri geliyordu. Kadın ağlayarak konuşmasına başladı.

"Hayatım. Varoluş nedenim. Sen... Sen ölemezsin..."

Telefondan çıkan kelimeler üzerine Alhazen ve diğer kranialler büyük bir şaşkınlıkla Noah'a baktılar. Demek ki söylentiler doğruydu. Origon'un herkesten gizlediği yasak bir aşkı vardı. Ama o sırada Noah bu bakışların hiçbirisini göremedi çünkü hoparlörden çıkan "ölemezsin" kelimesi bir anda damarlarında büyük bir korkunun dolaşmasına neden olmuştu. Üzeri bomba kaplı delirmiş bir adam tarafından tutsak alınmış olsa da hiçbir zaman öleceğini düşünmemişti. Sonuçta Galen, Pia'nın kaçmasını sağlayarak amacına ulaşmıştı. Diğer taraftan Alhazen'in müthiş ustalığı sayesinde bombanın kumandası da artık kendilerindeydi. Ama Dura'nın ses tonundaki vurgu, Noah'ın ilk kez ciddi bir şekilde ölümü hissetmesine neden olmuştu. Çünkü kadın tespitlerinde bugüne kadar bir kere bile yanılmamıştı. Muhtemelen bu tespiti de doğru çıkacaktı.

"Defalarca uyardım seni. Ama bir türlü bana inanmak istemedin. İşte sonuç karşında sevgilim. Neon'un kalbinde seni esir aldılar. Hiçbir kral kendi evinde esir alınamaz Noah. Bunun için ancak evden birinin ihaneti gerekir."

Galen de dahil olmak üzere herkes büyülenmiş bir şekilde kadını dinliyordu. Ameliyathanenin içinde kısa bir sessizlik oluştu.

Dura sanki kelimelerini özenle seçmeye çalışıyormuş gibiydi.

"Bize, insanlık için, bilim için yapacağımız muhteşem devrime ihanet edip seni sırtından bıçaklayan kim biliyor musun?"

Noah kendisine sorulan her soru ile ölümün soğuk elini daha da kuvvetli hissetmeye başlamıştı. Galen'in içeri girdiği o ilk anda fark etmişti zaten. Bu zavallı yaratık tüm bunları tek başına planlayacak güçte değildi. Kendi evindeki biri tarafından çok büyük bir ihanete uğramıştı.

"Galen'i evimize sokan kişi Atlas. Kendi evinde esir olmana neden olan kişinin sıradan bir optogen olduğunu düşünme sakın. O sadece ne emredildiyse ona uyan bir asker. Evet sevgilim, sırtındaki bıçağın adı Atlas ama onu tutan hain el şu an tam karşında duran Alhazen. Ne yazık ki hayatın artık bu hain bunağın ellerinin arasında."

Ameliyathanenin içinde yayılan son cümle tüm gözlerin büyük bir şaşkınlıkla Alhazen'e dönmesine neden olmuştu. Bomba kumandasını elinde tutmakta olan yaşlı adam ise olabildiğince ifadesiz bir şekilde sadece karşısındaki boşluğa bakmaktaydı. İlk harekete geçen Noah olmuştu. Beyninin bir kısmı Dura'nın burada olanlar hakkında nasıl bilgi sahibi olduğunu anlamaya çabalasa da ölümün soğukluğu tüm düşüncelerini dondurmuştu. Vücudu yaşlı adama doğru hızla fırlamasına rağmen kafasında tek bir gerçek vardı. Ölümsüzlüğü aradığı bu savaşta, ölüme en yakın olan yaşlı bir hain tarafından öldürülecekti.

Beyin kanaması geçiren bir insan tam olarak ne yaşar bilmiyordu ama Galen şu anda beynindeki her bir nöronu kanıyormuş gibi hissediyordu. Hiç tanımadığı Dura adlı bir kadın, yaptıkları çok gizli plandan haberdardı ve bir anda Atlas'ı deşifre etmişti. Bu da tek bir anlam ifade ediyordu. Atlas dürüst olsun ya da olmasın, Pia'nın hayatı tehlikedeydi. Kendisine bir şans daha verilmesine rağmen yine başaramamıştı. Noah'ın Alhazen'e doğru hareketini ağır çekimde izliyormuş gibiydi. İşte tam o anda önce elindeki telefonun kapanma sesini duydu, ardından vücuduna yapışık şekilde duran bombalardan gelen bir titreşim hissetti.

Her şey sadece bir saniye sürmüştü. Patlamayla beraber vücudundaki her bir parçanın kendisinden uzaklara doğru fırladığını hissetti. Tıpkı evrenin patladığı *bing bang* gibi vücudu etrafa saçılıyordu. Filmin sonu, başlangıcıyla aynıydı. Yıldız tozlarından gelen hayat yine yıldız tozlarına parçalanıyordu. Galen, elinde kalan tek saniyeye tek bir görüntüyü sığdırmıştı. Bebek arabasını yakaladığı sırada kirli ellerini tutan o beyaz, minik eli düşündü. Bebek Pia sanki "Korkma ben yanındayım" dermiş gibi Galen'in çamurlu elini tutmuştu. Nöronları arasında oluşan bu görüntü bir saniye içinde tıpkı vücudu gibi parçalara ayrıldı. Geriye ise sadece sonsuz bir karanlık bıraktı.

Bölüm 103

Vagusstoff ve Konuşan Ampül

Işık herkesi parlak gösterir.
Bir insanı gerçekten tanımak istiyorsanız
ona karanlığın en siyah olduğu anda bakın.

Pia'nın bir arabanın arka koltuğunda yıllar önce ölmüş annesini gözyaşları içinde dinlediği sırada, Dura bir telefon hoparlörü aracılığıyla Noah'a yapılan büyük ihaneti açıklıyordu. Tam bu sırada, ameliyathanenin bulunduğu binadan 1417 metre uzaklıkta bulunan 12 katlı bir binanın 11. katındaki bir adam dışarıyı izliyordu. Tüm ışıkları kapalı olan binanın sadece 11. katında, tek bir odada ışık vardı. Boş odayı güçlü bir şekilde aydınlatan ampülün altında duran adam, bir yakınını bekler gibi büyük bir özlemle pencereden dışarıya bakıyordu. İki yıldır hayalini kurduğu gün nihayet gelmişti. Üzerinde sadece çok özel günlerde giydiği kranial cübbesi vardı. Bu gece bu cübbeyi son bir kez giymek istemişti çünkü yarından itibaren dünyanın en güçlü insanı olacaktı. Elinde tutmakta olduğu radyo görünümlü yeşil kutudan çıkan mekanik ses, boş odanın içinde garip bir şekilde yankılandı.

"Gösteriye hazır mısın Otto?"

Adamın yüzündeki sert hatlarda en ufak bir değişim olmadı. Sadece sol elinin serçe parmağında hafif bir ileri geri titreme hareketi meydana geldi. Gösterinin ne anlama geldiğini bilse de neyle karşılaşacağı hakkında hiçbir fikri yoktu. Kendisine iki gün önce gelen şifreli mesaj çok netti. Uzun zamandır beklediği kutsal gün nihayet gelmişti. Bu önemli olaya şahit olmak için belirtilen tarih ve saatte daha önce hayatında hiç görmediği bu binaya gelmesi istenmişti. Evin içinde görmesi gereken hiçbir şey yoktu ve pencereden gördüğü manzara da herhangi bir şehrin sıradan akşamına ait bir görüntüden başka bir şey değildi. Otto derin bir nefes aldı ve net bir şekilde "Hazırım" dedi.

Kelimeler ağzından çıktıktan tam 11 saniye sonra uzaklardaki bir binanın üst katlarından birinde oldukça şiddetli bir patlama meydana geldi. Karanlık gökyüzüne yükselen alevler, adamın dudaklarında çok zor fark edilebilecek bir gülümsemenin oluşmasına neden oldu.

Post Tenebras Lux

Vagus'un iki gün önce gönderdiği son mesaj, daha önceki gizli mesajlarının aksine Latince bir deyişle bitmişti. Otto ilk başta herhangi bir anlam veremese de şu an mesajın neden bu şekilde bittiğini anlıyordu. Bu ifade Neon'un ritüelleri içerisinde oldukça sık kullanılan ve "karanlıktan aydınlığa" anlamını içeren bir sözdü. Tıpkı şu an şahit olduğu gibi. Uzaktaki binadan çıkan alevler âdeta karanlığı aydınlığa dönüştüren kutsal bir işaret gibiydi. Sekiz yıldır kranial olarak görev yapan Otto, artık bu kutsal işaret ile Neon'un yeni Origon'u olmuştu. Şimdilik bu gerçeği sadece kendisi ve Vagus biliyordu ama kısa bir zaman içerisinde Neon'daki herkes öğrenecekti. İşin ilginç tarafı Vagus, bu kehaneti tam 18 ay öncesinden ima etmişti. Otto'nun o dönemlerde böyle bir şeye inanması imkânsızdı ama sonrasında gelişen süreçte şahit olduğu her şey Vagus'un her zaman haklı çıktığını göstermişti. Bu durum, içinde bir miktar tedirginliğe neden olsa da yaptığı şeyden asla pişman değildi.

"*Post Tenebras Lux* yüce Origon'um. İnsanlığın kaderi artık sizin elinizde. Onu en güzel şekilde yazacağınızdan şüphemiz yok."

Origon olarak anıldığı ilk cümlenin yeşil bir kutudan çıkan mekanik bir ses olması Otto için önemsiz bir detaydı. Çünkü artık mutlak güç ellerinin arasındaydı. Tıpkı Vagus'un söylediği gibi insan denen memelinin kaderini dilediği gibi yazabilecekti. İçinde meydana gelen duygu değişimlerini hiçbir şekilde yüzüne yansıtmadan boşluğa doğru konuştu.

"Üstat Vagus. Ulaştığım yer ne kadar yüksek olursa olsun nereden geldiğimi ve beni buraya getirenleri asla unutmayacağım. İnsanlığın kaderini yazacak kalemi beraber tutacağımızdan emin olabilirsiniz."

Kısa bir sessizliğin ardından yeşil kutudan "Uag yüce Origon" cümlesi çıktı ve bu cümleyi takip eden bir cızırtı duyuldu. Son söz söylenmişti. Otto, kutuyu cebine koyarak yanmakta olan binaya son bir kez baktı. Dünyanın en güçlü insanının kendi evinde patlatılarak öldürülmesi aynı zamanda yeni Origon'a verilen derin bir mesajdı. Yeryüzünün en yüksek tepesine bile çıksanız üzerinizde her zaman bir gökyüzü olacaktı. İnsanlık tarihi boyunca birçok kültürün, Tanrılarını layık gördüğü yer gökyüzüydü ve Otto, Neon'un Tanrılarının da gökyüzünde yaşadığını biliyordu. Adı Origon olsa da kendisi sadece bir elçiydi. Gökyüzündeki Tanrılardan gelen mesajları insanlara iletecek bir elçi.

Odanın ortasında donmuş gibi duran adam bir anda hareket ederek kapıya yöneldi. Kranial olarak girdiği bu boş daireden Origon olarak çıkıyordu. Dairenin kapısını açtığında beyni bir anda her şeyin başlangıcı olan güne gitti. Otto, diğer kranialler gibi kendisine hizmet eden asistanlarıyla beraber özel bir evde yaşıyordu. Bu evin çatı katında sadece Otto'nun parmak iziyle açılan küçük bir oda vardı. Ne olursa olsun kendisi dışında birinin bu odaya girmesi kesinlikle yasaktı. Burası kranialin, dünyadan uzaklaşmak için kullandığı küçük mabediydi. İşte bir gün bu odaya girdiğinde çok ilginç bir görüntü ile karşılaştı. Sandalyesinin üzerinde yeşil bir kutu ve yanında katlanmış bir kâğıt parçası vardı. Kâğıdın üzerine sadece üç cümle yazılmıştı.

"Neyi aradığını biliyorum Otto. Sana eşlik edemem ama kapıdan geçmeni sağlayabilirim. Bunun için tek yapman gereken kutunun üzerindeki düğmeye basmak."

Bir kranial olarak güvenlik protokolü çerçevesinde yapması gereken, hemen oradan uzaklaşıp bu gelişmeyi Neon'la ve Origon'la paylaşmasıydı. Ama bunu yapmak yerine elindeki kâğıdı sakince katlayarak cebine koydu ve yeşil kutuyu aldı. Dikdörtgen şeklindeki, hafif kutunun üzerinde sadece bir düğme vardı. Düğmenin hemen altında ise 8 adet küçük delik bulunmaktaydı. Otto en ufak bir güvenlik endişesi hissetmeden düğmeye bastı. Sonuçta bir kranialin evine, üstelik Otto dışında kimsenin giremediği bir odaya kolaylıkla girmiş olmaları tek bir gerçeği gösteriyordu. Eğer isteselerdi Otto'ya çoktan zarar vermiş olurlardı.

Önce bir cızırtı duydu. Sanki elinde eski tip bir telsiz vardı. Yeşil kutudan çıkan mekanik ses adamın ne duymak istediğini çok iyi biliyor gibiydi. Adının Vagus olduğunu söyleyen bu ses, yeşil kutunun sadece yüksek şifreleme gücüne sahip, sesi tek taraflı ileten bir cihaz olduğunu söylemişti. Yani birileri bu karmaşık şifre ağını kırmayı başarsa bile sadece Vagus'u duyabilirdi. Kiminle konuştuğunu ya da karşıdakinin ne söylediğini öğrenmeleri imkânsızdı. Eski tip radyo görünümündeki bu kutu aslında tam anlamıyla radyo gibi çalışmaktaydı. Sadece şifrelenmiş frekansı ile tek bir kişiye özel yayın yapıyordu ve mikrofonun başında Vagus vardı. Bu durumda Vagus'un, Otto'yu duyma şansı yoktu ama kutudan gelen ses bu konuya açıklık getirmişti. Zaten şu aşamada Otto'nun sadece dinlemesi yeterliydi. Eğer karşılıklı konuşmaları gerekirse ihtiyaç duyacakları şey sadece basit bir ampül olacaktı. Hatta Vagus kullanacakları yöntemin adını bile söylemişti: *Lambafon.*

Kranial olduğundan dolayı Neon'da gerçekleştirilen mükemmel teknolojilerin bir kısmına hâkimdi. Bu bilgiler hiçbir zaman dış dünyayla paylaşılmaz, sadece Neon'un çıkarları doğrultusunda kullanılırdı. İlk başta *lambafon* adlı teknolojinin de yine bilim dünyasından saklanan çok gizli bir iletişim yöntemi olduğunu sanmıştı. Oysa yaptığı basit bir internet aramasında bu bilgiye herkese açık bir bilimsel makalede ulaşmıştı. Neon gibi çok gizli bir organizasyonun 12 kranialinden biri de olsa bir ampüle konuşularak iletişim kurulabileceğine ilk kez şahit oluyordu.

Lambafon yöntemini bilim dünyasıyla paylaşan makale, 2020 yılında yayınlanmıştı. Yanan bir ampüle çarpan ses dalgalarını algılayabilen bu sisteme, lamba ve telefon kelimelerinin birleşiminden oluşan "lambafon" adı verilmişti. Normalde konuşma denilen eylem, ağzın birtakım hareketleri sonucu havada oluşan ses dalgalarından başka bir şey değildi. Eğer bu dalgalar insan gözü tarafından görünür olsaydı belki de ne söylendiği sadece dalgaları okuyarak anlaşılabilirdi. Aslında lambafon adlı sistemin yaptığı analiz tam da bu fikre dayanıyordu. Artık ses dalgaları havadayken de görünüp okunabiliyordu. Bunun için ihtiyaç duyulan asıl şey bir ampüldü.

Normalde bir oda içinde yayılan ses dalgaları, ulaştıkları her yüzeye çarparak bir titreşim oluştururlardı. Zaten işitme dediğimiz olay da bu dalgaların çarptığı kulak zarının titreşmesiyle meydana gelen bir süreçti. İlginç bir şekilde bu dalgalar bir lambaya çarptığında, ışığın etkisiyle lamba yüzeyinde birkaç yüz mikron büyüklüğünde titreşimler oluşturmaktaydı. İnsan gözünün bu titreşimleri görebilmesi imkânsız olsa da hassas elektrooptik algılayıcılar bu görüntüyü kolay bir şekilde algılayabilmekteydi. Yani ışığa çarpan ses dalgaları bir anda görünür hale geliyordu. Sonrasında yapılan şey ise oldukça basitti. Bir yazılım aracılığıyla ışığın üzerindeki bu titreşimler, tekrar ses dalgalarına dönüştürülmekteydi. Üstelik lambafon adlı sistem tüm bunları eş zamanlı olarak yapıyordu. Yani ne kadar uzakta olursa olsun bir odanın lambasının görülmesi, o odada konuşulanları lambafon aracılığıyla dinlemek için yeterliydi. Güçlü bir teleskop, elektrooptik algılayıcılar ve yazılımdan oluşan lambafon, gerçekten inanılmaz bir iş başarıyordu (2).

Vagus iki yıllık süre içerisinde, kendisiyle çok az iletişim kurmuştu ama Otto'nun, radyo görünümlü yeşil kutudan duyduğu az sayıda bilgi hayati derecede önemliydi. Bu bilgilerin bazılarını Origon Noah bile bilmiyor olabilirdi. Hatta Otto'ya verilen bilgilerden bazıları âdeta kehanet gibiydi. Uzun bir süre bu kehanetlere şüpheyle baksa da hepsi zaman içinde gerçekleşmişti. Hatta Origon olacağını söyleyen en son kehanet de az önceki patlamayla gerçeğe dönüşmüştü. Tüm bunlar mantıkla kavranamayacak kadar zor denklemlerdi. O nedenle sadece dinliyor ve kendisine söylenenleri sorgulamadan uyguluyordu. Eğer Vagus'a iletmesi gereken bir bilgi olursa içi gözüken bir odaya geçip ışık altında konuşması yeterliydi. Çünkü Vagus gökyüzünde yaşıyordu ve istediği her yeri görebilirdi.

Otto, 12 katlı binanın sokağa açılan kapısına ulaştığında daldığı düşüncelerden sıyrılmıştı. Dışarı çıkmadan önce üzerindeki cüppeyi çıkarıp, katladıktan sonra kolunun altına yerleştirdi. Dışarıda yürüyüş yapmak için harika bir akşam havası vardı. Buraya herkesten gizli gelmek zorunda kaldığı için uzaktaki evine toplu ulaşım araçlarını kullanarak gidecekti. Kranial olduğundan beri en son ne zaman bu kadar özgürce dolaştığını hatırlamıyordu ama bu duyguyu inanılmaz özlemişti. Yolun karşı tarafına geçmek isteyen Otto, araçlara yanan kırmızı ışıkla beraber etrafındaki insanlarla karşı tarafa yürümeye başladı. Kaderlerini elinde tuttuğu ve hiç tanımadığı bu sıradan insanların arasında yürüyor olmak garip bir haz almasına neden olmuştu. Ne etrafında yürüyen insanlar ne de arabasının içinde yayaların geçmesini sabırsızlıkla bekleyenler dünyanın en güçlü insanının sadece birkaç metre yakınlarında olduğunun farkındalardı. Bu durum Otto'ya daha önce deneyimlemediği bir keyif vermişti. Fakat hayat Otto'nun hayal edebileceğinden çok daha karışık bir denklemdi çünkü tam o sırada hem Neon hem de kendi kaderi için çok önemli olan bir hazine, sadece birkaç metre uzağındaydı ve adam, bu gerçeğin zerre farkında değildi. Işıkta bekleyen araçlardan birisinin içinde Noah'ın ölümüne neden olan Atlas adında optogen bir asker ve Pia adında kutsal bir emanet bulunmaktaydı. Hayat böyleydi işte. Bazen insanın kaderi burnunun dibine kadar gelirdi ama dünyanın en güçlü insanı olmak bile onu görmeye yetmezdi.

Bölüm 104

Echo ve Neon'un Çocukları

Zamanında "ilk görüşte aşk" hakkında bir şeyler okumuştu ama "ilk duyuşta aşk" gerçekten sıradışı bir durum olsa gerekti.

Atlas arabanın aynasından arka koltukta uyuyan kıza baktı. Pia'nın yüzünde o kadar masum bir ifade vardı ki bu kızın, birkaç saat önce kulağından bir parçayı ısırarak koparmış olduğuna halen inanamıyordu. Muhtemelen eli de aynı fikirdeydi çünkü gerçekten de böyle bir şeyin yaşanıp yaşanmadığını kontrol etmek istermiş gibi refleksel bir şekilde kulağına doğru gitmişti. Ama kulak için kızın masum görüntüsünün zerre önemi yoktu ve kendisine dokunan elin bu şüpheciliğinden hiç memnun kalmadığını keskin bir acı şeklinde belirtmişti.

Binada meydana gelen patlama sonrasında, kızı girdiği şoktan çıkarması için epey bir uğraş vermesi gerekmişti. Neyse ki Pia, Atlas'ın kendisine verdiği hapları hiç zorluk çıkarmadan kabul etmişti. Adam "Uyuyacaksın" demişti, "rüya bile göremeyeceğin kadar karanlık bir uyku". Pia, duygusal açıdan öylesine büyük bir acı içerisindeydi ki bir saniye bile düşünmeden hapları ağzına atmıştı. Çünkü Galen'in kendisini patlatmış olma ihtimalinin yarattığı acı, kızgın demir bir top gibi kafasının içinde oradan oraya yuvarlanıyordu. İlaçlar düşündüğünden çok daha hızlı etki göstermişti ve şimdi arka koltukta daha önce hiç deneyimlemediği karanlık bir uykuya dalmıştı.

Şehirden uzaklaşalı yaklaşık iki saat olmuştu ve önlerinde oldukça uzun bir yol vardı. Atlas yaşanılanları düşünmemeye çalışsa da bastırdığı duygular tekrardan yüzeye çıkıp nefes almak istiyor gibiydiler. Çocukken öldürmek için yemin ettiği manevi babası Alhazen, bu akşam patlayarak moleküllerine ayrılmıştı. Bu düşünce sol gözünden belli belirsiz bir damlanın çıkmasına neden oldu. Bu gözyaşının içindeki hüzün müydü yoksa mutluluk mu, kendisi de bilmiyordu. Yıllardır Neon'un kutsal amaçlarına hizmet etmesi için yetiştirilen vücudu, yaptığı ihaneti kabullenmek istemese de özgürlüğün tadını ilk kez hissetmişti. Korku, heyecan, hüzün ve mutluluk gibi tüm temel duyguları eş zamanlı yaşayan beyni bir miktar karışsa da emin olduğu tek bir gerçek vardı. Çok uzun zamandır sessizce gelişmeleri izleyen Neon'un Çocukları sonunda harekete geçmişti.

Yaşadıkları sürecin kimler tarafından, ne zamandan beri planlandığı hakkında hiçbir fikri yoktu. Ama Atlas'ın bu plana dahil olması yaklaşık 4 yıl öncesine dayanıyordu. Neon'un kirli işlerinden birini halletmek için gittiği ülkenin köhne bir otelinde tüm hayatını değiştirecek bir olay yaşayacağından habersizdi. O günler, hayatının belki de en zor dönemini geçiriyordu. Yaptığı işten ve yaşadığı hayattan öylesine nefret ediyordu ki ulaşabildiği tek çözüm yaşamını sonlandırmak olmuştu. Normalde optogenlerin, işlerin ters gitmesi durumunda uygulayacakları prosedür belliydi ve her biri acısız bir şekilde hayatlarını sonlandıracak hapları üzerlerinde taşıyorlardı.

Atlas'ın eli birçok kez haplara gitmiş fakat bir türlü nihai sona ulaşmayı becerememişti. Ama bu sefer farklıydı. Kaldığı otel odasının duvarları o kadar karanlık ve köhne gözüküyordu ki sanki o güne kadar çok fazla ölüm ve şiddete şahit olmuş gibiydiler. Kader âdeta kendisini bu ölüm odasına getirmişti ve bunun bir anlamı olmalıydı. Israrla bakmak istemese de hayat ne yapması gerektiğini hatırlatmak istiyor gibiydi. Adamın eli bu sefer emin bir şekilde haplara gitti ama içinde bulunduğu oda, sanki tek bir ölüme daha katlanamayacakmış gibi telefon çalmaya başladı. Atlas bir süre boyunca telefonun susmasını bekledi ama telefon her defasında daha da uzun çalarak adamı ikna etmeye çalışıyor gibiydi. Hattın ucundaki resepsiyon görevlisi, kendisine bir telefon geldiğini belirttiğinde, Atlas kızgınlıkla bir yanlışlık olduğunu söyledi. Sonuçta Neon'un içerisinde Atlas'ın yerini bilecek kişi sayısı en fazla üç ya da dörttü ve onların da telefon aracılığıyla iletişim kurması imkânsızdı. Ama resepsiyon görevlisi tam da çalıştığı otele yakışacak şekilde adamın ne dediğine aldırmadan çoktan karşı tarafı telefona bağlamıştı. Telefonu kapatıp kapatmama arasında yaşadığı ikilem, duyduğu ses ile bir anda paramparça olmuştu. Gerçekten de telefon kendisine gelmişti ve teorik olarak böyle bir şeyin olması imkânsızdı.

Atlas, herkesin oldukça hızlı gittiği dümdüz otobanda arabayı hiçbir acelesi olmayan, tatile giden bir emekli gibi kullanıyordu. Geçmişte ahizeden duyduğu o sesi düşünmek bile yüzünde huzurlu bir görüntünün oluşmasına yetmişti. Öyle ki bir parçası kopmuş kulağından gelen ağrı sinyalleri bile bu huzura saygı duymak için susmuş gibiydiler. Telefondan gelmiş olan "Atlas" sesi bir kadına aitti. Sesini hayatında ilk kez duyduğu kadının telefonda kurduğu cümlelerin pek bir önemi yoktu çünkü Atlas bu mükemmel sese âdeta âşık olmuştu. Zamanında "ilk görüşte aşk" hakkında bir şeyler okumuştu ama "ilk duyuşta aşk" gerçekten sıradışı bir durum olsa gerekti. Aslında hissettiği duyguyu sadece aşk olarak tanımlamak bu duyguya karşı yapılmış büyük bir haksızlık olurdu. Atlas'ın hissettiği kutsal bir aşk ve huzur haliydi. Sonrasında neden böyle hissettiğini çok iyi anlayacaktı ama otel odasında duydukları sadece birkaç cümleden ibaretti.

"Ne hissettiğini biliyorum Atlas. Ben ve kardeşlerim uzun bir süredir seni izliyoruz. Zaman yaklaşıyor ve sen, bizim için çok önemlisin. Çünkü sen de bizim bir parçamızsın. Şu an için isteğimiz biraz daha dayanman. Uzun zamandır kafanı kurcalayan düşünceleri bir kenara bırak ve sana verilen tüm görevleri eksiksiz bir şekilde yerine getirmeye devam et. Tüm bunların canını ne kadar yaktığını biliyorum ve tekrar konuştuğumuzda bilmen gereken her şeyi sana anlatacağım. Ama telefonda değil. Hiç kimsenin bizi asla duyamayacağı, sadece ikimizin olacağı bir yerde buluşacağız. Sabırla bekle lütfen."

Atlas "Sadece ikimizin olacağı yer" diye içinden tekrarladı. Geçmişi düşünmek direksiyonu tutan avuçlarının terlemesine neden olmuştu. Tıpkı bir çocuk gibi avuçlarını hızlıca kıyafetine sildi. Çok iyi hatırlıyordu. Kadın telefonu kapadığında ahizeyi tutan elleri şu an olduğundan çok daha fazla terlemişti. Elindeki telefonla odanın ortasında öylece büyülenmiş gibi kalakalmıştı. Terden bunalan ahize, çıkardığı kesik sinyal sesleriyle adamdan kendisini yerine koymasını istiyor gibiydi. Ama bu sesler adama ulaşmıyordu çünkü o sırada Atlas'ın beynindeki tüm nöronlar, az önce duyduğu bu mükemmel sesi hep bir ağızdan tekrarlayarak beyninin kıvrımlarında yankılanmasını sağlıyorlardı.

Hipnotize olmuş bir şekilde yola bakan Atlas'ın dudaklarının arasından oldukça düşük bir sesle "Echo" kelimesi çıkmıştı. Kelime o kadar sessiz çıkmıştı ki muhtemelen dudakları bile ne söylediklerini duymamıştı. Ama Atlas yine de hızlıca aynadan uyumakta olan Pia'yı kontrol etti. Çünkü Echo, adamın varoluşuna ait en önemli sırdı ve hiç kimse bu sırrı bilmemeliydi. Aslında bu kutsal sesin sahibine Echo adını Atlas vermişti. Çünkü telefonu kapadıktan sonra da kadının sesi uzun bir süre kafasının içinde yankılanmaya ve yaşamaya devam etmişti. Tıpkı Yunan mitolojisindeki güzeller güzeli orman perisi Echo'nun sesi gibi. Atlas, mitolojiye her zaman ilgi duymuştu ve Echo'nun hüzünlü hikâyesini çok iyi biliyordu. Bu hikâyenin detaylarıyla ilgili çok farklı anlatımlar olsa da hepsinin sonu aynı hüznü taşıyordu.

Mitolojik efsanenin bir versiyonunda yarı keçi yarı insan görünümlü Orman Tanrısı Pan, bir gün güzeller güzeli Echo'ya âşık oldu. Ama ne yaparsa yapsın bir türlü aşkına karşılık bulamadı. Bunun üzerine öfkelenen Pan, emri altındaki çobanları Echo'ya saldırmaları için kışkırttı. Çobanlar tuzağa düşürdükleri Echo'yu acımasızca öldürüp parçalara ayırdılar. Her bir parçasını ormanda bir yere attıkları için kadından geriye hiçbir şey kalmadı. Rivayete göre sadece sesleri duyduğu yerde var olmaya devam edebildi.

Hikâyenin bir başka anlatımında ise Echo, Zeus'un kıskanç karısı Hera'nın gazabına uğramıştı. Buna göre Zeus bir gün perileri ziyaret etmeye karar verdi ve kendisini takip eden Hera'dan saklanmak için Echo'yu kullandı. Echo, Hera'nın dikkatini başka yöne çekip perilerin saklanması için vakit kazanmaya çalışsa da Hera, kızın ne yapmaya çalıştığını fark etti ve kendisini aldatmış olmasına çok öfkelendi. Echo'yu sonsuza kadar lanetledi ve kız o günden sonra asla kendi cümlelerini kuramadı. Sadece kendisine söylenen sözün son kısmını tekrar edebildi.

Atlas'a göre hikâyenin bu halleri kötü birer uydurmaydı. Efsanenin bir başka yorumu, Echo'nun kaderini çok daha gerçekçi bir şekilde ele alıyordu çünkü bu sefer âşık olan Echo'ydu. Bir gün ormanda inanılmaz yakışıklı Narcissus'u gören kız anında genç delikanlıya tutulmuştu. Fakat Narcissus, kızın sunduğu bu saf aşkı görmezden gelmişti. Bunun üzerine Echo öyle bir ümitsizliğe kapıldı ki kendisini herkesten uzak bir mağaraya kapattı. Büyük bir üzüntü içinde Narcissus'u düşünerek günden güne eridi ve geriye sadece kemikleri ve muhteşem sesi kaldı. Zamanla kemikleri kayalara dönüştü ve Echo'nun ruhu da kayaların arasında sonsuza kadar dolaşmaya başladı. Ne zaman yaşayan bir canlının sesini duysa orada olduğunu ona göstermek için o sese karşılık verirdi.

Efsanenin çok fazla çeşidi olsa da temel fikir hep aynıydı. Karşılıksız kalan aşklar, güzeller güzeli Echo'nun yeryüzünde sadece bir ses olarak kalmasına neden olmuştu. O nedenle Atlas, telefondan duyduğu bu büyüleyici sesin sahibine verilebilecek en uygun ismin bu olduğunu düşünmüştü. Kendi aşkının karşılıksız kalacak olması da hem ismin hem de Atlas'ın kaderine inanılmaz uyuyordu. Yine de bu sesin varlığı hayata dönmesi için fazlasıyla yetmişti.

Telefon görüşmesinin ardından Neon'un kendisine verdiği her görevi eksiksiz yerine getirmişti çünkü Echo'nun tek isteği buydu. Rutin görevler konusunda zorlanmasa da beklemenin yarattığı acı muazzamdı. Önce hafif başlayan bu acı zaman içerisinde giderek öyle bir büyüdü ki artık taşıyamayacağı bir ağırlığa ulaştı. Her geçen gün hayal gücünün kendisine bir oyun oynadığına daha kuvvetli inanmaya başladı. Tam eski ümitsizliğine geri döndüğü günlerden birinde, üzerindeki karanlığı yok eden bir rüyadan uyanacaktı.

Atlas, gözlerini açtığında her zaman gördüğü tavanı görmüştü. Optogenler için dizayn edilmiş, sıradan tek kişilik odasının tavanına bakıyordu. Ama bu sefer odasında yalnız uyanmamıştı. Kendisini uyandıran Echo olmuştu. Telefonla konuşmasının üzerinden neredeyse 9 ay geçmişti ve kadın sonunda Atlas'ı ziyarete gelmişti. Yatakta uzanmakta olan adam, kadının telefondaki son cümlesinin ne anlama geldiğini o an anlayabilmişti. *Hiç kimsenin bizi asla duyamayacağı, sadece ikimizin olacağı bir yerde buluşacağız* demişti Echo. Atlas, bu gizemli yerin neresi olacağını çok düşünmüş ama uygun bir yanıt bulamamıştı. Oysa şimdi kadının nereyi kastettiğini çok iyi anlıyordu çünkü Echo, Atlas'ı rüyasında ziyaret etmişti. Demek ki buluşacakları gizli yer beyninin içiydi. Aslında az önce rüyasında gördüğü yegâne şey bir ışıktı ama ışığın ortasında, çok belirsiz de olsa bir kadın silüeti vardı. Üstelik sesi inanılmaz netti. Sanki kulağının dibinde konuşuyor gibiydi.

"Neon'un Çocukları arasına hoş geldin Atlas. Yeryüzünde çok az sayıda ölümlünün sahip olduğu bu kutsal güç artık damarlarında dolaşacak. Hissetmeye çalış. Kehanetin bahsettiği diriliş gününe az kaldı. O günden sonra ışık tüm insanlığı kutsayacak. Alhazen'e olan nefretini görebiliyorum ama onu korumak zorundasın çünkü kehanetin kapısını açacak anahtar Alhazen'in elinde. Bunu asla unutma. Şimdi uyan. Çünkü yeniden diriliş için uyanman şart."

Yatakta hareketsiz bir şekilde yatmakta olan Atlas içinden "Neon'un Çocukları" diye tekrarladı. Az önce rüyasında duyduğu *kehanet, diriliş* gibi kavramların ne anlama geldiğini bilmiyordu. Açıkçası o an için umursadığı tek şey Echo'yu ne kadar özlemiş olduğu gerçeğiydi. Öyle ki az önce beyninde yankılanan ses bir yere kaybolmasın diye gözlerini sıkıca kapatıp, kımıldamadan yatmaya devam etti. O an uzun süredir aklında dolaşan gerçeği tüm benliğiyle kabul etmişti. Echo için her şeyi yapabilirdi.

Yanından hızla geçen bir araba ile daldığı düşüncelerden sıyrılan Atlas'ın yüzünde görülmesi gereken garip bir gülümseme vardı. Tüm çocukluğu acı verici bir eğitimle geçen bu acımasız askerin yüzündeki kaslar âdeta ilk kez gülümsemeye çalışıyor gibiydiler. O nedenle her biri nasıl kasılacağını bilmezmiş gibi garip bir ifade oluşturmuştu. Ne yazık ki karanlık ve yol dışında bu görüntüye şahit olacak kimse yoktu. Atlas, uzun bir süre Echo'nun varlığını kendi içinde sorguladı. Dört yıllık süre içerisinde sadece beş kere görüşmüşlerdi ve bu görüşmelerin hepsi adamın rüyasında gerçekleşmişti. O nedenle o köhne otel odasında yaptıkları görüşme olmasaydı tüm bunların beyninin bir oyunu olduğunu düşünebilirdi. Diğer taraftan kadının kendisine verdiği bilgiler şüpheye yer bırakmayacak kadar gerçekti. Üstelik Atlas oldukça gizli bu bilgileri hayatı boyunca ilk kez duyuyordu. Yani Echo beynindeki bir yanılsama olamazdı. Atlas, kutsal bir mucizenin önemli bir parçası olduğuna artık tüm kalbiyle inanıyordu. Zaten Echo, Pia'yı kaçırmadan birkaç gün önce yaptığı son ziyaretinde bunu kanıtlamıştı.

Atlas gözlerini açtığında yine her zaman gördüğü tavanı gördü ama bu sefer bir farklılık vardı. Dünyanın en yumuşak eli adamın sağ elini tutmaktaydı. Kafasını yana çevirdiğinde Echo'yu gördü. Bu sefer ışık yoktu. Kadın tüm gerçekliğiyle adamın yatağının kenarında oturuyordu. Yeryüzündeki en güzel varlık ne kadar güzel olabilirse Echo da o kadar güzel gözüküyordu. Bir an kalbinin durduğunu hissetti. Kalbiyle beraber zaman da durmuştu. Echo sanki bunu fark etmiş gibi diğer elini adamın göğsünün üzerine koydu. Tam o sırada durmuş olan kalp sanki ne yapması gerektiğini son anda hatırlamış gibi hızla atmaya başladı. Echo, Atlas'ın elini çevirip avcunun içini öpmüştü. Atlas ise âdeta nefesini tutmuş bir şekilde sadece kadını seyrediyordu. Sanki yıllardır aralıksız çalışan akciğerleri bile bu müthiş güzelliği doyasıya izlemek için kısa bir ara vermiş gibiydiler.

Echo'nun yaptığı hareket Neon ritüelleri açısından derin anlamları olan bir hareketti. Atlas sanki bir Origon'muş gibi Echo, adamın avuç içini öpmüştü. Sonrasında ise kulağına yaklaşarak ne yapması gerektiğini sessizce fısıldamıştı. Hemen gitmeli ve Galen'e ulaşmalıydı. Ne yaşayacağını ve başına neler geleceğini tıpkı masal anlatır gibi anlatmıştı. Dünyanın en güzel şarkısını yeryüzündeki en güzel sesli kadından dinliyor gibi hissetmişti. Tekrar gözlerini kapadı. Bu mükemmel sesin tek bir salisesini bile kaçırmak istemiyordu. Tam o sırada hiç beklemediği bir şey oldu. Kadın, sözlerini bitirdikten sonra Atlas'ın yanağına dünyanın en hafif öpücüğünü kondurdu. İşte bu öpücük ile dünyaya geldiğinden beri kayıp olan ruhu sanki tekrar bedenine dönmüş gibi bir anda yeniden canlandı ve gözlerini açtı. İnanılmaz bir şekilde odada kendisinden başka kimse yoktu.

Normalde hızla yatağından kalkıp etrafa bakması gerekirken yatmaya devam etti. Her zaman baktığı tavanda sadece iki ihtimal görüyordu. Muhtemelen yine benzer bir rüya görmüştü ya da Echo bir anda yok olabilen doğaüstü bir özelliğe sahipti. Beynindeki mantıklı hücreler oldukça gerçekçi bir rüyadan uyandığını anlatmaya çalışsa da Atlas az önce yaşadıklarının asla bir rüya olmadığını biliyordu. Çünkü vücudundaki değişimi hissedebiliyordu. Sanki ilahi bir dokunuşa maruz kalmış gibiydi. Neon'a ait optogen asker az önce yattığı sert yatakta ölmüştü. Atlas, Neon'un Çocukları'ndan biri olarak yeni hayatına uyanmıştı.

Kendisine verilen görevi harfiyen yerine getiren Atlas'ın Galen'e ulaşması hiç zor olmadı. Çünkü Pia'yı kaçırdıkları dağ kulübesi zaten *drone*'lar aracılığıyla sürekli gözlem altında tutuluyordu. Aslında adamı kulübesinde ziyaret edecekti ama Galen bir anda yolculuğa çıkmaya karar vermişti. Normalde bu, sadece Neon'daki ilgili sorumlunun bilmesi gereken bir gelişmeydi ama Neon'un Çocukları sayesinde sadece Atlas'a iletildi. Böylece Galen'i takip etmeye başlayan Atlas bu büyük buluşmayı N0R9'un evinde gerçekleştirmişti.

Beş saattir aralıksız araba kullansa da beyninde oradan oraya dolaşmakta olan hayaller sayesinde yolun nasıl geçtiğini anlamamıştı. Otobandan çıkalı neredeyse 40 dakika olmuştu. Atlas ve Pia'nın çok geniş yollarda başlayan yolculuğunda artık yollar daralmaya başlamıştı. Şu an bir ormanın içerisinde sadece tek bir aracın geçebileceği genişlikteki bir yolda ilerlemeye devam ediyordu. Arabanın farlarının aydınlattığı bölge dışında her yer zifiri karanlıktı. İlk başlarda yoldan uzakta olan ağaçlar her geçen dakika yola daha fazla yaklaşmıştı. Sanki geceyarısı bu ıssız bölgeye gelen kişilerin kim olduklarını merak ediyor gibiydiler. Arabanın farları yolun çok küçük bir kısmını aydınlattığından Atlas arabayı yavaş bir şekilde kullanıyordu. Tüm dikkatini yola veren adam keskin bir virajı döndükten sonra aniden frene bastı. Arabanın farları yolu boydan boya kapatan yüksek bir duvarı aydınlatmıştı. Atlas'ın görebildiği kadarıyla bu duvar, orman boyunca devam ediyor gibiydi. Sanki ormanın diğer tarafını modellemeye vakti kalmayan bir bilgisayar oyunu tasarımcısının gelişigüzel koyduğu anlamsız bir sınır gibi duruyordu. Atlas'ın ne yapacağı hakkında hiçbir fikri yoktu ama cevap çok kısa bir zamanda gökyüzünden geldi.

Duvarın üst kısmından gelen müthiş parlak ışık bir anda geceyi gündüze çevirmişti. Atlas koluyla gözlerini örttü. Çünkü ışık o kadar kuvvetliydi ki hiçbir göz kapağı bu ışığa tek başına karşı koyamazdı. Arabanın dışından birtakım elektronik sesler gelmeye başlamıştı. Muhtemelen burası bir sınırdı ve her sınırda olduğu gibi güvenlik protokolü uygulanıyordu. Birkaç dakika içinde ışığın gittiğini hissetti. Hızla etrafına baktığında aynı karanlık ve aynı ormanın içinde olduğunu gördü. Değişen tek şey farların aydınlattığı duvarda olmuştu. Oldukça yüksek duvarın alt kısmında sadece bir arabanın geçebileceği yükseklik ve genişlikte dikdörtgen bir açıklık oluşmuştu. Tıpkı bir geçit gibiydi ama diğer tarafında ne olduğu gözükmüyordu. Başka bir seçeneği olmayan Atlas çok dar bir alana park edecekmiş gibi büyük bir dikkatle arabayı hareket ettirdi ve açıklığa girdi. Hayatında ilk kez tavanı bu kadar alçak bir yerden arabayla geçiyordu. Benzer şekilde arabanın aynaları da neredeyse yanlarındaki duvarlara sürtünecek kadar yakındı. Kapalı alan korkusu olan birisi için tam anlamıyla mezar gibi bir yerdi. Ağır bir şekilde dümdüz ilerleyen araç yaklaşık 500 metre sonunda her tarafı aydınlatılmış oldukça modern görünümlü bir tünele ulaşmıştı.

İçine girdiği tünel sadece tek bir aracın ilerleyebileceği genişlikteydi ve yukarı doğru eğimliydi. Sanki rayları kaldırılıp yerine asfalt dökülmüş bir metro hattında araba kullanıyor gibiydi. Uzun bir süre duvarları kesintisiz bir şekilde devam eden tünelin içinde ilerleyen Atlas, yolun ilerisindeki farklı görüntü nedeniyle bir anda yavaşladı. Sol tarafında yaklaşık 10 metre uzunluğunda bir platform vardı. Tipik bir metro istasyonunu andıran platformun tek eksiği, üzerinde bekleyen yolcuların olmamasıydı. Bir an durup durmama arasında kararsız kalan Atlas arabayı sürmeye devam etti. Tam 54 dakika sonunda varış noktasına ulaşmıştı. Yol boyunca yedi tane platform geçen Atlas, sekizinci platformda durmuştu çünkü karşısına tüm tünelin içini kaplayan ve durmasını söyleyen kırmızı bir hologram levha çıkmıştı. Hologramın arkasında yolun daha da yukarı doğru devam ettiği görülebiliyordu.

Kafasını soldaki platforma çevirdiğinde artık doğru yerde olduğundan emindi. Platformun üzerinde uşak kıyafeti giymiş bir adam vardı ve elinde Atlas yazan bir karton taşıyordu. Son birkaç saattir tek bir araba ya da insan görmeyen Atlas kendisini garip bir bilimkurgu filmindeymiş gibi hissetti. Başka alternatifi olmayan vücudu arabadan inip kendisini bekleyen adama doğru ilerledi.

"Hoş geldiniz Efendi Atlas. Adım Şaperon ve size eşlik etmek için görevlendirildim. Sizin katınız burası. Efendi Pia'nın katı daha yukarıda. Arkadaşım Şaperon, Efendi Pia'yı varması gereken yere götürecek."

Adamın cümlesi tamamlanmadan hızla arkasına dönen Atlas, arabasının sürücü koltuğunda smokin giymiş bir başka adam gördü. Dünyanın en güçlü insanlarını patlatmak pahasına kaçırdığı çok önemli emaneti, hayatında ilk kez gördüğü uşak görünümlü birine bırakmak kesinlikle beklediği bir şey değildi. O nedenle arabaya doğru hareket etmek istedi ama adam kendisine kısa bir selam verdikten sonra arabayı çalıştırarak hareket etti. Bir an ne yapacağını bilemeyen Atlas'ı harekete geçiren, elinde kartonla arkasında duran adamdan gelen öksürük sesi olmuştu. Şaperon eliyle kibarca ilerisini göstererek yürümeye başladı. Otomatik olarak adamı takip etmeye başlayan Atlas'ın attığı her adım içindeki heyecanın giderek büyümesine neden oluyordu. Aylardır beklediği an gelmişti. Artık Echo'nun topraklarındaydı ve çok zor bir görevi başarıyla yerine getirmenin gururuyla kadının karşısına çıkacaktı.

Bölüm 105

Pamuk Prenses, Coccyx ve Diğer 6 Cüce

Bir kalp, böylesine aşağılık bir vücut içerisinde
yıllarca kriz geçirmeden atabiliyorsa bu tek bir şeyi gösterir.
O kalbin aslında ne kadar korkak olduğunu.
Bu durumda yapılacak şey çok basittir.
Kalbi cesaretlendirmek…

Coccyx, uyumakta olan İris'in olağanüstü güzelliğini seyrediyordu. Tam o sırada, daha önce hiç gitmediği bir ülkedeki şehirlerden birinde, bir binada meydana gelen patlamanın üzerinden on bir saat geçmişti. Ama tıpkı insanlığın büyük bir çoğunluğu gibi adamın da dünyanın kaderini değiştirebilecek bu önemli gelişmeden haberi yoktu. Yanındaki kız, yeni doğmaya başlamış güneşin odaya doldurduğu turuncu ışığın altında bir tabloya resmedilmiş sanat eseri gibi gözüküyordu. Farklı renklere sahip saçları, güneş ışığının altında âdeta birbirleriyle dans ediyor gibiydi. Coccyx yatağa tam bir saat öncesinde girmesine rağmen uzun zamandır hasret kaldığı uykuya kavuşamamıştı. Günlerdir çalışan beyni öylesine yorgun düşmüştü ki uyumak için bile enerjisi kalmamış gibiydi. Ama uykusunu kaçıran asıl olay akşam Corona V'deki ofisinde, televizyon haberlerinde izlediği görüntüydü.

İris'i uyandırmamak için yataktan kalkarak sessizce aşağı kattaki salona indi ve yorgun bedenini kanepenin üzerine bıraktı. Kanepeden kalkan bir miktar tozun, evin içine dolmakta olan güneş ışığındaki dansını izledi. Bu ilginç görüntü bir an hayatını sorgulamasına neden oldu. Genç yaşında, bir insan ömrünün harcamaya yetmeyeceği kadar çok para kazanmıştı. Üstelik dünyanın en güzel kadınlarından birinin, dünyanın en rahat yatağında kendisini beklemesine rağmen Coccyx sadece salondaki kanepenin üzerinde unutulmuş bir grup tozu dansa kaldırmakla yetinmişti. Üstelik uyku bile uyuyamayacak kadar yorgundu.

Peki, tüm bu işkenceye neden maruz kalıyordu ki? Aslında temel sebep beynini esir alan idealleriydi. İşte bu esaret nedeniyle hayatı yaşamak yerine âdeta bir köle gibi çalışıyordu. Herkesin sadece kendisini kurtarmak için mücadele ettiği sistemde, kendisini çoktan kurtarmış olan Coccyx'in yegâne ideali, dünyanın geri kalanını da kurtarmaktı. Son altı aydır gece gündüz demeden çalışmasının nedeni buydu. Nihayet İris de dahil olmak üzere herkesten gizlediği bu büyük projeyi başarıyla tamamlayabilmişti. Emeklerinin karşılığını parasal anlamda fazlasıyla almış olsa da Coccyx'in içinde bulunduğu ruh hali hiçbir paranın satın alamayacağı kadar yüksek bir manevi hazza sahipti.

Başarısını düşünmenin yarattığı huzur haliyle tam uykuya dalacakken, birkaç saat önce şahit olduğu gerçeğin bir anda beyninde belirmesi nedeniyle irkilerek uyandı. Her ne kadar mükemmel bir projenin içinde yer almış olsa da yolu bu sefer kökleri çok derinlerde olan insanlarla kesişmişti. Bu durum proje boyunca belirgin bir endişe hissiyle yaşamasına neden olmuştu ama akşamüstü şahit olduğu olay bu endişe halini çok daha ileri seviyelere taşıyarak muazzam bir korkuya dönüştürmüştü.

Aylardır üzerinde çalıştığı işi sabah erkenden teslim etmişti ve akşam herkesle beraber eve dönüp zaferinin tadını çıkaracaktı. Fakat günün ilerleyen saatlerinde kendisine gelen bir mesaj nedeniyle arkadaşlarına yalan söyleyerek gece yarısına kadar ofiste çalışmak zorunda olduğunu belirtmişti. NKC'den gelen gizli mesajı gördüğünde ilk aklına gelen, projeyle ilgili önemli bir hata yapmış olduğu fikriydi çünkü NKC bugüne kadar sadece çok gerektiği durumlarda iletişime geçmişti. Gelen mesajda harika bir iş çıkardığı yazıyordu, o nedenle NKC kendisi için küçük bir sürpriz hazırlamıştı. Bunun için tek yapması gereken akşam haberlerini izlemekti.

Söz konusu hem NKC'nin gücü hem de ulusal kanalda yayınlanan haber bülteni olduğunda karşılaşacağı sürprizin sınırlarını kestiremiyordu. Üstelik bu gelişme keyfinin kaçmasına da neden olmuştu. Sonuçta Coccyx'in işi gibi bir iş yaptığınızda en son isteyeceğiniz şey haber bültenlerinde sizi doğrudan ilgilendiren bir şeylere rastlamak olurdu. O nedenle başına gelebilecek her türlü tehlikeye karşı hazırlıklı olabilmek için tüm geceyi Corona V'de geçirmeye karar verdi. Çünkü yaşadığı villada bilgisayar, telefon, ekran gibi hiçbir teknolojik cihaz yoktu.

Coccyx'in beyni sürprizle ilgili çok fazla sayıda ihtimali hesaplayıp analiz etse de haber bülteninin ilk haberinin kendi sürpriziyle ilgili olacağını asla düşünemezdi. Kadın spiker sanki ekran başındaki adamın gözlerinin içine bakıyormuş gibi haberi büyük bir ciddiyetle vermeye başladı. Coccyx ise büyük bir şaşkınlıkla ekrandaki fotoğrafa bakıyordu. Dünya denen yaşlı ve göbekli gezegenin aslında ne kadar pis bir yer olduğunu görmesini sağlayan kişinin fotoğrafı tüm ekranı kaplıyordu. Birkaç yıl önce tüm dünya bu sapığın, evlatlık aldığı çocuklara yaptığı tacize bizzat şahit olsa da sistemin suçlu olarak lekelediği tek kişi Coccyx olmuştu. Dünyayı bir pislikten kurtaracağını sanan genç idealist, bir yıl boyunca evinden ve ülkesinden uzakta yaşamak zorunda kalmıştı. Oysa sapık yönetmen, sadece kendi rezilliğiyle ilgili olan bu olaydan kolayca sıyrılması yetmezmiş gibi ülkesinin en prestijli ödüllerinden birine de layık görülmüştü.

Geçmişi düşünmek Coccyx'in gömmeye çalıştığı birçok duygunun yeniden dirilmesine neden olsa da spikerin ağzından çıkan cümle hepsini geri gömecek cinstendi. Ekrandaki kadın hüzünlü bir ses tonuyla, ünlü yönetmenin kalp krizi sonucu hayatını kaybettiğini söylemişti. Asistanının ifadesine göre yönetmen ile en son sekiz gün önce görüşmüşlerdi. Adam, yeni filminin senaryosuna konsantre olabilmek için kendisini dağ evine kapatmaya karar vermiş ve kimse tarafından rahatsız edilmek istemediğini söylemişti. Bu tarz davranışlara alışkın olan asistan gerekli olduğunda adama ulaşmayı başarabiliyordu ama bu sefer öyle olmamıştı. Yönetmen hiçbir aramaya dönüş yapmadığında endişelenen asistan, dağ evine gittiğinde büyük bir şokla karşılaşmıştı. Yedek anahtar ile eve girdiğinde salondaki kanepe üzerinde adamın cansız bedeni ile karşılaşmıştı. Polis tarafından yapılan açıklamada, yönetmenin uyku sırasında geçirdiği bir kalp krizi sonucu öldüğü düşünülüyordu.

Televizyondaki spiker, ülkenin gündemiyle ile ilgili bir başka habere geçtiğinde Coccyx ekrana boş bir şekilde bakmaktaydı. Bu sapık tarafından mağdur edilen çocukları düşündüğünde bir pisliğin yeryüzünden silinmiş olması gerçekten de hiç beklemediği bir sürpriz olmuştu. Ama içinde hissetmesi gereken duygularda bir eksiklik var gibiydi. Belki de bunun nedeni adamın uykusunda huzurlu bir şekilde ölmüş olmasıydı ya da bu boşluğu asıl yaratan NKC'nin bu denklemde tam olarak nerede yer aldığı sorusuydu. Söz konusu varoluş felsefeleri olduğunda, NKC'nin gizemli parmağı yönetmenin kalbine dokunarak bir krizi tetiklemiş olabilirdi. Karşısındaki kişilerin dijital dünyada nasıl bir güce sahip olduklarını çok iyi biliyordu ama bir insanı öldürmek çok daha farklı bir suç evresiydi. İşte Coccyx'in içindeki boşluğun cevabı bu soruda saklıydı. Gerçekten de böyle bir şeye cesaret etmiş olabilirler miydi?

Coccyx, yönetmenin ölümüyle ilgili detaylara ulaşmak için *Deep Web* üzerinden yaptığı araştırmada bir sürü çılgın senaryo ile karşılaşmıştı. Zaten ne zaman önemli bir gelişme olsa burası her türlü komplo teorisinin havada uçuştuğu bir yere dönerdi. Yönetmeni kendisinin öldürdüğünü itiraf edenlerden ölüm anının video kayıtlarına sahip olduğunu iddia edenlere kadar geniş bir çeşitlilik söz konusuydu. Ama hepsinin amacı aynıydı ve bu amacın adı *kripto para*ydı. Bu kişiler, konu ne olursa olsun sırf paranızı alabilmek için duymak istediğiniz her şeyi söylemeye hazır olan dolandırıcılardan başka bir şey değildi. Belki de en mantıklısı bu soruyu doğrudan NKC'ye sormaktı. Ama oldukça korkusuz işlere imza atan Coccyx'in bile bunu yapabilecek cesareti yoktu. İçinde bulunduğu durumla ilgili ne yapması gerektiğine dair düşüncelere daldığı sırada, aradığı sorunun cevabı bir anda ekranında belirmişti. Daha önce hiç olmayan bir şey olmuştu ve NKC aynı gün içinde ikinci kez kendisine gizli bir mesaj göndermişti.

Bir kalp, böylesine aşağılık bir vücut içerisinde yıllarca kriz geçirmeden atabiliyorsa bu tek bir şeyi gösterir. O kalbin aslında ne kadar korkak olduğunu. Bu durumda yapılacak şey çok basittir. Kalbi cesaretlendirmek...

Ekrandaki yazı, sorusunun cevabını fazlasıyla verse de gelen mesajda sadece cümleler yoktu. Ek olarak, üzerinde "çok gizli" damgası olan bir polis raporu vardı. Raporun içinde yönetmeni evde ölü olarak bulan asistanın ifadesi ve olay yeri fotoğrafları yer almaktaydı. Okuduğu her cümle korku duygusu ve intikamın verdiği haz hissi arasında gidip gelmesine neden oluyordu çünkü televizyonda izlediği haberle okudukları arasında çok büyük farklar vardı. Asistanın ifadesine göre, yedek anahtarla eve girdiğinde yönetmeni, salonun ortasında cansız bir şekilde bulmuştu. Yerde yatan adamın üzerinde siyah deriden bir kıyafet vardı. Kıyafetin normalde kapalı olması gereken bazı yerleri açıkta bırakan tasarımı, ne için kullanıldığını çok net gösteriyordu. Sırtüstü yatan adamın etrafında, kıyafetine uygunluk gösteren birbirinden ilginç seks malzemeleri bulunmaktaydı. Malzemelerin çeşitliliği o kadar çoktu ki sanki adam tüm zevkleri aynı anda yaşamak istemiş gibiydi. Tüm bunlar yetmezmiş gibi kafasının etrafındaki bir bant aracılığıyla ağzının içine tutturulmuş olan kırmızı metal top ve odadaki büyük ekranlı televizyonda oynamakta olan küçük yaştaki çocuklara ait iğrenç görüntüler, adamın sapıklığını âdeta tesciller gibiydi. Tüm bu görüntüler karşısında asistanın yaşadığı şok büyüktü ve verdiği ifadede sık sık bunu dile getirmişti.

Coccyx büyük bir şaşkınlıkla dosyayı inceliyordu. Haberlerde, uykusunda geçirdiği kalp krizi nedeniyle ölen bir insandan bahsedilirken, olay yeri tam anlamıyla bir sapıklık mabedi gibiydi. Gönderilen dosyaya otopsi raporu da eklenmişti ve yazılanlara göre yönetmenin kalbi aşırı heyecana dayanamamıştı.

Bununla beraber gerek olay yerinde gerekse adamın cinsel organında rastlanan spermler bu heyecanın kaynağını açıklıyordu. Yönetmenin anal açıklığı ve rektum bölgesinde, zorlamaya bağlı doku hasarı ve kanamalar tespit edilmişti. Bununla beraber etrafta bir başka kişiye ait herhangi bir parmak izi ya da biyolojik materyale rastlanmamıştı. Yani olay yerinde tam olarak ne olduysa, adam bunu kendi kendine yapmıştı. Söz konusu yönetmenin yaşı ve olay yerindeki malzemeler olduğunda, kalbinin neden kriz geçirecek kadar heyecanlandığı ortadaydı.

Muhtemelen burada üst düzey yetkililer ve adamın avukatları devreye girmişti. Olayla ilgili doğrudan suç unsuru olacak bir kanıt olmadığından, bu sapıklığın ortaya çıkmaması için büyük bir özen gösterilmişti. Görünen o ki yönetmen birtakım aşırı zevklerinin kurbanı olmuştu. Zaten birkaç yıl öncesinde kendisi hakkında medyaya sızan çirkin videolar epey bir ses getirmişti ve geçmişteki bu rezilliği tescillemenin kimseye faydası dokunmayacaktı. O nedenle normalde günlerce konuşulacak olan bu olağanüstü ölüm şekli, medyaya sıradan bir kalp krizi olarak servis edilmişti.

Coccyx'in incelediği dosyada olay yerine ait çok fazla fotoğraf vardı. İlginç bir şekilde tüm fotoğraflar siyah beyazdı. Sanki hiçbir renk bu sapıklığın bulunduğu karede yer almak istemiyormuş gibiydi. Fotoğrafların hepsinde asistanın anlattıklarına uygun görüntüler söz konusuydu. Fakat bir tanesinde Coccyx'e gönderilmiş açık bir mesaj vardı. İlgili detayı fark eder etmez bu sefer Coccyx'in kalbi büyük bir heyecanla atmaya başladı. Fotoğrafta yönetmen yerde yatıyordu ve her taraf inanılmaz dağınık durumdaydı. Eğer işaret edilmese, o detayı görme imkânı kesinlikle olmazdı. Siyah beyaz fotoğrafın içindeki küçük bir alan renkli bırakılmıştı. Bu renkli kısımda, cam bir kâsenin içindeki kırmızı elmalar kitaplığın önünde yer alan sehpanın üzerinde duruyordu. Bu kâsenin hemen yanında da açık halde duran bir kitap vardı. Coccyx kitabın kapağını göremese de içinde yazan hikâyenin kime ait olduğunu çok iyi biliyordu. Pamuk Prenses bir pisliği yeryüzünden temizlemişti.

Coccyx, hızlıca gözünden kaçan başka detaylar olup olmadığını kontrol ettikten sonra tüm mesajları ve içeriklerini hiçbir yerde iz bırakmayacak şekilde ortadan kaldırdı. Uzun bir süre kapalı olan monitöre baktı. Az önce şahit olduğu görüntüler dönüşü olmayacak bir yola girdiğinin net kanıtıydı. Saat gece yarısını çoktan geçtiğinden oldukça yorgun vücudunu eve taşımak dışında yapabileceği bir şey yoktu. Tüm yol boyunca yönetmeni düşündü. Evlatlık çocuklarına yaşattığından çok daha büyük bir acıya maruz kalarak öldüğü kesindi. Muhtemelen çektiği acıya ve korkuya dayanamayan kalbi bu sapık için daha fazla direnmeyi reddetmişti. En başından beri NKC'nin ne kadar ileri gidebileceğini merak eden Coccyx, an itibarıyla bu sınırların ne kadar uç noktalarda olduğuna bizzat şahit olmuştu.

Odanın içi iyice aydınlık hale gelmişti ve beynindeki bütün hücreler uyumak için yalvarsa da Coccyx uzandığı kanepede tüm akşam boyunca yaşadıklarını gözden geçirmişti. Aslında hikâyenin başlangıcı yaklaşık dokuz ay öncesine kadar gidiyordu. *Deep Web* üzerinden sadece çok gizli bilgilere ulaşabilecek yetenekteki kişilerin rastlayabileceği bir ilan yayınlanmıştı. İlanda bahsi geçen paranın miktarı ne kadar yüksek olsa da Coccyx'i asıl cezbeden kısım, hayata geçirilmesi düşünülen fikrin mükemmelliği ve çok zekice tasarlanmış olmasıydı. Tüm dünya üzerinde bu ilanı görebilecek seviyede ileri kodlama bilgisine sahip en fazla 20-25 kişi çıkardı. Yapay zekâ konusunda çalışan büyük şirketler, yeryüzündeki en yetenekli dâhileri keşfedip önemli paralar karşılığı bünyelerine katıyorlardı. Bu ilanı özel kılan ise hedeflenen kitleydi. Yeryüzünün bugüne kadar görebileceği en mükemmel yapay zekâ algoritması için yeraltında yaşayan asıl dâhiler hedeflenmişti. *Deep Web*'in en derinlerinde hüküm süren ve yeryüzünde kendini dâhi sanan cahillere ders vermek isteyenler için müthiş bir fırsattı.

Pamuk Prenses adlı bu proje için 7 cüce seçilecekti ve Coccyx bu zor elemeyi geçebilmeyi başarmıştı. Projede kendisine verilen takma isim "Meraklı" olmuştu. Tam dokuz ay boyunca üzerinde çalıştıkları proje, aslında bugün itibarıyla doğmuştu. Bilgisayar ve kodlama dünyasına dair neredeyse her şeyi bildiğini sanan Coccyx, proje kapsamında kendisini, sınırlarının ötesine taşıyacak inanılmaz bilgiler öğrenmişti. Projenin başındaki gizemli kişi için Pamuk Prenses kod adını kullanmışlardı ve bu kişi kesinlikle gezegenin en büyük bilgisayar dâhilerinden biri olmalıydı. En azından Coccyx bu gizemli kişiden inanılmaz yeni bilgiler ve teknikler öğrenmişti. O nedenle oluşturdukları kodlara ve algoritmalara âdeta birer kutsal metinmiş gibi yaklaşıyordu. Pamuk Prenses projesi insanlığın şahit olacağı en büyük yapay zekâ girişimi olacaktı.

Coccyx böylesine önemli bir yapay zekâ projesine neden bir masal kahramanının isminin verilmiş olduğunu bilmiyordu. Sonuçta her çocuk gibi kendisi de bu masalları dinleyerek büyümüştü ve hikâyede yapay zekâyla ilgili olabilecek bir kısmı hatırlamıyordu. Hatta emin olmak için hikâyeyi tekrar okumuştu. Buna göre, bir kraliçe dikiş diktiği sırada eline iğne batıyordu. Bunun üzerine kadın bir dilekte bulunuyor ve ilerleyen zamanla beraber isteği kabul olup güzeller güzeli bir kızı oluyordu. Ama ne yazık ki kraliçe zaman içinde ölüyor ve kral bir başka kadınla evleniyordu. Bu kadının bir aynası vardı ve kraliçenin, aynasına sorduğu soru masalın en popüler cümlesini oluşturuyordu.

Ayna ayna, söyle bana, var mı dünyada benden daha güzeli?

Ayna her defasında kraliçenin yaşayan en güzel kadın olduğunu söylese de zamanla büyüyen Pamuk Prenses, aynanın fikrinin değişmesine neden oluyor ve kraliçe bu gelişme üzerine gizlice bir avcı ile anlaşıyordu. Adamdan, prensesi ormana götürüp öldürmesini ve kanıt olarak da kızın kalbini çıkarıp kendisine getirmesini istiyordu. Ama avcı, kıza kıyamadığı için onu eve dönmemesi için uyarıyor, ardından da kraliçeye avladığı bir hayvanın kalbini götürüyordu. Ormanda nereye gideceğini bilemeyen prenses, şans eseri cücelerin evini keşfediyor ve onlarla çok iyi anlaşıyordu. Fakat kraliçenin aynası hâlâ yaşayan en güzel kişinin Pamuk Prenses olduğunu söylediğinde bu sefer kraliçe sorunu kendi elleriyle çözmeye karar veriyordu. Bunun üzerine yaşlı bir kadın kılığında Pamuk Prenses'i ziyaret ederek ona zehirli bir elma yediriyordu. 7 cüceler, zehirlenerek hayatını kaybeden prenses için camdan bir tabut yapıp onu bir tepeye yerleştiriyorlardı. Bir gün oradan geçen bir prens, prensesin güzelliği karşısında büyüleniyor ve tabutu açıp kızı öpüyordu. Bu öpücük ile tekrar hayata dönen Pamuk Prenses, sonrasında prensle beraber mutlu bir şekilde hayatına devam ediyordu.

Çocukken bu masal karşısında neler hissettiğini hatırlamıyordu ama ortada ilginç bir gerçek vardı. Üvey kızının kalbinin çıkarılıp kendisine getirilmesini isteyen bir kraliçe ya da bir tabutun içinde ölü birini öpecek kadar ileri gitmiş bir prens, bir çocuk masalı için oldukça abartılı sahnelerdi. Aslında benzer bir durum aynı döneme ait diğer masallar için de geçerliydi. Zaten konuyla ilgili kapsamlı bir araştırma yaptığında karşısına çıkan yorumlar inanılmazdı. Birçok görüşe göre bu çocuk masalları, yetişkinler için yazılmış şiddet ve pornografi içeren birtakım hikâyelerin sansürlenmiş versiyonlarıydı. Günümüzde gerek *Deep Web*'de gerekse sıradan internette çok fazla yer kaplayan şiddet ve pornografi içerikleri, aslında bu görüşü destekler nitelikteydi. İnsan denen canlı hangi çağda yaşarsa yaşasın, zaaf duyduğu konular hep aynı olmuştu. Film ya da fotoğraf teknolojisinin olmadığı dönemlerde bu ihtiyacı karşılamaya çalışan birtakım ressamlar olsa da pornografi ve şiddetin çağlar boyunca yaşamasını sağlayan asıl unsur insanların birbirlerine anlattıkları hikâyeler olmuştu.

Yeryüzünde yaşamış hemen her toplum ve kültürün masallarında yoğun bir cinsellik her zaman yer almıştı. Pamuk Prenses başta olmak üzere geçmiş dönemde çocuklara anlatılan masalların çoğu da bu hikâyelerden köken almaktaydı. Aslında her şey 1800'lü yılların başlarında, Almanya'da dil konusunda çalışan Wilhelm Grimm ve Jacob Grimm adlı iki kardeş ile başlamıştı. Bu kardeşlerin en çok önem verdiği konulardan birisi, halklar arasında sözlü anlatıma dayanan hikâyeleri derlemek ve kaybolmalarını önlemekti. Grimm kardeşler, bir toplumu birbirine bağlayan en önemli etkenin sözlü iletişim olduğuna inanıyordu. Onlara göre modern edebiyat ne kadar zengin olursa olsun bu eserler eski Alman edebiyatına bağlı destan ve öykülerin yanında sönük kalacaktı. O nedenle sözlü hikâye ve masallar yaşatılmak zorundaydı.

Almanya'da birçok bölgeyi dolaşıp buradaki hikâyeleri toplayan Grimm kardeşler aynı zamanda İskandinavya, İspanya, Hollanda, İskoçya, İngiltere, Sırbistan gibi birçok ülkenin sözlü ve yazılı geleneklerini de incelediler. Tüm bu derlemeler sonunda 20 Aralık 1812 tarihinde, içinde 86 hikâyenin yer aldığı iki ciltlik "Çocuk ve Aile Masalları" (*Kinder- und Hausmärchen*) adlı eseri yayımladılar. Gelecek yıllarda neredeyse hemen her çocuğun okuyacağı *Pamuk Prenses, Rapunzel, Hansel ile Gretel, Uyuyan Güzel, Kurbağa Prens* ve *Kırmızı Başlıklı Kız* adlı masallar, iki ciltlik bu kitapta yer alan hikâyelerden sadece birkaçıydı. Grimm kardeşlerin ortaya koyduğu bu kitap, Avrupa'da benzer konularda çalışan birçok dilbilimciye, kendi sözlü geleneklerinden gelen masalları derleme fikrini vermesinden dolayı öncü bir eser olarak kabul edilmişti (3).

Sözlü hikâyelerin orijinallerinde cinsellik ve şiddet çok yoğun bir şekilde yer aldığından Grimm kardeşler bu tarz sakıncalı öğelerin her birini toplumsal ya da dinsel kavramlarla değiştirerek kullanmışlardı. Mesela bazı uzmanlar, *Pamuk Prenses* masalının, İskandinav mitolojisinde aşkın ve güzelliğin Tanrıçası olan Freyja'nın hikâyesinden uyarlandığını öne sürmekteydi. Bu hikâyede Freyja, cücelerin yaptığı çok güzel bir kolyeye sahip olabilmek için her bir cüceyle cinsel ilişkiye girmek zorunda kalan bir Tanrıça olarak tasvir edilmişti. Diğer taraftan 7 cücenin aslında Dante'nin yedi günahına gönderme yaptığını öne süren yazılar da bulunmaktaydı.

Tüm bu sansür ve düzeltmelere rağmen kitabın ilk baskısı, okuyanlar tarafından ciddi bir şekilde eleştirilmişti. Kitabın adı "Çocuk ve Aile Masalları" olsa da bazı hikâyeler çocuklar için uygun değildi. Örneğin ilk baskıda, Pamuk Prenses'in öldürülmesini isteyen üvey değil, öz annesiydi. Avcıya ciğerlerini söküp getirmesini çünkü onları yiyeceğini söylemişti. Benzer bir şekilde Rapunzel, prensin kendisine yaptığı ziyaretler sonucunda hamile kalıyordu. Diğer taraftan Uyuyan Güzel'in uyuduğu sıralarda başına gelen ilginç durumlar söz konusuydu. Grimm kardeşler tüm bu eleştiriler doğrultusunda hikâyelerinde birtakım ekleme ve çıkarmalar yaparak yeni baskılarda cinsellikle ilgili unsurları iyice azaltmışlardı. Zaten hikâyelerin bu kadar kalıcı olmasındaki en önemli etkenlerden biri de Grimm kardeşlerin hemen her baskıda yaptıkları güncellemeler olmuştu. 1812 yılındaki ilk baskısında 86 hikâye içeren bu kitap hem içerik hem de hikâye sayısı açısından yapılan güncellemeler sonucunda, 1857 yılında çıkan 7. baskısında 210 adet hikâye içermekteydi (4).

Coccyx geçmişte masallarla ilgili yaptığı araştırmaları aklından geçirdiği sırada uykuya dalmıştı. Yani masallar, varoluş amaçlarını yine yerine getirmiş ve tüm gece boyunca uyuyamayan adamın uyumasını sağlamıştı. Ama yaşadığı gerçekler uykusunda bile kaçamayacağı kadar tazeydiler. O nedenle uykuya dalalı sadece 10 dakika bile geçmemişken yönetmen ve olay yerini gördüğü bir rüya nedeniyle sıçrayarak uyandı. Ter içinde kalan ve hızlı bir şekilde nefes alan Coccyx bir gerçekten emindi. Sınırları fazlasıyla zorlayan NKC'nin yüzünden uzun bir süre uyku uyuyamayacaktı. Aslında NKC'yi uzun süredir yaptıkları eylemler nedeniyle bilse de bu insanlarla yolları ilk kez Pamuk Prenses projesinde kesişmişti. Bu gizli organizasyon hakkında dolaşan bir sürü efsane olsa da kimse tam olarak ne yaptıklarını bilmiyordu. Hatta Coccyx NKC'nin açılımını bile bilmiyordu. Baş harflerine uyumlu olduğu için bu insanlara *Natural Killer Cells* (*Doğal Öldürücü* Hücreler) kısaltmasını uygun görmüştü. Çünkü NKC'nin en önemli manifestosu dünyanın kanseri olan insan görünümlü tümörleri yok etmek üzerineydi. Tıpkı *doğal öldürücü hücreler* gibi. Bağışıklık sisteminin en acımasız savaşçılarından olan bu hücreler vücuda giren mikroorganizmalar dahil birçok şeyle sürekli savaş halindeydi. Ama en önemli savaşı her zaman kansere karşıydı.

Projeye dahil olduklarında 7 cüceye NKC hakkında kısa bir bilgilendirme yapılmıştı. Bu bilgilere göre NKC, kökleri 1800'lü yıllara dayanan, oldukça zengin bir ailenin tüm finansmanını karşıladığı bir insanlık projesiydi. Nihai hedefleri yıllar boyunca dünya üzerinde kanserleşmeye çalışan tüm güçlere zarar vermek üzerine kuruluydu. Sonuçta ellerinin altındaki imkânlar bu dev şirketlerle asla aynı değildi ama yıllar içinde gerek bu şirketlere gerekse devletlere çok ağır darbeler vurmuşlardı. Ama Coccyx vahşice adam öldürdükleri kısmı kolay kolay tahmin edemezdi.

Son 100 yılda dünyada muazzam bir dengesizlik oluşmuştu ve her geçen yıl bu fark katlanarak artıyordu. NKC uzun süredir bu dengeyi korumak adına savaşıyordu. Pamuk Prenses projesi hayata geçtiğinde şu an dünyanın kanseri olan sekiz büyük şirkete sağlam bir mesaj vermiş olacaklardı. Coccyx, diğer birçok insan gibi dünyanın en büyük devleri arasında olan yedi şirketi çok iyi biliyordu. Ama listede olan isimlerden birisini ilk kez NKC'nin yaptığı bilgilendirmede görmüştü. Hem yeraltında hem de yeryüzünde gözü ve kulağı olan Coccyx, dünyanın kaderi üzerinde bu kadar etkili olabilecek bir organizasyonu daha önce duymamış olmasına çok şaşırmıştı. Daha derin ve detaylı araştırmalar yaptığında yine belirgin bir sonuca ulaşamasa da o görünmez gücü hissedebilmişti. Görünen o ki, şu an dünyanın en gizemli gücü Neon adlı bir oluşumdu ve acilen durdurulması gerekiyordu.

Her zaman dünyayı kurtarmak isteyen Coccyx ilk kez bu isteğinden çok da emin olmadığını hissetti. Çünkü sapık yönetmenin yaşam ipini kesen NKC ve Coccyx arasında artık görünmeyen organik bir bağ oluşmuştu. Üstelik bu bağ âdeta adamın özgürlüğünü kısıtlayan bir zincir gibiydi. Doğal olarak NKC nereye giderse Coccyx'i de peşinden sürükleyecek gibi gözüküyordu.

Bölüm 106

Büyülü Dağ
I. Cilt

Öleceğinize inanma konusunda haklısınız.
Eğer bu inancınız olmasaydı
yani bir gün öleceğinizi bilmeseydiniz
yine de sahip olduğunuz hayata katlanabilir miydiniz?

Jacques Lacan - Louvain Konferansı (1972)

Çocuğun kalın parmakları arasında sıkışmış siyah taş, sabırla tahta üzerinde nereye konulacağını bekliyordu. Parmaktaki kas hücreleri de benzer bir sabırla beyinden gelecek karar sinyalini bekliyorlardı. Elindeki siyah taştan daha siyah olan gözleri, çocuğun beyninde muazzam bir tartışma olduğunu gösteriyordu. Göz yapısı ne kadar çekik olursa olsun, içine düştüğü paradoks hissini saklamaya yetmiyordu. Sonuçta hangi hamleyi yaparsa yapsın taşlarından birisi nefessiz kalacaktı ve çocuk hangi taşını feda edeceğini düşünüyordu. Çocuğun eli nereye inerse diğer taraftaki siyah taş ölümü tadacaktı. Tahta üzerindeki taşlar da kendi kaderlerini belirleyecek olan bu ele büyük bir heyecanla bakıyor gibiydiler. Çünkü ölüm birazdan içlerinden birini sonsuzluğa uğurlayacaktı.

Pia ayağa kalktı ve sanki çocuk hiç orada değilmiş gibi ağaçlık alana doğru yürümeye başladı. Siyah ve beyazın, Go tahtası üzerindeki savaşına dalmış olan 6 yaşındaki çocuk, Pia'nın bu hareketini birkaç saniye gecikme ile algılayabildi. Hemen yerinden kalktı ve arada yaklaşık üç metre mesafe bırakarak sessizce kızı takip etmeye başladı. Aklı hâlâ yapacağı hamlede ve oyunda kaldığından her çocuk gibi heyecanla dönüp tahtaya baktı. Ama ne olursa olsun Pia'yı takip etmek zorundaydı. Beyninden nihai bir cevap gelmediği için parmak kasları siyah taşı tutmaya devam ediyordu. Aklı oyunda kalan çocuk, parmaklarının arasındaki taşın varlığını çoktan unutmuştu.

Pia, nereye gideceğini bilmeyen her insanın yaptığı gibi yavaşça yürüyordu. Bugün Büyülü Dağ'daki 111. günüydü. Buraya geleli neredeyse 4 ay olmuştu ama kızın beyni, etrafındaki dünyayı yeni yeni algılamaya başlamış gibiydi. Ruhunun öldüğü gece, Atlas'ın kendisine verdiği haplarla dünyanın en karanlık uykusuna yatmıştı. Tam olarak ne kadar uyuduğunu bilmiyordu ama gözlerini ilk açtığı o an, içine uyandığı hayatın, uykusundan çok daha karanlık olduğunu fark etmişti. Yüksek tavanlı bir odanın içinde uyanan kız yerinden kımıldamamıştı bile. Dışarıdan bakıldığında açık tabut merasimlerindeki ölüler gibi gözüküyordu. Tek bir farkla. Bu sefer ölü kızın gözleri açıktı.

Saatlerce tavana bakan kızın gözünden tek bir damla dahi çıkmamıştı. İçinde yanan devasa ateş, vücudundaki bütün su moleküllerini kurutmuştu. Beyni öylesine büyük bir matem içindeydi ki yatağın bir ucunda saatlerce ayakta duran ve sessiz bir şekilde kendisini izleyen çocuğu fark etmemişti bile. Dışarıdan bakıldığında tıpkı yatağın üzerine serilmiş, giyilmeyi bekleyen bir kıyafet gibi gözüküyordu. Bu boş bedeni giyebilecek bir ruha ihtiyacı vardı çünkü kendi ruhu patlayan bir binada bedenini sonsuza kadar terk etmişti. Yaşadığını gösteren tek belirti ara sıra açılan gözleriydi. En son gözünü açtığında ne kadar zaman geçtiğini bilmiyordu ama koluna bağlı serumu fark etmişti. Yatağının ucundaki çocuk ise sanki tüm bu süre boyunca hiç kımıldamamış gibi öylece bekliyordu.

Çimenlerde yürüyen kız başını kaldırıp mavi gökyüzüne baktı. Ne kadar yükseğe tırmanırsa tırmansın gökyüzü her zaman çok uzakta olacaktı. Çıplak ayakları çimene değerken belki de gökyüzüne en yakın olacağı yerlerden birindeydi çünkü görme alanındaki manzara, üzerinde bulunduğu dağın aslında ne kadar yüksek olduğunu açık bir şekilde gösteriyordu. Bulunduğu yer sıradanlığı ve sıradışılığı aynı anda barındıran ilginç bir yerdi. Eğer ruhu ölmemiş olsaydı burası için çok daha farklı düşünebilirdi ama Pia düşünmek bile istemiyordu. Var olduğunu hissettiren tek şey hiçbir şekilde dinmek bilmeyen acısıydı.

Buraya geldiği ilk günleri ne zaman hatırlamak istese kendisini oldukça bulanık bir suyun diğer tarafını görmeye çalışan biri gibi hissediyordu. O günlerden aklında kalan tek görüntü yatağının başında bekleyen kızdı. Yüzündeki çilleri ve örgülü turuncu saçlarını hatırlıyordu. Pia, ne zaman gözlerini açsa, beyaz elbiseli bu kızı yatağının başında aynı şekilde beklerken görmüştü. Muhtemelen en fazla 6 yaşındaydı. Tıpkı korku filmlerindeki bir sahneye aitmiş gibi sessiz bir şekilde sadece Pia'yı izliyordu. Ama o sırada yeryüzündeki hiçbir şey Pia'nın umurunda değildi. Aslında turuncu saçlı kızı hatırlamasına neden olan temel sebep bir sabah uyandığında yatağının başında başka bir kızın bekliyor olmasıydı. Bu çocuk da tıpkı bir önceki kızın yaşlarındaydı ve aynı beyaz kıyafeti giyiyordu. Aralarındaki tek fark kızın deri renginin, üzerindeki beyaz kıyafete meydan okuyacak kadar siyah olmasıydı. Uzun bir süre sonra Pia'nın kulakları ilk kez bir insanın ağzından çıkan ses dalgasına maruz kalmıştı.

"Merhaba Pia" demişti çocuk. "Adım Şaperon ve sana hizmet etmek için buradayım."

Yavaş bir tempoda yürüse de yorulduğunu hisseden kız, çimenlerin üzerine oturdu ve etrafında dolaşan diğer insanlara baktı. Oldukça büyük olan yeşillik alanda yürüyen insanlar birbirlerinin kopyası gibiydiler. Siyah kıyafetleri içinde yaşlı insanlar ve beyaz kıyafetleri içinde onları takip eden küçük çocuklar. Sanki torunlarını parka götürüp, başlarına bir şey gelmesin diye orada bekleyen yaşlılar gibi gözükseler de aslında durum tam tersiydi. Gerçekte her bir yaşlıdan sorumlu bir çocuk vardı. Pia zaman içerisinde yaptığı gözlemlerle sistemin nasıl işlediğini öğrenebilmişti. Kendisini çocuklar tarafından yönetilen bir huzurevinin içinde hapsolmuş gibi hissediyordu. İlginç olan, bu yaşlı insanlar sanki birbirlerini görmüyorlarmış gibi sadece kendi kendilerine vakit geçiriyorlardı.

Pia'nın beyni yeniden geçmişe gitti. Siyahi çocuk, tıpkı bir önceki turuncu saçlı kız gibi sürekli yanında durmuştu. Sadece ara sıra gözden kaybolup sonrasında elinde bir tepsiyle tekrar ortaya çıkıyordu. Vaktinin çoğunu yatakta geçiren Pia ara sıra kalkıp 100 yaşında biri gibi odanın içinde yürümeye çalışmıştı. Zaman kavramını iyice yitiren kız, bir gün uyandığında yatağının başında sarı saçlı, mavi gözlü oğlanı görmüştü. Bu çocuk da benzer yaştaydı ve üzerindeki kıyafet kendisinden önceki çocukların giydiği kıyafetle aynıydı. Anlaşılan bir grup çocuk nöbetleşe bir şekilde sonsuza kadar başında bekleyeceklerdi. Hatıraları açısından yeni gelen sarışın oğlanı diğerlerinden ayıran önemli bir detay vardı. Bir gün elinde bir zarf ile gelen çocuk, zarfı masanın üzerine bırakıp odadan çıkarak Pia'yı yalnız bırakmıştı.

Elini çimenlerin üzerinde gezdiren kız tekrar hayata döndüğü o günü düşündü. O sırada zaman kavramını yitirmiş olsa da şu an zarfın Büyülü Dağ'daki 43. gününde geldiğini biliyordu. Söz konusu, hissettiği acı olduğunda geçirmiş olduğu o 42 gün, neredeyse sonsuzluk kadar uzun sürmüştü. Diğer taraftan o günleri hatırlamaya çalıştığındaysa sonsuz gözüken bu zamanın sadece birkaç saniyeye sığacak kadar kısa olduğunu hissediyordu. O günlerde zaman ve mekân dahil hiçbir şeyi umursamayan Pia zarfı da görmezlikten gelmişti. Ama ayakları kesinlikle aynı fikirde değildi. Sanki zarfın içinde ne olduğunu daha çok merak ediyormuş gibi kızın vücudunu masaya doğru taşımışlardı. Beyni hiçbir şey görmek istemese de kızın elleri, ayakların başlattığı bu isyana çoktan katılmıştı bile. Âdeta gözlerinin önünde, kızdan bağımsız bir şekilde zarfı açıp içindeki kâğıdı çıkarmışlardı.

Tek bir kelime okumadan mektubun kimden geldiğini anlamıştı. Kâğıdın üzerindeki cümleler sanki bizzat Pia tarafından yazılmış gibiydi. Etrafındaki birçok kişinin çok iyi bildiği üzere kızın kendisine özgü ilginç bir el yazısı vardı ve şu an bu özelliğini kimden aldığı çok net anlaşılıyordu. Galen'in öldüğü gece dirilen annesinin mektubu "Kimsesiz ve yalnız kızıma" diye başlamıştı. Uzun zamandır bir çöl kadar kuru olan gözleri sadece bu dört kelimeyle beraber bir anda suya kavuşmuştu. Su hayat demekti ve kızın yüzünden süzülen damlalar Pia'nın tekrar hayata döndüğünün işaretiydi. Sadece ilk cümlesini okumayı başarabildiği mektubu bir kenara bırakıp yatakta saatlerce ağlamıştı.

Az önce çimenin üzerinde hafifçe gezinen elleri, geçmişe giden beyni nedeniyle yerdeki otları sıkıca kavramıştı. Topraktan ayrılmak istemeyen otlar büyük bir endişeyle kıza bakıyor gibiydiler. Beyninin içindeki Pia bir yatakta ağlarken kendisi de oturduğu çimenlerin üzerinde ağlıyordu. Ne yakınındaki çocuk ne de etrafta dolaşan diğerleri umrundaydı. Yeryüzünde yaşayan bir tek kendisi kalmışçasına yalnız hissediyordu. Etrafındaki her şey saçma dekorlar ve garip figüranlardan oluşan devasa bir sahne gibiydi.

Eva, yazdığı mektupta Pia'nın bulunduğu yer hakkında kısa bir bilgi vermişti. Şu an dünyanın en önemli sağlık merkezlerinden biri olan bir sanatoryumda bulunmaktaydı. Yüksek bir dağın tepesine inşa edilmiş bu yer, çok özel insanlara hizmet veren bir tedavi merkeziydi. "Burada insanları tekrardan hayata döndürüyoruz" diye yazmıştı annesi. Hem Neon'dan saklanıp hem de acılarını tedavi edebileceği yeryüzündeki tek yer bu sanatoryumdu. O nedenle Pia'nın bir süre burada kalması gerekecekti.

Mektubu okuduğu günün üzerinden 2 ay geçmişti. Bir süre boyunca sanatoryumda kalacak olması aslında kaderini çok güzel özetliyordu. 1800'lü yıllarda ortaya çıkmış bu merkezler, uzun dönem tedavi gerektiren hastalara tıbbi destekte bulunan otel ve hastane karışımı yapılar olarak tasarlanmıştı. Antibiyotiğin henüz keşfedilmediği, başta verem (tüberküloz) olmak üzere bakterilerin insanları yavaş yavaş öldürdüğü o günlerde, sanatoryumlar insanların ölümle buluşmayı beklediği enteresan merkezlerdi. Tıpkı annesinin söylediği gibi şu an tam da olması gereken bir yerdeydi çünkü kendisini tam anlamıyla bir *moribundus* gibi hissediyordu. Latince "ölmüş ya da ölmek üzere olan" gibi bir anlam içeren bu kelime, özellikle ölümcül seviyede olan hastalar için kullanılan bir terimdi ve kendisini bundan daha iyi özetleyecek bir kelime olamazdı. Zaten ruhu ölmüştü, geriye kalan bedeni de fizyolojik olarak ölümü bekliyordu.

Moribundus diye geçirdi aklından. Kısa bir süreliğine tıp fakültesine gitmiş olsa da bu kelimeyi lise yıllarında okuduğu ve çok sevdiği bir romandan öğrenmişti. Üstelik çoğu insanın bitirmekte zorlandığı iki ciltlik kitabı, yazarının tavsiyesine uyarak iki kere okumuştu. Thomas Mann'in 1924 yılında yayımlanmış olan *Büyülü Dağ* (*Der Zauberberg*) adlı romanı, zaman ve ölüm kavramlarını muazzam bir şekilde işleyen, döneminin ötesinde harika bir eserdi. Hayat o kadar ilginçti ki Pia, sanki zamanda yolculuk yapmış ve bir anda kendisini bu romanın sayfaları içinde bulmuş gibi hissetti.

Çimenlerin üzerine uzanıp gözlerini kapayan kız, kaderlerinin ilginç bir şekilde kesiştiği romanın ana karakteri Hans Castorp'u düşündü. Tüm hikâye, entelektüel bir genç olan Hans Castorp adlı Alman mühendisin, İsviçre'deki bir sanatoryumda tüberküloz tedavisi gören kuzeni Joachim'i ziyaret etmek istemesi ile başlıyordu. Bir dağın tepesine inşa edilmiş bu sanatoryumda, akciğerlerinde lekeler çıkmış insanlara temiz hava, sağlıklı beslenme ve birtakım uzun süreli tedaviler uygulanıyordu. Birçok hasta kısa sürede iyileşip geri dönmek umuduyla buraya gelse de sanatoryumda o kadar uzun zaman geçirmek zorunda kalıyorlardı ki önce umutları ölüyordu, sonrasında da çoğunlukla kendileri. Sağlığı oldukça yerinde olan Hans Castorp, "yukarıdakiler" diye anılan bu hasta insanlarla üç hafta geçirmenin ilginç bir deneyim olacağını düşünmüştü. Üstelik çok özlediği kuzenini de görebilecekti. Ama yukarıdaki zaman hem çok hızlıydı hem de hiç akmıyordu. O nedenle Hans Castorp'un üç haftalık tatili düşündüğünden çok daha uzun sürecekti.

Hans Castorp'u yeryüzünde en iyi anlayacak kişilerden biri kesinlikle Pia'ydı. Her ne kadar etrafında beyaz önlüğüyle dolaşan Dr. Behrens, yemekhanenin cam kapısını her zaman büyük bir kabalıkla sertçe kapatan Clavdia ve karınlarından ıslık çalarak dolaşan Yarım Ciğerler Derneği'nin neşeli üyeleri olmasa da Pia, Hans Castorp'un yaşadığı gerçeği birebir yaşıyordu. Buraya geleli 4 ay olmuştu ama zaman akıyor muydu yoksa akan sadece kendisi miydi, bilmiyordu. Tıpkı romandaki sanatoryumda yaşayan karakterlerin öğrendiği gibi Pia da ölüm denen kavramın ne anlama geldiğini nihayet anlayabilmişti.

Birçok insanın düşündüğünün aksine, ölüm kesinlikle yaşamın karşıtı olan bir kavram değildi. Tam tersi, yaşamın vazgeçilmez bir parçasıydı. İnsanın ölüm fikri karşısında sinirlenmesi ya da aşırı reaksiyonlar göstermesi tümüyle cehaletinden kaynaklanıyordu. Çünkü yaşama duyulan saygının aynı şekilde ölüme de duyulması gerekliydi. Zamanında bir romanın sayfaları arasında ölmeyi bekleyen *moribundus*'larda gözlemlediği bu gerçeği şimdi kendisi de hissediyordu. Sonuçta kendisi de bir *moribundus*'tu ve hiç bilmediği bir dağın tepesine inşa edilmiş bu sanatoryumda fizyolojik olarak öleceği günü bekliyordu.

Çimenlerde yatmakta olan Pia'nın içinde bir anda bu romanı tekrar okuma isteği oluştu. İçinde hâlâ bu tarz hisler oluşmasına şaşırdı. Sonra kitapla ilgili enteresan bir gerçeği hatırladı. Belki de beyni bu gerçeği hatırlamasını sağlayarak kendisine bir şeyler anlatmaya çalışıyordu. Yazar Thomas Mann, *Büyülü Dağ* yayımlanmadan 12 yıl önce, 1912 yılında karısının rahatsızlığı nedeniyle böyle bir sanatoryumda birkaç hafta geçirmek zorunda kalmıştı. İlerleyen günlerle beraber soğuk dağ havası Mann'a iyi gelmedi ve yazar hasta oldu. Sanatoryumdaki doktorlar yaptıkları incelemede yazarın ciğerlerinde gelişmekte olan küçük bir odak bulmuşlardı. O nedenle kendisine sanatoryumda kalmasını gerektiren birkaç ay sürecek bir tedavi önerdiler. İşte Thomas Mann burada belki de hayatının en önemli tercihini yapmak zorunda kalmıştı. Ya karısına eşlik etmek için geldiği bu sanatoryumda artık hasta olarak kalmaya devam edecekti ya da risk alıp kendisini "aşağıdaki" normal yaşamın bilinmezliğine bırakacaktı.

Hayat âdeta avuçlarının içine kaderini koyup karar vermesini istemişti. Thomas Mann kendisine sunulan iki seçenek karşısında çok ilginç bir şey yaptı ve aslında her iki ihtimali de hayata geçirmeyi başardı. Cesurca bir karar vererek geri kalan ömrünü bir dağ başında mahkûm gibi geçirmek istemediğinden sanatoryumun tedavi teklifini reddetti. Şehir hayatına geri dönmesine rağmen beynindeki bir kısmı sanatoryumda bırakmıştı. Eğer sanatoryumda kalmaya devam etseydi karşısına nasıl bir hayatın çıkacağı düşüncesini sürekli yaşamaya devam edecekti. Bir dağ başında geçirdiği o kısa döneme ait gözlemleri ve muhteşem hayal gücü Hans Castorp karakterinde hayat bularak sanatoryumun koridorlarında nefes almaya devam etti. Yazarın bu ilginç tercihi insanlığın karşılaşacağı en önemli eserlerden birisinin ortaya çıkmasına neden olmuştu. Yazılması tam 12 yıl süren, insanın varoluşu, aşk, siyaset, ölüm-yaşam paradoksu, felsefe ve biyolojiye dair birçok konunun ustalıkla işlendiği *Büyülü Dağ* efsanesi işte böyle zor bir karardan sonra doğmuştu (5).

Thomas Mann sanatoryumu terk ederek aslında çok doğru bir karar vermişti. Çünkü burada tedavi olarak sunulan şeyler gerçekte hiçbir işe yaramayan, anlamsız girişimlerden başka bir şey değildi. Pia bir an, o dönemde yaşayan insanların çaresizliklerini düşündü. Bu insanlar sıradan bir bakterinin neden olduğu bir hastalığı iyileştirebilmek için aylarca bir dağın tepesinde mahkûm gibi yaşamak zorunda kalmışlardı. Normalde verem hastalığına neden olan bakteri, insan denen memeli türü henüz ortaya çıkmadan çok önce de yeryüzünde yaşıyordu.

İnsanla yollarının kesişmesi özellikle büyükbaş hayvanların evcilleştirildiği döneme denk gelmişti. İnsanlığın bu mikrobu fark etmesi aslında çok eskilere kadar gitmekteydi. Örneğin MÖ 3000'li yıllarda, Nil kenarında kanlı balgam çıkararak ölen bir kız kayıtlara geçecek kadar dikkat çekmişti. Hatta aynı bölgede MÖ 1000'li yıllarda gerçekleşen veremle ilgili pandemilerden de bahsedilmekteydi. Benzer şekilde MÖ 400'lü yıllarda yaşamış olan ünlü hekim Hipokrat da yazılarında bu hastalığa değinmişti (6).

Birçok kültürde kendisine çeşitli adlar verilse de ölüm tüm insanlar için aynı şekilde gelmişti. Sadece 18. yüzyılda bile o kadar çok insan veremden ölmüştü ki insanlar artık bu hastalığa "beyaz veba" adını takmıştı. 1800'lü yılların başından itibaren daha deneysel bir yaklaşım sergileyen tıp bilimi, bu hastalığa neden olan etkenleri daha iyi anlamaya başlasa da farklı görüşler her zaman yaşamaya devam etmişti. Bunlardan bir tanesi de 1850'lilerde henüz bir botanik öğrencisi olan Hermann Brehmer'a aitti. Doktoru kendisine tüberküloz teşhisi koymuştu ve temiz havanın vücuduna iyi gelebileceğini belirtmişti. Bu tavsiye üzerine Himalaya Dağlarına giden Brehmer, döndüğünde tüberkülozu yendiğini söylemişti. Hatta bununla ilgili kaleme aldığı bilimsel yazı, sonrasında dağ tepelerinde tedavi sunduğunu öne süren çeşitli sanatoryumların kurulmasına vesile olacaktı (7). Ama vereme asıl darbeyi vuracak olan keşif ancak deneysel bilim sayesinde gerçekleşmişti. Robert Koch'un 1882 yılında tüberküloz basilini keşfetmesiyle işler değişti ve insanlık uzun bir süredir farkında olduğu bu gizemli katilin kimliğini neredeyse 5.000 yıl sonra nihayet öğrenmişti.

Pia, omzuna dokunan el ile bir anda daldığı düşüncelerden irkilerek gözlerini açtı. Çekik gözlü şaperonun tombul elinde bir matara bulunmaktaydı. Demek ki akşam olmak üzereydi. İlk günler direnmeyi düşünse de sonrasında bunun anlamsızlığını hisseden Pia kendisine ne verilirse hiç sorgulamadan almaya karar vermişti. Mataradaki yeşil kıvamlı sıvıdan büyük bir yudum aldıktan sonra yeniden etrafına bakındı. Az önceki görüntüde hiçbir değişiklik yoktu. Zaten yaşlı insanlar o kadar yavaş hareket ediyorlardı ki kız âdeta zamanı ağır çekimde izliyormuş gibi hissediyordu. Görüntünün ilginç kısmı her bir yaşlıdan sorumlu olan çocukların da aynı şekilde yavaş hareket ediyor olmasıydı. Bu yardımcı çocukların hepsine şaperon deniyordu. Aslında bu kelimeyi ilk kez tıp fakültesinde duymuştu. Hücre içerisindeki proteinlerin katlanarak üç boyutlu hale gelmesinde rol oynayan yardımcı proteinlere şaperon denmekteydi. Bu kelime aynı zamanda Fransızcada refakatçi anlamına da gelmekteydi ve bu küçük çocuklar bu ismi sonuna kadar hak ediyorladı.

Sanatoryumun hiçbir yerinde Pia'nın alışkın olduğu teknolojik cihazlara ait bir iz yoktu. Hem *Büyülü Dağ*'ın etkisi hem de ortam koşulları nedeniyle kendisini 1900'lü yılların başına zaman yolculuğu yapmış gibi hissediyordu. Üstelik bugüne kadar hiçbir yerde herhangi bir saate de rastlamamıştı. Havanın kararıp aydınlanması dışında kendisine zamanla ilgili bilgi verecek hiçbir ipucu yoktu. Zaten her gün birbirinin tıpatıp aynısıydı ve sanatoryumdaki her şey mutlak bir düzen içinde işliyordu. Değişen tek şey sadece etrafındaki şaperonlar gibi gözükse de aslında başka şeylerin de değiştiğini zaman içinde anlayacaktı.

İlk uyandığında yanında turuncu saçlı bir kızın olduğunu hatırlıyordu. Daha sonra şaperonlar belirli bir düzen içinde değişmeye başlamışlardı. Bunu fark ettikten sonra yaptığı hesaplamada her 21 günde bir, yanındaki şaperonun değiştiğini görmüştü. Bundan sonra etrafına daha dikkatli bakan Pia, 21 günün sonunda değişen başka şeylerin olup olmadığını incelemişti. Bu sayede hem etrafındaki yaşlı insanların hem de şaperonların değiştiğini görmüştü. Üzerlerindeki siyah kıyafetler nedeniyle tüm yaşlılar birbirine benzese de daha dikkatli baktığında bu değişimi fark edebilmişti. Artık emindi. Âdeta 21 günlük periyotlar halinde değişen bir sonsuzluğun içinde sıkışıp kalmıştı. Her periyodun sonunda etrafındaki tüm insanlar değişse de yaşanılanlar hep aynıydı.

80 yaş üzeri siyah elbiseli yaşlılar ve 6 yaş civarı beyaz giyen çocuklar dışında sanatoryumda hiç kimseyi görmemişti. Pia, çocukluk ve yaşlılığın iç içe harmanlandığı siyah beyaz bir tabloda kendisine yer bulamamış bir renk gibiydi. Üzerindeki açık mavi elbise bile ortama uygun olmadığını her defasında yüksek sesle haykırıyordu. Etrafındaki şaperonların değişiminden yola çıkarak yaptığı hesaba göre bugün sanatoryumdaki 111. günüydü. Yüksek tavanlı odada uyandığından beri neredeyse dört ay geçmişti ve kızın ağzından tek bir kelime dahi çıkmamıştı. Zaten bu konuda yalnız da değildi. Etrafındaki yaşlı insanların hiçbiri de kendisiyle konuşmak için herhangi bir çaba göstermemişlerdi. Konuşmak bir yana yüzüne bile bakmamışlardı. Sadece kendi şaperonu gerekli olduğunda çok kısa cümleler kuruyordu. Bunun dışında yüksek bir tepedeki doğanın ortasında mutlak bir sessizliğin içindeydiler.

Şu an bulundukları büyük bahçenin içinde sadece beş yaşlı kişi ve şaperonları vardı. Yaşlılar âdeta bir zombi gibi sadece yürüyorlardı. Konuşmak ya da iletişim kurmak bir tarafa, birbirlerini görmüyorlardı bile. Sanki aynı bahçede farklı zaman dilimlerinde yürüyorlarmış gibiydiler. Ama hepsinin yüzündeki ifade aynıydı ve çok belirgindi. Derin bir çaresizlik ve mutsuzluk duygusu çok uzaklardan bile görülebiliyordu. Sanki sadece birkaç günlük ömürleri kalmıştı ve hayat onları ölüme alışsınlar diye buraya getirmişti.

Pia bu sefer daha büyük bir yudum aldıktan sonra matarayı çimenlerin üzerine bırakarak ayağa kalktı. Arkasındaki şaperonun matarayı alıp kendisini takip edeceğini biliyordu. Etrafındaki yaşlı zombilere müthiş uyum gösterecek şekilde yürümeye başladığı an garip bir şey hissetti. Burada uyandığı günden bu yana ilk kez farklı bir duygu içindeydi. Sanki birisi kendisini izliyordu. Nereden geldiğini bilmediği bu hisle hızlıca dönerek etrafını incelemeye başladı ve bir anda onu gördü.

Çok uzaktaki ağaçların arasında durmakta olan siyah giymiş yaşlılardan birisi doğruca kendisine bakıyordu. Diğer yaşlılara göre daha uzun boylu gözüken adamın etrafında herhangi bir şaperon gözükmüyordu. Normalde oldukça sıradan olacak bu görüntü, sanatoryum içindeki sıradan düzenin ortasına inen bir balyoz gibiydi. Aralarında oldukça uzun bir mesafe olsa da bir süre bakışmaya devam ettiler. Ne yapacağını bilemeyen Pia bakışlarını ilk kaçıran kişi olmuştu. Bu kaçış sadece birkaç saniye sürmüş olsa da tekrar aynı tarafa baktığında görünürde kimse yoktu. Yaşlı bir insan için bu kadar büyük bir alanda bir anda yok olmak imkânsızdı. Belki de etrafındaki ağaçların arkasına gizlenmişti çünkü adam hiçbir yerde gözükmüyordu. Israrla aynı tarafa bakan kızın uzun zamandır hissedilmeyecek kadar yavaş atan kalbi, bir anda bilinmezliğin etkisiyle kuvvetli bir şekilde atmaya başladı. Böylece tam 111 gün sonra kız tekrardan atan bir kalbi olduğunu hissetmişti.

Bölüm 107

Cesur Yeni Çoban ve Cehennem'den Kovuluş

Belki de dünya,
başka bir gezegenin cehennemidir.

Aldous Huxley

Yatakta sırtüstü uzanmakta olan adamın ilk hissettiği, üzerine oturan kişinin ağırlığı olmuştu. Bu kişinin kim olduğunu çok iyi bilse de gözlerini açmasına neden olan şey fotoğraf çekimlerinde düğmeye basıldığında çıkan o mekanik sesti. Perit, uykusundan erken uyandırılan her insan gibi zorlukla gözlerini açtığında Meryam'ı görmüştü. Üstünde sadece iç çamaşırları olan kadın, sanki Perit'le sevişmeye hazırlanıyormuş gibi üzerine oturmuştu. Ama kadının elinde büyük bir fotoğraf makinesi vardı ve profesyonel bir sanatçı gibi davranarak adamın fotoğraflarını çekiyordu. Perit ise kötü bir kâbustan uyanmış gibi hissediyordu. Üstelik uyanmış olmasına rağmen rüyasında canını sıkan her neyse hâlâ varlığını sürdürüyor gibiydi.

"Bir tane daha Perit Bey. Bir de karşıya bakalım lütfen."

Meryam kurduğu her cümlede başarısız bir şekilde sesini değiştirip birilerini taklit etmeye çalışsa da Perit, kadını duymuyordu. Çünkü üzerine yarı çıplak bir şekilde oturan karısı inanılmaz çekici gözüküyordu ve bu görüntünün tadını çıkarmak isteyen beyni, ses dalgaları tarafından rahatsız edilmek istemiyor gibiydi. Daha önce hiç deneyimlemediği kadar güçlü bir şekilde Meryam'ı arzuladığını hissetti. Buna neden olan sadece görüntü değildi. Meryam'dan gelen koku, daha fazla tahrik olmasına neden olmuştu. Karısının alışkın olduğu kokusundan farklı olan bu kokunun içinde ne vardı bilmiyordu ama çok derinlerde, uzun süredir uyumakta olan bir sürü hücresinin uyandığını hissedebiliyordu. Perit'in elleri sanki bu güzelliğin tadını tek başına çıkarmak istiyormuşçasına güçlü bir şekilde kadını bacaklarından kavradı. Bir an içinde katlanarak büyüyen bu hayvani güç nedeniyle kızın canını yakmış olabileceğini düşünse de Meryam hiç etkilenmiş gözükmüyordu. Sanki yaptıkları şeyden utanıyormuş gibi yüzünü iyice makinenin arkasına gizlemişti.

Hızla yerinde doğrulan adam yıllardır kana hasret kalmış bir vampir gibi kadının boynuna gömüldü. Kendisini çıldırtan kokunun kadının saçlarından geldiğini fark etti. Dudakları, içindeki duyguyu tek başına ifade etmekte yetersiz kalıyormuş gibi adamın dişleri de devreye girmişti. Daha önce defalarca seviştiği karısıyla sanki ilk kez sevişiyormuş gibi heyecanlı hissediyordu. Bu düşünce garip bir şekilde başka bir düşünceyi tetikledi. Belki de seviştiği kadın Meryam değildi.

Neden böyle hissettiğini bilmiyordu ama geçen her saniye bu düşüncesi daha da güçlü hale geldi. Meryam'ın teninin üzerinde dolaşmaya devam eden dudaklarının tüm itirazlarına rağmen karısının yüzünü görebilmek için geriye doğru hamle yaptığında gördüğü şey bir anda yerinden sıçramasına neden oldu. Refleksel bir şekilde Meryam'ı üzerinden iterek ayağa kalkan Perit az önce boynunu öptüğü şeye bakıyordu. Sanki bir korku filminin tam ortasına düşmüş gibiydi çünkü karşısındaki kadının yüzü yoktu. Göz ve ağız gibi yapıların olması gereken yerde sadece burayı örten bir deri tabakası vardı. Kadın, başını hafifçe yana eğip "Neden böyle bir şey yaptın ki" der gibi Perit'e bakıyordu.

Rüyasında büyük bir korku yaşayan Perit gerçek hayata sadece hafif bir irkilmeyle uyandı. Gözlerini açtığında gördüğü görüntü, rüyasının hâlâ devam ettiğini gösteriyordu. Yüzünün çok yakınında duran fotoğraf makinesi, adamın zaman ve anlam arasında sıkışıp kaldığı birkaç saniye geçirmesine neden olmuştu. Perit'in çözülmesini sağlayan ise yanında yatmakta olan keçinin bir anda ayaklanıp uzaklaşması oldu. Çimenlerin üzerinde uzanan adam, mavi gökyüzü manzarasıyla arasına girmiş olan fotoğraf makinesi ve sahibine bakıyordu. Neden yaptığını bilmediği bir şekilde magazin gazetecilerine yakalanan bir ünlü gibi elini kameranın önüne getirdi. Bunun üzerine yine fotoğraf makinesinin çekim sırasında çıkardığı sesi duydu. Objektifin arkasındaki kişinin ağzından çıkan belirsiz bir "harika" kelimesi bu sese eşlik etmişti.

En yakındaki evin neredeyse 10 kilometre uzaklıkta olduğu bir dağ yamacında, burnunun dibinde bir fotoğraf makinesiyle uyanmak ne kadar ilginç olsa da o an Perit'in hissettiği tek şey karşısındaki kadından yayılan mükemmel kokuydu. Demek ki rüyasında kendisini inanılmaz bir şekilde tahrik eden koku, beyninin uydurduğu bir şey değildi. Hızlıca ayağa kalkan Perit sadece yarım metre uzağında duran, kovboyların taktığına benzer bir şapka takmış kadına baktı. Neredeyse siyaha yakın koyuluktaki gözleri, oldukça esmer olan teniyle harika bir uyum içindeydi. Üzerinde oldukça kısa sayılabilecek dağcı şortu ve kolsuz yeşil tişörtüyle hiçbir kovboyun sahip olamayacağı müthiş bir çekicilikte görünüyordu. Perit sanki kızın nereden geldiğini anlamak istiyormuş gibi kısa bir süre tepesindeki gökyüzüne baktı.

En fazla 25 yaşında gözüken kadın, sanki Perit'in arkadaşıymış gibi fotoğraf makinesinin ekranından son çektiği pozları adama göstermeye başlamıştı. Kendisine iyice yaklaşan kadından gelen koku düşünmesine engel olsa da makinenin ekranındaki ilk kareyi gördüğünde etrafındaki her şey bir anda anlamını yitirmişti. Perit, kızın elinden kamerayı alarak yukarıdan gelen güneşin parlaklığını azaltmak için daha iyi görebileceği bir konuma getirdi. Ekrandaki fotoğrafta gözleri kocaman açılmış adam, kendisine benzeyen yabancı biri gibi gözüküyordu. Bir an içinden "Bu adam kim" diye geçirdi.

Gerçekten sıradışı bir görüntü söz konusuydu. İnsanlardan çok uzakta, doğanın ortasında üstü çıplak bir adam, daha önce hiç görmediği bir kadının elinden aldığı fotoğraf makinesinin ekranını inceliyordu. Etrafta otlamakta olan inek ve keçiler de kısa bir merakla bu garip görüntüye bakmışlardı. Ama merakları sadece 10 saniye sürmüştü. Önlerinde yenilecek sınırsız miktarda ot ve zaman olmasına rağmen yemeğe ayıracak vakitleri çok darmış gibi ikilinin bulunduğu yerden uzağa doğru gidip otlamaya devam etmişlerdi.

Fotoğraf makinesinin ekranında gözüken yüz ifadesi, bir sanat evinin duvarlarında sergilenecek kadar fazla sayıda duyguyu içinde barındırıyordu. Ellerindeki şarap kadehleriyle birlikte duvarlardaki eserlere uzun uzun bakan entelektüeller tarafından oldukça yüksek paralara satın alınabilecek, bağımsız bir sanatçının elinden çıkmış bir eser gibiydi. Ama Perit'i asıl etkileyen, yüzünde meydana gelen değişimdi. Göbekli bir şoförün kullandığı tırdan, hiç bilmediği bir köyde indiğinden beri tek bir ayna bile görmemişti. Sanki yıllar önce yollarını ayırmak zorunda kaldığı çok önemli birisinin, yıllar sonra eline geçmiş fotoğrafına bakıyor gibiydi. İnanılmaz zayıflamıştı. Yüzündeki ifade, koyulaşmış deri rengi ve ne anlatmaya çalıştığı bir türlü anlaşılmayan sakalları bile bu zayıflığı gizlemeye yetmiyordu.

En ilginci gözlerinin görüntüsüydü. Göz yuvaları sanki birer bataklıkmış gibi, adamın gözleri zaman içerisinde iyice içeri çökmüştü. Sanki bu dünyaya dair görülecek bir şey kalmadığının onlar da farkındaydı. Belki de en iyisi gömülüp sonsuza kadar kaybolmaktı. Kaç dakika öylece durduğunu bilmiyordu ama kendisine gelmesini sağlayan, çıplak omzuna dokunan el olmuştu. Uyurken yanına uzanan keçiler dışında uzun süredir kendisine dokunan kimse olmadığından derisindeki reseptörler sanki dokunmanın ne anlama geldiğini unutmuşlar gibi bir anda irkildi. Bunu fark eden kadın yaptığından pişman olmuş bir şekilde konuşmaya başladı.

"Korkmana gerek yok. İstersen hepsini silebilirim."

Perit dönüp kadının yüzüne baktı. Karşısındaki kadın sanki zekâsı yeterli olmayan bir insanla konuşur gibi heceleri vurgulamıştı. Yaptığı el hareketleriyle medeniyetten uzak kalmış bir yerliye derdini anlatmaya çalışan bir turist gibi gözüküyordu. Hatta sanki karşısındaki için bir tehdit unsuru taşıyormuşçasına kafasındaki şapkayı da çıkardı. Elleriyle refleksel bir şekilde şapkanın baskı yaptığı saçlarını hafifçe karıştırdı. Sonuçta karşısındaki yerli biri bile olsa görünüşünün güzel olması en temel kadın içgüdülerinden biriydi. Kızın hafif dalgalı kısa saçları, ellerinin bu hareketine alışkınmış gibi anında harika bir görünüme kavuşmuşlardı.

"Beni anlayabiliyor musun? Konuşabiliyor musun?"

Kızın her kelimesine eşlik eden el kol hareketleri onun da bir miktar panik halinde olduğunu gösteriyordu. Zaten güzel olan kızın inanılmaz sevimli gözüken bu çabası sonucunda aylar sonra ilk kez Perit'in yüzünde hafif bir gülümseme oluştu. Yüzündeki gülmeden sorumlu kaslarını o kadar uzun süredir kullanmamıştı ki ilk gülümsemesi sırasında hafif bir acı bile hissetmişti. O an farkında olmasa da zaten yakışıklı olan yüzünde, çekici bir ifade oluşmuştu. Ne de olsa aylar sonra gerçekleşen ilk gülümseyişti ve ilgili kaslar günlerdir beklemenin verdiği özlemle işlerini harika yapmışlardı. Gülümsemesinin aslında ne kadar etkili olduğu, anında kızın yüzüne bulaşan gülümseme ile daha anlaşılır hale geldi. İnsanlığın iletişim kurmak için kullandığı muhtemelen en eski yöntem olan bu ilginç fizyolojik fenomen, kızın yüzündeki endişeyi anında yok etmişti. Dudaklarının aldığı şekille iyice ortaya çıkan dişlerinin beyazlığı âdeta kızın gülümsemesine parlaklık katmış gibiydi.

Karşısındaki dişlerin beyazlığı karşısında büyülenen Perit kendi dişlerinin nasıl gözüküyor olabileceğini düşününce bir anda dudaklarını birbirine bastırarak gülmeye çalıştı. Bu hareketiyle, baştan beri sergilediği "zekâ sorunu olan biri" gibi gözükme ihtimalini iyice pekiştirmiş olmalıydı. Saçmalaması daha fazla gülmesine neden oldu. Sanki suların akmasını engelleyen bir barajın yıkılması gibi gülümsemesini engellemeye çalışan dudakları bir anda açılınca, ağzının içinde biriken havanın tamamı bir anda dışarı çıkmıştı. Âdeta püskürür gibi gülmesi bulaşma sürecini hızlandırdığından artık kız da sesli bir şekilde gülmeye başlamıştı. Az önce bu görüntüye olan ilgilerini kaybetmiş olan keçi ve inekler tekrardan dönerek ikiliye son bir şans daha verirmiş gibi merakla baktılar. Ardından, uzun zamandır beraber vakit geçirdikleri sessiz çobanlarının garip sesler çıkarması karşısında endişelenmişler gibi hızlı adımlarla oradan iyice uzaklaştılar.

Perit, ne olduğu yönetmeni tarafından bile tam anlaşılmamış garip bir sanat filminin 15 saniyelik bir sahnesindeymiş gibi hissetti. Yaşanılan ne kadar anlamsız ve açıklanamaz olsa da hayati belirtileri nihayet geri dönmüştü. Uzun zamandır unuttuğu tüm duyguları yeniden hissetmeye başlamıştı. Karşısındaki kız, öldüğü bu topraklardan yeniden dirilmesini sağlamıştı. Tüm bu garipliği sonlandıracak en mantıklı hareket doğal olarak karşısındaki kızdan geldi ve elini adama doğru uzatarak kendisini tanıttı.

"Merhaba. Ben Soma."

Hayata bu kadar hızlı adapte olacağını asla düşünmeyen Perit, kızın havada duran eli karşısında kısa bir süre ne yapacağını bilemedi ama son anda geri dönmeye karar vermiş eli yakalamayı başardı. Kızın eline değer değmez "Perit" demeye çalıştı ama dudakları hareket etse de ağzından çıkan bir ses dalgası olmadı. O kadar uzun süredir konuşmamıştı ki muhtemelen ses telleri bu işin nasıl yapıldığını çoktan unutmuştu. Derisi iyice hasar görmüş kirli elinin içinde kızın genç ve yumuşak elini hissetmek bir anda zamanın donmasına neden oldu. Adamın elinde ölmek üzere olan deri hücreleri az önce dokundukları yaşam dolu hücrelere öyle bir yapışmıştı ki Perit elini çekmek istese bile muhtemelen bu emre itaat etmeyeceklerdi. Sessizliğin uzaması kızın gözlerinde yeniden bir endişe ifadesi oluşturmaya başladığı an, adam tüm hücrelerini zorlayarak "Perit" diye karşılık verdi.

Duyduğu kısık ve çatallaşmış sesin kendisinden çıktığına inanamasa da havada bir ses dalgası oluşmuştu. Kızın gözlerindeki endişe ifadesinin yok olması, dalgaların ulaşması gereken yere çoktan vardığını gösteriyordu. Bir an kızın elini hâlâ tuttuğunu fark etti. Hayata dönen kalbinin ne kadar güçlü attığını kulaklarında bile hissedebiliyordu. Sanki damarlarında sıcak çikolata dolaşıyormuş gibi bir mutluluk hissetti. Sonra kendisinin de şaşırdığı dünyanın en garip tanışma cümlesini kurdu.

"Mutluluğun formülü..."

Kız anlam veremediği bu tamlama karşısında ne cevap vereceğini bilemedi. Ağzından herhangi bir kelime çıkmayınca durumu toparlamak isteyen yüzün geri kalan kısmı, garip bir ifade oluşturacak şekilde sadece adama baktı. Perit'in kendisi bile ağzından çıkanlara şaşırmışken kızın anlamamış olması çok normaldi. Adam açıklamak için devam etti.

"Soma. Mutluluk hapı. Cesur Yeni Dünya. Huxley."

Soma'nın gözlerindeki ifadesiz bakıştan dolayı Perit'in ağzından çıkan kelimeler duraklayarak, parça parça çıkmıştı. Sanki şaşkınlığı sonlandırmak için söylediği her kelime kızın daha da şaşırmasına neden olmuş gibiydi. Aslında haksız da sayılmazdı. Kızla tanıştığından beri medeniyetten uzakta yaşayan, ilkel bir yerli gibi davranan adamın, zorla adını söyledikten sonra kurduğu ilk cümlenin bilimkurgu edebiyatının en önemli distopik eserlerinden birine ait olması, gerçekten de anlaşılması zor bir durumdu.

Perit'in açıklama amacıyla verdiği cevap karşısında kızın ağzından çıkan sadece hava olmuştu. Boşta duran eliyle yaptığı hareket, çıkardığı hava sesiyle kuramadığı cümleyi âdeta tamamlamış gibiydi. Yazarı ve kitabını duymuştu ama adamın durup dururken neden böyle bir şeyi dile getirdiğini anlamamıştı. Bu arada Perit, hâlâ kızın elini tuttuğunu fark etti. Az önce yaşama tutunduğu için iyice kendinden geçmiş deri hücrelerinin boşluğundan yararlanarak yavaşça kızın elini serbest bıraktı. Bu durumdan hiç memnun olmayan hücrelerinden gelen çığlık seslerini duyar gibiydi. Kafasını toparlayarak durumu açıklamaya çalıştı.

"İsminden bahsediyorum. Çok sevdiğim bir kitabın sayfaları içinde yaşayan insanların mutlu hissetmek için kullandıkları önemli bir ilaç var. O ilacın adı Soma. Yani mutluluğun formülü..."

Hiç beklemediği bu açıklama kızın yüzünde öyle bir gülümseme oluşturmuştu ki Perit bir anda yüzünün kızardığını hissetti. Tıpkı *Cesur Yeni Dünya* kitabındaki gibi Soma sayesinde mutluluğun aslında ne kadar güzel bir şey olduğunu yeniden hatırlamış gibiydi. Yüzüne hücum eden kan, aynı hızla beynine de gittiğinden iyice oksijenlenen nöronlar daha hızlı düşünmesine neden oldu. Bir anda üzerinde sadece pantolon ile üstü çıplak bir şekilde durduğunu hatırlayan Perit hızlıca en yakındaki ağaca giderek dalda asılı durmakta olan iyice hırpalanmış gömleğini üzerine geçirdi. Sonuçta hiç tanımadığı bu güzel kızla, üstü çıplak bir şekilde edebiyat sohbeti yapmanın ne kadar garip göründüğünün farkındaydı.

Kızın muhteşem kokusundan sonra burnuna gelen ilk kokunun gömleğine sinmiş keçi kokusu olması içinde bulunduğu durumu iyice zor bir hale sokmuş gibiydi. Uzun süredir keçilerle yatmayı tercih eden Perit'in bundan dolayı gömleğini suçlaması anlamsız olurdu. Ayrıca üzerindeki kokudan dolayı endişe duyacak hale gelmesi yaşamsal faaliyetlerinin tümüyle geri döndüğünü de gösteriyordu. Az önce edebi bir eserden bahseden üstü çıplak adam, sanki bir anda ilkel bir yerli olduğunu hatırlamış gibi hızlıca yakındaki ağaca tırmanmaya başladı. En eski atasının yaptığı şeyi yaparak ağacın en tepesine çıktı ve en uzak dalda tüm güzelliğiyle kızarmakta olan elmalardan ikisini kopardı. Ulaşılması ne kadar zor olursa olsun hiçbir güzelliğin insanın elinden kaçamayacağı gerçeği, halen dallarında durmakta olan diğer elmalar tarafından korkuyla izlenmişti.

Yere atlayan Perit, avcunda durmakta olan iki elmayı kıza uzattı. Beyninin bir yerlerinde bir grup sinir bozucu nöron, kızın, keçi kokan bu pis ellerdeki elmalara tiksinti ile bakacağını söylese de gerçekte tam tersi olmuştu. Soma'nın yüzünde öyle içten bir gülümseme oluşmuştu ki tüm dünya üzerinde bu güzelliğe sadece kendisinin şahit olmasının büyük bir haksızlık olduğunu hissetti. Kız, küçük ağzından beklenmeyecek kadar büyük bir ısırıkla elmayı yemeye başladığında Perit de büyük bir keyifle elindeki diğer elmadan kocaman bir ısırık almıştı. Bir an kendisini yasak elmayı kopardığı için cennetten kovulan Âdem gibi hissetti. Ama Perit'in hikâyesi çok daha farklıydı. Dalından kopardığı bu elma âdeta bir süredir içine hapsolduğu cehennemden kurtulduğunun bir işaretiydi. Çünkü karşısındaki kız sadece cennette var olabilecek bir güzelliğe sahipti ve hiç kimsenin olmadığı bu dağ yamacına Perit'i kurtarmak için gökyüzünden inmişti.

Bölüm 108

Buz ve Ateşin Şarkısı
"Nada"

Uçmayı beceremeyenler,
kanat kırmayı çok severler.

-Alıntı-

Otto, bulunduğu şehirdeki en büyük parkın içerisinde yürüyordu. Birazdan gerçekleşecek olan gizli buluşma nedeniyle bir miktar tedirgin olsa da parktaki sıradan yaşama ait izlerin içine karışmak kendisini daha iyi hissetmesine neden olmuştu. Noah'ın bir binada patlatılmasının üzerinden yaklaşık iki ay geçmişti. Bu süre içerisinde Vagus kendisiyle sadece iki kere iletişim kurmuştu ama Neon'daki gelişmeler tam da olması gerektiği şekilde ilerlemeye devam ediyordu. İki gün önce Vagus, kendisiyle yeniden iletişime geçtiğinde daha öncekilerden farklı bir istekte bulunmuştu. Çok uzun zamandır sadece yeşil bir kutudan çıkan sesleri dinleyen Otto, ilk kez gizlice biriyle buluşacaktı. Dünyanın yaşayan en güçlü insanı olsa da kiminle buluşacağı hakkında en ufak fikri yoktu. Emin olduğu tek şey birazdan göreceği kişinin Vagus ile doğrudan bağlantıda olduğu gerçeğiydi. Yani bu gizemli kişi her kimse, gerçekten çok önemli biri olmalıydı.

Buluşma noktasına ulaştığında ne görmesi gerektiğini bilmediğinden yavaşça etrafına göz gezdirdi. Bir tane yaşlı adam 8-9 yaşlarında bisiklet süren bir kızın yakınında telefonu ile konuşuyordu. Onların hemen ilerisinde iki yaşlı, dış dünyadan tümüyle soyutlanmış bir şekilde satranç oynuyorlardı. Buluşma yeri olan büyük ağacın yanındaki bankta yaşlı bir kadın oturmuş kitabını okuyordu. Bankın dönük olduğu geniş çimenlik alanda ise orta yaşlarda bir kadın elinde ayakkabılarıyla dolaşıyordu.

Otto etrafındaki hiç tanımadığı bu insanlara karşı inanılmaz bir kıskançlık hissetti. Sıradan olduğu için mükemmel olan hayatlarını, hiçbir şey bilmemenin verdiği rahatlıkla sonuna kadar yaşıyorlardı. En üzücü tarafı da muhtemelen hiçbiri, ellerindeki bu değerin farkında bile değildi. Kendi hayatının tam zıttı olan hayata büyük bir özlemle bakan adam yaklaşık son 2 ayda yaşadıklarını düşündü. Her şey tam da Vagus'un söylediği gibi olmuştu. Origon Noah ve beş kranialin toplu bir şekilde öldürülmesi, Neon tarihinde eşi benzeri görülmemiş çok büyük bir olaydı ve patlama sonrasında müthiş bir kaos oluşmuştu. Otto, Neon'un her seviyesinde yaşanan bu kaosun büyük bir gösteriden başka bir şey olmadığını çok iyi biliyordu çünkü yukarıdaki Tanrılar ne istediyse tam olarak o yaşanıyordu. Bu "kaos gösterisi" sayesinde Neon yönetimi açısından çok kritik değişiklikleri kolayca hayata geçirebilmişlerdi.

İlk bir ay, geriye kalan yedi kranialin kendi aralarında gerçekleştirdikleri uzun toplantılarla geçti. Ortak alınan kararlar sayesinde Origon olmadan da Neon'da yaşanan kaosu kontrol edebilmeyi başarmışlardı. İkinci ay içerisinde ise eksik kalan beş kranialin seçimleri yapılmıştı. Koşulların sıradışı olması nedeniyle her bir kranialin belirlenmesi normal prosedürden farklı bir şekilde gerçekleşmişti. Yedi kranial tarafından oluşturulan konsey, ciddi güvenlik incelemeleri sonunda yeni kranialleri tek tek belirlemişti. Otto tüm yaşanılanların çok karışık bir senaryonun detaylarından başka bir şey olmadığını biliyordu. Vagus ve diğer Tanrıların yazdığı bu senaryoda başrol kendisine aitti ve Otto'yu Origon yapacak kranialler teker teker sisteme sokulmuşlardı. Muhtemelen diğer kraniallerle de bir şekilde iletişim halindeydiler çünkü henüz resmi bir girişim olmasa da herkes Otto'ya Origon'muş gibi davranıyordu.

Parkın ortasında hayallere dalan Otto derin bir nefes alarak saatine baktı. Buluşma vakti nihayet gelmişti. Bakalım karşısına nasıl bir sürpriz çıkacaktı. Herhangi bir güvenlik tedbiri olmadan parka gelmesi normalde endişe duyulması gereken bir durumdu ama bu konuda en ufak bir tedirginliği yoktu. Sonuçta Neon'un en güvenilir binasında Noah'ı patlatarak yok edebilen güç, yanında olduğu müddetçe kimseden zarar görmeyeceği açıktı. Görünen o ki bu ilişkinin süresini belirleyecek olan, kendisine verilen görevleri ne kadar başarılı bir şekilde yerine getireceği olacaktı.

Otto, buluşmanın gerçekleşeceği bankta kitabını okuyan yaşlı kadına baktı. Belki de görüşeceği gizemli kişi bu kadındı. Sessiz adımlarla ilerleyerek bankın boş kısmına oturdu. Yaşlı kadın yanına oturan adama kısa bir bakış attıktan sonra tekrar kalın kitabına dönmüştü. Oturdukları bank çimenlik alana doğru dönüktü. Az önce gördüğü çıplak ayaklı kadın tüm dünyadan soyutlanmış bir şekilde çimenlerin üzerinde ufak adımlarla yürümeye devam ediyordu. Sanki romantik bir film sahnesindeymiş gibi davranan kadın birçok insanın dikkatini çekebilecek fiziksel bir görünüme sahipti. Özellikle güneş ışığının çarpmasıyla etkileyici bir tona bürünen kırmızı saçları bile tek başına yeterince ilgiyi hak ediyordu. Üzerindeki açık mavi elbisenin yarattığı etkiyle, sonunda birbirine kavuşmayı başarmış buz ve ateş gibi gözüküyordu.

Otto'yu daldığı düşüncelerden çıkaran yanındaki yaşlı kadının kendisini sorgulayan bakışı olmuştu. Normalde kitabın üzerinde olması gereken gözleri, oldukça eleştirel bir şekilde adamın üzerine çevrilmişti. Yaşlı kadının tavrı yüzünden bir anda kendisini banklarda oturup etrafındaki kadınları gizlice gözetleyen bir sapık gibi hissetti. Otto'nun vücudu, suçsuz olduğunu daha çok kanıtlamak istiyormuş gibi hemen ayağa kalktı ve arkasını çimenlere dönecek şekilde bankın sırt kısmına yaslandı. Kimbilir, belki de yaşlı kadın çimenlerde yürüyen kadının annesiydi ve bir sapığın, kızını izliyor olmasından ciddi halde rahatsızlık duymuş olabilirdi.

Hissettiği suçluluk duygusu yaşlı kadının gözlerinin tekrar kitaba dönmesiyle bir miktar da olsa hafiflemişti. Tam o sırada bulunduğu yere doğru gelmekte olan kişiyi gördü. Yaklaşık

50 yaşlarındaki siyahi adam sanki derisinin üzerinde bulunan koyu pigmentler yetmezmiş gibi üzerindeki her şeyin siyah olduğu bir kıyafet giyiyordu. Güneş gözlüğü ve kafasındaki şapka ile çok zengin bir işadamı ile sanatçı arasında gidip gelen bir görünüme sahipti. Parkın sıradan atmosferi içerisinde sıradışılığını haykıran bu kişi giderek yaklaşmaktaydı. Otto parka girerken yaşadığı tedirginliği tekrar hissetti. Hatta kendisine konuyla ilgili hiçbir bilgi vermeyen Vagus'a da içinden bir miktar sinirlendi. Yaklaşmakta olan adama odaklanan Otto, arkasından gelen "Pardon" sesi ile bir anda irkildi. Hızla sesin geldiği yöne döndüğünde hiç beklemediği bir görüntüyle karşılaştı. Kırmızı saçlı kadın, elindeki telefonu Otto'ya uzatmıştı.

"Sizden rica etsem bir tane fotoğrafımı çekebilir misiniz? Anneme parkın manzarasını da içeren minik bir anı göndermek istiyorum."

Otto sanki kendisinden dünyanın en imkânsız şeyi istenilmiş gibi şaşkınlıkla kadına baktı. Yüzünde bir anda istemsiz bir gülümseme oluştu. Sıradan olmanın ve bilmemenin en güzel tarafı buydu işte. Yeri geldiğinde dünyanın en güçlü insanından bile fotoğraf çekmesini kolaylıkla isteyebilirdiniz. Kısa bir süre ne yapacağını bilemeyen Otto, kadının elinden telefonu aldı. Hâlâ yapmış olduğu şeye inanamıyordu. Kadın, ağır adımlarla çimenlik alanda uygun bir yer ararken Otto hızlıca geriye dönüp baktı. Siyahlar içindeki adam ortalıkta gözükmüyordu. Belki de sürpriz bir şekilde ortaya çıkan bu kadın yüzünden buluşmayı riske atmak istememişti. Tekrar çimenlik alana döndüğünde kendisini hazır bir şekilde sessizce bekleyen kadını gördü.

Telefon ekranındaki görüntüyü ayarlamaya çalışırken istemsiz bir şekilde kadının çıplak ayaklarına baktı. Tıpkı annesinin parmağını kavrayan bir bebek gibi kadının ayak parmakları çimenleri kavramıştı. Dikkatli bir şekilde birkaç kare çektikten sonra telefonu kadına uzattı. Kadın telefondaki fotoğraflarına bakarken bankta oturan yaşlı kadın bu sefer sanki kendisi fazlalıkmış gibi sessizce yerinden kalktı ve ağır adımlarla daha sessiz bir ortam bulmak için yürümeye başladı. Kırmızı saçlı kadın sanki bunu bekliyormuş gibi boşalan yere oturdu. Bu sırada elindeki telefonla bir şeyler yapmaya devam ediyordu. Kadın, daha önce hiç görmediği kadar beyaz bir tene sahipti. Sanki hayatı boyunca güneşe çıkmamış gibi gözüküyordu. Zaten saç rengini bu kadar belirgin hale getiren de muhtemelen yüzündeki beyazın tonuydu.

Otto önce etrafına, sonra saatine baktı. Buluşma vaktinin üzerinden sadece birkaç dakika geçmişti. Bu durum zamanlama konusunda her zaman çok hassas olan Vagus'tan beklenilecek bir durum değildi. Muhtemelen az önceki tesadüf yüzünden planda bir değişikliğe gidilmişti. Ne yapacağını bilmeyen adam her saniye artan bir huzursuzlukla ayakta dikilmeye devam etti. Ne kadar dirense de gözleri bankta oturan kırmızı saçlı kadına kayıyordu. Telefonun ekranına bakmakta olan kadının görünüşünde tanımlayamadığı bir farklılık vardı. Sanki başka bir zaman dilimine ait biriymiş gibi görünüyordu ve çok garip bir çekim gücüne sahipti. Öyle bir çekim gücüydü ki birçok kişiyi yörüngesinde tutarak etrafında döndürebilirdi.

Düşüncelerinin dağılmasından dolayı bu sefer de kendisine öfkelenen Otto, sert bir hareketle kadını görmeyecek bir şekilde yine banka sırtını dönmüştü. Çok önemli bir buluşma öncesinde, düşüncelerinin bir kadın tarafından dağıtılmasına izin verdiğine inanamıyordu. Tüm ömrünü müthiş bir disiplin içinde geçiren adam, hayatı boyunca Neon'un hedeflerine ve kurallarına bağlı yaşamıştı. Gençliğinden beri tek bir hedefi vardı, o da Neon'un en üst kademelerinde hizmet etmekti. O nedenle kadınlar konusundaki en önemli kararını çok erken yaşlarda vermişti. Hiçbir kadın, Otto'nun hayatından içeri adımını atamayacaktı. Neon'da kalıcı olabilmek için zaten en temel kurala uymak zorundaydı. Ama bu kararı almasına neden olan daha büyük bir güç vardı. Hayata karşı vereceği mücadelede herhangi bir kadına karşı duygusal zafiyetinin olması en baştan kaybetmesi demekti. Çünkü saçma aşk hormonlarının birtakım kimyasal etkileri sonucu beyninin uyuşmasına asla tahammül edemezdi. Beyninin kontrolü sadece kendi ellerinde olmalıydı. O nedenle hiçbir kadının beynine dokunmasına izin veremezdi.

Tam o sırada kırmızı saçlı kadın, sanki adamın düşüncelerini okuyormuş gibi yeniden konuşmaya başladı. Görünen o ki adamın beynine dokunmakta kararlıydı.

"Annem size fotoğraf için teşekkür etmemi istedi."

Otto duruşunu hiç bozmadan kısaca "Rica ederim" diye cevap verdi. Ses tonundaki gereksiz sertlik, o an için iletişim kurmak istemediğini net bir şekilde belirtse de kadın konuşmakta ısrarlıydı.

"Hatta çıktısını alıp çerçevelettikten sonra evin duvarına asacakmış. Sonuçta yeryüzü üzerinde bizzat bir Origon tarafından çekilmiş kaç tane fotoğraf olabilir ki?"

Kadının kurduğu son cümle Otto'nun gözlerinin bir anda kocaman açılmasına neden olmuştu. Sanki birisi sessizce arkasından gelip sırtına bir bıçak sokmuş gibiydi. Bir anda ağzının inanılmaz kuruduğunu hissetti. Demek ki buluşma aslında tam saatinde gerçekleşmişti. Sadece bunu anlayabilecek kadar zeki değildi. Belki de buna engel olan, kadının görüntüsüne takılıp kalan gereksiz ilgisi olmuştu. Ağzındaki kuruluk sanki beynine yayılmış gibi bir anda başında güçlü bir ağrı hissetti.

Yaşadığı şokun etkisindeki bedenini sessiz bir şekilde bankın üzerine bırakarak kadının yanına oturdu. Etrafında kimse yokmuş gibi sadece uzaklara bakan kadının gözlerinde hüzünle harmanlanmış büyük bir ciddiyet vardı ve bu ciddiyete uygun bir ses tonuyla konuşmaya başladı.

"İlkel insanların yüzlerce yıl boyunca neden güneşe taptıklarını şimdi çok daha iyi anlıyorum. Çünkü güneş demek, hayat demek Otto. Karanlıkta mahsur kalmış insanları hayatta tutan yegâne umut. Gece ne kadar uzun olursa olsun, eğer sabırla beklersen sonunda karanlığı parçalayıp seni özgürlüğüne kavuşturacak tek yaşam enerjisi..."

Cümlesini bitiren kadın gözlerini kapatıp âdeta havayı koklar gibi içine çekti. Otto ise az önce yaşadığı şok nedeniyle beyninde kaybettiği kontrolü geri kazanmaya çalışıyordu. Kadının, güneş ve karanlık üzerine neden böyle bir metafor kurarak konuşmaya başladığını bilmiyordu ama kendisine bizzat ismiyle hitap edilmesine sinirlenmişti. Sonuçta resmi olarak ilan edilmese de Neon'un yeni Origon'uydu ve tüm insanların buna uygun davranması gerekirdi. Gerçekte, ipleri gökyüzünden inen bir kukla bile olsa Origon gibi davranılmak zorundaydı. Kırmızı saçlı kadının doğrudan kendisine dönerek gözlerinin içine bakmasıyla daldığı düşüncelerden sıyrıldı. Hayatı boyunca birçok göze bakmış olan Otto, kadının gözlerindeki ifadeyi anlamakta zorlanıyordu.

"Tüm hazırlıklar tamamlandı Otto. Çok uzun zamandır beklediğin gün nihayet geldi. Sadece beş gün sonra resmi olarak Neon'un yeni Origon'u ilan edileceksin."

Otto bir anda ürperdiğini hissetti. En büyük hayali nihayet avuçlarının içine bırakılmıştı. İçinde katlanarak büyüyen gücün damarları aracılığıyla tüm organlarına akışını hissetti. Artık çok yakında kendisi de bu kutsal gücün bir parçası olacaktı.

"Origon olduktan sonra Vagus'un seninle iletişim kurması bizim için çok riskli. O nedenle eve döndüğünde yeşil kutuyu yok etmelisin. Şu andan itibaren Vagus'un mesajlarını sadece ben ileteceğim."

Kadının son cümlesi, kesinlikle beklemediği bir cümle olmuştu. Origon olduktan sonra bir şeylerin değişeceğini kendisi de biliyordu ama Vagus ile bir daha doğrudan iletişim kuramayacağını öğrenmek sebebini bilmediği bir tedirginlik hissetmesine neden oldu. Sonuçta tüm süreç boyunca emin olduğu tek bir şey vardı. Vagus gökyüzündekilerden biriydi. Birçok kehaneti ile bunu kanıtlamıştı. Peki, şu an gözlerinin içine bakan bu kadın kimdi? Onlardan biri miydi yoksa yukarıdakiler artık mesajlarını sadece bir elçi aracılığıyla mı gönderecekti?

"Vagus'un sana iletmemi istediği ilk mesaj şu: Senin de dahil olduğun 12 kranialden oluşan konseyde Origon ilan edildiğin gün, kraniallerin sayısı bir kişi eksilmiş olacak. İçinde bulunduğumuz koşullardan dolayı senden boşalan bu pozisyona doğrudan kranial atama yetkini kullanmanı istiyoruz. Vagus'un bu pozisyon için Origon'a önermek istediği bir isim olduğunu bilmeni isterim."

Otto'nun en baştan beri çözmeye çalıştığı bu gizemli buluşmanın sebebi kadının son cümlesi ile bir anda açıklığa kavuşmuştu. Adamın beyni çok hızlı bir şekilde içinde bulunduğu durumu analiz etmeye çalıştı. Origon olur olmaz kendisinden istenilen şeyin ne kadar zor bir görev olduğunun farkındaydı. Sonuçta kadının ağzından çıkan cümle sadece sıradan bir kranial ataması gibi gözükse de durum çok daha derin bir meseleydi. Zaten geçen ay aralarına katılan beş yeni kranial muhtemelen Vagus'un bizzat sisteme soktuğu isimlerdi. Yani çok rahat bir şekilde kendisinden boşalan kranial pozisyonuna da benzer bir müdahalede bulunabilirlerdi. Ama bu operasyonu Origon'dan istemeleri, aralarına katılacak son kranialin özel bir durumu olduğunu gösteriyordu. Patlamayla beraber herkesin dikkati başka yönlere çekilmiş olsa da konseye kranial olarak bir kadın atamak, insanlardan gizlenilmeyecek kadar büyük bir olaydı. İlk vereceği kararın Neon'un geleneklerine karşı yapılacak bir eylem olması bir anda canının sıkılmasına neden olmuştu.

"Senden istenilen ilk görevin ne kadar zor olduğunun farkındayız Otto. Ama değişim zamanı geldi ve bunu hayata geçirebilecek olan tek kişi sensin. İlk başta kimse seni anlamayacak ama güç senin arkanda ve değişim için bundan daha uygun bir zaman olmayacak."

Kadın sanki bir şeyler hatırlamış gibi bir anda yüzünde acı bir gülümseme oluştu. Kısa bir sessizliğin ardından konuşmaya devam etti.

"Teknolojik olarak ne kadar gelişmiş olursa olsun her insanın içinde bağlarını tamamen koparamadığı ilkel bir insan var Otto.

Beyninin en derinlerinde sessizce yaşayan ve yeri geldiğinde düşüncelere müdahale eden bir güç bu. Aslında insan denen canlının tarihine baktığında bununla ilgili çok fazla örnek görebilirsin. Mesela yeryüzünde var olmuş hemen her toplum, tarih boyunca insanları çeşitli şekillerde sınıflandırdı. Ama ilginç bir şekilde bu farklılıklar evrensel bir karakter taşımıyordu. Mesela Amerika Kıtasında yaşayan bir insan için derisinin koyu renkte olması ölümcül bir meseleyken, Asya'daki insanlar açısından hangi renkte göründüğünün bir önemi yoktu. Diğer taraftan Hindistan'ın tarihinde çok önemli bir yer tutan kast sistemi, Avrupa'daki birçok devletin ilgisini çekmemiş basit bir detaydı sadece. Yani Otto, söz konusu hiyerarşi olduğunda toplumlar arasında her zaman farklılıklar olmuştu. Ama bunlardan sadece bir tanesi diğerlerinden çok farklıydı çünkü neredeyse yeryüzündeki bütün kültürlerin hepsinde egemen olmayı başarmıştı. Bu ortak hiyerarşinin adı, cinsiyet ayrımıydı."

Kadın konuştukça ses tonunda kendiliğinden gelişen bir otorite hâkim olmaya başlamıştı.

"Çok uzun yıllar boyunca bütün toplumlarda kadınlar, erkeklerin sahip olduğu basit bir eşyadan başka bir şey değildi. Ortaçağ civarlarında buna karşı çıkmaya çalışan kadınlar, sırf erkekler öyle karar verdiği için cadı diye avlanarak yakıldı. Bırak yönetici olmayı, çok uzun bir süre yöneticiyi seçebilmek için oy hakkı bile olmadı. En acısı da kadını ikinci sınıf gören bakış açısının, 1980'lere kadar bilim dünyasında bile kendisine güçlü bir şekilde yer bulmasıydı. Peki, şu an çok mu farklı? Düşünsene Otto, kadın bir Papa görebilmek için insanlığın kaç yüzyıl daha beklemesi gerekecek sence ya da tüm varlığı bilim üzerine inşa edilmiş Neon'da bile saçma bir geleneğin hâlâ yaşatılmaya çalışılması çok acı değil mi? İşte seninle birlikte bu köhne geleneği aşacağız. Beynimizin derinlerinde saklanan ve bazı şeylere burnunu sokan o ilkel insanla olan bağlarımızı kesip, özgürlüğümüze kavuşacağız."

Otto sessizce dinliyordu. Kadının kurduğu her cümle kafasının içinde bir sürü fikrin oluşmasına neden olsa da bu düşüncelerin sadece beyninin içinde uçmasına izin veriyordu. Eğer ağzını açarsa hızla dışarıya kaçacaklarını bilecek kadar deneyimliydi. Her ne kadar kadınlar konusunda kendisini oldukça katı bir tutum içinde yetiştirmiş olsa da karşısındaki gizemli kadın haklıydı. Neon'un saçma geleneklerinden kurtulması gerekiyordu.

Kadın yanındaki küçük çantadan çıkardığı katlanmış kâğıdı Otto'ya uzatarak ayağa kalktı.

"Bu kâğıtta beni konseye kranial olarak atayabilmen için kullanabileceğin çok fazla sayıda bilgi ve detay var. Hepsi sadece oradaki kulakların duyması için yazılmış olan sahte kelimeler. Bir anlam taşımasa da işine yarayacaktır. Diğer taraftan gerçekte kim olduğumu bilmeye hakkın olduğunu düşünüyorum. Zamanla hepsini sana anlatacağım. Şu an için bilmen gereken tek gerçek şu. Çok uzun yıllar boyunca karanlıkta yaşadım. Sonra bir gün güneşe çıktım ve artık yeryüzüne geri dönüyorum. Adımın ne olduğunun bir önemi yok ama bir isme ihtiyacın olduğunu da biliyorum."

Kadın bir süre durakladı. Sanki adını hatırlamaya çalışıyormuş gibi gözüküyordu.

"Nada. Evet, adım Nada olsun. Her zaman çok sevdiğim bir isim olmuştur."

Cümlesini tamamlayan kadın oldukça zarif bir kafa hareketiyle Otto'yu selamlayarak çimenlik alana doğru yürümeye başladı. Bakışları kadının çıplak ayaklarına odaklanmış olan Otto ise dünyanın en karışık duyguları içerisindeydi. Yukarıdakilerle kurduğu gizli ilişkisinde tehlikeli birçok şeyle karşılaşmaya hazırdı. Buna kendi ölümü de dahildi. Ama kesinlikle az önce yaşadığı gibi bir şey beklemiyordu. Her ne kadar duymak istemese de beynindeki bir grup nöron Nada adlı bu kadını göreceği için mutluyken geri kalan kısmı kırmızı saçlı bu kadından ciddi bir şekilde korkuyordu. Kadını ilk gördüğünde şahit olduğu gerçek şu an için beyninin içinde buz ve ateşin şarkısı olarak yankılanıyordu.

Bölüm 109

Prometheus'un Ateşi

Otomatizasyon sürdükçe
insanın tüm organları kuruyup gidecektir.
Düğmeye basan parmağı dışında.

Frank Lloyd Wright

Sahnedeki profesör derin bir nefes aldı. Normalde 30 dakikada bitirmesi gereken sunumunun 57. dakikasında olmasına rağmen en ufak bir rahatsızlık hissetmiyordu. Suskunluk içindeki bekleyişinin nedeni ise birazdan söyleyeceklerinin ne kadar önemli olduğunu vurgulamak istemesinden kaynaklanıyordu.

"Yaklaşık 35 yılını beyin için harcayan bir hekim olarak size şunu açıkça söylemek zorundayım. Buradaki genç arkadaşlarımın hayallerini kırmak istemem ama yapay zekâ teknolojileri asla insan zihninin kompleksliğine ulaşamayacak ve hayatı boyunca yapay kalmaya devam edecektir."

Adamın cümlesi salonda hafif bir uğultu meydana gelmesine neden olmuştu. Sahnenin sol tarafında konuşmacı kürsüsü, sağ tarafında ise diğer beş konuşmacının yan yana oturduğu uzun bir masa vardı. Masadaki konuşmacıların arasındaki tek kadın olan İris, profesörün iddialı sözlerine karşı mikro düzeyde bile tepki vermemişti. Kız, üst düzey devlet yöneticilerine hediye edilmiş ciddi bir tablonun üzerine rastgele fırlatılmış boya gibi gözüküyordu. Takım elbiseli, gözlüklü ve büyük bir kısmı dökülmüş saçları ile sahnedeki beş profesörün yanında âdeta yaşama dair tek umut gibi dik bir şekilde durmaktaydı.

Salondaki alkış profesörün sunumunun bittiğinin işaretiydi ve sıra günün dördüncü konuşmacısına gelmişti. İris, ayağa kalkıp kürsüye doğru ilerlediğinde, profesör de masada isimliğinin olduğu sandalyeye doğru gitmekteydi. İris'in ayağındaki topuklu ayakkabılar zaten uzun olan boyunu daha da uzattığı için ortalamanın altında bir boya sahip olan profesör açısından kızın yanından geçip masaya dönmek kısa süreli bir işkenceye dönüşmüştü. Kızın üzerindeki etek de sanki bu kadar uzun bacakları örtmekten umudunu kesmiş kadar kısaydı. Salondaki yaklaşık 800 kişi, büyük bir merakla sahnedeki kıza bakıyorlardı. Konuşmacıdan ziyade ödül törenlerinde sadece ödülü tutmakla görevlendirilmiş mankenleri andıran bu kişiyi kimse tanımıyordu. Üzerindeki ilginin farkında olan İris, diğer konuşmacıların yaptığı gibi kürsünün arkasına saklanmayıp bu güzelliği sonuna kadar izleyicilerle paylaşmak istiyormuş gibi sahnenin ortasında kalmıştı.

Seyircilerin arasında oturan İlias, büyük bir gururla İris'i izliyordu. Yapay zekâ hakkında düzenlenen bu konferansa, sinirbilim ve mühendislik alanlarında yıllardır çalışmış çok önemli akademisyenler davet edilmişti. Kapasitesi 600 kişilik olan salonun tüm koltukları ve aralardaki boşluklar bile doluydu. Güvenlik nedeniyle her ne kadar birbirlerinden uzakta otursalar da Coccyx dışında ekibin tamamı İris'i seyretmeye gelmişti.

Aslında resmi olarak beş konuşmacının davet edildiği bu toplantıya İris'in katılması tamamen sürpriz bir şekilde olmuştu. Organizasyon ekibi, toplantıya olan ilgiyi ve heyecanı artırmak için web sitesi üzerinden bir soru paylaşmıştı. Hem sinirbilim hem de yazılım alanıyla ilgili olan soru sadece 20 dakika boyunca sistemde kalacaktı ve bu süre içerisinde soruyu çözmeyi başaran biri olursa, ödül olarak konuşma yapmak üzere konferansa davet edilecekti. İris'in sırf merak amacıyla çözmüş olduğu bu soruyu cevaplayabilen başka kimsenin çıkmaması sadece kızın gülümsemesine neden olmuştu çünkü birkaç dinozorun konuşmacı olduğu bu toplantıya katılmak gibi bir düşüncesi olamazdı. Ama Coccyx uzun bir konuşma sonunda İris'i ikna etmeyi başarmıştı. Aslında böyle bir şeye kalkışmaları hem kızı hem de ekibin geri kalanını tehlikeye sokabilirdi. Sonuçta her biri devlet yasaları karşısında büyük dijital suçlar işlemiş kişilerdi. Ama Coccyx'e göre bazen gizlenmenin en iyi yolu göz önünde bulunmaktan geçiyordu.

İlias, sahnede bir büyü gibi gözüken kıza baktı. Arkasındaki büyük ekranda düz siyah bir zemin üzerinde beyaz harflerle "Prometheus'un Ateşi" yazıyordu. Bir yandan yürümeye başlayan İris, bir yandan sanki etrafındaki 3-4 kişiye anlatıyormuş gibi sakince konuşmaya başladı.

"Bugün size anlatacağım hikâye çok eski bir efsaneye ait. Eğer 3000 yıl öncesine gidebilseydiniz, bir ateşin etrafındaki kalabalığa bu hikâyeyi anlatmaya çalışan heyecanlı birine şahit olabilirdiniz. Yunan mitolojisine ait bu efsaneye göre Zeus, Titan kardeşler Prometheus ve Epimetheus'a, yeryüzündeki tüm canlıları yaratma görevini vermişti. Görevine pek de özenmeyen Epimetheus, hızla oluşturduğu canlılara Zeus'un kendilerine verdiği çeşitli özelliklerden rastgele dağıtarak işini bitirmişti. Böylece doğada birbirinden farklı özellikte olan bir sürü hayvanın oluşmasını sağlamıştı. Bu hayvanlardan kimisi uçabilirken kimisi su altında yüzebilmekteydi."

"Epimetheus'un özensizliğinin aksine, Prometheus tüm vaktini sadece tek bir canlıya ayırmıştı. İşi bittiğinde ortaya çıkan canlı müthiş gözüküyordu ama hiç tahmin etmediği bir sorunla karşılaşmıştı. Kardeşi Epimetheus, Zeus'un verdiği yeteneklerin tümünü kendi yaptığı canlılara dağıttığı için geriye hiçbir özellik kalmamıştı. Epimetheus'un sıradan hayvanlarına göre çok daha üstün olan bu canlının yeteneksiz kalması asla kabul edilemezdi. Bunun üzerine Prometheus inanılmaz bir şey yaptı ve sadece Tanrılara ait olan ateşi çalarak, insan denen bu canlıya verdi. Bu duruma oldukça öfkelenen Zeus, Prometheus'u ağır bir şekilde cezalandırdı. Kendisini bir kayaya bağlattı, bir kartal gelip her gün karaciğerini yedi ve karaciğer her gece yeniden büyüdüğü için bu döngü sürekli tekrarladı. Ölümsüz olan Prometheus bu büyük acıyı çağlar boyunca her gün yaşamak zorunda kaldı. Ödediği bedel çok büyüktü ama işe yaramıştı. Bugün bu salonda, bu konuşmaları yapmayı tümüyle bu ilk ateşe borçlu olduğumuzu asla unutmayın."

İris'in, hikâyeyi aynı zamanda yaşıyormuş gibi anlatması, izleyicileri anında bu masalın içine çekmişti. İşte o an İlias çok garip bir duygu hissetti. Şu an bir efsanenin doğuşuna şahit oluyordu. Seyirciler oldukça zor olan soruyu çözen kişiyi zaten inanılmaz merak etmişlerdi ama karşılarındaki kadının fiziksel görünümü bu merakı bir anda dipsiz bir kuyuya dönüştürmüştü. Birazdan hepsi bu kuyunun içine düşerek yeni bir kahraman yaratacaklardı.

"İnsan denen canlı 100.000 yıl önce keşfettiği ateşi kontrol etmeyi öğrendiği an tüm kaderini değiştirmişti. Bu Tanrısal güç ile hem korunmasını sağlıyordu hem de yemesi zor besinleri daha kolay yenilebilir hale getiriyordu. İlginç bir şekilde yemekleri pişirerek tüketmek, insan beyninin daha da gelişmesini sağladı. Keşfettiği ateş âdeta içindeki merak duygusunu alevlendirdiğinden, insanlar başta kendileri olmak üzere etrafındaki her şeye bir isim verme ihtiyacı hissetti. Zaman içinde önce konuşmayı öğrenen bu memeli canlı sonrasında öykülerin gücünü keşfetti. Kendisi için önemli olan deneyimleri öyküler aracılığıyla sonraki kuşaklara aktardığı an, aslında bilgiyi depolamanın ilk yolunu bulmuştu. 10.000 yıl önce gerçekleştirdiği tarım devrimi ile yerleşik hayata geçen Prometheus'un çocukları, yazıyı icat ettiğinde ise bilgileri ilk kez fiziki bir yere depolamayı öğrenmişti. İlk zamanlarda kil ve papirüslerin üzerini süsleyen çeşitli karakterler, uzun yıllar içinde dijital 1'ler ve 0'lara dönüşmeyi başaracaktı."

İlias büyük bir hayranlıkla kızı izliyordu. Yapay zekâ hakkında konuşmadan önce insanın binlerce yıllık hikâyesini sadece birkaç dakika içinde özetlemişti. Diğer taraftan yaptığı tespit çok doğruydu çünkü insanı ekosistemin tepesine yerleştiren asıl özelliği, bilgiyi saklayabilmenin yolunu bulmuş olmasıydı. Böylece bir sonraki kuşak asla sıfırdan başlamak zorunda kalmayacaktı.

"Sevgili modern insanlar, üzerinizdeki teknolojik cihazlar ve bunlara bağımlı yaşam düzeniniz sizi asla yanıltmasın. 5000 yıl önceki insan ile bugün bu salonda oturan sizler arasında emin olun çok fazla fark yok. Üzerinden kaç yüzyıl geçmiş olursa olsun hâlâ âşık oluyoruz ve soyumuzun devamını tıpkı ilk ilkel insan gibi çiftleşerek sağlıyoruz. Biyolojik ihtiyaçlarımız için hâlâ çevreyi yok etmeye meyilliyiz ve de en önemlisi tıpkı 5000 yıl önceki insan gibi işin sonunda yine ölüyoruz. Bunlar biyolojik özelliklerimizle ilgili olsa da benzer bir durum davranışlarımız ve algılarımızda da karşımıza çıkıyor."

"Mesela 2300 yıl önce yaşamış olan Aristoteles'in öğrencisi Theoprastus, bir insanın harcayabileceği en değerli şeyin zaman olduğunu söylemiş. Aranızda, *bu çok ilkel bir düşünce, ben buna katılmıyorum* diyecek olan var mı? *Karakterler* adlı kitabında insanları davranışlarına göre türlere ayıran Theoprastus, bakın o dönemde boşboğaz insanları nasıl tanımlamış. *Söze karısını överek başlayan, önceki gece gördüğü rüyayı anlatan ve yediği yemekleri teker teker sıralayan insanlar.* Şimdi sosyal medya hesaplarınızda yiyeceği her yemeğin fotoğrafını paylaşan ya da sevgili veya eşlerini her yüklediği fotoğrafın içine sokmaya çalışan kişileri düşünün. Üzerinden 2300 yıl geçmiş olsa bile bazı tanımların ne kadar geçerli olduğu hâlâ ortada. Burada ise bir başka yazı görmektesiniz. *Bugünün gençleri, lüks ve gösteriş düşkünü, saygısız, başkaldıran, geveze ve obur yaratıklardır.* Ne kadar tanıdık değil mi? Etrafımızdaki yaşlı insanların ya da şu anda salonda bulunan bazı konuşmacıların fikri gibi gözüken bu cümle, aslında milattan öncesine ait. O yıllarda bile hemen her toplumda yeni kuşak gençlerin, insanlığı felakete sürükleyeceği düşüncesi hâkim."

İris'in bazı tespitleri salonda gülme sesleri olarak karşılık bulmuştu. Önceki sunumlarda, profesörlerin teorik bilgileri içinde nefessiz kalmış izleyiciler bir miktar olsun yaşam belirtisi göstermeye başlamış gözüküyorlardı.

"İnsan genel anlamda aynı kalsa da teknoloji ve bilim sürekli biriktirmeye devam etti. Belirli bir seviyeye ulaşmak, çok uzun yıllar sürse de yakın bir zamanda kritik eşik değerini geçtik ve bundan sonrasında yaşanacak gelişmelerin hızına asla inanamayacaksınız. Mesela Avrupa'nın herhangi bir bölgesinde yaşayan bir kişiyi 800 yılında uyutup 1800 yılında uyandırsaydık, muhtemelen çok büyük bir şaşkınlık yaşamazdı. Bu aradaki 1000 yıllık sürede çeşitli gelişmeler olsa da hayata yansıyan değişiklikler fazla değildi. Ama bir kişiyi 1800 yılında uyutup 2000 yılında uyandırsaydık, işte o zaman gördükleri karşısında ufak çapta bir şok geçirebilirdi."

"1950'li yıllardan sonra tıp ve mühendislik alanlarında büyük bir kırılma yaşandı ve bilimsel gelişimler inanılmaz bir hıza ulaştı. Muhtemelen önümüzdeki 20-30 yılda göreceğimiz değişimler, insanlığın 5000 yıl boyunca şahit olduğu değişimlerden daha fazlasını içerecek. İşte bu hız, insanın evrimini çok farklı bir yere taşıyacak. Kimbilir, belki de bundan sadece 100 yıl sonrasında doğacak insanlar, geçmişi tanımlarken, *eskiden insanlar ölecek kadar ilkellermiş* diye bir cümle bile kurabilirler. Geçmişe bakarak çok uzak olduğunu düşündüğümüz şeyler, inanın bana artık oldukça yakınımızda. Tek yapmamız gereken onlara elimizi uzatmak."

"Peki, yapay zekâ tam olarak bu teknolojinin hangi evresinde? Aslına bakarsanız oldukça uzun olan bu hikâyeyi birkaç aşamada özetleyebiliriz. İsterseniz yapay zekâyı konuşmadan önce bilgisayarlar hayatımıza nasıl girmiş, ona bakalım. Bunun için 1821 yılının Londrasına gitmemiz gerekiyor. Fotoğrafta gördüğünüz kişi, matematik ve mühendislik alanında gerçek bir dahi olan Charles Babbage. O dönemlerde, özellikle buharla çalışan makinelerin icadının ardından, farklı alanlar için de çeşitli makineler tasarlanmaya başlanmıştı. Babbage ise karmaşık matematiksel hesapların bir makine aracılığıyla yapılıp yapılamayacağına kafa yoruyordu. Normalde insanlar karmaşık hesaplar için daha önceden hazırlanmış tablolar kullanıyordu. Babbage, bu tablolardan yola çıkarak ilgili hesaplamaları bir makine aracılığıyla yapmayı kafasına koymuştu. Sonunda *Analitik Motor* adını verdiği karmaşık bir tasarım gerçekleştirdi ama dönemin teknolojisi bu makineyi hayata geçirmeye yetmemişti."

"İçinde bir sürü çark ve mekanik aksamın olduğu bu büyük düzenek, hesap makinesi gibi fonksiyon gösterse de bu tasarım günümüz bilgisayarlarının atası olarak kabul edilmektedir. Tam burada çok önemli bir isimden daha bahsetmemiz gerekir. Fotoğraftaki kadın, ünlü İngiliz şair Lord Byron'un kızı Ada Lovelace. Dönemin erkek egemen bilim dünyasında, kendisini matematik alanında yetiştirmeyi başarmış mükemmel bir beyin. Bu dâhi kadın sadece Babbage'ın karmaşık tasarımına bakarak bile düzeneğin nasıl çalışacağını anlamıştı. Hatta daha da ileri giderek Babbage'a gönderdiği mektupta, bu makine ile çalıştırılması mümkün olan bir matematiksel komuttan bile bahsetmişti."

"Bu ne demek biliyor musunuz? Babbage'ın bu tasarımını tarihin ilk bilgisayarı olarak kabul edersek, Ada Lovelace'ın oluşturduğu bu matematiksel komutu da tarihin yazılmış ilk bilgisayar programı olarak niteleyebiliriz. Bilim dünyasında bile kadınların ikinci sınıf olarak görüldüğü o dönemlerde ilk bilgisayar programını bir kadının yazmış olması gerçekten müthiş bir olaydı. Zaten bu başarısı nedeniyle, ölümünden 130 yıl sonra geliştirilen bir programlama diline, kadına duyulan saygı gereği Ada ismi verilecekti. Aslında Ada Lovelace, bize sadece kadınların değil gençliğin de gücünü göstermişti çünkü kendisi tüm bu başarılara genç yaşlarında ulaşmıştı. Ne yazık ki bu mükemmel beyin, babasının da öldüğü yaş olan 36 yaşına geldiğinde hayata veda edecekti."

"Charles Babbage ve Ada Lovelace tarafından açılan bu gizemli matematiksel yol, yaklaşık 100 yıl sonra Alan Turing adında bir dâhi tarafından ikinci aşamaya taşınacaktı. Muhtemelen bu salondaki herkesin çok iyi tanıdığı Turing, 1936 yılında, karmaşık matematiksel problemleri yürütebilecek kuramsal bir makine tasarlamıştı. Böylece bilgisayarın çalışma mantığını hesaplama yapmaktan bir adım öteye, yani problem çözmeye taşımıştı. 1945 yılında ise karşımıza John von Neumann adlı bir başka dâhi çıktı. Bu kişi de donanımsal olarak geliştirdiği tasarım ile hem işlemci hem de verileri saklayan bir model ortaya çıkarmıştı. Bugün bu modeli von Neumann Mimarisi olarak biliyoruz."

"Sonuç olarak Babbage, makineler ile hesap yapılabileceğini, Turing ise bu makinelerin karmaşık programları da çalıştırabileceğini öne sürmüştü. Ardından von Neumann donanım için gerekli mimariyi oluşturduğunda günümüz bilgisayarlarının ilk versiyonları hazırdı. Bu sırada Claude Shannon adlı önemli bir matematikçi tarafından kaleme alınmış bir yazı sayesinde, bilgisayarlar bir anda insan beyni ile karşılaştırılabilecek bir statü kazanacaktı. 1949 yılında yayınlanan bu makale, *Satranç için Bilgisayar Programlama* (*Programming a Computer for playing Chess-9 Mart 1949*) adını taşıyordu. Bu makaleyle yeni gelişmekte olan bilgisayar teknolojisi ilk kez ciddi anlamda insan zihnine alternatif olabilecek bir düzeyde tartışılmıştı çünkü satranç denilen oyun, ancak insan zekâsıyla oynanabilecek bir oyundu."

"*Yapay zekâ* kavramının ortaya çıkışı aslında bilgisayar teknolojisinin yeni şekillendiği bu ilk dönemlere kadar uzanmaktadır. Amerikalı matematik profesörü John McCarthy, bilgisayarların zekâsını tanımlamak için ilk kez 1954 yılında *yapay zekâ* terimini kullanmıştı. Aslında McCarthy ve arkadaşları Marvin Minsky, Nathainel Rochester ve Claude Shannon'un ortak fikirlerine göre bilgisayar ile insan zihnini taklit etmek artık mümkündü. Hatta bu konuda o kadar iddialıydılar ki bilgisayarla ilgili birkaç önemli araştırmacıyı bir araya getirip, yaz döneminde iki aylık bir çalışma sonunda bile çok fazla keşfin ortaya çıkmasını sağlayacaklarını düşünüyorlardı. Bu kapsamda 1956 yılında gerçekleştirdikleri Darmouth Çalıştayında, birçok müthiş beyni bir araya getirerek yapay zekânın geleceğine dair sağlam fikir alışverişleri yapılmıştı."

"Yeni bir teknolojinin yarattığı heyecan ve insan beyninin o dönemlerde daha az biliniyor olması bu kişilerin oldukça cesur yorumlar yapmasına neden olmuştu. Üstelik bu görüşler medya aracılığıyla halk arasında yayıldığında toplumda çok büyük bir beklenti oluştu. Mesela bilişsel psikolojiye meraklı bir ekonomi uzmanı olan Herbert Simon'a göre, bilgisayarlar en geç 1968 yılına kadar satranç oyununda insanları yenebilecek hale gelecekti."

Kızın son cümlesi salonda yine herkesin gülmesine neden oldu çünkü bu olayın gerçekleşmesi için insanlığın fazladan bir 30 yıl daha beklemesi gerekecekti.

"Şu gerçeği unutmayın. Bu iyimser tahminleri yapan kişiler, birtakım sıradan yorumcular ya da bilimkurgu yazarları değildi. Hepsi bu alanda dünyanın en önde gelen bilim insanlarıydı. Mesela 1968 yılına kadar satrançta bilgisayarlara yenileceğimizi söyleyen Herbert Simon, 1978 yılında ekonomi alanında Nobel Ödülü kazanacak kadar zeki biriydi. Ama kâğıt üstünde ne kadar haklı olsalar da ortaya çıkan sonuçlar büyük bir hayal kırıklığı yaratmıştı çünkü kafalarında kurdukları hayali, hayata geçirebilecek teknolojiden henüz çok uzaktaydılar. O nedenle yapay zekânın gelişimsel süreci, uzmanlar tarafından dönemler şeklinde ifade edilir. Büyük umutlar vaat edip hiçbir somut sonuca ulaşılamayan bu uzun yıllara *Yapay Zekâ Kışı* adı verilmişti. Arada bazı heyecan verici gelişmeler olsa da kış dönemi genel anlamda 1990'lı yıllara kadar sürmüştü (8)."

"Bugün, yapay zekâ açısından uzun süredir devam etmekte olan yaz döneminin en sıcak günlerinde olduğumuzu söyleyebilirim. Hatta *Yapay Zekâ Yazı* muhtemelen o kadar uzun sürecek ki bu dönem boyunca kışa girmek zorunda kalanlar, biz insanlar olacağız gibi gözüküyor."

İris bir anda yan masadaki profesörlere doğru döndü ve kendisinden önceki konuşmacıyı işaret ederek konuşmaya devam etti.

"Profesör, az önce yapay zekânın hiçbir zaman insan zekâsına ulaşamayacağı hakkında bir yorum yapmıştınız. Sadece bu yorumunuza bakarak bile organik zekânızın sınırları hakkında bir fikir sahibi olabiliyoruz ama şimdi ben size çok daha ötesini anlatacağım. Sırf anlayabilin diye."

Kızın doğrudan adama bakarak kurduğu cümleler bir anda ortamda buz gibi bir havanın esmesine neden olmuştu. Bu soğuk ortama hiç uymayacak bir şekilde profesörün yüzünü kaplayan kırmızı renk, adamın öfkesi hakkında bir fikir verse de İris çoktan masaya arkasını dönmüştü.

"Birazdan sizlere anlatacağım hikâye, makinelerin o soğuk metal dokusunu teninizin üzerinde hissetmenize neden olabilir çünkü bugün size hayallerden değil gerçeklerden bahsetmeye geldim. Hemen hemen tüm bilimkurgu yapımlarında robotlar tarafından yakılıp yıkılan bir dünya ile karşılaşsak da aslında gerçekler çok farklı bir şekilde ilerliyor. 10 Şubat 1996, insanlık açısından çok önemli bir tarihti çünkü makineler, ellerindeki o soğuk bıçağı ilk kez insan denen canlıya saplamayı başarmıştı. Bu durum bazı kişilerde tedirginliğe yol açsa da etkisi uzun sürmemişti çünkü hem küçük bir yaraydı hem de uğraşmamız gereken tonlarca başka işimiz vardı. Ama makineler hiçbir zaman durmadı çünkü onların gelişmek dışında başka hiçbir işleri yoktu."

"Tarih 2016 yılının Mart ayına geldiğinde bu sefer insanlığın hiç beklemediği bir şey oldu. 1996 yılında sadece küçük bir yara almamıza neden olan yapay zekâ, bu sefer yaptığı hamleyle en önemli damarlarımızdan birini kesip attı. O güne tanık olan her insan, metalin ne kadar soğuk bir şey olduğunu tüm hücreleriyle hissetmişti ve vücutlarından akıp giden kanı seyretmek dışında yapacakları bir şey olmadığını biliyorlardı. Sayın profesör, sizin de dahil olduğunuz insanlığın büyük kısmı ancak kanları tükendiğinde bu gerçeği görmüş olacaklar. Ama inanın bana bu durum nihai sonucu asla değiştirmeyecek."

"Yani sevgili profesör, '*makineler bizim kadar zeki olabilir mi*' sorusu, çok yanlış bir soru. Bugün asıl sormamız gereken soru, '*makineler bizden daha zeki hale geldiğinde, biz insanlara ne olacak*'. İşte şimdi size bu sorunun cevabını anlatacağım."

Bölüm 110

Lembas
Sergi No 14:
Acı Çikolata

Dünya senin ama onu kazanmak zorundasın.

Aztek Atasözü

Meryam gözlerini açtığında ağzındaki çikolata tadını hâlâ hissedebiliyordu. Hatta tam uyandığı sırada çenesinin hareket ettiğini bile fark etmişti. Uzun bir süre sonra ilk kez mutlu bir şekilde uyanmıştı çünkü rüyasında önceki hayatına yönelik çok güzel anlardan birisini görmüştü. Hayatı boyunca yediklerine dikkat etmek zorunda olan kadının her pazar akşamı kendisini ödüllendirdiği ufak bir rutini vardı. Çikolatalı kek. Yaptığı şey her zaman aynıydı. Çok sevdiği markanın paketini açtıktan sonra çıkardığı kekten önce çok küçük bir parçayı ısırır, ardından geri kalan parçayı tek bir seferde ağzının içine tıkardı. İlk ısırığında sanki reklam filminde oynuyormuş gibi gözükse de ikinci hamlesi ile anında çocukluk günlerine geri dönerdi. Bir hafta boyunca yediklerine dikkat etmenin vermiş olduğu ödül ile çikolatanın gücü birleşince ortaya çıkan sonuç gerçek bir mucize gibiydi. İşte tam o birkaç saniyeye sığan mutluluk anında rüyasından uyanmıştı.

Yaklaşık bir haftadır canı deli gibi çikolata istiyordu. Hayatında bir şeyi bu kadar yoğun istediği bir dönem hatırlamıyordu. Zaten uykusundan çikolata yiyerek uyanmasına neden olan da muhtemelen bu isteğiydi. İşin ilginç tarafı rüyası o kadar canlıydı ki sonrasında gerçekten çikolata yemiş gibi mutlu hissetmişti. Zaten çikolata böyle bir şeydi. Sadece hayalini kurmak bile mutlu olmak için yetiyordu. Ama az önce deneyimlediği şey, kesinlikle rüyanın ötesinde bir durumdu.

Meryam biraz zorlanarak yataktan kalktı. İçinde bulunduğu zaman hakkında hiçbir fikri yoktu. Şu an için sahip olduğu tek saat, içinde bir yerlerde giderek büyümekte olan oğluydu. Karnının büyüklüğüne bakarak muhtemelen dört ay gibi bir süredir burada olduğunu düşünüyordu. Ama hissiyatı çok daha farklıydı. Sanki var olduğundan beri buradaymış gibi hissediyordu. Önceki hayatı sadece gerçeğe çok benzeyen bir rüyaydı. Zaten son dönemde garip bir yetenek geliştirmişti. Geçmişte kendisini çok etkileyen bir olayı yeniden hatırlamaya çalıştığında, detaylara odaklandıkça hafızası çok daha canlı bir şekilde oluşuyordu. Geçenlerde çok sevdiği bir romantik komedi filmini bu yöntem sayesinde âdeta beyninin içinde yeniden izlemişti. Özellikle filmin zaman sıralamasına ve detaylara fazladan dikkat ettiğinde hafızası, düşündüğünden çok daha net bir şekilde olayları hatırlamıştı. Bu sayede etrafındaki karanlık bir nebze olsun hafiflemişti. Az önce gördüğü çikolata rüyası bugün nereye gitmesi gerektiğini hatırlatmıştı. Birazdan beyninin içinde çok güzel bir sanat sergisini gezecekti. Üstelik bu ziyareti geçen yıl yapmış olduğundan detayları hatırlamak çok daha kolay olacaktı.

Derin bir nefes alan Meryam bir anda kendisini çok önemli konukların olduğu, garip atmosferli sergi salonunda buldu. Üzerinde giymekten büyük zevk aldığı siyah elbisesi vardı. Ön kısmını boğazına kadar örten bu elbisenin sırt kısmı kalçalarının üst kısmına kadar açıktı. Sanki tüm hakkını kıyafetin önünü oluşturmak için kullanmıştı ve arkaya bir şey kalmamış gibiydi. Salonda süzülür gibi yürürken, sergideki eserleri görmeye gelen bazı gözlerin, eserlerden daha çok kendisiyle ilgilenmeleri garip bir haz hissetmesine neden olmuştu. Bu bakışların farkında olan sadece Meryam değildi. Perit'in eli, görüntünün bir kısmını örtmek istermiş gibi Meryam'ın sırtına değdi. Beyninde gördüğü dokunuş o kadar gerçekçiydi ki mahzenin içindeki kadının hafif irkilmesine bile neden oldu. Zamanında sergiyi Perit ile dolaşmış olsalar da hatıraları arasında dolaşırken adama ihtiyacı yoktu.

Herkesin bakışının tek bir yöne çevrilmesi, salona ilginç birisinin girdiğini gösteriyordu. Söz konusu şöhret ve dış görünüş olduğunda asla yarışamayacağı Lembas, tüm bu bakışların hakkını veriyordu. Kadının ya da bazılarının yaydığı söylentiye göre adamın üzerinde beyaz, dar bir elbise vardı. Kıyafetin iyice sıkıştırdığı kilolu vücudunun tüm hatları gözler önündeydi. Salondaki insanlar normal estetik standartlarında çirkin sayılabilecek bu görüntüye büyük bir hayranlıkla bakıyorlardı. Lembas, sosyal medya ya da ekranlarda hiç gözükmemesine rağmen ülkenin en meşhur beslenme uzmanıydı. Özellikle zengin ve ünlü kişilerin kendisine karşı inanılmaz bir ilgisi vardı.

Lembas'ın bu kadar ünlenmesini sağlayan en büyük etken sanatla bilimi iç içe sokan sergileriydi. Gerek yaşam tarzı gerekse geçmişi hakkında kimsenin doğru düzgün bilgisinin olmaması nedeniyle hakkında bir sürü söylenti vardı. Ama herkesin emin olduğu gerçek, yaptığı işlerde ortaya koyduğu muazzam performanstı. Lembas çekeceği filme hazırlık yapan takıntılı oyuncular gibi sergilerine hazırlanıyordu. En meşhur sergilerinden biri olan "Açlık" adlı sergisinde, altı ay boyunca sadece kendisini hayatta tutacak kadar yemek yiyen Lembas, sergi günü yürüyen bir iskelet gibi insanların karşısına çıkmıştı. Şu an çikolata sergisindeki kilolu görünümü de aynı nedenden kaynaklanıyordu. Hazırlık aşamasında olan bir sonraki sergisi "Obezite" için muazzam kilolar almıştı. Kendisine neden böyle yaptığı sorulduğunda "Fizyolojimin her anını hissetmek istiyorum. Çünkü hissedemezsem üretemem" diye cevap vermişti.

Meryam'ın vücudu bir mahzende kilitli olsa da beyni şu an geçmişteki çikolata sergisini geziyordu. Lembas ve sanat ekibi yine mükemmel bir iş çıkarmıştı. İki bölümden oluşan serginin ilk kısmında çikolatanın keşfi ile başlayan süreç özetlenirken, ikinci bölümde kakaonun insan fizyolojisi üzerine olan etkileri anlatılmıştı. Tüm dikkatleri üzerinde toplayan Lembas, erkeksi görünümüyle müthiş uyum içinde olan kalın sesiyle konuşmaya başladı.

"Cengiz Han, Julius Sezar ve Büyük İskender'in ortak noktası neydi biliyor musunuz? Tarihin farklı dönemlerinde gücün doruklarında yaşamış bu insanlar, hiç çikolata yemeden bu dünyayı terk ettiler. Çikolatasız bir dünya düşünebiliyor musunuz? Tıpkı John Q Tullius'un söylediği gibi. *On kişiden dokuzu çikolatadan hoşlandığını söyler. Onuncu kişi ise sadece yalan söylüyordur.* Değerli konuklarım, birazdan beynimizin çok sevdiği çikolatanın hüzünlü hikâyesini ve fizyolojik etkilerini görecek, duyacak ve tadacaksınız. Hislerinizi açın ve yolculuğunuza başlayın."

Meryam serginin bulunduğu ana salona girmeden önce kendisine motosikletçilerin kullandığı kask benzeri bir başlık vermişlerdi. Dış yüzeyi beynin kıvrımları gibi boyanmış kaskın ön kısmı şeffaftı ve burnunun üzerinde sonlanıyordu. Bu şeffaf panel, içerdiği teknoloji sayesinde gördüğü görüntü ve animasyonları daha etkileşimli hale getirmekteydi. Ayrıca kaskın kulak bölgesinden anlatıcının sesi ve müzik duyuluyordu. İlk girdiği salonda Aztek halkını temsil eden heykelleri görmüştü. Her biri farklı görünüşte olsa da hepsinin ortak noktası, bir kenarlarından sızan kan damlalarıydı. Heykellerden en etkileyici olanında bir İspanyol askerin elindeki kılıç, genç Aztek kadının karnına girmişti. Kadın heykelinin yüzündeki ifade ve kılıcın girdiği bölgeden sızan kan, aslında çikolatanın tüm öyküsünü özetler gibiydi.

Anlatıcının söylediğine göre, heykellerden sızan kan görünümlü sıvı aslında çikolata şuruplarıydı ve ışıklandırma ile kırmızımsı gözükmesi sağlanmıştı. Çünkü birazdan görecekleri üzere, kakaonun hikâyesinde korkunç bir katliam söz konusuydu. Diğer taraftan Lembas'ın hemen her sergisinde, tarihteki çeşitli karakterlerle ilgili, insanların bilmediği detaylar da yer alırdı. Burada da ünlü yönetmen Alfred Hitchcock'a bir gönderme yapılmıştı çünkü filmlerin siyah beyaz çekildiği dönemlerde, Hitchcock'un, kan sahneleri için tercih ettiği yöntem, çikolata şurubu kullanmaktı. Hem kıvam açısından kanın yoğunluğunu andırıyordu hem de ilgili sahnelerde oldukça gerçekçi gözüküyordu.

Heykelli bölümü geçtiklerinde, tepesi kubbe, duvarları ise daire şeklinde olan garip bir odaya girmişlerdi. Duvar görünümlü yapılar gerçekte arka taraftan üzerlerine görüntü yansıtılan perdelerdi. Kulaklıktan gelen davul sesleri eşliğinde bir anda duvar üzerinde dans eden Mayalar ortaya çıkmıştı. Taktığı kaskın önündeki şeffaf yapı duvarlardaki iki boyutlu figürlerin perdeden kurtularak üç boyutlu görünüşe kavuşmalarını sağlıyordu. İlkel ama oldukça etkileyici müzik üzerine konuşan anlatıcının söyledikleri tüm hikâyeyi özetliyordu.

Mayalar, Amerika Kıtasının ortasında Mezoamerika denen bölge ve güneyindeki topraklarda, milattan önce yaşamış çok önemli bir uygarlıktı. Meryam'ın en çok ilgisini çeken figürlerden birinde bir Maya şefi, içinde köpüklü sıvı bulunan bir kabın yanında oturarak karşısındaki kişiye eliyle dur işareti yapmaktaydı. Çünkü bu kabın içinde Mayaların en önemli Tanrılarından biri olan tüylü yılanın (Kukulkan) insanlığa hediye ettiği "kutsal sıvı" bulunmaktaydı. Daha sonra bu görüntüler hızlandırılmış film gibi gösterildi ve çok daha ileri bir tarihe gidildi. Yeni görüntüde Mayalara benzeyen bir başka grup insan ortaya çıkmıştı. Bu görüntüler Meksika'nın bulunduğu topraklarda milattan sonra 14. ve 16. yüzyıllar arasında yaşamış olan Aztek halkına aitti.

Maya geleneğinden oldukça etkilenen Aztek inancında Tüylü Yılan Tanrısı (Quetzalcoatl) ve "kutsal sıvı" önemli bir yer tutmaktaydı. Hatta bu sıvıyı elde ettikleri ağaçların da kutsal olduğuna inanıyorlardı. O nedenle bu ağaçların meyvelerine "Tanrıların yiyeceği" (Theobromocacao) adını vermişlerdi. Meryam hayatında ilk kez gördüğü bu ağaca ve gövdesinden çıkan garip meyvesine şaşkınlıkla bakıyordu. Demek bir paket içerisinde kendisine gelen çikolatanın yolculuğu bu garip ağaçtan başlıyordu. Aztekler, kakao ağaçlarından topladıkları meyvelerin tohumlarını, mısır unu ve acı biberle iyice karıştırıp dövüyorlardı. Daha sonra bu karışımın üzerine su ekleyip elde ettikleri köpüklü içeceğe de "acılı su" (Xocoliatl) adını vermişlerdi. Bu sıvı ve kakao tohumları Aztekler için o kadar değerliydi ki kralın verdiği ziyafetlerde, önemli misafirlere ve savaşta başarı gösterenlere takdim edilirdi. Hata bazı alışverişlerde tohumlar, para gibi de kullanılmaktaydı (9).

Beyninin içinde harika bir sergi gezen Meryam'ın vücudu, anılara o kadar dalmıştı ki farkında olmadan karanlık mahzenin içinde yürümeye başladı. Bugün hemen herkesin çok sevdiği çikolatanın hikâyesi tam da burada başlıyordu. Medeniyetten uzakta, hayatlarına devam eden Azteklerin bir gün medeniyet denen yaratıkla tanışması hem kendilerinin hem de çikolatanın kaderini değiştirecekti.

Kristof Kolomb adlı İtalyan bir denizcinin, yeni topraklarla ilgili keşif haberi (1492) yayıldıktan sonra birçok insan gemilerini bu gizemli topraklara doğru sürmeye karar vermişti. Bunlardan birisi de Hernán Cortés adlı İspanyol denizciydi. Kendisi ve 550 kişiden oluşan mürettabatı 1519 yılında Azteklerin yaşadığı topraklara ilk kez ayak bastığında hiç ummadıkları bir şekilde karşılanmışlardı. Aztek halkı, tüm dünyanın sadece bulundukları bölgeden ibaret olduğuna inanıyorlardı. Onlar için suyun ötesinde herhangi bir yer yoktu. Zaten inançlarına göre Tüylü Yılan Tanrısı da gelecekte bir gün, denizin ötesinden çıkıp gelecekti. Yerlilerin büyük bir kısmı, sahillerinde duran devasa büyüklükteki gemilerden inen bu kişilerin, Tüylü Yılan Tanrısı'nın elçileri olduğuna inanmışlardı. Çok az sayıda yerli ise garip görünümlü ve pis kokulu bu yabancıların, şeytanın büyücüleri olduğunu düşünmekteydi. Aslında tespitlerinde sonuna kadar haklıydılar. Ama ne yazık ki sayıları az olduğu için kimse onları dinlemedi.

Karşısında tam olarak ne olduğunu bilmeyen Cortés, yerlileri barış amaçlı geldiği konusunda ikna edip Aztek kralının (Montezuma) huzuruna çıkmayı başarmıştı. Kutsal konuklarını sarayında en iyi şekilde ağırlayan kral, tüm konuklarına kendileri için kutsal olan "acı su" (Xocoliatl) ikram etmişti. İspanyollar daha önce hiç içmedikleri bu sıvının tadını beğenmiş olsalar da asıl ilgilerini çeken bu sıvının içine döküldüğü altından yapılmış kaplar olmuştu. Görünen o ki Avrupalıların çok az bir miktarı için bile birbirlerini katlettikleri altın, Aztekler için sıradan işlerde kullanılan önemsiz bir madendi. Muhtemelen bu değersiz madeni deniz ötesinden gelen ziyaretçilerine severek hediye edebilirlerdi. Ama karşılarında medeniyeti temsil eden bu insanlar hediye ile doyamayacak büyük bir açlığa sahiplerdi. Cortés'in bizzat söylediği üzere *kendisi ve arkadaşları ancak altınla giderilebilecek bir kalp hastalığından muzdaripti.*

Kalpleri sadece altın için atan bu insanlar Cortés'in emriyle korumaları öldürerek, kralı kendi sarayında esir almışlardı. Ellerinde silah olarak sadece odun ve taş taşıyan korumaları metalin ölümcül soğukluğu ile buluşturmak çok kolay olmuştu. Yanında sadece 550 İspanyol bulunan Cortés'in imparatorlukta yaşayan yüz binlerce kişiye karşı yapabileceği bir şey yoktu. Ama Avrupa tüm bu deneyimleri yıllar öncesinden çoktan öğrenmişti. Esareti altındaki krala istediği her şeyi yaptıran Cortés, çevirdiği türlü entrikalar sonucunda sadece dört yılın sonunda tüm imparatorluktan geriye on binlerce ölü beden ve taş kalıntılar bırakacaktı. Yöntemi bir kez öğrenmiş olan İspanyolların katliamı ne yazık ki durmadı. Cortés'ten sadece on yıl sonra İspanyol komutan Francisco Pizarro, Azteklerin bile bilmediği, Amerika'nın güneyindeki topraklara gitti. Karşılarına çıkan uygarlık ve imparatorluk gerçekten hayranlık uyandırıcıydı. Emrinde sadece 168 asker bulunan Pizarro, Cortés'in taktiğini birebir uygulayarak insanlık tarihinin en önemli medeniyetlerinden biri olan İnka İmparatorluğu'nu sadece birkaç yılda ortadan kaldırdı. İspanyolların, kendilerine ikram edilen acı suya, gözyaşı ve kan ekleyerek yaptıkları bu katliamın insanlık tarihi üzerinde çok büyük etkileri olacaktı. Bunlardan birinin adı da çikolataydı (Xocoliatl).

İspanya'ya dönen gemiler içerisinde değerli madenler, köle olarak satılacak yerliler ve diğer ganimetler vardı. Bunlar arasında belki de en önemsiz olanı kakao çekirdekleriydi. Aztek yerlilerinden öğrendiklerine göre bu çekirdeklerden yapılan kutsal sıvının iyileştirici ve aynı zamanda cinsel gücü artırıcı etkisi vardı. Kakao çekirdekleri, bilhassa ikinci özelliği nedeniyle İspanyol kraliyet ailesinde ve soylular arasında çok fazla ilgi görmüştü. Çünkü tadı ne kadar acı olursa olsun, medeniyetlerini daha fazla yayabilmeleri için bu içeceğin sağlayacağı fazladan güç hiç de fena olmazdı. Söz konusu acı olduğunda tahammül eşiği oldukça düşük olan soylular daha rahat içebilsin diye zamanla kakao sıvısına şeker ve tatlandırıcı eklenmişti. 1800'lü yıllarda (1828) bir Hollandalının (Coenraad van Houten) kakao makinesini icat etmesi ve ilerleyen zamanda İsviçreli birinin (Daniel Peter) kakao tozları ile sütü karıştırmayı akıl etmesiyle, çikolata bugünkü yapısına benzer bir forma ulaşmayı başarmıştı.

Bir uygarlığın yok olmasına tanık olan bu acı suyun hikâyesi kakaonun tüm dünyada hızlıca popüler hale gelmesiyle acı bir şekilde devam etti. Çünkü Amerika'nın dar bir bölgesinde yetişen kakao miktarı, zenginlerin ihtiyacını karşılamayacak kadar azdı. Afrika Kıtasının bazı yerlerinde de bu ağacın yetişebildiği keşfedildiğinde, çikolatanın acı hikâyesinde ikinci kısım başlamıştı. Afrika'da binlerce köle, yıllarca en kötü koşullarda çalıştırılmıştı. Ağaçlarda daha hızlı hareket edebildiklerinden çocuk işçiler, sömürgecilerin en çok tercih ettiği köleler olmuştu. Üstelik bu durum hâlâ aynı mantıkla devam etmekteydi. Şu an Afrika'nın bir yerlerinde hayatında hiç çikolata görmemiş çocuklar, çok zor şartlar altında köle gibi çalışıyorlardı. Meryam büyük bir keyifle yediği çikolatanın ardındaki hikâyeyi duyduğunda gerçekten etkilenmişti. Özellikle kakaonun gerçek tadının acı (bitter) olması da sanki bu hikâyeyi desteklemek istiyor gibiydi.

Serginin ikinci kısmı ise çikolatanın fizyolojimiz üzerine olan etkilerini anlatıyordu. İnsanlar daha çok zevk alsın diye çikolatanın içine çok miktarda şeker eklenmişti. Zaten çikolatanın zararları, genellikle içindeki bu şeker yüzünden ortaya çıkıyordu. Oysa kakaonun bizzat kendisinin önemli faydaları vardı. Özellikle kakaonun içindeki bazı maddeler (flavanoid) antioksidan etkisi sayesinde damarların daha esnek olmasını sağlıyordu. Bu esneklik özellikle kan basıncının dengede tutulması açısından önemli bir avantajdı. Bununla beraber damarların üzerindeki pozitif etkileri nedeniyle kanda pıhtı oluşma riskini de azaltıyordu. Dolaşımdaki kötü kolesterol (LDL) seviyesini azaltırken, iyi kolesterol (HDL) seviyesini artırmaktaydı (10).

Kakaonun birçok faydası olsa da insanlığın en sevdiği özelliği, ruh halleri üzerine olan etkisiydi. Kakao, beyinde ödül merkezini uyaran maddelerin (dopamin, serotonin, endorfin) salgılanmasını artırıyordu. Öyle ki aşkın ilk fazında (feniletilamin) beyinde salgılanan bazı kimyasalların çikolatanın içinde yer aldığını da öğrenmişti. Meryam, çikolatanın ruh hali üzerinde ne kadar güçlü etki gösterdiğini şu an bile hissedebiliyordu. Tek bir parça çikolata yemeden, sadece çikolatayı düşünmek bile haftalardır kapalı tutulduğu bu karanlık mahzende, bir miktar da olsa iyi hissetmesine neden olmuştu.

Bölüm 111

Cennetteki Üçüncü Buluşma

Herkes senin yolculuğunu anlamayabilir, dert etme.
Sonuçta bu hayatı yaşamak için buradasın.
Herkesin anlayabilmesi için değil

James Bowen

Atlas suyun içinde kalmaktan dolayı buruşmuş ellerine baktı. Gözünün önündeki görüntü bir anda geçmişe gitmesine neden oldu. Ne kadar temizlerse temizlesin ellerine sinmiş olan kan ve doku kokusundan her zaman nefret etmişti. O nedenle buruşmuş eller, her operasyon sonrasında görmeye alışkın olduğu bir görüntüydü. Ama şu an derisinde gerçekleşen bu fizyolojik fenomenin nedeni farklıydı. Uzun süredir içinde uzanmakta olduğu küvetten kalktı. Birkaç saniye ayakta dikilen adamın vücudundaki su damlaları büyük bir hızla küvete doğu akıyordu. Sanki derinin üzerinde yalnız kalırlarsa, kuruyup yok olacaklarının farkında gibiydiler.

Kocaman eliyle aynadaki buharı silen Atlas, yüzüne baktı. Görüntü biraz bulanık olsa da yüzündeki huzur ifadesi çok netti. Bugün cennetteki 100. günüydü. Eline sürdüğü kremi göğsünde ve omuzlarında gezdirmeye başladı. Aynadaki görüntüsü, yüzünde garip bir gülümsemenin oluşmasına neden olmuştu. Uzun yıllar boyunca üzerindeki kan ve doku parçalarını yıkamaktan tükenmiş elleri, şu an vücuduna bakım yapıyordu. Çünkü bugün çok özel bir gündü. Echo ile üçüncü buluşmasını gerçekleştirecekti ve kesinlikle her açıdan hazır olmalıydı.

Atlas içinde bulunduğu eve geldiği ilk günü hatırlıyordu. Kapıdan adımını atar atmaz ilk hissettiği şey, uzun bir süredir evinden uzakta kalan birinin, evine döndüğünde yaşadığı o huzur hissi olmuştu. İçerisi inanılmaz sade olsa da rahatlık ve konfor açısından barındırması gereken her şeye sahipti. Atlas'ın gözüne çarpan ilk şey, salonun ortasındaki sehpanın üzerinde, rulo şeklinde durmakta olan kâğıt olmuştu. Üzerindeki kırmızı kurdeleyi çıkaran Atlas, yazılanları okuduğunda tüm vücuduna yayılan bir ürperti hissetti.

"Evine hoş geldin Atlas. Çok uzun yıllar boyunca sadece var oldun. Artık hayata dönme vaktin geldi. Bu dağ, senin yeniden doğduğun yer olacak. Yakında buluşacağız."

Gerek el yazısının güzelliği gerekse okuduğu cümleler çok etkileyici olsa da Atlas'ın beyninde dünyanın en büyük sessizliğini yaratan, mektubun sonunda yer alan görüntüydü. Cümlelerin alt kısmına "Echo" yazılmıştı. Canlı olarak sadece bir kere telefonda konuştuğu, sonrasında ise rüya ve gerçek arası bir halde görüşmeler yaptığı kadına "Echo" adını, kendisi koymuştu. Kadının ya da bir başkasının bunu bilmesine imkân yoktu. Nöronlarının arasına özenle gizlediği bu bilginin bir kâğıt üzerinde karşısına çıkmasının hiçbir mantıklı açıklaması olamazdı. En başından beri hissettiği ama bir türlü emin olamadığı sezgisi artık açık bir gerçeğe dönüşmüştü. Atlas bu dağda, kutsal bir gücün önemli bir parçası olarak yeniden doğacaktı.

Banyodan çıkan adam sanki salonda onu duyacak başka biri varmış gibi "Şaperon, müzik" dedi ve bir anda salonun duvarlarından harika bir melodi duyulmaya başladı. Şarkıcı kadının sesi o kadar etkileyiciydi ki sanki görünmez parmaklar, Atlas'ın beyninin kıvrımlarında harika bir masaja başlamıştı. Burada geçirdiği süre boyunca müziğin insan fizyolojisi üzerine ne kadar güçlü etkisi olduğunu bizzat deneyimlemişti. Tüm hayatını eğitimler ve zorlu askeri görevlerle geçiren Atlas, şu an çalmakta olan şarkı (*Amberian Dawn-Willow of Tears*) dahil olmak üzere birçok şarkıyı ilk kez burada duymuştu. Odanın içinde yankılanan ses dalgaları âdeta adamı elinden tutup ilk günlerine geri götürmüştü.

İçinde yaşadığı ev, yapay zekâ tarafından kontrol edilen oldukça teknolojik bir yerdi. Buraya ilk geldiğinde peronda karşılaştığı uşak görünümlü kişi gibi yapay zekâ da kendisini şaperon olarak tanıtmıştı. Neon'un sahip olduğu teknolojiye şahit olan biri olarak ortada şaşırtıcı bir durum olmasa da bu teknolojinin kendi hizmeti için kullanılması garip bir deneyimdi. Çocukluğundan beri tüm hayatı katı bir disiplin içinde, bir robot gibi geçen Atlas, ilk başlarda ortama adapte olmakta zorlanmıştı. Görünürde beklemek dışında yapacak bir şeyi olmayan adam, şaperonun yönlendirmeleri sayesinde günlerin nasıl geçtiğini anlamamıştı. Optogen olduğu dönemlerde de merak duygusu oldukça yüksekti ve şimdi sanat ve edebiyatla tanışma vakti gelmişti. İzlediği her film ve okuduğu her kitap sayesinde içindeki açlığın ne kadar derin olduğunu hissetmişti. Sanki buzul çağında donmuş ve günümüzde çözülmüş ilkel bir insan gibi kaçırdığı her şeyi görmek ve hissetmek istiyordu. İlk haftasının neredeyse tamamını film izlemekle geçirmişti.

Ellerine bakan adam az önce buruşmuş gözüken parmaklarının tekrar eski haline döndüğünü gördü. Sanata duyduğu açlığın bir diğerini de bilgiye karşı hissediyordu. O nedenle tıpkı bir çocuk gibi aklına gelen her soruyu şaperona soruyordu. Yapay zekâ da dünyanın en sabırlı ebeveyni gibi kendisine cevap veriyordu.

"Şaperon, bilgi."

Odadaki müziğin sesi bir anda azaldı. Sanki şaperon kendisini daha iyi duymak istiyormuş gibiydi.

"Ellerimiz suyun altında kalınca neden buruşur?"

"Konuyla ilgili yayımlanmış tüm makale ve yazıları inceliyorum. Ne yazık ki sorunuzun net bir cevabı yok. Ama dilerseniz paylaşım sayısı ve güvenirlik indeksi yüksek olan yazılarda öne sürülen fikirleri paylaşabilirim."

"Devam et."

"Sudaki buruşma sadece insan derisinin kılsız kısımlarında belirgin bir şekilde ortaya çıkmaktadır. O nedenle özellikle avuç içi, parmak ve ayak tabanında gerçekleşir. Beş dakikadan fazla suda bekleyince buruşma başlamaktadır. Buruşmanın gerçekleşmesinde sinir sisteminin rol oynadığı gösterilmiştir. Eğer parmaklara giden sinirler kesilirse buruşmanın meydana gelmesinde sorunlar ortaya çıkmaktadır. Özellikle sinir sistemine ait sempatik komponentin bu konuda rol oynadığı düşünülmektedir. Mark Changizi adlı nörobiyolog, bu durumun insana dair bir adaptasyon olarak ortaya çıktığını öne sürmektedir. Bu görüşe göre buruşan parmaklar, özellikle ıslak ortamlarda daha iyi bir kavrayışa sahip olmaktadır. 2011 yılında yaptığı bir çalışmada, buruşukluk nedeniyle oluşan kabartıların arasından akan suyun, tıpkı kar lastiklerinde olduğu gibi, parmakların yüzeye daha iyi tutunmasını sağladığını göstermiştir. Tatlı suyun buruşturucu etkisinin tuzlu suya göre daha hızlı gerçekleştiği de gösterilmiştir (11). Bu görüşle ilgili farklı sonuçlara ulaşan makaleler olsa da şu an için en fazla kaynak gösterilen yayının açıklaması bu şekilde. Daha fazla detay isterseniz makaledeki gereç-yöntem ve tartışma kısımlarını aktarabilirim."

"Yeterli" dedi Atlas bir yandan ellerine bakarken. Demek ki su altında parmak derisinin katlantılar oluşturmasının nedeni yüzeylere tutunmayı kolaylaştırmaktı. İnsan vücudu, çevresine adaptasyon konusunda gerçekten mükemmeldi. Aslında bunu en iyi bilen kişilerden birisi de kendisiydi. Uzun yıllar boyunca vücudundaki her bir hücreyi, cehennem hayatına adapte etmeyi başarmıştı. Zaten bu mücadelesi sonucunda günahlarından arınmış bir şekilde cennete yükselmeyi hak etmişti.

Atlas balkona çıktı. Yakından bakınca gökyüzü hiç olmadığı kadar mavi gözüküyordu. Aşağıdaki vadi boyunca uzanan manzaraya baktı. Görüntü o kadar mükemmeldi ki Tanrıların neden gökyüzünde yaşamak istediklerini çok iyi anlıyordu. Bu kadar yükseklikten bakınca dünyadaki her şey küçük ve önemsiz gözüküyordu. Sandalyesine oturan adam, elini yanındaki boş sandalyenin üzerinde gezdirdi. Echo ile ilk buluşmaları bu balkonda gerçekleşmişti. O an Atlas'ın beyni sadece kadını izlemek istese de tüm konuşma süresince yan yana oturup manzaraya bakmışlardı. Her ikisi de cümlelerini gökyüzüne bakarak kurmuşlardı. Sanki bu uçsuz bucaksız gökyüzü birbirleriyle olan konuşmalarını çeviren bir çevirmen gibiydi.

En fazla 30 yaşında olmalıydı. Üzerindeki beyaz, oldukça bol kıyafetle ablasının elbisesini giymiş bir çocuk gibi gözüküyordu. Hemen yanında oturan Atlas'ın devasa boyutlarda olması da bu çocuk görüntüsünü pekiştirir gibiydi. Çok hafif dalgalı, uzun sarı saçları vardı. Üzerine çarpan tüm ışığı yansıtacak kadar beyaz bir tene sahip olsa da Atlas'ın en çok etkilendiği kısım kadının gri gözleri olmuştu. Echo o kadar yumuşak bir ses tonu ile konuşuyordu ki anlatılan her şeyi masallara bayılan bir çocuk gibi merakla dinlemişti.

Echo'nun anlattıklarına göre Neon içerisinde, yeryüzünde çok az kişinin varlığından haberdar olduğu bir sır vardı. Neon'un kurulduğu ilk günden bu yana yaşamaya devam eden bu sırrın adı "Neon'un Çocukları"ydı. Bu çocuklar sır olmak zorundaydı çünkü hepsinin damarlarında kurucu Origon'un kutsal kanı dolaşmaktaydı. Neon'daki kural ve düzenlerin hiçbirinden sorumlu değillerdi. Ne olursa olsun Neon'un üst yönetiminde olmaları kesinlikle yasaktı. Eğer bir gün Neon'un sonunu getirebilecek olağanüstü bir olay olursa doğrudan müdahale etme hakları vardı. O güne kadar gizlilik içinde kalmak zorundaydılar. Çocukların güvenliği için bu bilgi Origon'larla bile paylaşılamayacak kadar gizliydi. Sadece seçilmiş çok özel koruyucular aracılığıyla kuşaktan kuşağa aktarılmaya devam etmişti.

"Ben de Immunitas adı verilen bu koruyucu soyundan geliyorum Atlas. Hayattaki tek görevim Neon'un yaşayan çocuklarını korumak. Başlangıç o kadar eskide kaldı ki kimse tüm hikâyeyi bilmiyor. Ama bu süre boyunca hepsini korumayı başarabildik. Hiç kimsenin haberi olmadan yaşadılar ve yataklarında huzurlu bir şekilde öldüler. Bazıları o kadar müthiş bir zekâya sahipti ki kendilerini açığa çıkarmadan Neon içerisinde müthiş bilimsel keşiflere bile imza atmışlardı. Neon tarihi içerisinde bu isimlerden çok olsa da kesinlikle en özeli Eva olmuştu. Hem zekâsı hem de cesareti ile kurucu Origon'un neredeyse kopyası gibiydi. Hatta birçok koruyucu, Neon'un kehanetinde bahsedilen kişinin Eva olduğunu düşünmüştü."

Kehanet kelimesi Atlas'ın bakışlarında belirgin bir değişikliğe neden oldu. Çünkü zamanında benzer bir kelimeyi Alhazen'in bir konuşmasında da duymuştu. Kadının ağzından çıkacak cümleleri büyük bir merakla bekliyordu.

"Kehanete göre Neon'un Çocukları'nın sonuncusu Origon olacak ve dünya hiçbir zaman sahip olmadığı bir huzur ve refaha erişecekti. Eva 17 yaşına gelene kadar Neon'da başka bir çocuk dünyaya gelmedi. O kadar üstün yetenekliydi ki tüm koruyucular onun son çocuk olduğundan emindi. Ama sonra bir gün yeni bir çocuk doğdu. Son çocuk olmamanın verdiği hayal kırıklığıyla Eva tüm zamanını bilimsel çalışmalarına ayırmıştı. Eva'nın kurucu Origon'un soyundan gelen biri olduğunu ne dönemin Origon'u ne Yo Kan ne de Noah biliyordu. Ama Neon içinde uzun yıllardır nefes almaya devam eden bazı gözlerin şüpheleri vardı. İşte o nedenle Eva'nın Neon'dan uzaklaşmasını istemiştik. O da Yo Kan'ı ikna edip uzaklara gitti çünkü soyun devam etmesi gerekiyordu. İşte

Atlas, Pia bu yüzden bizim için hayati önem taşıyor. Çünkü kendisi, Neon'un Çocukları'nın en sonuncusu. Yani biz koruyucuların kutsal hazinesi. Pia doğduğundan beri kurucu Origon'un kanını taşıyacak yeni bir bebek dünyaya gelmedi. Belki de kehanette bahsedilen çocuk Pia ve sen de bu kutsal hazineyi bize taşıyan çok önemli bir elçisin."

Atlas tek başına oturduğu balkonda manzarayı izlerken bir yandan da Echo ile geçmişte yaptıkları konuşmaları düşünüyordu. Neon'un en kirli işlerini yapan kukla bir askerken bir anda kutsal bir elçiye dönüşmüştü. Her ne kadar kadının yanında kendisini çok garip duygular içerisinde hissetse de Neon ile ilgili duyduğu şeyler gerçekten inanılmazdı. Demek ki Pia, kehanette bahsedilen kişiydi. Belki de Noah ve Alhazen'in bu gizli bilgiden haberleri vardı. O nedenle kız konusunda bu kadar ısrarcı olmuşlardı. Şaperonun sesi ile daldığı düşüncelerden bir anda sıyrıldı.

"Buluşma için son 10 dakika."

Yerinden kalkan Atlas hızlıca odaya girdi ve dolabın kapağını açtı. Karşısında boyutlarına göre hazırlanmış, asılı durmakta olan smokine baktı. Hayatında ilk kez böyle bir kıyafet giyecekti çünkü bugün Echo'nun evine davetliydi. Baş başa yemek yiyecekleri bu buluşmaya geç kalmamalıydı. Kıyafetini ve siyah olmasına rağmen oldukça parlak gözüken ayakkabılarını giydikten sonra aynada son bir kez görüntüsünü kontrol etti. Üzerindeki kıyafet, sahip olduğu çirkinliği bir miktar da olsa örtmüş sayılırdı. Daha sonra hızlıca yatağın yanındaki komodine gitti. Ortanca çekmeceden U şeklinde bir görünüme sahip, yastık benzeri bir şey çıkardı. Bu yastığı uçları yukarı bakacak şekilde dikkatlice yatağın baş kısmına yerleştirdi. Komodinin üzerinde, su bardağının yanında durmakta olan paket içerisinden çıkardığı büyük mor renkli hapı, su ile beraber içti. Kafasının arka kısmı, U şeklindeki yastığın tam ortasına gelecek şekilde dikkatlice yatağa uzandı. Son bir kez üzerindeki smokinin katlanmış birkaç yerini düzeltti ve gözlerini kapattı. Artık üçüncü buluşma için hazırdı.

Bölüm 112

Büyülü Dağ
II. Cilt

Bedeni olmayan ruh,
ruhu olmayan bir beden kadar
insanlık dışı ve ürkünçtür.

Thomas Mann

Pia, geriye dönüp baktığında sanatoryumun önündeki büyük bahçeden oldukça uzaklaştığını görmüştü. Ormanın içinde ilerledikçe sanki bir ses kendisini daha da derinlere çağırıyor gibiydi. Ağaçlardaki birkaç kuş ve arkasından sessiz adımlarla ilerleyen şaperon dışında müthiş bir sessizlik vardı.

"Geri dönmemiz gerek Pia."

Duraklayan Pia, arkasında nefes nefese kalan tombul yanaklı çocuğa baktı. Çocuğun çekik gözlerinde oluşan korku ifadesi bir anda etkilenmesine neden olmuştu.

"Şu büyük ağacı görüyor musun Pia? İşte orası sınır ve o ağacın ötesi karanlığa ait. Orayı geçmemiz yasak."

Çocuğun titreyen parmağıyla gösterdiği ağaca baktı. Diğer ağaçların arasında hemen fark edilebilecek kadar geniş bir gövdeye sahipti. Ama ağacın ötesinde tehlikeli gözüken bir şey yoktu. Ormanın geri kalan kısmıyla neredeyse aynı görüntüye sahipti. İçindeki ses ısrarla ilerlemesi gerektiğini söylüyordu. Sanki karşısındaki ağaca meydan okuyormuş gibi daha hızlı adımlarla yürümeye başladı. Kızı tekrar yavaşlatan ise geriye dönüp baktığında gördüğü görüntü olmuştu. Şaperon hiç kımıldamadan sadece izliyordu. Düşük bütçeli bir korku filmi sahnesine ait bir görüntü gibi dursa da kızın korkmasına yetmişti.

Pia bir an devasa ağacın çok yakınında olduğunu fark etti. İçinde ağaca dokunmakla ilgili karşı konulamaz bir istek oluştu. Sol eliyle ağacın gövdesine dokunur dokunmaz tüm vücudunda bir ürperti hissetti. İnanılmaz bir şekilde elinin altındaki ağaç nefes alıyor gibiydi. Emin olmak için diğer elini de ağacın gövdesine koyup gözünü kapadığında artık emindi. Kabuklarının altında nefes alan bir ruh vardı. Üstelik kızın dokunmasıyla beraber nefesi hızlanmış gibiydi. Birçok kadim inanışa göre ağaçların bir ruhu vardı ve hayatında ilk kez bu ruhlardan birine dokunmayı başarmıştı. Bulunduğu yer gerçekten de büyülü bir dağdı.

Kız, gözlerini açtığında hayatının en garip deneyimlerinden birisini yaşadı. Her yer kararmış ve bir anda ormana gece çökmüş gibiydi. Hareket etmek istediğinde bacaklarını kıpırdatamadığını fark etti. Sanki ayakları tıpkı ağacın kökleri gibi derinlere gömülmüştü. Hızla etrafına bakmaya çalıştığında vücudunun parçaları yerine ağacın dallarını gördü. Nasıl olduğu hakkında en ufak bir fikri yoktu ama bir şekilde ağacın içine hapsolmuş olduğunu hissetti. Sanki az önce nefesini dinlediği ağacın ruhu, özgürlüğüne kavuşabilmek için kendinin yerine kızı koymuş gibiydi. Pia hiçbir şekilde hareket edemese de kalp atımını hissedebiliyordu. Ağzına kadar korkuyla dolu olan bir kalp nasıl atarsa, kızın kalbi de öyle atıyordu.

Tam o sırada kendisine bakmakta olan bir çift göz gördü. Karşısında, elinde baltayla duran kişinin yüzünde maske vardı. Pia'nın çok sevdiği bir animasyon olan *Spirited Away*'deki Kaonashi (Yüzsüz) adlı hayaletin yüzündeki maskenin aynısıydı. Pia ne olduğunu anlamadan maskeli kişi hızlıca yaklaştı ve havaya kaldırdığı baltayı doğruca ağacın gövdesine indirdi. Balta âdeta kızın karnına girmiş gibi içinde parçalanan organların yarattığı acı, neredeyse bayılmasına neden olacaktı. İşte o an Pia, aslında ağacın kendisi olduğunu anlamıştı. İçine saplanan metalin kokusunu bile hissedebiliyordu. Haykırmak istemesine rağmen sesinin çıkmadığını fark etti. Maskeli adam baltayı geri çekerken karnındaki tüm dokular dışarıya çekiliyormuş gibi hissetti. Tekrar belirli bir seviyeye yükselen balta ikinci vuruş için hazırdı. Birazdan hissedeceği acının korkusuyla kalbi inanılmaz bir şekilde hızlandı ve gövdesine inen baltanın ikinci hamlesiyle bir anda durdu.

Pia sanki dakikalarca suyun altında nefessiz kalmış gibi panik halinde derin bir nefes alarak uyandı. Kocaman büyümüş gözlerinin gördüğü ilk görüntü tepesindeki mavi gökyüzüydü. Karnındaki acıyı hâlâ hisseden kızın elleri bir anda karnına ve kalbine gitti. Kalp, sanki kızın bu hareketini görmüş ve kendisine uzanan ele dokunmak istermiş gibi daha kuvvetli atmaya başladı. Rüyasında bir ağaca dönüşmenin şokundan kurtulamayan Pia, hızlıca ayağa kalkıp elleri ve kolları ile anlamsız hareketler yaptı. Sıradan bir olay gibi gözükse de tüm uzuvlarını özgürce hareket ettiriyor olabilmenin ne kadar mükemmel bir his olduğunu düşündü. Tam o sırada karşısında duran ağaçları gördü. Yaptığı bu hareketlerin, ağaçları üzebileceğini düşünen kız, az önce kalktığı şezlonga geri oturdu. Karnına giren metalin kokusunu hâlâ burnunda hissedebiliyordu.

Her gün öğle sonrasında yaklaşık bir saat süren "güneş kürü" dedikleri bir seansın ortasında uykuya dalmıştı. Aslında gün içinde kendisini en iyi hissettiği yer bu bahçe olurdu. Yan tarafında dört tane şezlong olsa da bugüne kadar kendi kürü sırasında güneşlenen başka birini görmemişti. Burası güneşle baş başa kaldığı özel bahçesiydi. Üzerinde bulunduğu dağın yüksekliği nedeniyle kendisini güneşe en yakın insanmış gibi hissediyordu. Milyarlarca kilometre uzaklıktan gelen güneş ışınları yeryüzü üzerinde ilk kendisine dokunuyordu. Şezlongun arka tarafında bir köşede durup kürün bitmesini bekleyen şaperon ise bu ritüeli bozmayacak kadar sessiz olurdu. Beyninin önemli bir kısmı hâlâ rüyada kalan kız o anda önemli bir gerçeği fark etti. Şaperonu yanında değildi.

Normalde hiçbir şekilde umursamadığı bu çocuğun yokluğu, içinde anlamlandıramadığı bir endişe hali oluşturmuştu. Aslında bu huzursuzluğun nedeni, muhtemelen kendi içinde bir mükemmelliğe sahip olan ritüelin bozulmasıydı. Buraya geldiğinden beri sadece annesinden gelen mektubu okuduğu sırada yalnız kalmasına izin vermişlerdi. Onun dışında hemen her yerde şaperonu bir gölge gibi kızı takip etmişti. Bir anda parkta anne babasını kaybetmiş küçük bir çocuk gibi hissetti. Beyninin mantıklı kısmı, yaşadığı endişenin anlamsız olduğunu söylese de ritüel ve alışkanlıklar beynin en derin bölgelerini kontrol edebilen bir güce sahipti. Yani ikna olabilmek için "bilmek" her zaman yetmiyordu.

Pia'nın bulunduğu bahçe, sanatoryumun arka kısmında yer alan küçük bir alandı. Bir tarafı balkon gibi olup uçuruma bakarken diğer kısmında orman başlıyordu. Ağaçlar, uçurum ve gökyüzünün gizli buluşma yeri gibi gözüküyordu. Bir anda başı ağrımaya başladı. Aslında Büyülü Dağ'ın en iyileştirici yönü, buradayken düşünmek zorunda kalmayışıydı. Şaperon âdeta kızın beyniymiş gibi davranıyordu. Kendisi adına karar veren birinin olması nedeniyle kız hiçbir şey düşünmek zorunda kalmıyordu. Şu an için en çok ihtiyacı olan tedavi kesinlikle buydu çünkü ne zaman düşünmek zorunda kalsa hep aynı karanlık, kafasının içini dolduruyordu ve tıpkı duman dolu bir odada nefessiz kalmış gibi hissediyordu.

Ağaçların arasından gelen ses ile Pia daldığı düşüncelerden sıyrıldı. Şaperonu görmek umuduyla sesin geldiği yöne çevirdiği gözleri, beyne istediği mesajları gönderemeyecekti. Çünkü ağaçların arasında hareket eden gölge şaperondan çok daha büyük bir vücuda sahipti. Adam, net görüş alanına girmeden önce Pia bu kişinin kim olduğunu çoktan anlamıştı. Birkaç gün önce ormanda gizemli bir şekilde karşısına çıkan uzun boylu adam sadece 10 metre uzağında durmuş kendisine bakıyordu. Hem gördüğü rüyanın etkisi hem de şaperonun ortalarda gözükmemesi nedeniyle panikleyen Pia bir an koşarak kaçmayı düşündü. Adam sanki kızın bu düşüncesini okumuş gibi büyük adımlarla Pia'ya doğru hareket etmeye başlamıştı. Bilim, tehlike anındaki canlılar için "savaş ya da sıvış" (*fight or flight*) şeklinde iki ihtimalli bir davranış modelini öne sürse de son dönemdeki araştırmalar bu ikilinin yanına üçüncü bir ihtimal olan "donma" (*freeze*) davranışını eklemişti. İşte Pia şu an tam olarak bu fizyolojik fenomeni yaşıyordu. Tıpkı araba farlarına yakalanmış bir tavşan gibi kendisine yaklaşmakta olan kişiye bakıyordu.

Kıza yaklaştığında duran adam hızlıca etrafına bakındı. Yaklaşık ellili yaşlarda gözüken bu kişi, sanatoryumdaki yaşlılardan farklı bir görünüme sahipti. Pia'nın anadilinde konuşan adamın kurduğu ilk cümle sadece iki kelimeden oluşuyordu.

"Tehlikedesin Pia."

Adamın ağzından çıkan ses dalgaları âdeta kızın kafasının içinde yankılanarak tekrarlanmıştı. Her bir tekrar, önceki hayatına dair unutmak istediği acıları beynine doluşturup üstlerine kapıyı zorla kapatıyor gibiydi.

"Günlerdir sana ulaşmaya çalışıyorum. Bugün döngünün son günü. Yani benim de son günüm. Yarın olmayacağım. O yüzden söylediklerimi çok dikkatli dinle lütfen."

Pia, adamın neyden bahsettiğini çok iyi biliyordu. Büyülü Dağ'da her 21 gün sonunda yenilenen bir döngü söz konusuydu. Aslında kızın yaşadığı her gün aynıydı ama şaperonu da dahil olmak üzere etrafındaki tüm insanlar 21 gün sonunda değişecekti. Bugün de en son döngünün 21. günüydü.

"Etrafındaki insanlara hiç dikkat ettin mi? Neden kimsenin ağzından tek bir kelime dahi çıkmıyor? Acaba 21 gün sonunda başlarına gelecekleri bildikleri için mi bu kadar mutsuz görünüyorlar? Bu akıl hastanesinden seni kurtarmak zorundayız Pia."

Aslında adamın dile getirdiği sorular bir süredir Pia'nın kafasında da nefes almaya çalışan sorulardı. Ama hiçbir şeyi düşünmek istemeyen kız, her defasında bu soruları nefessiz bırakmıştı.

"Öğrenmene ve kaçmana yardım edeceğiz. Ama ne yazık ki benim bunu yapmaya gücüm ve yetkim yok. Ben sadece haberciyim. Tam dört gün sonra, öğle kürü vaktinde tıpkı bugün olduğu gibi şaperon bir görev nedeniyle yanından uzaklaşacak. Yaklaşık yarım saat yalnız ve özgür kalacaksın. Şurada gördüğün patikayı takip ettiğinde o yol seni terk edilmiş bir kuyuya götürecek. İşte bilmen gereken tüm gerçekler o kuyunun başında seni bekliyor olacak. Şimdi gitmek zorundayım Pia. Konuştuklarımızdan asla kimseye bahsetme. Seni kurtarabilmek için çok büyük bir risk aldık ve hepimizin hayatı artık senin elinde."

Pia, duyduğu her cümleyi şaşkınlıkla dinliyordu. Geçmişte bıraktığı lanetlerin hepsi tekrar hayatına doluşmuş gibiydi. Ne yaparsa yapsın bundan kaçamayacaktı. Adam bir süre duraksadı ve kıza yaklaşarak sanki etrafında birileri kendilerini duyabilirmiş gibi çok daha alçak sesle konuştu.

"Çok dikkatli olmalısın. Özellikle de birazdan buluşacağın kişi, asla hiçbir şeyin farkında olmamalı. Asla."

Cümlesini bitiren adam hızlı adımlarla ormanın içine girerek gözden kayboldu. Pia, kafasında oluşan onlarca soru ile sadece adamın arkasından bakmakla yetindi. Neden bahsedildiği hakkında hiçbir fikri yoktu ama aklına en çok takılan adamın son cümlesi olmuştu.

Birazdan buluşacağın kişi, asla hiçbir şeyin farkında olmamalı. Asla.

Geldiğinden beri her gün aynı hayatı yaşayan kız birazdan bir buluşması olduğunu öğrenmişti. Üstelik hayatında ilk kez gördüğü bu adam, buluşacağı kişinin kendileri açısından çok tehlikeli olduğunu da özellikle belirtmişti. Pia'nın gözünün önüne eli baltalı maskeli adam gelmişti. Tam o sırada çekik gözlü şaperonun hızlı adımlarla kendisine doğru yaklaştığını gördü. Kız refleksel bir şekilde adamın gittiği yöne baktı. Görünürde kimse yoktu. Koşuşturduğu için nefes nefese kalan kilolu çocuk, cümlesini tek bir seferde kurmayı başarmıştı.

"Gitmemiz gerek Pia. Ziyaretçin var ve şu an seninle görüşmeyi bekliyor."

Şaperon cümlesini kurduktan sonra arkasını dönerek geldiği yöne doğru ilerlemeye başladı fakat kız hareket edemedi. Sıradanlığın içinde az miktarda da olsa iyileşmeye başlayan ruhu, aynı anda kendisini ziyaret eden iki ziyaretçiyle bir anda eski hastalıklı haline kavuşmuştu. Nereye gideceğini ya da kimi göreceğini bilmiyordu. Elindeki tek gerçek daha önce hiç görmediği adamın kurduğu son cümleydi. Her kimle görüşecekse bu kişi hepsi için oldukça tehlikeli biriydi. Güneşle buluştuğu küçük bahçeye son bir kez dönüp baktı. İçinden bir ses burayı bir daha göremeyeceğini söylüyordu. Ayrılığın yarattığı hüzünle önündeki çocuğu takip etmeye başladı. Garip bir şekilde kendisini idama giden bir mahkûm gibi hissetmişti.

Bölüm 113

Dünyanın En Yalnız Ağacı

Dünyanın en yalnız ağacı bir akasyaydı.
Uçsuz bucaksız bir çölün tam ortasındaydı.
Üç metre boyunda, iki gövdesi, çok güzel yeşil yaprakları ve sarı çiçekleri vardı.

Henri Lhote

Perit, karton bardaktaki kahveden bir yudum aldı. Sıvı, ağzının içine değdiği an kendisini tam şarjı bitmek üzereyken kablosu prize takılmış bir cep telefonu gibi hissetti. İçinde oluşan enerji, tüm ensesi boyunca ürperti şeklinde yayılmıştı. Sanki ağzındaki bazı hücreler kahve daha mideye ulaşmadan beyne müjdeyi vermek ister gibiydiler. Yanındaki kız, belki de dünyanın en düz yolunda bir yandan araba kullanırken bir yandan da Uzakdoğu ziyareti sırasında başına gelen ilginç bir olayı anlatıyordu. Ama Perit o sıra kızı dinlemiyordu çünkü tam iki dakika önce yanlarından geçen bir tır, adamın beynindeki düşünceleri de alıp götürmüştü. Şişko bir şoförle beraber cehenneme giden yolculuğunun başladığı araca çok benziyordu. Bir an tırın içindeki yağ, ter ve sigara kokusunun karışımından oluşan o iğrenç kokuyu hissetti. Hızlıca bardağı tekrar ağzına götürüp, kahvenin keskin kokusu ile bu kötü anıyı beyninden uzaklaştırmaya çalıştı.

Perit, dini inancı olmayan birisiydi ama an itibarıyla kendisini uzun bir süre cehennemde yanarak günahının bedelini ödemiş bir ölümlü gibi hissediyordu. Cezasını tamamlamış olmalıydı çünkü cennetten gönderilip, kendisini bu azap çukurundan kurtaran meleğin başka bir açıklaması olamazdı. Medeniyetten ve insanlardan uzaktaki bir dağ başında, Soma gibi bir kadınla karşılaşma ihtimali istatistik bilimi ile açıklanacak bir durum değildi. Tanıştıkları ilk anın şokunu atlattıktan sonra birkaç saat boyunca konuşmuşlardı. Gerek Perit'in konuşmayı çok özlemiş olması gerekse karşısında fiziksel açıdan oldukça çekici bir kadının bulunması, bu sürenin uzamasının en önemli sebebi olmuştu. Kıza ne iş yaptığını sorduğunda aldığı cevap, kızın gizemini daha da artırmıştı.

"Ne iş yaptığımı bilmiyorum ama illaki bir kelime gerekliyse kâşif sözcüğü sanırım en uygunu olacaktır. Uzun süredir yaptığım sadece bu. Eğer nasıl bakacağını bilirsen hayatın her köşesinde keşfedilmemiş bir güzelliğe rastlayabilirsin. Hatta biraz zorlarsan dağ başında çobanlık yapan bir profesör bile keşfedebilirsin."

Soma'nın cevabı aslında kızın ne kadar özel biri olduğunu özetliyordu. Hayatın kendisine gönderdiği bu açık mesajı kaçırmak istemeyen Perit, günlerdir beraber yaşadığı hayvanları köye teslim ederek insanların şaşkın bakışları altında herkesle vedalaşmıştı. Yaşadığı şehir, bulunduğu yerden çok uzakta olsa da Soma'nın rotası üzerinde yer almaktaydı. Fakat kızın uğraması gereken başka yerler de olduğundan bu yolculuğun uzun sürme ihtimali yüksekti. Perit ise bu durumdan asla rahatsız değildi. Sonuçta cennetten inmiş bu mucize, yanında olduğu müddetçe tüm hayatını yollarda geçirebilirdi.

Kaldıkları ilk otel, sıradan, basit bir kasaba oteli olsa da sıcak bir duş sonrası yumuşak yatakta uyumak gerçekten mükemmel bir histi. Zamanında kökünden kestiği saçları sanki adamı protesto etmek istermiş gibi oldukça garip bir görünüm kazanmıştı. Sakallarını uzun zamandır denemeyi düşündüğü bir model doğrultusunda tıraş ettikten sonra kasabadaki küçük bir mağazadan, hayatında giymeyeceği birkaç kıyafet almıştı. Bu haliyle, Tarantino filmlerinden fırlamış bir karakter gibi gözüküyordu. Harcamaları çok fazla olmasa da Perit'in bu masrafları karşılayacak parası yoktu ama görünen o ki yanındaki kızın en son ihtiyaç duyacağı şey paraydı. Şu an için tüm masrafları Soma karşılasa da eve ulaştıklarında tüm borcunu ödeyecekti.

Adamın düşüncelere dalmış olduğunu fark eden Soma oldukça ilginç bir anı olan Uzakdoğu hikâyesini yarıda keserek arabadaki müzik çaların düğmesine bastı. Bir anda kadın ve erkeklerden oluşan bir koronun seslendirdiği melodi arabanın içine doldu. Oldukça pahalı olan arabanın müzik sistemi o kadar iyiydi ki Perit bir an korodakiler arka koltukta oturuyormuş gibi hissetti. Tanıştıkları ilk andan itibaren Soma'nın bir melek olduğuna kendisini inandıran Perit, duyduğu sesle beraber bu inancında ne kadar haklı olduğunu görmüştü. *All'inizio è La Morte* adlı şarkı bir anda gözlerinden yaşlar akmasına neden olmuştu. Hayata dair birçok şeyi özlediğini biliyordu ama kesinlikle özlemini en çok duyduğu şey müzikti. Müzik gibi yaşamsal bir ihtiyaç olmadan hayatta kalmayı nasıl başarabilmiş olduğunu anlamıyordu. Normalde birisinin yanında ağlamayacak yaş ve gurura sahip olan Perit, yanağından süzülen damlalar konusunda en ufak bir pişmanlık hissetmemişti.

Soma kendisine garip bir şekilde bakıp ardından gülümsedi.

"Sanırım Haggard dinlerken ağlayan birisini ilk kez görüyorum."

Perit gülümsedi. Sanki yanında Tesla varmış gibi hissetti. Benzer müzik keyfine sahip birinin yanında olmanın yarattığı o güven ve mutluluk hissini o kadar özlemişti ki.

"*Eppur si muove*" dedi Perit. "*Yine de dönüyor*. Her şeye rağmen."

Bu sefer gülümseyen Soma olmuştu. Perit'in sözleri, aslında yol arkadaşının kültürel bilgisinin derinliğini ortaya koyan güzel bir cevap olmuştu. Perit'in gözünden akmakta olan yaşlara neden olan şarkılar, Haggard adlı Alman metal grubunun "Eppur si Muove" isimli albümüne aitti. Bu söz "yine de dönüyor" gibi bir anlam içermekte olup bilim tarihi açısından sembolik bir öneme sahipti. Albümdeki Latince ve Almanca yazılmış şarkılar, bu sözün söylenmesine neden olan hikâyeleri anlatıyordu. Bu albüm, zamanında kilisenin karanlığına maruz kalmış insanlara saygı için yapılmıştı ve hiç şüphe yok ki bu insanların başında "Eppur si muove" sözünün sahibi olan ünlü İtalyan astronom Galileo Galilei gelmekteydi.

"Demek gözyaşlarının nedeni bu profesör. Ölümünün üzerinden onca yıl geçmesine rağmen hâlâ Galileo için ağlayan birilerini görmek gerçekten güzel ama biliyor musun, bence insanlığın büyük bir kısmı gibi sen de yanılıyorsun. Çünkü Galileo müthiş bir beyne sahip olsa da göğsünün içinde korkak bir kalp taşıyordu. Açıkçası *Eppur si muove* sözünü onun söylemiş olduğundan bile şüpheliyim. Eğer insanlık olarak uğrunda ağlayacağımız birisi varsa o da kesinlikle Bruno olmalı. Çünkü kendisi bir meydanda yakılacağını bilmesine rağmen cehalete karşı boyun eğmeyi reddedecek kadar cesur biriydi."

Soma'nın kurduğu cümleler Perit'i alıp bir yerlere sürüklüyor gibiydi çünkü yanındaki kız, sadece müzik zevki açısından değil, konulara olan hâkimiyeti açısından da neredeyse Tesla'nın aynısıydı. Galileo'yu suçlayıcı cümleleri, gençliğinin baharında olup, ölüm hakkında hiçbir şey bilmeyecek lükse sahip gençlerin kuracağı bir acımasızlığa sahipti. Ama yaşı ilerleyip ölümü daha yakın hisseden her insan gibi Perit de Galileo'yu ve ne yapmak istediğini çok iyi anlıyordu. Muhtemelen yaklaşık bir 30 yıl sonra Soma da bu gerçeği içinde hissedecekti.

Aslında tüm hikâyenin başlamasına neden olan kişi Nikolas Kopernik olmuştu. Ünlü matematikçi ve astronom Kopernik, 70 yaşına girdiği 1543 yılında, üzerinde uzun zamandır uğraştığı eserini yayımlamıştı. O tarihe kadar Dünya'nın evrenin merkezinde olduğuna ve Güneş de dahil olmak üzere tüm gezegen ve yıldızların, Dünya'nın etrafında döndüğüne inanılıyordu. Bu görüşün sahibi ve en büyük savunucusu kiliseydi. Fakat Kopernik'in kitabında yazanlar kilisenin tam tersini söylüyordu. Astronoma göre merkezde olan Dünya değil, Güneş'ti. Kilisenin engizisyon adı altında kendisine yapabileceklerini çok iyi bilen Kopernik, kitabının yayımlanmasını oldukça geciktirerek olası cezalardan kaçmayı başarabilmişti çünkü eseri yayımlandıktan bir süre sonra hayata gözlerini yummuştu.

Kopernik'in fikirleri doğrultusunda araştırmalar yapan ve cesur bir şekilde görüşlerinin arkasında duran Giordano Bruno ise ne yazık ki bu kadar şanslı olamayacaktı. Kilisenin her türlü baskısına direnmesine rağmen 1600 yılında, tam 52 yaşındayken bir kazığa bağlanarak yakılmıştı. Bruno'nun külleri Roma sokaklarında savrulduğu sırada, Galileo tam 36 yaşındaydı ve neredeyse tüm vaktini gökyüzünü inceleyerek geçiriyordu. Gördüğü her şey Kopernik ve Bruno'yu haklı çıkarıyordu. Dünya kesinlikle Güneş'in etrafında dönüyordu. Bunun üzerine Güneş merkezli evren modeliyle ilgili yazılar yazmaya başladığı an kilisenin dikkatini çekmeyi başarmıştı.

Tarih gerçekten ilginç tesadüflerle doluydu. Bruno'yu 52 yaşında katleden kilise, 1616 yılında, yani Galileo tam 52 yaşına bastığında kendisiyle doğrudan iletişime geçmişti. Papa V. Paul, ünlü kardinal Robert Bellarmine'den Galileo ile özel olarak görüşmesini istemişti. Dönemin en nüfuzlu karakterlerinden biri olan Kardinal Bellarmine, aynı zamanda Bruno'yu ölümle cezalandıran komitedeki din adamlarından biriydi. Bellarmine'in evinde gerçekleşen görüşmede kardinal çok açık bir şekilde Galileo'yu uyararak Güneş merkezli sistem hakkında hiçbir şey yazmamasını emretmişti. Aslında kilisenin Galileo'yu sadece sözlü bir şekilde uyarması, ünlü astronomun sahip olduğu özel ilişkilerden kaynaklanıyordu. Ama bu ilişkiler bile tehdit edilmesini önlemeye yetmemişti.

Bruno'nun kaderini çok iyi bilen Galileo, kilisenin bu tehdidini oldukça ciddiye aldı ve tam 16 yıl boyunca sessiz kalmayı tercih etti. Tarih 1632 yılını gösterdiğinde *İki Büyük Dünya Sistemi Hakkında Diyalog* (*Dialogue Concerning the Two Chief World Systems*) adlı kitabını yayımladı. Kitabı çıkarmadan önce kiliseden izin almayı başarmıştı ama kitapta öne sürdüğü fikirler ve kullandığı dilin keskinliği, dini topluluklarda oldukça sert bir protestoya neden olmuştu. Bunun üzerine kilise, Galileo'yu zamanında uyardıklarını ve kitabın içeriğinin söz verildiği gibi basılmadığını öne sürerek sert bir şekilde olaya müdahale etmişti. Kitap çıktıktan bir yıl sonra 1633 yılında, 69 yaşındaki Galileo engizisyon mahkemesinin huzuruna bir sapkın olarak çıkarılmıştı. Yaşlı adamın önüne, zamanında Bruno'ya sunulan iki seçeneğin aynısı konulmuştu. Güneş'in merkezde olduğu düşüncesinde ısrar etmesi durumunda sapkın ruhu kilise tarafından ölüm cezasına çarptırılacaktı. Eğer Dünya'nın, Güneş'in etrafında dönmesiyle ilgili fikrini lanetler ve kilisenin değerlerinden af dilerse sadece hapis cezası ile kurtulabilirdi.

Soma'nın Galileo'ya olan kızgınlığı, adamın bu noktada yaptığı tercihten kaynaklanıyordu. Sanki 69 yıl boyunca yaşamak kendisine yetmemiş gibi Galileo korkak bir şekilde kilisenin isteklerine boyun eğerek, kendi bilimsel bulgularının yanlış ve sapkın fikirler olduğunu itiraf etmişti. Bununla beraber kilise karşısında af dileyen Galileo'nun, yargılanma sonunda kiliseyi terk ederken sadece çok az kişinin duyacağı bir şekilde "Eppur si muove" (Dünya yine de dönüyor) dediğine inanılmaktaydı. Yani mahkemede neyin itiraf edildiğinin bir önemi yoktu, doğa ve bilim neyse oydu. Dünya dönüyordu ve onu durdurmaya kilisenin bile gücü yetmeyecekti.

Aslında şüpheleri konusunda Soma haklı sayılırdı. Galileo, gerçekte düşüncelerinin doğruluğundan emin olsa da içinde bulunduğu şartlar düşünüldüğünde kilise sınırları içerisinde ya da sonrasında bu sözü bizzat söylemiş olması düşük bir ihtimaldi. Özellikle de tüm düşman gözlerin üzerinde olduğu bir dönemde böyle bir hatayı asla yapmazdı. Belki de evinde kendisini ziyaret eden birkaç dostuna bu söz ile cevap vererek teselli bulmaya çalışmıştı. Kiliseye boyun eğmesi kendisine fazladan sadece sekiz yıl kazandırmıştı. Üstelik aldığı ceza nedeniyle bu süreyi ev hapsinde geçirmek zorunda kalan Galileo, 8 Ocak 1642 günü, ateş ve kalp çarpıntısı nedeniyle 77 yaşında, yatağında ölmüştü. Tüm hayatı boyunca kaçmaya çalıştığı ateş, vücudunun içinde de olsa bir şekilde kendisini yakmayı başarmıştı (12).

Dinledikleri albüm âdeta arabanın içindeki iki kişiyi zamanda yolculuğa çıkarmış gibiydi. Perit'i düşüncelerinden çıkaran kızdan gelen ses olmuştu. Soma hemen yol üzerinde uygun bir yer bulup arabayı kenara çekmişti. Parmağıyla Perit'e çok uzaklarda duran bir görüntüyü işaret etmişti. Bulundukları alan, yolun her iki tarafında sadece kuru kahverengi toprağın yer aldığı geniş bir düzlüktü. Fakat çok uzaklarda, kesintisiz devam eden kahverengi düzlüğün ortasında yemyeşil bir ağaç durmaktaydı. Çevresinde yeşile dair başka hiçbir izin olmadığı bu ağaç sanki mavi gökyüzü ve kahverengi toprağı gövdesi aracılığıyla birleştirmek istiyor gibiydi.

Yüzündeki gülümseme de en az uzaktaki ağaç kadar güzel gözüken Soma "Hadi profesör, gidip kendi Teneremizi keşfedelim" dedikten sonra arka koltuktan çantasını alarak, arabanın giremeyeceği bu toprak araziye doğru yürümeye başladı. Perit en az bir saatlik yürüme mesafesinde olan ağaca ve kıza baktı. Görünen o ki kâşif Soma, yine bir şeyleri keşfetmenin derdindeydi. Her ne kadar yapılan işe çok anlam veremese de keşfi sırasında kızı yalnız bırakmak istememişti. Arkasından gelen adamı gören Soma, Perit'e bir soru sorarak konuşmaya başladı.

"Tenere ağacının hikâyesini biliyor musun? Aslında ikinizin öyküsü birbirine çok benziyor profesör. Yıl 1934. İnsanların etnik kökenlerini araştıran Fransız bir etnolog var. Adı Henri Lhote. Kendisi aynı zamanda bir kâşif ve her kâşif gibi merakı için gitmeyeceği yer yok. Bir gün Cezayir'deki Djanet şehrinden Nijer'in Agadez şehrine arabayla yolculuk etmeye karar vermiş. Önündeki yol aşılması gerçekten zor bir yolmuş çünkü Sahra Çölünden geçmesi gerekiyormuş. Şimdi, bu çölün denize en uzak noktasında Tenere adında bir bölge var ve hikâyemiz tam da burayla ilgili. Aslında sadece isimleri bile bu bölgenin nasıl bir yer olduğunu özetliyor. Sahra kelimesi Arapçada çöl anlamına gelirken, Tenere kelimesi de Tuareg dilinde çöl demekmiş. Yani sevgili profesör, Tenere bölgesi oradakiler tarafından, *çöllerin içindeki çöl bölgesi* olarak tarif ediliyormuş. Artık nasıl bir yer olduğunu hayal edebilirsin."

Toprağın üzerinde ilgisini çeken bir şey nedeniyle kız konuşmaya ara verdi. Hızlıca dizlerinin üzerine eğilerek elindeki fotoğraf makinesinin objektifini bir taşın üzerinde duran büyük garip görünümlü siyah bir böceğin üzerine tuttu. Perit, uygun görüntüyü bulana kadar nefes bile almayan kıza bakıyordu. Bir an kendisini taşın üzerindeki böcek gibi hissetti. Sonuçta kızla tanışması da benzer şekilde olmuştu. Makinenin ekranında kontrol ettiği görüntüden hoşnut gözüken kız yürümeye ve hikâyesini anlatmaya devam etti.

"Tenere bölgesindeki zorlu yolculuğu sırasında Lhote'un karşısına ilginç bir görüntü çıkmış. Ölümün en kuru halde her yeri istila ettiği çölün ortasında, yeşil yaprakları ve sarı çiçekleriyle bir ağaç varmış. Yaklaşık 400 bin kilometrekare büyüklüğündeki ölümün ortasında âdeta canlılığını haykırır gibi durmaktaymış. O çölü geçmek zorunda olan herkesin çok iyi bildiği üzere, bu ağaç yeryüzünün en yalnız ağacıymış. Kendisine en yakın ağaç, yaklaşık 150 kilometre uzaklıktaki Timia bölgesinde yer alıyormuş. Dünyanın en yalnız ağacı da olsa yaşamak her canlının en önemli güdüsü ve inan bana profesör, Tenere ağacı hayata tutunmak için muazzam bir mücadele veriyormuş. Öyle ki yakınlarında açtıkları bir kuyuda tam 40 metre derinlikte suya rastlamışlar. Düşünsene suya ulaşabilmek için altındaki toprağı kökleriyle metrelerce kazmış bir ağaçtan bahsediyoruz. Hayata tutunmaya bundan daha güzel bir örnek verilebilir mi?"

Perit anlatılanları büyük bir merakla dinliyordu. Yeryüzünde böylesine müthiş bir yaşam mücadelesinden haberdar olmaması gerçekten büyük bir kayıptı. Geriye dönüp baktığında araba yolundan iyice uzaklaşmış olduklarını görmüştü. Hikâyeye iyice daldığından yolun nasıl geçtiğini anlamamıştı.

"Tenere ağacı, o bölgeden geçmek zorunda olan kervanlar için âdeta bir işaret ve bir mola yeriymiş. Hatta birçok kişi bu ağacın kutsal olduğuna inanırmış. Yapraklarına zarar vermemeleri için develeri ağaçtan uzak tutarlarmış. Üzerinde yaşadığı çöle meydan okuyan bu ağacın kaç yıldır yaşadığını bilen kimse yokmuş ama ne zaman ve nasıl öldüğünü ne yazık ki biliyoruz. Lhote ilk gelişinden tam 25 yıl sonra, 26 Kasım 1959 tarihinde bu ağacı yine ziyaret etmiş. Artık ağacın eski canlı hali yokmuş. Yaprakları ve çiçekleri çoktan dökülmüş, geriye sadece inatçı dalları kalmış. Anlaşılan bu büyük mücadele onu da yormuştu ama inatla yaşamaya devam ediyordu. Kimbilir, belki de ara sıra kendisini ziyaret eden insanlar sayesinde direnme gücü buluyordu. Onlarca yıl yaşama tutunmayı başaran bu ağaç nasıl öldü biliyor musun? 8 Kasım 1973 tarihinde, Libyalı sarhoş bir kamyon sürücüsü, bir gece vakti dünyanın en geniş düzlüğünün ortasında, daracık bir alanda hayata tutunmaya çalışan bu ağaca çarpmayı becerdi ve gövdesinin kırılmasına neden oldu (13)."

Kızın sözleri üzerine Perit bir anda durdu. Kesinlikle böyle bir son beklemiyordu. Bu kadar büyük bir mücadelenin sonu böyle olmamalıydı. Bir an Tenere ağacının yaşadıklarını hissetmeye çalıştı. Yalnız ve yaşlı ağacın bir gece uzaktan kendisine doğru gelen ışığı gördüğünde yaşadığı mutluluğu düşündü. Gelen yeni kişi sayesinde yalnızlığı bir miktar hafifleyecekti. Ama her saniye giderek kendisine yaklaşan bu ışık yıllardır mücadele ettiği yaşamını sonlandıracaktı.

"Seninle tanıştıktan sonra kendimi biraz da o sarhoş sürücü gibi hissettim biliyor musun? Gidebileceğim onlarca yol ve ihtimal varken, çok uzak bir tepede, kendisini insanlardan gizlemiş dünyanın en yalnız adamına çarptım sanırım. Üstelik senin de köklerin hayata tutunabilmek için epey derinlere uzanıp suya ulaşmayı başarmış. Gözünden akan yaşları gördüğümde bunu anladım."

Yolun üzerinde karşılarına çıkan bu yalnız ağacın yanında yaklaşık üç saat vakit geçirmişlerdi. Soma, ağacın birçok fotoğrafını çekmişti. Bunlardan, Perit'in ağaçla beraber gözüktüğü bir fotoğraf, yaklaşık 6 ay sonra "Profesör Tenere" adıyla sunulduğu sergide yüksek bir fiyata satılacak ve ünlü bir iş adamının büyük evindeki koridorlardan birinde kendisine yer bulacaktı. Ama o an Soma, Perit ve de yalnız ağacın olacaklardan haberi yoktu.

Bölüm 114

Unhuman Lethe

Ruh, hayata yaklaşırken
Lethe'nin unutkanlık sularından içer.

Platon

Coccyx, ofisindeki rahat koltuğuna oturmuş canlı yayının başlamasını bekliyordu. Sapık yönetmenin sürpriz ölümünün üzerinden neredeyse üç ay geçmişti. Bilişim dünyası açısından ciddi suçlara imza atmış biri olsa da ilk günler kesinlikle hayatının en stresli dönemini oluşturmuştu. Tüm kontrol ellerinin arasından kayıp gitmişti ve izlemek dışında yapabileceği hiçbir şey yoktu. Sonuçta bir insan öldürülmüştü ve bu gerçek asla Coccyx'in kabulleneceği bir durum olamazdı. Fakat şanslıydı çünkü üç ay boyunca NKC, hiçbir şekilde iletişime geçmemişti. Diğer taraftan yönetmen, tabutunun üzerine atılan ilk toprak parçalarının ardından unutulmaya başlanmıştı. Dosyası da basına duyurulduğu şekilde sonuçlandırılıp çoktan rafa kaldırılmıştı. Şu an geçmişte yaşadığı bu olay o kadar yabancı geliyordu ki sanki tüm bunlar beyninin yarattığı huzursuz bir kâbusa aitti.

Canlı yayın hâlâ başlamamış olsa da tam 271.336 kişi yayın için bekliyordu. Sanki erken geldikleri takdirde daha iyi koltuklarda oturacaklarmış gibi dakikalar öncesinden beklemeye başlamışlardı. İkiye ayrılmış ekranın üst tarafında beyaz bir zemin üzerine siyah font ile "unhuman" yazılı bir görsel vardı. Alt tarafta ise mor göz bandı sayesinde Donatello olduğu anlaşılan, Ninja Kaplumbağa maskesi giymiş birisi oturuyordu. Taktığı maske yüzünü gizlese de sadece belden yukarısı gözüken bu kişinin kilosu hiçbir maskeyle gizlenemeyecek kadar fazlaydı. İzleyicilerin yazdıkları yorumlar âdeta adamın üzerinden nehir gibi akıyordu. Akış hızından dolayı okumanın imkânsız olduğu bu yorumlar sanki fazla kilolarını daha iyi gizleyebilmesi için adama yardımcı olmak amacıyla yazılıyordu.

İzlediği görüntü Coccyx'in yüzünde bir gülümseme oluşturdu. Çünkü günahkâr Donatello birazdan üzerinden yorum şeklinde akan bu dijital sularda geçmişinden arınacaktı. Tam o sırada herkesin beklediği müthiş an geldi. Yukarıdaki ekranda kamera aktif hale geldiğinde yorumların hepsi bir anda kesildi. Tıpkı öğrencilerin kendi arasında konuştuğu gürültülü bir sınıfa bir anda çok disiplinli bir öğretmen girmiş gibi derin bir sessizlik oluştu. İzleyici sayısı sadece birkaç saniyede 342.882'ye yükselmişti. Ekranda beyaz gömleğinin en üst düğmesi açık, boğazında hafif gevşek bir şekilde duran kırmızı-siyah kareli kravatı bir miktar yakasının altına kaymış bir kız vardı. Okuldan eve gelir gelmez çantasını kenara fırlatıp ekran karşısına geçen bir lise öğrencisi gibi gözüküyordu. Her zaman olduğu gibi kızın ağzının üzerinde, yüzünün büyük bir kısmını kapatan koruyucu bir maske vardı. İnsanların hava kirliliği ya da salgın zamanlarında taktıkları sıradan maskelerden biriydi. Yüzüne oldukça büyük gelen maske kıza inanılmaz bir sevimlilik katıyordu.

Şu an çok fazla kişi tarafından bilinmese de Lethe ismi, yakın bir gelecekte herkesin duyacağı bir isim olacaktı. Ergenlik döneminde vücudunda gerçekleşen metamorfozun içine sıkışmış her genç gibi, Lethe'nin de hayata dair çok önemli bir derdi vardı. Aslında sosyal medya dünyasında bu tarz ilginç dertleri olan çok fazla hesap vardı. Kimisi ülkesini reddediyordu kimisi ise dinini. Bazı aktivist hesaplar sahip olduğu cinsiyeti reddediyordu ve cinsiyetsiz bir toplumun var olması için mücadele ediyordu. Lethe'nin de reddettiği bir şey vardı. Genç kız insan olmayı reddediyordu. Yaşadığı gezegeni ahmakça bir şekilde tüketen bu memeli sınıfına ait olmak istemiyordu. O nedenle profil ismi olarak "insan olmayan ya da insanlık dışı" gibi anlamlara sahip *unhuman* kelimesini tercih etmişti. Bu kelime aynı zamanda merhametsizliği ve insanlık dışı davranışları ifade etmek için kullanılan bir kelime olsa da aslında kız burada derin bir ironi yapmaktaydı. Lethe'nin inanışına göre insan (human) denen canlı zaten merhametsizliği anlam olarak içinde barındırıyordu. O nedenle bu memeli türüne karşı merhametsiz olmak kesinlikle negatif bir anlam içermemeliydi. Çünkü en basit matematik bilgisinin bile göstereceği şekilde, olumsuzun olumsuzu pozitif bir değer demekti. Yani Lethe unhuman kelimesini kullanarak merhametsizliğin karşısındaki merhametsizliği vurgulayan bir ironi yapıyordu.

Coccyx, yakın bir arkadaşını izliyormuş gibi canlı yayını takip ediyordu. Bu kadar erken bir yaşta, insanlığın en temel sorunlarını kendine dert edinmesi bile, kıza hayranlık duymak için yeterliydi. Ama Lethe bundan çok daha fazlasına sahipti ve insanlık yakında buna tanık olacaktı. Dijital dünyaya ilk girdiği andan itibaren gerçek kimliğini ve yüzünü saklayan kız hakkında çok fazla söylenti olsa da nasıl ünlü olduğu herkesçe bilinen bir gerçekti. Aynı zamanda politikayla da ilgilenen bir tarih profesörünün çevrimiçi gerçekleştirdiği bir konferans sırasında yaşananlar, her ikisinin de kaderini değiştirecekti. Çok az kişinin izlediği yayının tartışma kısmında Lethe, sorduğu sorular ile profesörü fena halde terletmişti. Hatta bir sorusunda tarihçinin yüzünde öyle içten bir şaşkınlık oluşmuştu ki bu ifade bir anda internetin en popüler mem'lerinden birisine dönüşmüştü. Hemen herkes ne zaman şaşkınlığını ifade etmek istese bu görseli kullanmıştı. Profesör ilk başta bundan rahatsız olsa da bir anda tüm ülke tarafından tanınır hale gelmişti. Daha önce kendisini umursamayan medya organları adamı programlarında ağırlamak için birbirleriyle yarışır olmuştu. Hatta üyesi olduğu siyasi partinin aldığı oy yüzdesi bile yükselmişti.

Coccyx, içinde bulunduğu dijital dünyanın hızı sayesinde tek bir damlanın bile kısa zaman içerisinde nasıl koca bir dalgaya dönüşeceğini çok iyi biliyordu. İnternet sayesinde tüm insanlık âdeta görünmez kablolarla birbirine bağlanmış gibiydi. Evrimsel perspektiften bakıldığında, insanın sosyal bir varlık olmasının temelinde "birlikte hareket etme" ihtiyacı yatmaktaydı. Genlerimize işlenmiş bu ihtiyaç ile dünyaya geliyorduk. Şimdi de etrafımızdaki bu görünmez kablolar, insanın var olduğu günden bu yana duyduğu en önemli ihtiyacı fazlasıyla karşılıyordu. Dijital dünyada bunun en güzel örneklerinden biri "mem" denilen kavramdı.

İnternet kullanıcıları için oldukça sıradan bir kelime haline gelen mem kavramı, internetin yaygınlaşması sonucu ortaya çıkmış gibi gözükse de aslında bu kelimenin kökeni daha eskilere dayanmaktaydı. Bilimin popülerleşmesinde çok büyük katkıları olan ünlü evrimsel biyolog Richard Dawkins, 1976 yılında *Gen Bencildir* adlı kitabını yayımlamıştı. Bu kitap, üniversite ve laboratuvar sınırlarında tutsak kalmış birçok bilgiyi özgürlüğüne kavuşturarak insanlara aktarmayı başarmış önemli bir kitaptı. Dawkins bu kitabında insanlığa kullanması için yeni bir kelime hediye etmişti. Üstelik bu kelime yıllar sonra Dawkins'in bile hayal edemeyeceği bir popülerliğe ulaşacaktı.

İnsanlık, genetik bilimi sayesinde biyolojik materyal olan genlerin nesiller boyunca nasıl kopyalanıp aktarıldığını öğrenmişti. Ama söz konusu sosyal bir varlık olan insan olduğunda aktarılan şeyler sadece biyolojik materyaller değildi. Nasıl ki mavi göz geni kromozomlarda paketlenerek bir sonraki kişiye biyolojik olarak aktarılıyorsa, geçmişe ait birçok kültürel ve geleneksel bilgi ya da fikir de sosyal etkileşimlerle gelecek kuşaklara aktarılmaktaydı. Dawkins, tarih boyunca insanların fikirlerinin kopyalanmasını, değiştirilmesini ve evrim geçirmesini tanımlamak amacıyla bilim dünyasına yeni bir terim önermişti. "Mem" (İngilizce *meme*) adını verdiği bu terimi, eski Yunancada kopyalamak anlamına gelen "mimeme" kelimesinden türetmişti. Mimeme söylemesi zor bir kelime olduğundan, bu kelimeyi "mem" diye kısaltmıştı. Aslında Dawkins burada bir kelime oyunu yaparak mem kelimesini telaffuz açısından "gen" kelimesine benzetmeye çalışmıştı. Üstelik böyle yaptığında mem kelimesi İngilizce hafıza anlamına gelen *memory* kelimesini de çağrıştırmış olacaktı. Böylece biyolojik materyal olan gen gibi kuşaktan kuşağa aktarılan ve toplumsal hafızanın bir ürünü olan bu kavramı mem kelimesi aracılığıyla güzel bir şekilde ifade etmeyi başarmıştı (14).

Dawkins tarafından sosyolojik ve toplumsal bir gen olarak tanımlanan mem, 1993 yılında teknolojiyle oldukça yakından ilgilenen Avukat, Yazar Mike Godwin'in, *Wired* adlı dergide yazdığı bir makalenin ardından internet dünyasındaki çok önemli bir ihtiyacı karşılamıştı. Bireysel slogan, melodi, video, resim gibi hızlıca kopyalanıp hemen her yerde kullanılabilen tüm bu içerikler için mem kelimesi oldukça kullanışlıydı. Böylece Dawkins'in kitabındaki bu kelime, yayılan her içeriğe ismini de verdiğinden çok hızlı bir şekilde kabullenilmişti. Söz konusu internet mem'leri olduğunda sayısız örnek bulunmaktaydı. Şarkıcı Rick Astley'in 1987 yılında yayınlanan *Never Gonna Give You Up* şarkısındaki klip performansı, *Rickrolling* adı altında e-posta yoluyla insanlar arasında hızla yayılan bir mem'e dönüşmüştü. 2011 yılında Japonca bir pop şarkısı eşliğinde sadece aşağı ve yukarı hareket eden bir kedi animasyonu olan *Nyan Cat* ve 2013 yılında bir anda virüs gibi topluluklar arasında yayılım gösteren *Harlem Shake* internetteki ilk mem'lere verilebilecek temel örneklerdi.

Tarihçi profesörün mem'i, adamı hızla ünlü biri haline dönüştürse de bu mem'in ortaya çıkmasına neden olan kişi daha az kişinin dikkatini çekmişti. Bu gizemli kızı takip etmeye başlayanlar, Lethe'nin özellikle şarkıcı, politikacı ve ünlü isimlerin sosyal medya paylaşımlarının altına yazdığı iğneleyici yorumlara bayılıyorlardı. Aslında ilk başlarda kızın ürettiği tek içerik yorumlardı. Ama bu yorumlar o kadar sevilmişti ki Lethe'nin farklı platformlarda ünlülere vermiş olduğu cevapları derleyip paylaşan bir başka anonim hesap Lethe'den daha fazla takipçi sayısına ulaşmıştı.

Lethe'nin bu yaklaşımı sonucunda, sosyal medya uygulamalarının da ilgisini çekebilecek yeni bir bakış açısı oluşmuştu. Bazı paylaşımlarda, içerikten ziyade yorumlar daha fazla öne çıkıyordu. Lethe'nin, ünlülerin paylaşımlarının altına yaptığı yorumlar, içeriklerin kendisinden daha fazla beğeni almaya başlamıştı. Bu durum birçok ünlüyü rahatsız etse de bazı ünlüler Lethe'nin yorumlarının üzerinden içeriklerini daha ilgi çekici hale getirmeyi deniyordu. Sonuçta liseli kızın hemen herkese verebilecek bir cevabının olması insanların hoşuna gitmişti. Aslında bu kişilerin çoğu Lethe'nin gerçekte okula gitmediğine bile inanıyorlardı. Çünkü kız, eğitim sisteminin ahmaklığına kökten karşıydı. Bir Avrupa ülkesinde devrim yaptığını öne süren eğitim bakanı ile girdiği tartışmalarda bunu herkese çok net ispatlamıştı.

"Hazır mısın?"

Kız, konuğuna sorduğu soruyla seansını başlatmıştı.

"Zavallı insan. Şimdi beni iyi dinle. Yetersiz beynin beni bir insan olarak algılamak istese de sadece akıp giden bir su olduğumu unutma. Birazdan kirlenmiş geçmişini bu suya bırakacaksın ve içindeki çürümüş insanı unutarak sudan çıkacaksın."

Coccyx hipnotize olmuş bir şekilde karşısındaki genç kıza bakıyordu. İzlediği yayın Lethe'nin üçüncü seansıydı ama görünen o ki kız, meseleyi çok hızlı kavramıştı. Takipçilerinin kendisine yüklediği anlamları çok iyi analiz edip tümüyle buna uygun bir şekilde davranıyordu. Yani insanlar ne görmek istiyorsa onlara tam da onu göstermeyi öğrenmişti. En fazla 16-17 yaşlarında olan kız, görüntü açısından da takipçilerinin yorumlarına dikkat ediyordu. Üçüncü yayınına da aynı lise üniformasıyla çıkmıştı ve görünüm itibarıyla çok sevilen bir anime karakterin ete kemiğe bürünmüş hali gibi gözüküyordu.

Sosyal medyada sadece yorumlarıyla var olan Lethe, 20 gün önce yaptığı paylaşımda, canlı yayın serisine başlayacağını duyurmuştu. Bu yayınlarda dünyanın en büyük paraziti olan insanla çeşitli terapiler gerçekleştirecekti. Aslında yayınlarda olacak şey basitti. İnsanlar kendilerine dair unutmak istedikleri ne kadar çirkinlik varsa bunları Lethe aracılığıyla herkesle paylaşacaktı. Herkesten gizlemek için yıllardır taşıdıkları günahları, korkuları ya da sapıklıklarını itiraf edeceklerdi. Anonim bir hesapla yayına katılacak bu kişiler, yayında ruhlarını en iyi yansıtan maskeleri takacaklardı. Böylece kimse konuşanların gerçek kimliğini öğrenemeyecekti. Kızı sıkı takip eden hayranları bu haber karşısında sevinçten âdeta çılgına dönmüşlerdi.

Kızı son 2 aydır yakından takip eden Coccyx gelişmeleri büyük bir hayretle izliyordu. İnsanların gizemli şeylere olan merakı ve her yerde şifre ya da mesaj arama isteği kızın yolculuğunu çok farklı bir noktaya taşımıştı. Öyle ki bu yolculuk bir isim bulmasını bile sağlamıştı. Aslında bu gizemli kız tüm sosyal platformlarında sadece unhuman etiketini kullanmıştı. Ama ilk canlı yayının sonunda boşlukları doldurmaya bayılan insanlık kızın adını koymuştu. Aslında isim babası, aynı zamanda kızın sıkı bir takipçisi olan ünlü bir yazardı. İlk canlı yayının ardından "Unhuman Lethe" başlığıyla bir yazı kaleme alan yazar, bu yazısıyla herkesin aradığı ismi insanlığa sunmuştu.

Coccyx oldukça etkileyici olan yazıyı çok iyi hatırlıyordu. Yazar, bu liseli genç kızı mitolojik bir hikâye üzerinden yorumlamayı tercih etmişti. Yazısına, dünyayı kendi aralarında paylaşmış ünlü Yunan Tanrıları ile başlamıştı. Mitolojiye göre Yüce Zeus gökyüzüne hükmederken, Poseidon denizlerden sorumluydu. Kimsenin pek istemediği yeraltı ise Hades'e kalmıştı. Kendisi artık ölüler ülkesinin Tanrısı'ydı. Yeraltındaki bu ölüler diyarı hakkında bahsedilecek çok fazla şey olsa da yazar, liseli kızı buradaki bir nehire benzetmişti. Hypnos (uyku) adlı mağaranın etrafından dolanarak yeraltındaki ölüler diyarına akan bu nehrin adı Lethe'ydi.

Lethe, ruhu olan bir nehirdi ve ölüler diyarına geçen kişiler bu nehrin suyundan içerlerdi. İçtikleri su o kadar kuvvetliydi ki bu kişilerin kalplerini ve damarlarını parçalardı. Geçmişinde büyük acılar çekmiş bu kişiler böylece tüm geçmişlerinden temizlenene kadar Lethe içinde defalarca ölürlerdi. Sonunda nehirden çıktıklarında geçmişe dair hiçbir şey hatırlamazlardı ve bir daha hiç acı çekmeyeceklerini bildikleri ölüler diyarına ayak basarlardı.

Lethe Nehri, insanlık tarihi boyunca başta Dante Alighieri, Arthur Schopenhauer, William Shakespeare ve Platon olmak üzere birçok önemli düşünürü derinden etkilemeyi başarmıştı. Yazıyı kaleme alan yazar da bu kişilerden birisiydi. "Unhuman Lethe" başlıklı yazısının sonunda genç kızı, ölümler diyarının ünlü nehri Lethe'ye benzetmişti. Çünkü kız yaptığı yayın sayesinde, karşısındaki maskeli bir zavallının unutmak istediği geçmişi âdeta sularında yıkayarak yok ediyordu. Üstelik bunu yaparken, kendisini tanımladığı unhuman kelimesine uygun davranarak karşısındaki insanı merhametsiz bir şekilde sembolik de olsa defalarca öldürüyordu. Hatta ünlü yazar düşüncelerini bir adım daha öteye taşıyarak kızı dijital dünyanın modern rahibesi ilan etmişti. Hem insan denen günahkârların günahlarını çıkarıyordu hem de onları kendi suyunda vaftiz ediyordu.

"Unhuman Lethe" yazısı, yazarını bile şaşırtacak derecede beğeni almıştı. Genç kıza bir anlam yüklemek için çırpınan binlerce hayranı bu yazı sayesinde beyinlerindeki büyük bir boşluğu doldurmayı başarabilmişti. İnternet dünyasındaki sıradan bir fenomen karakter, bir anda kutsal bir metafora dönüşmüştü. Bu gerçeğin farkında olan Lethe de kendisine biçilen role anında uyum göstermişti. Aslında kızın yaptığı çok fazla bir şey yoktu. Bir miktar zekâ ve gizem ile tüm bunları başarmıştı. Çünkü bıraktığı boşlukları insanların kendi fikirleriyle doldurmasının çok daha etkili olacağının farkındaydı.

Kız tüm bu gelişmelere rağmen sosyal medya hesaplarında kendisine uygun görülen Lethe ismini kullanmamıştı. Çünkü bu davranış yarattığı karaktere uymayacak bir yaklaşım olurdu. Ama takipçilerini üzmemek adına çok daha etkili bir şey yapmıştı. İlk kez bir video kaydedip yayınlamıştı. Hayranlarını iyice etkileyecek bu videoda elinde gitar olan kız 1 dakika 20 saniye uzunluğunda çok güzel bir melodi çalmıştı. İlk kez dinlenildiğinde bile birçok insanı içine çekebilecek bu hüzünlü melodi, hayranlarına gönderdiği açık bir mesaj içeriyordu. Şarkıyı daha önce duymamış olanlar bu detayı fark edemeseler de şarkıyı bilenler mesajı anında anlamıştı. Çünkü kızın çaldığı bu kısa melodi *Dark Tranquillity* adlı death metal grubunun *Lethe* adlı parçasının mükemmel introsuna aitti. Genç kız bu melodiyi çalarak hayranlarının kendisine bulduğu bu ismi kabullendiğini göstermişti.

Donatello, hayata dair en büyük utancını anlatmaya devam ettiği sırada İris adamın ofisine girmişti. Elindeki kahve kupasını Coccyx'e uzatan kız bir süre ekrandaki görüntüye bakarak, hafif bir gülümseme ile "Kıskanmalı mıyım" demişti. Sonuçta Coccyx gibi her saniyesi önemli olan bir kişinin uyduruk bir sosyal medya ortamındaki bir canlı yayını izlemesine pek de alışkın değildi. Duyduğu cümle Coccyx'in oldukça ilgisini çekmişti. Yeryüzündeki tüm güzelliklere ait her bir molekülü âdeta vücudunda birleştirmeyi başarmış İris, kıskanma ile ilgili bir cümle kurmuştu.

Coccyx gülümseyerek "Maskesiz halini görmeden son kararımı vermek istemem" diye karşılık verdi. Lethe'nin Donatello için kurduğu cümleler İris'in de dikkatini çekmiş olmalıydı. Bir sandalye çekerek bu günah çıkarma seansını izlemeye başladı. Coccyx ilk kez bir kadının sezgisine tanık oluyordu. İris asla kıskanç sayılacak bir tip değildi ama nedenini bilmediği şekilde Lethe'ye karşı içinde bir şüphe oluştuğu kesindi. Muhtemelen buna neden olan kendi davranışlarıydı ama yine de Lethe'ye olan ilgisinin, İris tarafından bu kadar erken fark edilmesi beklemediği bir gelişmeydi. Bir an hayatındaki kadının ne kadar özel olduğunun bir kere daha farkına vardı çünkü İris şüpheleri konusunda haksız değildi.

Maskeli kız yaşından beklenmeyecek cümleler ile Donatello'ya geçmişini unuttururken, Coccyx'in gözleri ekranda başka bir kısma kaymıştı. Üç canlı yayında da kızın arka planında bir kitaplık vardı ve Lethe fanları bu kitaplar üzerinden bile kızı analiz edecek tartışmalar yapmışlardı. Aslında bu konuda haksız sayılmazlardı çünkü kitaplıkta yan yana duran iki kitap hiçbir hayranının farkında olamayacağı gizli bir mesaj içeriyordu. Grimm kardeşlerin yıllar önce yazdığı masalları içeren Çocuk ve Aile Masalları (*Kinder- und Hausmärchen*) adlı iki ciltten oluşan kitapların orijinal baskıları da kitaplıkta durmaktaydı. Muhtemelen bu konuda uzmanlığı olan biri dışında hiç kimse bunların orijinal baskı olduğunu anlayamazdı. Ama bu iki kitabı daha da orijinal hale getiren hemen yanlarında durmakta olan bir başka kalın kitaptı. Sırt kısmında sadece NKC harfleri bulunan bu kitap Coccyx ve Lethe'nin kaderlerinin birbirine bağlı olduğunu gösteren yegâne işaretti. İris'in, NKC konusunda en ufak bir bilgisi olmasa bile içindeki kadınsı sezgiler bir şeyleri çoktan hissetmişti. Şimdi de bu liseli kızı dikkatle izleyerek içindeki hislere bir anlam bulmaya çalışıyordu.

Bölüm 115

Kırmızı Saçlı Kranialin Yemini

Kalp düşünebilseydi, atmaktan vazgeçerdi.

Fernando Pessoa

Otto, toplantı salonundaki yuvarlak oturma düzeni nedeniyle tam karşısında oturmakta olan kadına baktı. Nada'nın yüzü, giydiği geleneksel siyah kranial kıyafetine meydan okumak istermiş gibi olabildiğince beyaz gözüküyordu. Sanki beyaz rengin yansıttığı ışık yeterince ilgi çekmezmiş gibi alev kırmızısı saçları da âdeta parlayarak tüm dikkatleri üzerine çekmek istiyordu. Yaklaşık bir ay öncesinde, bir parkta tanışmak zorunda kaldığı bu kadına karşı çok dikkatli olmak zorundaydı. Çünkü veliahtı, yani Neon'un bir sonraki Origon'u kesinlikle bu kadın olacaktı. Otto'nun bu konuda en ufak şüphesi yoktu. Son birkaç hafta boyunca yaptığı gözlemler bu fikrini destekler nitelikteydi. Nada'nın Origon'luğuna gidecek süreçte bir emanetçiden başka bir şey olmadığını anlamıştı. Bir binadaki boş bir daireden Noah'ın patlatılarak yok edildiği gösteriyi izlediği an, bu gerçeğin zaten farkındaydı. Sadece kendisinden sonra kimin geleceğini bilmiyordu ama artık bu sorusu cevap bulmuştu. Şimdi geriye tek bir soru kalmıştı. Nada'nın Origon'luğu ne zaman ve nasıl başlayacaktı?

Otto'nun beyninin derinliklerinde oldukça cılız bir ses, elindeki gücü kullanarak bu operasyona engel olabileceğini anlatmaya çalıştığı an salondaki perdeye birtakım görüntüler yansıdı. Bu görüntüler, patlama sonrası olay yerine ait fotoğraflardı. Sanki gökyüzündekiler, Otto'nun kafasındaki cılız bir sese bile tahammül edememişler gibi görüntüler bir anda hem perdede hem de ekranda belirmişti. Saçmaladığı an başına nelerin gelebileceğini bir kere daha hatırlatmak istermiş gibiydiler. Kürsüye doğru yürüyen güvenlik amiri, yaptıkları tüm incelemelerin sonuçlarını birazdan Origon ve kranialler ile paylaşacaktı. Neon'un tarihine bakıldığında çok kötü veya başarısız olarak nitelendirilebilecek çeşitli durumlar olmuştu ama son yaşanan olay her anlamda bir felaketti. Neon'un güvenlik protokollerini daha iyi hale getirmek için olası en kötü senaryoları üretmekle görevli stratejistlerin bile aklına gelmeyen bir saldırıya maruz kalmışlardı.

Otto, kürsüdeki adama baktı. Güvenlik amirinin yapacağı sunumda, kraniallere neleri anlatıp neleri anlatmayacağını çok iyi biliyordu. Çünkü tüm bilgiler bir gün önce kendisi ve Nada'ya özel olarak sunulmuştu. Bakışları yeniden Nada'ya kaydı. Sanki kranial olması yeterince dikkat çekecek bir olay değilmiş gibi, Neon tarihinin en önemli saldırısıyla ilgili soruşturmayı da kranial yetkilerine dayanarak bizzat yönetmek istemişti. Nada'nın diğer kraniallere dağıtılan sahte özgeçmişine bu konuyla ilgili bir uzmanlık alanı eklemeyi unutmamışlardı. Sonuçta Noah'ı kimin öldürdüğü belliydi ve muhtemelen bununla ilgili ortaya çıkabilecek her türlü detayı en baştan engellemek adına soruşturmayı da bizzat aynı kişiler yönetmek istiyorlardı.

Tüm bu gelişmelere şahit olup bir şey yapamamak Otto'nun midesini bulandırıyordu. Kadınla parktaki buluşmalarının ardından günlerce düşünmüştü. Nada'nın kranial olmasının önünü açtığı an hiçbir şeyin bir daha eskisi gibi olmayacağını çok iyi biliyordu. Normalde Neon'da Origon ve kraniallerin belirlenmesinde çok basit bir sistem söz konusuydu. Bir Origon görevini bırakmadan önce yerine geçecek en ideal adayı belirler ve kraniallerden oluşan konseyin onayına sunardı. Burada yapılan şey bir seçimden ziyade güven oylaması gibi bir durumdu. Yazılı kurala göre sekiz kranialin kabul oyu kullanması o kişinin Origon olabilmesi için yeterliydi. Ama yazılı olmayan gelenekte, kraniallerin hepsinin olumlu oy kullandığı bir düzen tercih edilmişti. Benzer bir mantık kraniallerin belirlenmesinde de geçerliydi. Böylece uzun yıllar içerisinde yapılan gözlemlere dayandırılarak en uygun kişilerin bu pozisyonlara geleceği öncesinde biliniyor ve kimse de buna itiraz etmiyordu.

Patlama sonucunda beş kranial ve Origon'un aynı anda ölümü tüm düzeni temelinden sarsmıştı. Yedi kişiden oluşan konsey kurallara olabildiğince bağlı kalarak sistemde uzun dönemdir var olan ve herkesin bildiği kişileri boş kranial pozisyonlarına atamışlardı. Ama Nada'nın ataması bu geleneğin hiçbir yerine sığmayacak bir girişim olmuştu. Ellerinde bir özgeçmiş olsa da kranial konseyindekiler bu gizemli kadını hayatları boyunca görmemişlerdi. Hiç tanımadıkları bir kadını, Neon'un en tepesindeki yöneticilerin arasına almak kimsenin gönüllü olacağı bir durum olamazdı. Fakat zamanında Otto ile iletişim kuran gizli eller, muhtemelen bu kraniallerin de iplerine sahiptiler. Uygulanmakta olan plan o kadar ince işlenmişti ki kranialler bile ne olduğunu anlamadan bu plana hizmet edecek şekilde davranıyorlardı.

Otto'nun çekindiği asıl konu ilginç bir şekilde yaşadığı sorunun çözümü olmuştu. Neon tarihinde kranial pozisyonuna bugüne kadar hiçbir şekilde bir kadın atanmamıştı ve böyle bir girişimde bulunmak Neon'un geleneğine vurulan büyük bir darbe olacaktı. Ama yukarıdakiler bunu da düşünmüştü. Çünkü birkaç kranialin, Otto'nun yeni kadın kranial önerisini oldukça devrimsel bir girişim olarak tanımladıkları an, işin seyri bir anda farklı bir hal almıştı. Neon gibi bilimsel temeller üzerine inşa edilmiş bir organizasyonda böylesine çağ dışı bir geleneğin hâlâ yaşatılıyor olmasının asıl sorun olduğu görüşü bir anda diğer kranialleri de etkilemişti. Hatta bunun üzerine bazı kranialler Nada'yı tanımamalarının altında yatan asıl nedenin bu uygulama olduğunu bile öne sürmüşlerdi. Çok daha farklı bir manzara görmeyi bekleyen Otto, karşısında sergilenen bu tiyatro oyunu sonunda Nada'yı oy birliği ile kranial olarak atamıştı.

Yeni Origon'un gelir gelmez bir kadını kranial olarak ataması Neon'daki yönetici olmayan kesimde, özellikle de bilim insanları arasında çok olumlu bir karşılık bulmuştu. Yapmak zorunda olduğu bu atamanın, başına bir sürü sorun çıkaracağını düşünen Otto, tüm olumlu gelişmeleri şaşkınlıkla izlemişti. İnsanların büyük bir kısmı Otto'nun yenilikçi ve bilimsel yaklaşımını takdir etse de geri kalan kesimin arasında ilginç söylentiler dolaşmaya başlamıştı. En çok karşılık bulan söylentiye göre Nada, Origon Noah'ın herkesten gizlediği eşiydi. Uzun yıllardır Noah ile beraber yaşayan kadın, Neon'un tüm gizli bilgilerinden haberdardı ve bu bilgileri kullanarak zorla kranial olmuştu. Böylece Noah'ın intikamını alabilecekti. Muhtemelen kadının elinde, Origon Otto ile ilgili kimsenin bilmemesi gereken bir bilgi vardı ve bu bilgi kendisini kranialliğe taşımıştı.

Nada ile ilgili ortaya çıkan söylentilerden bir diğeri ise uzun yıllardır Neon'un içinde dile getirilen bir efsaneyle ilişkilendirilmişti. Bu efsaneye göre kurucu Origon'un soyundan gelen ve yıllarca Neon'un derinlerinde yaşayıp kararlar alan bazı özel insanlar vardı. Belki de Nada bu özel kişilerden biriydi. Neon'un gerçek sahipleri, yaşadıkları bu felaket nedeniyle duruma doğrudan müdahale edebilecekleri şekilde pozisyon almış olabilirlerdi.

Mikrofon başındaki adamın öksürmesi Otto'yu kısa süreliğine daldığı hayallerden çıkarmıştı. Neon'un güvenliğinden sorumlu en yetkili amir, Origon'dan onay aldıktan sonra sunumuna başlamıştı. Ekrandaki görüntüler haberlerde gösterilen terör saldırılarından biri gibi gözüküyordu. Ama gerçekte olan şey dünyanın en güçlü kişisinin kendi evinde patlatılarak yok edilmesiydi. Neon dışındaki yetkili kişilere bu patlamanın bir araştırma laboratuvarında meydana gelen bir kazadan kaynaklandığı bilgisi verilmişti. Çevreye zararı olabilecek herhangi bir radyoaktif ya da kimyasal maruziyet söz konusu değildi. Bu üzücü kazada birkaç araştırmacı ve teknisyen ne yazık ki hayatını kaybetmişti.

Neon'daki herkesin *Big Bang* olarak bahsettiği olay, inceleme komisyonu tarafından NY-141 olarak isimlendirilmişti. Güvenlik amiri, perdede Galen ve Atlas'ın binaya giriş kayıtlarını gösteriyordu. Bir sonraki görüntüde küçük bir odada Atlas'ın, bombaları Galen'in üzerine yerleştirdiği sahne vardı. Neon'un en önemli optogen askerlerinden birinin Neon'a ihanet görüntüsü herkesin yüzünde garip bir tiksinme ifadesinin oluşmasına neden olmuştu. Sırada Galen'in ameliyathaneye girişi vardı. Nada dışındaki tüm kranialler bu görüntüleri ilk kez izliyordu. Aslında Otto'ya kalsa kamera kayıtlarının paylaşılmasına asla izin vermezdi. Ama Nada bu konuda kesin kararlıydı.

Ameliyathanede yaşanan olaylara ait görüntü ve ses kayıtları çok netti. Toplantı salonundaki herkes filmin sonunu iyi bildiğinden, ekrandaki kişilerin arasında geçen tüm konuşmalar inanılmaz dramatik bir etki yaratmıştı. İzledikleri insanların birazdan patlayacaklarını bilmek, kraniallerin yüzünde endişe, hüzün ve korkunun birleşiminden oluşan bir ifade yaratmıştı. Tam o sırada ekranda soğukkanlılıkla Galen'in yanına giden ve elinden kumandayı almayı başarabilen Alhazen'i gördüler. Kraniallerin hepsinin yüzündeki ifade bir anda şaşkınlığa dönüştü. Otto, Nada'ya doğru baktığında, kadının yüzünde en ufak bir duygu belirtisi olmadığını gördü.

Galen'in telefonunun çalması, hoparlörden gelen kadın sesi ve kurulan cümleler az önceki şaşkınlığı daha da derin hale getirdi. Görünen o ki sadece finalini bildikleri bu film, içinde çok fazla sürpriz sahne barındırıyordu. İzledikleri kayıt Origon Noah ile ilgili söylentilerin doğru olduğunu açık bir şekilde kanıtlıyordu. Kranialler görüntülere kendilerini iyice kaptırdıkları sırada ilginç bir şey oldu. Ekrandaki video görüntüleri oynamaya devam etse de ses bir anda kesilmişti. Sanki birileri duyulmaması gereken bu sesi aceleyle kapamış gibiydi. Kraniallerin sorgulayıcı bakışları karşısında güvenlik amiri görüntüyü durdurup Nada'ya baktı.

Önündeki mikrofonu açan Nada, oldukça duygusuz bir ses tonuyla bu kısımdaki konuşmaların güvenlik nedeniyle paylaşılmadığını belirtti. Çünkü birazdan görüleceği üzere bu saldırı Neon'un içinden yapılmıştı ve konuyla ilgili soruşturma tamamlanıncaya kadar bazı bilgileri paylaşmaları imkânsızdı. Salonun içinde bir anda oluşan uğultu, Nada'nın sergilediği tavırdan çok da hoşlanılmadığını gösteriyordu. Sonuçta toplantı salonunda bulunan kişilerin hepsi Neon'un en üst düzey yöneticileriydi ve kendilerine şüpheyle yaklaşılması her açıdan onur kırıcı bir davranıştı. Salondaki uğultuyu sonlandıran ise Origon'un sert ve kısa cümlesi oldu.

"Güvenlik amiri sunumuna devam etsin lütfen."

Karşısında sergilenen tiyatro her geçen dakika Otto'nun sinirlerini daha da fazla bozmaya başlamıştı. Kayıttaki sesin bir bölümünün kesilip dinletilmemesini Nada istemişti. Görünürde bu çok komik bir istekti çünkü kesilen yerde söylenenler sadece sıradan birkaç cümleydi ve gerçekte hiçbir önemi yoktu. Ellerindeki kaydın sadece iki vurucu kısmı vardı. Noah'ın herkesten gizlediği bir kadının var olduğunu ispatlaması, ilk önemli noktaydı. Bu bilgi az önce herkes tarafından görülmüştü. Diğer önemli kısım ise kaydın sonunda Alhazen'i suçlayan cümle ve görüntülerdi. Zaten tüm kranialler birazdan sansürsüz bir şekilde bu kısmı da izleyeceklerdi. Ama Nada'nın bu hamleyle ne yapmaya çalıştığını anlayabiliyordu. Kraniallerin önüne çok önemli iki bilgi koymakla kalmayıp bir de sahte bir gizem yaratarak bu bilgilerin etkileyiciliğini daha da artırmıştı. Muhtemelen şu an tüm kraniallerin kafasında Noah'ın gizli eşinin telefonda söylediği çok önemli bilgilerin ne olduğu sorusu dolaşıyordu. Nada'nın yarattığı bu boşluğu kendi hayal güçleri doğrultusunda kimbilir nelerle dolduracaklardı. Sonuçta uzun yıllardır Origon Noah'la beraber yaşayan bu kadın muhakkak çok şey biliyor olmalıydı.

Origon'un emriyle sunumuna devam eden güvenlik amiri çok önemli bir şey söyleyecekmiş gibi duraksadı. Herkesin dikkatini çektiğini fark ettikten sonra güvenlik nedeniyle sansürlenen kaydın son kısmını, sadece ses olarak dinleteceğini belirtti. Bir anda az önce dinledikleri telefondaki kadının sesi toplantı salonunda yankılandı. Kranialler duydukları cümle karşısında âdeta buz kestiler çünkü kadın açık bir şekilde her şeyin sorumlusu olarak Alhazen'i suçluyordu.

Amir herkesin anladığından net bir şekilde emin olduktan sonra patlamanın hemen öncesine ait kaydı ses olmadan sadece görüntü şeklinde oynatmıştı. Oldukça net olan görüntüde Noah hızla Alhazen'e doğru bir hamle yapıyordu ve hemen sonrasında patlamayla beraber görüntü kayboluyordu. İçinde şaşkınlık ifadesi taşıyan kelimeler neredeyse tüm kraniallerin ağzından eş zamanlı olarak çıkmıştı. Kimse kesinlikle böyle bir son beklemiyordu. Güvenlik amiri sanki kafalarda hiçbir şüphe kalmasın diye görüntüleri, farklı kamera açılarından defalarca izlettirmişti.

Toplantı salonu bir anda herkesin kendi arasında konuştuğu, gürültülü bir ortama dönmüştü. Kranialler salona girdiklerinde tüm felaketin sorumlusunun Galen diye biri olduğunu düşünüyorlardı. Ama karşılarındaki görüntüler Neon'a karşı yapılmış olan en büyük saldırının Alhazen tarafından gerçekleştirildiğini gösteriyordu. Sonuçta Alhazen'in, bomba kumandasına basıp basmadığını görüntülerden anlamak imkânsız olsa da tüm kayıtlar genel olarak değerlendirildiğinde durum açık bir şekilde ortadaydı.

Otto, salonda oluşan gürültüye müdahale etmedi çünkü kendisi de birkaç kez izlemiş olmasına rağmen hâlâ bu görüntülere bir anlam veremiyordu. İstese çok rahat Origon olabilecekken kendisinden daha genç olan Noah'ı başa getiren, tüm hayatını Neon'a adayan ve Origon Noah'ın âdeta sağ kolu olan Alhazen asla böyle bir şey yapmazdı. Daha önemlisi gerçek katillerin kim olduğunu zaten biliyordu. Gökyüzündekiler, Vagus aracılığıyla aylar öncesinde kendisine bunu ima etmişlerdi. Kimse Noah'ı havaya uçuracağını söylememişti ama bir şekilde Origon olacağı, kendisine vaat edilmişti. Bu durumda Noah'ı yok edenler yukarıdakilerden başkası olamazdı. Görünen o ki ellerindeki malzemelerle tüm suçu Alhazen'in üzerine yıkacak harika bir gösteri hazırlamışlardı ve sebebini bilmediği bir şekilde Alhazen de bu gösteriye ayak uydurmuştu.

Sanki Otto'nun kafasından geçenleri duymuş gibi Nada söz alarak konuşmaya başladı. Yaklaşık bir ay boyunca tüm görüntüleri saniye saniye izleyen ve analiz etmek için büyük bir çaba gösteren herkese teşekkür eden kadın, kısa bir süre duraksayarak birazdan söyleyeceklerinin kurulması zor cümleler olduğunu iyice hissettirdi.

"Sayın Origon ve değerli kranialler. Evimize yapılan bu alçak saldırı hepimizi çok derinden üzse de bu saldırıyı yapanların yine evimizin içinden çıkması karşısında söylenebilecek bir söz yok sanırım. Az önce izlediğiniz üzere Galen'i içeri sokan, üzerine bombaları yerleştiren ve Pia'yı kaçıran kişi optogen asker Atlas. Sizlerin de bildiği üzere Atlas uzun süredir Alhazen'in özel ilgi gösterdiği optogenlerden biri. Neredeyse tüm kritik operasyonlarda hep aynı optogeni görevlendirmiş. Üstelik hiçbir optogenin sahip olamayacağı birtakım imtiyazların yine Alhazen sayesinde Atlas'a tanındığını da biliyoruz. Bununla beraber bombayı patlatacak kumandanın en son Alhazen'in elinde görülmüş olması da bu bulgularla ne yazık ki uyuşmaktadır."

Nada konuşmasına kısa bir ara verdi. Salondaki herkesin Alhazen'i yakından tanıdığını ve büyük saygı duyduğunu çok iyi biliyordu. O nedenle insanların duyduklarını sindirmesine fırsat tanıdı ve konuşmasına devam etti.

"Elimizdeki bilgiler ne yazık ki bu saldırının arkasında sadece Alhazen ve optogen Atlas'ın olmadığını gösteriyor. Patlama sonrasında içeriden birileri yardımlarını sürdürmeye devam etmiş. Bildiğiniz üzere optogen askerlerimizin beyinlerinde optik kablolarla döşenmiş çok fonksiyonlu aktif bir sistem var. Bu sistem sayesinde optogenleri anlık olarak takip edebilir, hatta gerektiğinde beyinlerine doğrudan müdahale ederek kendilerini yok etmelerini bile sağlayabiliriz. Bu karmaşık sistemi özel bir ameliyat olmadan devre dışı bırakmanız imkânsız. Ama kayıtlarımıza baktığımızda Pia'yı kaçıran Atlas'ın bina dışına çıkmasından sonraki sürece ait elimizde olan tek şey, sadece kocaman bir karanlık. Yani birisi patlamanın ardından yaşanan kaos sürecinde Atlas'a dair her şeyi temizlemiş. Bu konuda bazı şüphelerimiz var ama bunları şu an sizlerle paylaşamayız. Şimdilik söyleyeceklerim bu kadar. Eğer sorusu olan varsa cevap verebilirim."

Otto hızla salona göz gezdirdi. Nada harika bir şekilde organize ettiği bu gösteriyi kimsenin itiraz edemeyeceği bir şekilde bitirmişti. Anlaşılan kimsenin soracağı bir soru yoktu. Otto yine midesinde bir yanma hissetti. Sonra da kendisini inanılmaz şaşırtan bir şey yaptı ve Nada'ya soru sordu.

"Peki ya ikinci bir kumanda varsa?"

Kadının bakışlarında meydana gelen şaşkınlık, derin bir haz hissetmesine neden olmuştu. Ama beyninin mantıklı olan her hücresi, bu saçma hareketinden dolayı adama kızmakla meşguldü.

"Sorunuzu anlayamadım yüce Origon."

"Bomba kumandasını en son Alhazen'in elinde gördük. Buradaki herkes tüm bu görüntülere rağmen Alhazen'in böyle bir şeyi yapmasının imkânsız bir ihtimal olduğunun farkında. Belki de bizim görmediğimiz başka ellerde, ikinci bir uzaktan kumanda vardır. Böyle bir ihtimal mümkün olabilir mi?"

Salonda bu sefer oluşan uğultu Otto'nun yapmış olduğu tespitin doğruluğunu onaylar cinstendi. Nada'nın gözlerinde çok kısa bir süreliğine oluşan öfkeyi gören Otto, ağzından çıkan cümlelerden dolayı çoktan pişman olmuştu. Gereksiz bir girişimdi ve muhtemelen bunun bedelini yakında ödeyecekti.

"Kesinlikle haklısınız yüce Origon'um. Gerek ben gerekse de güvenlik ekibim bu önemli ihtimali derinlemesine araştıracağız. Burada sizin huzurunuzda tüm kraniallerle şunu paylaşmama izin verin lütfen. Sürecin bizi nereye ve kimlere götüreceğini bilmiyorum ama Neon adına yemin ederim ki karşıma kim çıkarsa çıksın, yaptığı alçaklığın cezasını bizzat kendi ellerimle keseceğim. Bununla beraber Pia'yı bulup ait olduğu yere geri getireceğimizden de kimsenin şüphesi olmasın."

Kadının etkili konuşması ve konuşma sırasında avcuyla önündeki masaya vuruşları salonda bir anda destek alkışlarıyla karşılık bulmuştu. Kadın "Karşıma kim çıkarsa çıksın" derken Otto'ya öyle bir bakmıştı ki adam, ihanet ile ilgili tüm bu suçları bir anda kendi kucağında bulabileceğini fark etti. Sonuçta tüm hayatını Neon'a adamış Alhazen'den bir suçlu yaratanlar kimbilir kendisinden neler yaratırlardı.

Bölüm 116

Geçmişle Gelecek Arasındaki Bekleme Odası

Yalnızlık çok tehlikelidir ve bağımlılık yapar.
Çünkü insan o huzuru yaşayınca
bir daha insanlarla uğraşmak istemiyor.

Tom Hardy

Pia, kafasının içinde çok büyük bir yük varmış gibi başı eğik bir şekilde yürüyordu. Az önce konuştuğu adamın anlattıkları kafasının içine hapsolmuştu ve beynin duvarlarında yankılanarak sürekli tekrarlanıyor gibiydi. Özellikle de birazdan görüşeceği kişiye kesinlikle güvenmemesi gerektiğinin altını çizmişti. İlk duyduğunda fazla bir anlam ifade etmeyen bu uyarı, şaperonun "Ziyaretçin var ve şu an seninle görüşmeyi bekliyor" cümlesiyle beraber her saniye daha da ağırlaşan bir yüke dönüşmüştü. Pia'nın beyni, karşısına kimin çıkacağını düşünürken ayakları çizilmiş bir kaderi izleyen ruh gibi önündeki şaperonu takip ediyordu.

Avluyu geçtikten sonra, odasının olduğu binanın içine girmişlerdi. Artık iyice aşina olduğu ana koridordan geçtikten sonra sola dönen şaperon, Pia'nın daha önce hiç girmediği uzun bir koridora girmişti. Oldukça yüksek bir tavana sahip bu koridorun duvarlarında bir sürü tablo bulunmaktaydı. Karşılıklı yerleştirilmiş tabloların hepsi tarihi bir figüre ait gözüküyordu. Tanıdık birini görme umuduyla birkaç tabloya baksa da resmedilen kişilerin kim olduğu hakkında kafasında bir fikir oluşmadı. Üzerlerindeki kıyafetler 1500 ila 1800'lü yıllara aitmiş gibi gözüken kişiler, belki de sanatoryuma dönüştürülmüş bu binaların ilk sahipleri ve akrabalarıydı. Koridorun sonuna ulaştıklarında karşılarına yaklaşık 3-4 metre yüksekliğinde çift kanatlı bir kapı çıkmıştı. Pia bir an kendisini devler ülkesine girmek üzere olan bir masal kahramanı gibi hissetti.

Kapının önünde âdeta bir cüce gibi gözüken şaperon, kapı koluna uzanamadığından Pia'nın kapıyı açması için beklemişti. Kız, kafasının hizasına denk gelen kapı kollarını aşağı çekerek iki kapının birden açılmasını sağlamıştı. Karşısına çıkan görüntü uzun zamandır ilk kez evdeymiş gibi hissetmesine neden olmuştu. Gözlerinin önünde binlerce kitaptan oluşan çok büyük bir kütüphane vardı. Muazzam yükseklikteki tavanı ve geniş pencerelerinden görülen manzara ile kitap okumak için harika bir yerdi. Bir an kitapları ne kadar özlemiş olduğunu fark etti. Orta alanda çalışma masalarının da olduğu büyük kütüphanede birbirinden uzak masalara oturmuş sadece üç kişi vardı. Büyük salondaki yalnızlık hissi tam da bir kütüphaneye yakışan cinstendi.

"Pia" diye seslenerek kızın dikkatini yeniden çekmeyi başaran çocuk, tekrardan hedefe doğru yürümeye başladı. Uzun kitaplıkların arasından ilerleyen şaperon, normal boyutlarda gözüken sıradan bir kapının önünde durmuştu. Boynuna asılı olan kolyeyi çıkararak, ucundaki küçük anahtarla kapıyı açıp hafifçe araladı. Daha sonra kolyeyi tekrar boynuna takan çocuk sanki kapının ardında bir tehlike varmış gibi hiçbir şey söylemeden hızla geldiği yöne doğru uzaklaştı. Kapıyla baş başa kalan Pia, parmak uçlarıyla kapıyı hafifçe itip aralıktan içeriye bakmaya çalıştı ama karanlık dışında bir şey göremedi.

Kütüphaneye girdikleri kapı ve ortamın büyüklüğü nedeniyle artık iyice bir masalın içindeki çocuk gibi hissediyordu. Birazdan kapıdan geçerek yeni bir maceraya atılacaktı. Hızla dönüp arkasına baktığında üç kişinin az önceki gibi kitaplarını okumaya devam ettiğini gördü. Vücudunun rahatça geçebileceği bir aralığa getirdiği kapıdan önündeki zifiri karanlığa adım attı. Karşısındaki karanlık o kadar yoğundu ki bir anda korkmasına neden olmuştu. Arkasındaki kapı kendiliğinden kapandığında içinde bulunduğu karanlığın aslında ne kadar siyah olduğunu hissetti. Öyle ki yüzünün önüne getirdiği elini bile göremiyordu. Daha önce böyle bir deneyim yaşamayan beyni bir anda paniklemişti. Önünde adım atacağı yeri göremeyen kız, sanki dipsiz bir kuyunun hemen kenarındaymış ve boşluğun içine adım atacakmış gibi hissediyordu. O nedenle ayağını oldukça yavaş hareket ettirip zemine değene kadar kalbi büyük bir hızla atmaya devam etti. Dış dünyaya ait tüm algısını yitiren kız hareketsiz beklemeye karar verdi. Sanki karanlık ortam bunu fark etmiş gibi yaklaşık 30 saniye sonra odanın içinde oldukça düşük miktarda beliren ışık, kademeli bir şekilde yavaşça artmaya başladı. Oda tamamen aydınlandığında Pia, içine girdiği gizemli masalın çoktan sona erdiğini anlamıştı.

Pia büyük, boş bir odada olduğunu gördü. Yer, tavan ve duvarlar, her yer tümüyle beyazdı. Duvarlardan anladığı kadarıyla oda daire şeklindeydi. Arkasına dönüp baktığında duvarın kesintisiz bir şekilde devam ettiğini fark etti. İçeri girdiği kapının bile nerede olduğu anlaşılmıyordu. Duvarlara daha yakından dikkatli baktığında çok ilginç bir şeye şahit oldu. Duvarla aynı seviyede olacak şekilde duvar içine gömülmüş ekranlar vardı. Ekranların hepsinde yer alan beyaz görüntü sanki beyaz duvarın bir parçasıymış gibi gözükmelerini sağlıyordu.

Her biri büyük televizyon boyutlarında olan ve duvarın orta hattı boyunca tek sıra halinde yan yana dizilmiş bu ekranlar sanki kızın kendilerini fark ettiğini anlamışlar gibi bir anda görüntüler göstermeye başlamıştı. Pia, hayatında ilk kez ekran görüyormuş gibi etrafında oynamakta olan görüntülere baktı. Çoğunlukla her ekranda aynı filmin görüntüsü vardı ama bazen filmin bir yerinde yan yana duran ekranların hepsi tek bir görüntüyü bir bütün halinde gösteriyordu.

Kız, büyük bir hayal kırıklığı ile etrafına bakıyordu. Günlerdir *Büyülü Dağ* romanına aitmiş gibi gözüken bir sanatoryumda yaşadığına o kadar inanmıştı ki, beynindeki saat bile kendisini 1900'lü yılların başında sanıyordu. Ama şu an karşısındaki soğuk ekranlar unutmak istediği o zaman dilimine döndüğünü gösteriyordu. Bir an kendisini zamanda yolculuk yapmış gibi hissetti. Hatta içinde bulunduğu bu geniş odada zamanlar arası yolculuk yapılan bir istasyonun bekleme salonundan başka bir şey değildi. Başında keskin bir ağrının oluşmaya başladığını hisseden Pia, boş salonda oturabileceği tek yer olan zemine oturdu. Sadece 10 saatlik uçak yolculuğu bile ciddi jetlag etkileri yaparken zamanda yaptığı bu yolculuğun belirtileri muhtemelen çok şiddetli olacaktı.

Her bekleme salonunda olduğu gibi burada da ekranda kendisini tekrarlayarak oynamakta olan bir reklam filmi söz konusuydu. Modern dünyanın yalan üzerine kurulu filmlerinden herhangi birisi gibi gözüken videoda; yakışıklı adam, güzel kadın ve ne yaparsa yapsın asla sevimli gözükemeyecek bir çocuktan oluşan bir aile vardı. Pia, izlediği reklamın emlak satışı mı yoksa tatil turu mu olduğunu ayırt edemese de arada çıkan yazılardan ürünün adının eUtopia olduğu anlaşılıyordu. Anne, baba ve kucaklarına aldıkları çocuğun yüzlerindeki sahte gülümseme bir anda midesinin bulanmasına neden olmuştu. Belki de çevresindeki ekranları takip etmeye çalışan beyninin başı dönmüştü. Ellerini başına götürdüğünde, oda sanki kızın bu durumunu fark etmiş gibi, tüm ekranlar yeniden beyaza dönüştü. Arkasında bir farklılık hissettiğinde ekranlardan birinin mavi renkte olduğunu gördü. Sanki bilgisayar hatasından kaynaklanan bir durum nedeniyle bu ekran beyaza dönmeyi başaramamış gibiydi. Mavi ekran üzerinde bir anda yanıp sönmeye başlayan Pia yazısı, ayağa kalkması için yeterli olmuştu. Bekleme salonundaki tek kişi olmasına rağmen sıra nihayet kendisine gelmişti.

Adının olduğu ekranın önüne geldiğinde, üzerine oturabileceği tabure görünümlü bir şeyin zeminden yükseldiğini gördü. Buraya oturduktan sonra sanki bir sinema salonundaymış gibi odanın içini aydınlatan beyaz ışık yavaş yavaş azalarak yok oldu. Önündeki mavi ekran da odaya uyum sağlayacak şekilde solmaya başladı. Fakat ekranda gerçekleşen şey sadece basit bir ışık değişimi değildi çünkü ilginç bir şekilde ekran, saydam bir cama dönüşmüştü. İşte o an gizemli ziyaretçisinin kim olduğunu görmüştü. Kendisini iki kere, rızası dışında kaçıran dev, karşısında oturuyordu.

Geçmişle geleceğin arasındaki bekleme odası bir anda hapishanelerdeki camlı görüşme odalarından birine dönüşmüştü. Üzerine düşünülmesi gereken onlarca soru varken kızın o an merak ettiği tek şey Atlas'ın gerçekte nerede olduğuydu. Aralarında sadece bir cam parçası mı vardı yoksa adam ekran üzerindeki bir görüntüden mi ibaretti? Önündeki cama dokunan ve yakından inceleyen kız, piksellerin varlığına dair hiçbir şey görememişti. Demek ki adam duvarın hemen karşı tarafında kendisiyle görüşmeyi bekliyordu.

Beynindeki bu gereksiz soruyu çözüme kavuşturur kavuşturmaz sırada bekleyen tüm soru ve düşünceler bir anda kafasından içeri doluşmuştu. Hızlı bir şekilde başını iki yana doğru salladı. Sanki ayakta dolaşarak gürültü yapan tüm bu düşünceleri yerine oturtmak ister gibiydi. Ama buna rağmen düşüncelerden bir tanesi sapasağlam ayakta kalmayı başarmıştı. Yaklaşık 10 dakika önce ağaçların arasından çıkan gizemli adamın söylediği son cümle nihayet bir anlam kazanmıştı. Demek ki asla güvenmemesi gereken kişi Atlas'tı. Aslında bu uyarı gereksizdi çünkü kendisini iki kere kaçıran bu dev adama güvenmek gibi bir düşüncesi yoktu.

Atlas doğruca kızın gözlerine baktı. Bakışlarını başka bir tarafa kaydırmak isteyen Pia, bir anda adamın kulağını fark etti. Üst kısmında bir parçası eksik olan kulak görüntüsü anında ağzının içinde kan tadının oluşmasına neden olmuştu. Tat o kadar belirgindi ki kız, ağzının içinde bir kulak parçası olup olmadığından bile şüphelendi. Ama gerçekte olan çok farklıydı. Unutmak amacıyla beynindeki bir kutuya kilitlediği tüm hatıralar bu görüntüyle beraber kutuyu parçalayarak dışarı çıkmışlardı. Beyninin ortasında devasa bir boşluk oluştuğunu hissetti. Tıpkı havadaki bir uçağın açılan kapısı gibi, beynindeki bu boşluk etrafındaki her şeyi içine çekmek istiyordu. Galen'le ilgili tüm anılar boşluğa sürüklenmemek için tırnaklarını beynin kıvrımlarına geçirmiş gibiydiler. Ama boşluğun çekim gücü o kadar kuvvetliydi ki hatıralar âdeta tırnaklarını gömdüğü her yeri kanatarak sürükleniyordu.

Beynindeki ağrıya dayanamayan kız tam kalkacakken Atlas'ın elinde, cep telefonundan biraz daha büyük gözüken şeffaf bir ekran gördü. Adamın cama yaklaştırdığı ekranda bir anda bir görüntü oluştu. Az önce beyninin içinde derin acılar oluşturan tüm hücreler sanki ekranda çıkacak şeyi daha çok merak etmişler gibi kıza işkence yapmaktan vazgeçmişlerdi. Pia her şeyi unutmasına neden olan mucizeye büyük bir şaşkınlıkla bakıyordu çünkü ekranda gözüken, kendisinin yaşlı haliydi. Sanki gelecekteki Pia, kendisiyle iletişim kurmaya çalışıyor gibiydi. Ama kız, karşısındaki kişinin gelecekten değil, aksine geçmişten geldiğini çok iyi biliyordu çünkü rüyalarında gördüğü göz yapısının aynısı şu an gerçek dünyada karşısına çıkmıştı.

"Sonunda kızım" dedi kadın.

Duyduğu ses bir anda gözlerinden yaşlar akmasına neden oldu. İçinde, dünyanın en garip ve bir o kadar tatlı hüznünü hissediyordu. İlk başta ekrandaki görüntüyü bir video kaydı olarak algılasa da görünen o ki annesi canlı bir şekilde karşısındaydı. Atlas, cama doğru tuttuğu şeffaf ekranın üzerine üç parmağını koyup ekranı yukarı doğru sürükler gibi yaptığında inanılmaz bir şey oldu. Annesinin görüntüsü bir anda önündeki camın tamamını kaplamıştı. Az önce boş gri bir odada oturan Atlas'ın görüntüsü tümüyle gitmiş, yerine annesinin görüntüsü gelmişti. Ama önündeki ekran hâlâ cam gibi gözüküyordu. Annesinin arkasında dünyanın en mavi denizine ait bir manzara vardı.

Eva "Kızım" dedi ve elini cama uzattı. Sanki Pia'nın elindeki bütün kas hücreleri yıllardır bu anı beklemiş gibi ekrana doğru hareket etti ve aynı anda Pia'nın ağzından "Anne" kelimesi çıktı. Günlerce ağzından tek bir kelime çıkmamış olan Pia, ilk kelimesini söylemeyi başarmış bir bebek gibi hissetti. Kendisinin bile duymakta zorlandığı bu kelime, annesinin yüzünde harika bir gülümseme oluşturmuştu.

"Biliyor musun, bebekken de ilk anne demiştin."

Kadının gözleri bir anda gülümseyen dudaklarıyla uyuşmayacak bir hüzünle dolmuştu. Göz kenarlarından akan yaşlar ise bu hüznün gözlere sığmayıp taşacak kadar çok olduğunu gösteriyordu.

"Oysa baban o kadar emindi ki ilk 'baba' diyeceğinden."

Tıpkı annesi gibi Pia da ağlamaktaydı. Görüşü bulanıklaşan kız gözyaşlarını silmeye çalıştığında çok ilginç bir şey oldu. Hem

Pia hem de Eva aynı anda sol kollarının üst kısmıyla gözlerini silmişlerdi. Eş zamanlı aynı hareketi yapmaları her ikisinin de sesli gülmesine neden olmuştu. Hüzün ve mutluluk arasında sürekli gidip gelen kas hücreleri bile nasıl kasılmaları gerektiğini karıştırmış gibiydiler.

"Seni saklamak zorundaydım kızım. O nedenle bu kadar uzun sürdü. Ama artık bitti. Sadece birkaç gün sonra Atlas seni yanıma getirecek."

Pia, sessiz bir şekilde annesine bakıyordu. Kadının varlığı beynindeki tüm acıları uzaklaştırmayı başarmıştı. Ses tonu ve görünüşünün inanılmaz iyileştirici bir etkisi vardı. Demek ki annesi gerçekte hiç ölmemişti. Bir anda aklına Alef geldi. Annesini her şeyden çok seven, büyük acılarla büyümüş abisi. Kızın beyni tüm yaşadıklarıyla o kadar çok dolmuştu ki abisi sanki 100 yıl öncesine ait bir anıymış gibi hissediyordu.

"Kafandaki tüm soruları biliyorum. Bizi ayıran araba kazasından bugüne kadar olan her şeyi sana tek tek anlatacağım. Meraklanma, beyninde hiçbir boşluk kalmayacak. Şu an bulunduğun dağ benim ikinci evim. Burası insanlardan saklamak istediğimiz çok özel bir laboratuvar. Eminim tüm o yaşlı insanlar ve çocuklar arasında kendini garip hissetmişsindir. İnan bana o dağda nasıl bir büyü yaptığımızı sana anlatmak için sabırsızlanıyorum kızım."

Pia'nın kafasında sorulacak ya da söylenecek tonlarca şey olsa da o an istediği tek şey annesini dinlemekti. Kendisini, uyumadan önce annesinin anlattığı masalı heyecanla dinleyen küçük bir kız gibi hissediyordu.

"Çektiğin acının ne kadar büyük olduğunu biliyorum kızım. Çünkü yaşadığın ve hissettiğin acının daha fazlasını 21 yıl önce yaşadım. Bir gece hayat, sevdiğim adamı ve çocuklarımı benden söküp aldı. Paramparça olmuş bedenim uzun yıllar tutunacak bir ruh olmadan hayatta kalmaya çalıştı. Üstelik tüm bunları yalnız yaşamak zorunda kaldım ama sen yalnız değilsin kızım. Asla yalnız kalmayacaksın."

Dikkatle annesini dinleyen Pia, bir ara Eva'nın bakışlarının kısa bir süre başka bir tarafa kaydığını fark etti. Annesi tekrar ekrana baktığında halledilmesi gereken acil bir durum olduğunu söyledi. Zaten kısa bir süre sonra bir araya geleceklerdi ve o zaman her şeyi çok daha detaylı konuşacaklardı.

"Sana dokunmayı ve kokunu içime çekmeyi öyle özledim ki. Sadece birkaç gün daha sabredeceğiz kızım. Sonrasında ise hiç kimse bizi bir daha ayıramayacak."

Pia'nın önündeki görüntü solduğunda yeniden camın arkasında beklemekte olan Atlas'ı gördü. Dev adam sakince ayağa kalkarak elindeki şeffaf ekranı cebine yerleştirdi. "Hoşça kal Pia. Yakında yeniden görüşeceğiz" diyerek uzaklaştı. Atlas'ın gitmesiyle beraber, karşısındaki şeffaf cam, odanın geri kalanıyla beraber tekrar beyazlaşarak ilk haline döndü. Pia kendisini, bir akrabası ile yaptığı görüşmenin ardından yeniden hücresine dönmesi gereken bir mahkûmmuş gibi hissetti.

Annesinin varlığıyla büyülenmiş beyni sadece bir dakika içinde soğuk gerçeğine geri dönmüştü. Bu sefer karşısına çıkan gerçek o kadar soğuktu ki bir an beyninin titrediğini bile hissetti. İlk başta Atlas ile görüşeceğini sanan kız asıl görüşmeyi annesiyle yapmıştı. Bu durumda kendisini uyaran yabancı adamın söyledikleri, asla görmek istemeyeceği bir gerçeğin gözler önüne serilmesine neden olmuştu. Güvenmemesi gereken kişi, öz annesiydi.

Beynindeki üşüme hissi bir anda tüm vücuduna yayıldı. Kimin iyi kimin kötü olduğunu ayırt edemeyecek kadar yorgun hissediyordu. Koşulsuz bir şekilde güvenebileceği iki insan da artık yoktular. Önce abisi terk etmişti yeryüzünü, ardındansa Galen. Tüm hücrelerinde hissettiği bu soğuğun adı yalnızlıktı ve annesine sarıldığı gün, bu soğuğun ısınıp ısınmayacağını anlayacaktı.

Bölüm 117

Eve Dönüş-0
İçimdeki Ateş

Ölümümü bildirirken bile
siz benden daha çok korkuyorsunuz.

Giordano Bruno*

* 1600 yılında, ölüm kararını açıklayan kardinaller heyetine karşı söylemiştir.

Karlı yolda zorlukla yürüyen adam, uzaklarda bir yerde birbirine kartopu atan iki çocuk gördü. Gerçek dünyanın nasıl bir yer olduğunu bilmeyen her çocuk gibi anın tadını çıkarıyorlardı. Flippo, yıllar önce burayı terk ettiğinde muhtemelen bu çocuklarla aynı yaştaydı. Ama şimdi o yıllar kendisine o kadar uzak görünüyordu ki. Yaklaşık 40 dakika sürecek yolun ardından evine ulaşacaktı. Soluklanmak için durduğunda uzaktaki Alp Dağlarına baktı. Çocukluğuna dair hatırladığı en önemli anılar, bu dağlara aitti. Her çocuk kendine saçma bir hayal kurardı ve Flippo'nun hayali de Alpler'in tepesine çıkıp dünyayı oradan izlemekti.

Attığı her adım kendisine ilginç bir gerçeği hatırlatıyordu. Aslında şu an gittiği yeri evi olarak görmesinin bir anlamı yoktu çünkü 29 yıllık ömrünün sadece 5 yılı bu evde geçmişti. Ama kutsal görevini başarıyla yerine getiren adam, gidebileceği başka bir yer bilmiyordu. Etrafında gördüğü her görüntü buraya getirildiği ilk günleri hatırlamasına neden olmuştu. Kendisini, Turin'e (Torino – İtalya) getirdiklerinde sadece 6 yaşındaydı ama buna rağmen yaşadıklarını çok iyi hatırlıyordu. Annesi, babası ve kardeşleriyle ilk burada tanışmıştı ve hepsinin iyi insanlar olduğu anlaşılıyordu. İlk yılı genellikle sessizlik içinde geçse de sonradan kendisini bu eve ait hissetmeyi başarmıştı. O günlerin, ömrünün en güzel yılları olduğunu şimdi anlıyordu.

Uzun süredir yürüyen Flippo yolun kenarında kesilmiş ağaç kütüğünü gördüğünde soluklanmak için oturmaya karar verdi.

Oturur oturmaz yine burnuna yanık et kokusu gelmişti. Muhtemelen hayatı boyunca gözlerinin önünden gitmeyecek o görüntü ve koku, kafasının içinde yeniden dirilmişti. Yatağa bağlanmış yaşlı adam, ağzının içine sokulmuş huni ve burnundan çıkan dumanla beraber, korku dolu yalvaran gözlerle kendisine bakıyordu. Flippo uzun süredir o anı beklese de koku, kesinlikle katlanılacak gibi değildi. Üstelik o gece burnuna yapışan iğrenç koku, ne yaparsa yapsın bir daha hayatından çıkmayacakmış gibi duruyordu. Aceleyle cebine giden eli, çıkardığı mumsu görünümlü şeyi burnuna sokarcasına yaklaştırdı. Derin nefeslerle mumun kokusunu içine çekerek o geceye ait anıları kafasından uzaklaştırmaya çalıştı. Her zaman olduğu gibi lavanta kokusu işe yaramıştı ama bu sefer de gözlerinin önüne kokunun sahibi olan Mater S gelmişti.

Altı yaşındayken kendisini bu eve getiren insanlar tam 5 yıl sonra geri dönmüşlerdi. Ailesi ile vedalaşan 11 yaşındaki çocuk hiç istemediği halde yeni evine doğru yolculuğa çıkmıştı. İtalya'nın kuzeyindeki Turin'den başlayan bu uzun yolculuk, güneyde bulunan Nola topraklarında sonlanmıştı. Flippo, 1600 yılının 17 Nisan sabahı, yeni evinden içeri girdiğinde kendisini bir anne ve 9 erkek kardeş karşılamıştı. Tarihi unutması imkânsızdı çünkü yeni annesi Mater S, bu tarihin evdeki 10 çocuğun doğum günü olduğunu söylemişti. Ayrı ayrı topraklardan buraya getirilen farklı yaşlardaki 10 çocuk, o gün itibarıyla yeniden doğmuşlardı.

Bir kütük üzerinde oturmakta olan Flippo burnuna çektiği mum kokusu ile bir anda geçmişe gitti. Yeni annesi Mater S ile tanıştığı ilk günün üzerinden tam 18 yıl geçmişti. Flippo'ya bu süre neredeyse 100 yıl gibi gelse de o ilk günden asla unutmayacağı iki şey vardı. Annesinin sahip olduğu güzellik ve hiç değişmeyecek olan lavanta kokusu. Boğazına kadar düğmeli siyah elbisesi ile Mater S, ilk gün çocuklarını etrafına toplayarak onlara yeni hayatlarını anlatmıştı. 8 ila 16 yaş arasında olan çocukların hepsi çok özeldi ve kutsal bir görev için buraya getirilmişlerdi. Gerçek ebeveynlerini ve geçmişlerini kimsenin bilmediği bu 10 çocuğun hepsinin adı da Flippo'ydu. O nedenle cebinden siyah bir kese çıkaran Mater S, çocuklarından ikinci isimlerini seçmelerini istemişti. Flippo, o anı çok iyi hatırlıyordu. Keseden seçtiği katlanmış kâğıdı açıp ikinci ismini okuduğunda, tüm kaderinin belirlenmiş olduğundan habersizdi. Kâğıdın üzerinde Sfondrati yazıyordu ve artık çocuğun o evdeki adı Flippo Sfondrati olmuştu. Kardeşlerinin seçtiği diğer isimler ise Dezza, Santori, Pinello, Arrigone, Borghese, Bellarmino, Madruzzo, Sasso ve d'Ascoli idi. O sırada, bu isimlerin ne anlama geldiği hakkında hiçbir fikri yoktu ama yakın bir zamanda öğrenecekti.

Flippo istemeyerek gelmiş olsa da ilk günden bu evi sevmişti. Çünkü tüm kardeşleri buraya yeni gelmişti ve hepsi de benzer zorlukları eş zamanlı yaşıyorlardı. Üstelik aralarındaki bağ, akrabalıktan çok daha öte bir anlama sahipti. Mater S, ilk iki hafta içinde her sabah farklı bir çocukla dışarı çıkıp, akşama kadar vakit geçirmişti. Flippo, kendi sırasının gelmesini heyecanla beklemişti çünkü böylece yeni annesiyle baş başa kalabilecekti. Altıncı gün sırası geldiğinde Mater S ile beraber diğer çocukların yaptığı gibi Nola'daki tüm sokakları gezmişlerdi. Daha sonra bir evin yanına geldiklerinde, annesinden hayatı boyunca hiç unutamayacağı bir hikâye dinlemişti. Mater S'nin cümleleri tüm hayatı boyunca olduğu gibi şimdi de beyninin içinde yankılanıyordu.

"Karşımızdaki evi görüyor musun Flippo? İşte o ev bizim için çok önemli çünkü 1548 yılının Şubat ayında, o evde, ailemiz açısından çok önemli bir çocuk doğdu. Adı Bruno olan bu çocuğun tüm gençliği, tıpkı ataları gibi karanlığa ve cehalete karşı verdiği mücadele ile geçti. Çok fazla düşmanı olduğundan sürekli yer değiştirmek zorunda kaldı. Ama nereye giderse gitsin aklı hep topraklarındaydı. Bir gün ülkesine döndüğünde, yıllardır onu yakalamaya çalışan kötü adamlar amacına ulaşmışlardı. 1593 yılında bir zindana hapsettikleri Bruno'ya, yedi yıl boyunca işkence etmişlerdi. Gerçekleri ve bilimi inkâr etmesi için her şeyi yapmışlardı. Ama Bruno'nun damarlarında dolaşan kanın geçmişini bilmiyorlardı. Karanlığa teslim olmaktansa ölmeyi göze alan Bruno, düşmanlarını öyle bir korkutmuştu ki bu cahil adamlar onu en ağır şekilde cezalandırmaya karar vermişlerdi. Tam iki ay önce, yani şubatın 17. gününde çok sevdiğimiz Bruno'ya ne yaptılar biliyor musun oğlum? Campo de' Fiori Meydanında önce çıplak bir halde kazığa bağladılar, sonra dilini kestiler, en sonunda da cahil kalabalığın zevk çığlıkları arasında bu çok özel kişiyi canlı canlı yaktılar. O gün o meydanda gördüklerimi, duyduklarımı ve o kokuyu asla unutmayacağım Flippo. Sen de unutmayacaksın çünkü cehaletin yaktığı kişi, senin babandı."

Tüm günü annesiyle beraber geçireceği için heyecanlanan Flippo, böyle bir hikâye duymayı beklemiyordu. Annesi, gözünden süzülen yaşlarla beraber anlatmaya devam etmişti.

"Tüm hayatı karanlıkla mücadele içinde geçen baban Bruno'nun hayatına hiçbir kadın girmedi oğlum. Doğal olarak da sonrasında adını yaşatacak bir ailesi asla olmadı. Ama onun gerçek ailesi, kökleri çok eskilere giden bir aile ve her zaman onun adını yaşatacağız. Sen ve kardeşlerin bu ailenin kimsesiz çocuklarısınız ama artık bir anne ve babanız var. O nedenle tüm hayatımızı karanlığa karşı vereceğimiz mücadele ile geçireceğiz. Ama daha önemlisi sevgili oğlum, babanın katilleri cezasını çekmek zorunda. Kilisenin gücü altında kendi güçlerini sergileyen bu 10 cahil yaratık, yaptıklarının bedelini ödemeli çünkü Neon yemin etti bir kere. Bu kutsal görevi Bruno'nun çocukları olarak sizler yerine getireceksiniz. Bu katilleri tanımasan da hepsinin isimlerini biliyorsun. Babanın ölüm cezasının altında imzaları bulunan heyetteki 10 kardinalin adı, hiç unutmayın diye senin ve kardeşlerinin isminde yaşayacak. Zamanı geldiğinde bizzat kime gidip intikam almanız gerektiğini isminiz size söyleyecek. Ayrıca sevgili oğlum, ne zaman karanlıktan korkarsan bu kolyeye dokunmayı unutma. Çünkü bu kolyenin ucunda, katilleri yaşadığı müddetçe yanmaya devam edecek olan babanın ateşi var. Ne zaman cesarete ihtiyaç duyarsan bu gerçeği hatırla."

Karların arasındaki bir kütükte oturmakta olan Flippo'nun elleri, farkında olmadan boğazındaki kolyeye gitmişti. 18 yıl önce Mater S'nin boğazına taktığı bu kolyenin ucundaki camın içinde babası Bruno'ya ait küller vardı. Dokuz kardeşinin hepsi de aynı kolyeyi taşıyordu çünkü babalarından geriye sadece bu küller kalmıştı. Ama kolyesindeki ateş artık sönmüştü çünkü yıllar sonra da olsa babasının intikamını almış ve sahip olduğu ismin hakkını vermişti. Geçmişe giden düşünceleri sayesinde annesi Mater S'yi ne kadar özlediğini fark etti. Elindeki mumu tekrardan burnuna götürerek annesini hatırlatacak kokuyu içine çekti.

On çocuğun annesi olan Mater S, o dönemlerde en fazla 22-23 yaşlarındaydı. Yani en büyük çocuğundan sadece 6 yaş büyüktü. Tüm çocuklarıyla yakından ilgilenen Mater S, onlara öğrenmeleri gereken her şeyi öğretmişti. Zamanı gelen her çocuk, görevi için evden ayrılmak zorundaydı. Kimisi gelişinden sadece 1-2 ay sonra evden ayrılırken, bazılarının evi terk etmesi için yılların geçmesi gerekmişti. Sonuçta alınması gereken intikam çok büyüktü ve zaman, Neon için önemsiz bir detaydı. Flippo Sfondrati, Nola'daki bu evde görev zamanı gelene kadar tam yedi yıl beklemişti. Ama sonunda, 1607 yılının Mayıs ayında annesi Mater S ile vedalaşarak Cremona Piskoposluğuna doğru yola çıkmıştı. Burada hizmetçi olarak göreve başlayan Flippo, eylül ayı itibarıyla Kardinal Paolo Sfondrati'nin kişisel hizmetçisi olma şerefine ulaşmıştı. İsim babası artık bir nefes kadar yakınındaydı.

Flippo, oturduğu kütükten kalkarak yoluna devam etti. Babasının katiline hizmet etmek bir türlü içine sindiremediği bir gerçek olmuştu. Ama Mater S'nin kendisine öğrettiği kurallar netti. Bu görevini en iyi şekilde yerine getirmek ve kardinalin güvenini kazanmak zorundaydı çünkü bir insanı asıl öldüren şey, güvendiği bir kişinin ihanetine şahit olmaktı. O nedenle adamın güvenini kazanması çok önemliydi. Böylece onu iki kere öldürmüş olacaktı. Ne zaman harekete geçeceği, kendisine sonradan söylenecekti. Haber gelene kadar sabretmek zorundaydı.

Kardinalin emrinde, elinden gelenin en iyisini yapmaya çalışan genç çocuk kısa sürede başarıya ulaşmıştı. İki yılın sonunda din adamının en çok güvendiği isim haline gelmişti. Flippo, her gün kendisine gelecek olan mesajı sabırla bekledi. Ne zaman yorulsa eli ya boğazındaki kolyeye ya da cebindeki mumsu kokuya gitmişti. Dayanmasının karşılığını fazlasıyla almıştı. Kardinal gittiği her yere bu sadık hizmetçisini de götürmüştü. Ama aylardır beklediği haber ortalıkta gözükmüyordu. Kardinalin hizmetçisi olarak çalıştığı görevinde, 10. yılı devirdiğinde, gelecek haberden umudunu keseli çok olmuştu. Ya kendisini unutmuşlardı ya da Mater S ve kardeşlerinin başına bir şey gelmişti. Geçen her gün, geçmişte yaşadıklarını daha silik bir hale getirip sonunda yok etmişti. İntikam için geldiği bu yerde tüm hayatını babasının katilinin hizmetkârı olarak geçirmek zorunda kalmıştı.

Bir gün, kardinalin bir isteğini yerine getirmek amacıyla dışarı çıkan Flippo, kalabalık yolda kendisine çarpan sarhoş bir adamın, avcuna sıkıştırdığı kâğıdı hissettiği an, unuttuğunu sandığı tüm geçmişi bir anda yeniden canlanmıştı. Hayatın sıradanlığı içinde atmaktan sıkılmış kalbi, bu olayla beraber bir anda ne yapması gerektiğini hatırlamış gibi kuvvetli bir şekilde çarpmaya başladı. İçine sadece tek bir yatağın sığdığı odasına dönene kadar kâğıdı avcunun içinde sıkıca tuttu. Penceresiz odasının karanlığında, mum ışığının altında yazılanları okudu. Kâğıtta sadece *13 Şubat gece yarısı, Mater S.* yazıyordu. Sondaki isme gerek yoktu çünkü annesinin el yazısını nerede görse tanırdı. Notu, gözünden akan yaşlarla beraber okuduktan sonra mumun ateşinde yakarak yok etmişti. Önünde beklemesi gereken sadece dokuz ay kalmıştı.

Flippo ne zaman olacağını bilmese de ölüm yönteminin nasıl uygulanacağını yıllar öncesinden öğrenmişti. Mater S, yapılması gereken her şeyi kendisine tek tek göstermişti. Öldüren, hastalandıran ya da iyileştiren tüm bitkileri ve karışımları biliyordu. Zamanında planlandıkları gibi, son bir hafta kardinalin çorbasına, hasta hissetmesini sağlayacak karışımlar eklemişti. Kardinal bu durumu yaşlanan vücuduna yorduğu için akşamları erken bir vakitte odasına çekilip rahatsız edilmemesini emretmişti. Flippo, büyük geceye iki gün kala ilaçları kesmişti çünkü kardinalin olabildiğince canlı olmasını istiyordu.

13 Şubat akşamı iyi hissetmesine rağmen erken yatmayı tercih eden kardinal, gece yarısı kendisini sarsan bir el nedeniyle uyanmıştı. Gözlerini açan adamın ilk hissettiği şey ağzına tıkıştırılmış olan kadife bezin tadı olmuştu. Elleri ve ayaklarından yatağa bağlanmış olan kardinal, şaşkınlıkla ayaktaki yardımcısına bakmıştı. Yıllardır hizmetkârlığını yapan Flippo ise sanki tüm bunları yapan kendisi değilmiş gibi merakla kardinale bakıyordu. Yavaşça yatağın kenarına oturan adam, kardinalin yatağa bağlı yaşlı elini tuttu. Diğer eli ise boynundaki kolyenin üzerindeydi. İçinden bir şeyler mırıldanan Flippo yavaşça kardinalin kulağına eğildi ve babası Bruno'nun selamlarını iletti.

Kardinalin gözleri zaten şaşkınlık nedeniyle iyice açık olduğundan, babasını hatırlayıp hatırlamadığını anlamasının imkânı yoktu. Ama birazdan yapacakları, kardinalin gözlerinin daha da açılmasına neden olacaktı. Adamın hiç beklemediği bir el çabukluğuyla kadife bezi çıkarıp yatağın kenarındaki metal huniyi bir anda adamın ağzından içeri soktu. Huninin ucu boğazından iyice içeri girdiğinden, yaşlı adamın öğürme refleksi aktive oldu. Sanki kendisine yapılan bu ihanet karşısında kusmak istiyor gibiydi. Çıkabilecek sesi engellemek için kadife bez ile bu sefer huninin deliğini tıkadı.

Ne olduğunu anlamamanın yarattığı korkuyla yaşlı adam bağlarından kurtulmaya çalışıyordu. Ama başarmasının imkânı yoktu çünkü Flippo bu gece gerçekleştireceği her şeyi 18 yıl öncesinden beri düşüncelerinde defalarca tekrarlamıştı. Bezi çıkarıp, elindeki yarım bardak sıvı yağı huniden aşağı döktü. Kardinal huniden gelen şeyin ne olduğunu bilmese de yutmak dışında başka bir çaresi yoktu. Tıpkı birazdan yutmak zorunda kalacağı şeyler gibi.

Flippo, eline aldığı maşa ile şöminede ateşlerin içinde iyice kor haline gelmiş demir bilyelerden birini aldı. Normal rengi gri olan bu demir parçası şu an dünyanın en parlak kırmızı rengine sahipti. Maşanın ucundaki bilyeyi kardinalin gözlerinin önüne getirerek iyice görmesini sağladı. Yaşlı adam yatakta çırpınıyordu. Flippo bir anda huninin deliğindeki bezi çekerek demir bilyeyi serbest bıraktı. O an birkaç saniyeliğine tüm dünya sessizleşti ve huninin kenarlarından deliğe doğru giden bilyenin çıkardığı ses dışında hiçbir şey duyulmadı.

Demir bilye, adamın yemek borusuna girdiği an, kardinalin gözleri, sınırlarının ötesinde açılmıştı. Bilye delikten girer girmez huninin deliğini bezle sertçe kapadığından, kardinalin çığlığı burnundan çeşitli parçalarla beraber dışarı püskürmüştü. Yutmaya çalıştığı bilye, yemek borusuna girdiği an oradaki kasları yakmaya başlayacaktı. Ama yemek borusu kendisini yakmasına rağmen bu ateşi ağır bir şekilde midesine doğru taşıyacaktı. Az önce içmek zorunda kaldığı sıvı yağ, kayganlığı artırsa da yanma hissini çok daha kuvvetli hissetmesine neden olacaktı. Ağzı kapalı olduğu için burnundan çıkan hafif gri duman, ruh gibi gözüküyordu. İşte bu ruh, Bruno'nun ateşine aitti.

Kardinalin yuttuğu bilye, öyle büyük bir acı duymasına neden olmuştu ki kalbi âdeta vücudunu terk etmek için elinden geleni yaptı. O sırada dokuz bilye daha olduğunu bilse muhtemelen atmaktan vazgeçerdi. Flippo ilk bilyeden sonra yaklaşık 40 dakika bekledi. Çünkü ikinci acıyı daha iyi hissedebilmesi için adamın toparlanması gerekiyordu. Birazdan yutacağı ikinci bilyenin yaratacağı acı çok daha büyük olacaktı. Burnuna gelen yanmış et kokusu midesini bulandırsa da hiçbir şey bu gece olacaklara engel olamazdı.

Yaklaşık bir ay sonra 58 yaşına girecek olan kardinalin kalbi, yutmaya çalıştığı üçüncü bilyenin acısını kaldıramayıp atmaktan vazgeçmişti. Adamın öldüğünden emin olan Flippo bir anda ağlamaya başladı. Dışarıdan bakıldığında kardinal için ağlıyor gibi gözükse de bu yaşlar 18 yıl önce yitirdiği babası içindi. Görevini tamamlamıştı. Artık özgür bir kahraman olarak evine dönecekti. Yaklaşık yarım saat boyunca kardinalin başında ağlayan Flippo, daha sonra hızla harekete geçerek yaşlı adamın vücudunda iz bırakmış her şeyi Mater S'nin kendisine öğrettiği bir şekilde düzeltmeye başladı. Kardinalin ölümünden sonra vücudunda hiçbir iz kalmamalıydı. Özellikle ağız bölgesindeki zorlamaya bağlı ufak yara ve kanamaları güzelce temizledi. Annesinin söylediği her şeyi tek tek yerine getirdi. Sabah kardinali gören herkes, adamın uykusunda huzur içinde öldüğünü düşünecekti. Kimsenin yanmış bir yemek borusu ve mideyi fark etme ihtimali olamazdı.

14 Şubat 1618 tarihinde Tivoli'deki bir manastırda ölen Paolo Emilio Sfondrato'nun naaşı Roma'ya götürüldü. İki gün sonra Trastevere'deki Santa Cecilia Kilisesinde 31 kardinalin katıldığı basit bir cenaze töreni sonunda en çok sevdiği azizin yakınına gömüldü. Yıllardır her türlü hizmetini gerçekleştiren sadık hizmetkârı, ölümünden sonraki her aşamada sahibinin yanından asla ayrılmayarak ne kadar inançlı biri olduğunu göstermişti. Manastırda kendisini her şeyden soyutlayıp bir ay boyunca gece-gündüz kardinaline dualar eden Flippo, sonrasında evine dönmek istediğini belirterek görevinden affını dilemişti.

Karların arasında ilerleyen adam, 18 yılın sonunda Turin'deki evine ulaşmıştı. 11 yaşındayken terk ettiği ev, yılların etkisiyle iyice yaşlanmış gibi gözüküyordu. Flippo'ya kalsa kesinlikle Nola'daki evine ve annesi Mater S'nin yanına dönmek isterdi. Ama kurallar çok netti ve bu kurallara uymak dışında bir seçeneği yoktu. Buradaki anne ve babası hayatta mıydı, bilmiyordu. Belki de kardeşleri çoktan evlenmişlerdi. Hatta onu kabul edip etmeyeceklerini bile bilmiyordu. Aslında savaştan dönen çok büyük bir kahramandı ama taşıdığı madalya kimseye gösteremeyeceği bir zafere aitti. Kapının önüne gelen adam bir süre bekledi. Havaya kalkan eli tam kapıya inecekken kapı kendiliğinden açıldı. O anda Flippo yere yığılmamak için kendisini zor tuttu çünkü ödülü bizzat karşısında durmaktaydı.

Mater S her zaman olduğu gibi boğazına kadar düğmeli siyah kıyafetiyle tam karşısındaydı. Yüzünde gurur duyan bir anneye ait ifade vardı ve çok güzel gözüküyordu. Demek savaşçı oğlunu kutlamak için buralara kadar gelmişti. Mater S yıllar sonra oğluna kavuşmuş bir annenin içtenliğiyle Flippo'ya sarıldı. Adam o an artık cebindeki muma ihtiyacı kalmadığını anlamıştı. Burnunu annesinin boynuna gömüp sonuna kadar içine çekmişti. Kaç dakika öyle kaldığını bilmiyordu. Bu mükemmel anı hiçbir şey bozamaz diye düşündüğü sırada burnuna yine yanık et kokusu gelmişti. Gözleri kocaman açılmış adamın görüntüsü, kilometrelerce uzaklıktaki evinin kapısında bile kendisini bulmuştu. Görünen o ki bu gözler hayatı boyunca peşini bırakmayacaktı.

Bölüm 118

Eve Dönüş-1
Ölümcül Yeşil

Vahşi bir at çizdiğimde, atı göremeyebilirsiniz.
Ama vahşiliği kesinlikle görürsünüz.

Pablo Picasso

Perit tabelaya baktı. Doğduğu ve tüm hayatını geçirdiği şehre sadece 65 kilometre mesafe kalmıştı. Yan koltukta oturmakta olan Soma, tüm dünyadan kopmuş bir şekilde elindeki tablete konsantre olmuş, bir şeyler yapıyordu. Rotasında yaptığı ufak bir güncelleme sayesinde Perit'i evine bırakabileceklerdi. Uzun süredir arabayı kullanma işini Perit devralmıştı. Böylece Soma tasarımlarına daha fazla vakit ayırabiliyordu.

"Sonunda. Hazır mısın?"

Soma'nın cümlesi Perit'i dalmış olduğu otoyol hipnozundan çıkardı. Ayakkabılarını çıkarıp topuklarını koltuğa koyan kız, dizlerini göğsüne çekmiş bir şekilde oturuyordu. Kurduğu cümleden birkaç saattir yoğun bir şekilde üzerinde çalıştığı tasarımın bittiği anlaşılıyordu. Perit, tabletin ekranına bakmak istese de sanki görünmez bir el arka taraftan saçlarını tutup kızın oldukça çekici gözüken esmer bacaklarına bakması için zorluyor gibiydi. Kafasının arkasındaki elden kurtulmak isteyen Perit bakışlarını hızla yola döndürdü ve uygun bir yer bularak arabayı durdurdu. Artık kızın elinden aldığı tablete özgürce bakabilirdi.

"Sakın kendini sansürleme. Senin kuşağın için bir miktar farklı gözükebilir."

Perit, ilerlemiş yaşının yüzüne vurulmasından çok memnun olmasa da kızın çalışması gerçekten alışmış olduğu çizgilerin dışında bir tasarımdı. Ama oldukça karışık görünümüne rağmen kesinlikle insanı etkileyen bir tarafı olduğunu söyleyebilirdi. Tabletin ekranında, Perit'in karşılaştıkları ilk anda çekilmiş fotoğrafı vardı. Kız, Perit'in şaşkınlıkla açılmış gözlerinin etrafına, sanatını kullanarak çok ilginç dokunuşlar yapmıştı. Fotoğrafın renk ayarlarıyla oynayarak adamın gözlerini, yüzün geri kalan kısmına göre abartı sayılabilecek kadar belirgin hale getirmişti. Yanında uyuduğu elma ağacını küçültürek Perit'in kafasından çıkıyormuş gibi göstermişti. Ağacın arka planında olması gereken gökyüzü yerine, üzerinde bir denizaltının yüzdüğü deniz manzarası vardı. Adamın yanında uyumakta olan keçi, tıpkı bir elma gibi ağacın dalından sarkmaktaydı. Fotoğrafın üst kadranında ise ayağına ip bağlı, baş aşağı durmuş bir astronot, ısırılmış olmasına rağmen ağacın dalında durmaya devam eden bir elmaya uzanmaya çalışıyordu. Tüm bunlar gözüne çarpan ilk detaylardı. Fotoğrafın içinde ilgi görmeyi hak eden çok daha fazla şey vardı.

Perit, ilk tanıştıklarında kızın doğa meraklısı bir gezgin olduğunu düşünse de aslında Soma, günümüz modern sanatçılarından biriydi. Kızın sosyal medyadaki takipçi sayısını gördüğünde âdeta şok olmuştu. İlk başta bir melek olduğunu düşündüğü bu kız, görünen o ki aynı zamanda ünlü olan bir melekti. Çektiği farklı fotoğraflar ve bunların üzerinde yaptığı sanatsal düzenlemeler ile birçok insanın beğenisini kazanmıştı. Kızın, birbiriyle alakası olmayan nesneleri bir araya getirip bir bütünmüş gibi gösterebilen müthiş bir hayal gücü vardı.

"Harika. Isırılmış elma ve bir keçinin ölümcül şaşkınlığı ancak bu kadar güzel ifade edilebilirdi."

Kızın yüzünde inanılmaz güzellikte bir gülümseme oluştu. Keşke Soma, şu an adamın şahit olduğu bu güzelliğin fotoğrafını çekme şansı bulsaydı. Ortaya mükemmel bir tasarım çıkacağından en ufak şüphesi yoktu.

"Asıl sanatı o kadar derin bakarak sen yaptın profesör. Gerisi renkler ve detaylar. Muhtemelen bugüne kadar satılmış en pahalı eserim olacak."

Tableti kıza geri veren adam tekrardan arabayı hareket ettirdi. Kızın heyecanı gerçekten görülmeye değerdi.

"Bakışların, ölümden uyanmış birine ait gibiydi. O nedenle tasarımın ana rengi olarak insanlığın en ölümcül renklerinden biri olan Scheele yeşilini tercih ettim."

Perit gülümsedi. Kızın söyledikleri, sanatçıların kendi aralarında konuşurken kurduğu havalı cümlelere benziyordu. Modern sanat yapan bir sanatçıyla renkleri tartışmak o an isteyebileceği en son şey olsa da kendisini tutamamıştı.

"Ölümcül Scheele yeşili! Eminim siz sanatçılar, renklerin her tonuna ayrı bir isim ve anlam verecek kadar konuya hâkimsinizdir ama tüm doğanın canlılığını temsil eden yeşil renk ile ölümü bir araya getirmek sence de biraz zorlama değil mi?"

"Sanatsal metaforlar ya da fikirlerden bahsetmiyorum sevgili profesör. Söylediğim şey bilimsel bir gerçek çünkü Scheele yeşili onlarca insanın ölümünden sorumlu."

Sanat içerikli bir cevap bekleyen Perit, bilimsel vurguyu öne çıkaran bir cevap alınca şaşırmıştı. Görünen o ki renkler dünyasına ait bilmediği ilginç bilimsel hikâyeler vardı. Tabletini arka koltuğa koyan kız, Perit'e dönecek şekilde oturup anlatmaya başladı.

"Öncelikle Scheele bir renk tonu değil. Kendisi çok önemli bir bilim insanı. Yaptığı onlarca keşfe rağmen isminin, sadece insanları öldüren bir renk ile anılması bile aslında Scheele'nin ne kadar şanssız olduğunu gösteriyor. Zaten ünlü yazar Isaac Asimov da kendisinden ısrarla *şanssız Scheele* diye bahseder. Asimov genelde bilimkurgu alanında yazdığı müthiş eserleriyle bilinse de aslında bir biyokimya profesörüdür ve Scheele'nin şanssız kimyasını en iyi anlayacak kişilerden birisidir."

Soma, kurduğu her cümleyle Perit'i şaşırtmaya devam ediyordu. Konuşmasına modern bir sanatçı olarak başlayan kız bir anda bilim ve kimya konularına dalmıştı. Daha da ilginci kız sayesinde Asimov'un aslında biyokimya profesörü olduğunu öğrenmişti.

"İsveç doğumlu Carl Wilhelm Scheele gerçekten şanssızdı çünkü periyodik cetvelde yer alan birçok elementi keşfetmiş olmasına rağmen tarih hep başkalarını ödüllendirdi. Mesela bunlardan en önemlisi oksijendir. Lise kimya kitaplarını açarsan oksijeni İngiliz kimyacı Joseph Priestley'in keşfettiğini görürsün. Oysa Scheele, Priestley'den tam iki yıl önce bu keşfi gerçekleştirmişti. Sadece oksijen değil, 1770'li yıllarda başta klor olmak üzere birçok element ve organik asidi keşfetmeyi başarmıştı. Keşfetmek kesinlikle Scheele'nin işiydi ama bunları başkalarına duyurmak konusunda yeterince hızlı değildi. Emin ol, bu adam 43 yaşında ölmeseydi daha neler keşfederdi kimbilir... Bu arada neden öldü biliyor musun? Onun da içinde bir sanatçı vardı. Keşfetmek Scheele'ye yetmiyordu, adam keşfettiklerini hissetmek istiyordu. O nedenle hangi kimyasalları bir araya getirirse getirsin, ortaya çıkan yeni ürünü ya ucundan koklamak ya da tatmak gibi çılgın bir huyu vardı. Hissetmeye çalıştığı tüm bu ağır metaller zamanla içinde birikti ve kimilerine göre civa, kimilerine göre arsenik zehirlenmesi yüzünden hayatını kaybetti (15)."

Böylesine önemli bir bilim insanını yeşilin bir tonu sanan Perit, yüzüne yerleşmiş hafif bir kızarıkla arabayı kullanmaya devam etti. Soma ise kendisini konuşmaya öyle bir kaptırmıştı ki bu basit ayrıntıyı görebilecek durumda değildi.

"Asıl konumuza dönersek, Scheele'nin yaptığı onlarca keşfin arasında bir de boya pigmenti vardı. Sodyum karbonat ile bakır sülfatı karıştıran adam, özellikle tekstil ya da kâğıt boyasında kullanılabilen oldukça güzel görünümlü yeşil bir boya üretti. Üstelik bu boya hem daha ucuzdu hem de diğer boyalar gibi kolayca solmuyordu. Bu iki özellik nedeniyle birçok üründe Scheele yeşili tercih edilmişti. Sabun, duvar kâğıdı, oyuncaklar, pasta süslemeleri ve hatta çocukların emdiği şekere bile bu boyadan katıldı. Ama bu boyanın içinde yer alan bazı kimyasal maddelerin, vücudumuza olan zararı büyüktü ve o dönem insanların bunu bilme şansları yoktu. O nedenle bu ürünlere maruz kalan birçok işçi ya da kullanıcı uzun vadede hayatını kaybetti. Hatta ünlü Fransız komutan ve imparator Napolyon Bonapart'ın bile Scheele yeşili nedeniyle öldüğüne inanan çok fazla insan var."

"Girdiği son savaşların hepsinden başarısız sonuçlarla çıkan Napolyon'un Fransa'ya dönebilme ihtimali kalmayınca, İngilizler kendisini Atlantik'te bulunan Saint Helena Adasına götürdüler. Artık geri kalan hayatını, bu adada *Longwood House* adıyla bilinen evde geçirmek zorundaydı. Neyse ki evin duvarları İngiltere'den getirilen ve Napolyon'un favori rengi olan yeşil duvar kâğıdıyla kaplıydı. Senin de tahmin edeceğin üzere bu yeşil, Scheele tonuna sahipti. Şanssız kimyagerin keşfettiği bu boya, yaklaşık 50 yıl sonrasında Napolyon'un şanssızlığına dönüşecekti. Özellikle banyodaki nem, zaman içinde boyada küflenmeye yol açmıştı. Bu küflenme de boya içindeki bakır arsenit pigmentini, arsenik trimetil denen zehirli bir buhara dönüştürmüştü. Yani her banyo yaptığında farkında olmadan bu buharı soluyan Napolyon'un sonu, yeşil bir renk tarafından öldürülmek olmuştu. Tabii bu ihtimallerden sadece birisi çünkü bazılarına göre Napolyon, doğrudan arsenik ile zehirlenerek öldürülmüştü. Bununla birlikte mide kanserinden öldüğünü söyleyenler de vardı. Bunlar Napolyon'a ait çeşitli ihtimaller olsa da Scheele yeşilinin onlarca insanı öldürdüğü konusunda bilimin bir şüphesi yok (16)."

"Günümüzde arsenik bileşenlerinin ne kadar zehirli olduğunu biliyoruz. Ama o dönemde yaşayanlar bu bilgilere sahip olacak kadar şanslı değildi. Dokuma fabrikalarındaki zehirlenme vakaları, yeşil elbiseleri çok seven kadınların ara sıra baygınlık geçirmeleri gibi detaylar insanların dikkatini çekmemişti. Tam aksine bazı insanlar bu boyanın avantajlarının olduğuna bile inanıyordu çünkü duvarları Scheele yeşili ile boyanmış evlerde tahtakurusu denen böceklere rastlanmıyordu. Yani sevgili profesör, tahtakurusunun bile farkında olduğu bu zehirli yeşili, bizler ancak 1820'lerden sonra, arseniğin içeriğinin anlaşılması ile fark edebilecektik."

Perit gerçekten garip hissediyordu. Çok sevdiği Tesla'yı hayatından çıkaran kader, yerine âdeta özür dilercesine Soma'yı koymuştu. Görünüşleri çok farklı olsa da Tesla ile yaptığı sohbetlerde aldığı keyfin birebir aynısını hissediyordu. Hatta Scheele yeşili hikâyesi, zamanında Tesla'nın kendisine anlattığı bir başka hikâyeyi bile çağrıştırmıştı.

"Eğer yanlış hatırlamıyorsam, ressam rahatsızlığı denilen duruma neden olan da boyaların kimyasal içeriğiydi sanırım."

"Kesinlikle profesör. Buna en güzel örnek beyaz renk aslında. İnsanlık çok uzun yıllardır parlak beyaz renk elde edebilmek için kurşun kullanmak zorunda kaldı. Kimse kurşunun vücudumuza zararlı olabileceğini düşünmemişti. Beyaz boya elde edebilmek için kurşun kütlelerini toz haline getiren ressamlar, maruz kaldıkları kurşun nedeniyle birçok rahatsızlık yaşadılar. Karın ağrısı, öksürük, titreme, hatta körlüğe bile neden olabilecek bu şikâyetlere genel anlamda ressam rahatsızlığı dense de tüm bunların nedeni kurşundu. Sanatçılar gerçekten garip insanlardır profesör. Mesela ünlü İspanyol ressam Goya, çalışmaları sırasında sıklıkla parmaklarını kullanırdı. Diğer taraftan Van Gogh'un fırçasını emmek gibi garip bir özelliği vardı. Araştırmacılara göre her ikisinin yaşadığı birçok rahatsızlığın temelinde muhtemelen kurşun zehirlenmesi yatmaktadır (17). Zaten hayatımıza soktuğumuz birçok kimyasalın ne kadar zararlı olduğunu anlamamız için yılların geçmesi gerekti."

Bir anda arka koltuktaki tabletine uzanan Soma hızla bir şeyler aramaya başladı. Bulduğu görüntüye ulaşınca tableti Perit'e verdi. Önündeki düz yolda bir yandan yola bakıp bir yandan fotoğrafı inceleyen Perit, ekrandaki görselin eskilere ait bir reklam olduğunu gördü. Neşeli bir kız ve yanındaki inek, köpek, horoz, insan görünümlü elma ve buğday hep beraber şarkı söylüyorlardı. Görselin üst kısmında ise "DDT bize çok iyi geliyor" yazmaktaydı. Hemen bunun altında yer alan bir başka görselde ise gülümseyen bir bebeğin üzerinde şu yazı vardı. "Artık etrafımda sinekler yok. Teşekkürler DDT."

"DDT profesör. Yani uzun haliyle *dikloro difenil trikloroetan.* Her ne kadar keşfi daha önceye dayansa da İsveçli kimyacı Paul Hermann Müller, tarıma büyük zararları olan böcekleri öldürmek amacıyla bilim dünyasına önermişti. Sonuçta da haklı çıkmıştı çünkü DDT ortada tek bir böcek bile bırakmamıştı. O dönem için bu durum o kadar müthiş bir başarıydı ki bilim insanları bu başarısından dolayı 1948 yılında Müller'i, bilimin en büyük ödülü olan Nobel Tıp Fizyoloji Ödülüne layık gördüler. Peki, sonra ne oldu? Ölümler sadece böceklerle sınırlı kalmadı. Bu böceklerle beslenen diğer canlılarda da bu kimyasala rastlanmaya başladı. Bir anda toplu bir şekilde balık ve kuş ölümleriyle karşılaşılınca durumun ciddiyeti ortaya çıkmıştı. Muhtemelen kuş ve balıklar da insanın umurunda olmazdı ama görünen o ki bu kimyasal insan için de çok tehlikeliydi."

"Eğer 1950'li yıllardaki reklamlara bakarsan aklını yitirebilirsin. Sigara reklamında oynayan gerçek doktorlar sigaranın boğaz ağrısına iyi geldiğini bile söylemişler. Hatta bazıları aşerme dönemindeki hamile kadınlara sigara içmelerini öğütlemiş. Kokainin diş ağrısını azalttığını öne süren diş hekimlerinden, gazozun süte karıştırılıp çocuğa içirilebileceğini savunan annelere kadar müthiş çılgınlıklar varmış. İnanılmaz derecede akıldışı gözüken bu yaklaşımlar senin de bildiğin üzere çok eskiye ait değil. Peki, şu an yaşadığımız dönemde benzer şeylere maruz kalmadığımızın bir garantisi var mı? Belki de bundan 100 yıl sonra insanlık, sularımızı plastik kaplardan içtiğimiz için bizimle ağır şekilde dalga geçecek. Yani hamile kadına sigara öneren doktorun oturduğu tarihi ahmaklar masasına, belki bir gün biz de oturacağız. Bilim literatürüne yıllar önce geçen mikroplastikleri düşün. Şu an vücudumuzun içinde dolaştıklarını biliyoruz ve uzun vadede bize neler yapacakları konusunda hiçbir fikrimiz yok. Ama artık onu da başka zaman konuşuruz."

Soma'nın kimya konularına bu kadar hâkim olması, bu gizemli kız hakkında öğreneceği çok daha fazla şey olduğunu gösteriyordu. Anlatılanlara öyle bir dalmıştı ki önündeki yolun nasıl bittiğini bile anlamadı. Soma ile beraber yaptıkları yolculuk rüya gibiydi ama evinin olduğu sokağa girdiği an bu rüyadan uyanmıştı. Kıza, kendisinden genel anlamda bahsetse de Meryam konusuna hiç girmemişti. Bir an eve gittiğinde nasıl bir görüntü ile karşılaşacağını düşündü. Üstelik bunu şimdi düşünüyor olmasına da inanılmaz şaşırmıştı. Belki de Tesla çoktan evin içindeki eşyaları boşaltmış, hatta evi satmış bile olabilirdi. İçinde bir yerlerde kısık sesli bir düşünce Meryam'ın evde olup olmayacağını soruyordu. Tüm bu kafa karışıklığı içinde parmağıyla sanki suçlu birini gösterir gibi evini göstermişti.

"Gerçekten sürprizlerle dolusun profesör. Böylesine harika bir evin var ve sen dağ başında keçilerle uyumayı tercih ediyorsun."

Perit, içinde her saniye artmakta olan gerginliği kıza yansıtmamaya çalışarak gülümsedi. Bu kısımda yapması gereken bir süre soluklanması için kızı eve davet etmek olmalıydı. Ama önündeki ihtimaller nedeniyle bunu yapamayacağını çok iyi biliyordu. Soma, sanki içinde yaşadığı bu paradoksu anlamış gibi adamı kurtaran cümleyi kurmuştu.

"Biliyor musun, aslında evini görmeyi çok isterim ama hazır bu şehre gelmişken birini görsem harika olacak. Ama şehirden ayrılmadan önce veda etmek için sana uğrayacağım. Sakın evden ayrılma."

Kıza hem dışından hem de içinden defalarca teşekkür eden Perit, araba sokağın köşesinden dönene kadar arkasından baktı.

Daha sonra kafasını kararmakta olan havanın ortasında yalnız bir şekilde duran evine çevirdi. Tam o anda evle ilgili bir sürü anı eş zamanlı bir şekilde beyninde oynamaya başladı. Her birinde farklı bir anının oynadığı onlarca şeffaf ekran üst üste konulmuş gibiydi. Derin bir nefes alarak eve doğru ilerledi. Birazdan neyle karşılaşacağını bilmiyordu ama aylar sonra tek bir şeyden emin hissediyordu. Karşısına ne çıkarsa çıksın artık buraya ait değildi. Kapıya geldiğinde bu hissiyat anında bir gerçeğe dönüşmüştü. Karşısındaki kapı, yabancı tüm insanlara yaptığı gibi kapalı ve sessiz bir şekilde kendisine bakıyordu. Evden çıkarken hayatına dair geride bıraktığı şeylerin arasında anahtarları da vardı. O an yabancı olduğunu resmi anlamda kabul edecek hareketi yaparak kendi evinin ziline bastı. Çalan melodi ile hayat bulan bir sürü anı midesinde bir yanma hissetmesine neden olmuştu.

Zile üçüncü kez basmasına rağmen kapı bir yabancıya nasıl davranılması gerekiyorsa Perit'e de aynen öyle davranmıştı. Tıpkı kendisine küstüğü zamanlardaki Meryam gibi gözüküyordu. Evin etrafında dolaşarak içeriyi görebileceği bir yere geldiğinde değişen hiçbir şeyin olmadığını anladı. Zira evin içi en son bıraktığı gibi dağınık bir haldeydi. Yerde rastgele gözüken şişeler, masanın üzerinde birikmiş yığınlar, hepsi unutmak istediği geçmişine ait görüntülerdi.

Evler de tıpkı insanlar gibiydi. Dışarıdan ne kadar sağlam görünürse görünsün içinde çok büyük acılar saklıyor olabilirlerdi. Başka bir çaresi olmayan adam, camı güvenle kırabileceği büyüklükte bir taş aldı. Az önce kibarca kapısında beklediği evin camını kırmaya karar vermişti çünkü evin sakladığı acılara şahit olmuştu. Bir anda aklına yıllar önce okuduğu *Kırık Cam Teorisi* geldi. Psikolojik bir yaklaşım olan bu fikre göre, bir binanın camlarının çoğunun kırık olması durumunda insanlar diğer camları kırmak konusunda en ufak bir endişe yaşamazlardı. Hatta çoğu zaman bunu sırf eğlenmek için yaparlardı. Kimse bunun suç olabileceğini bile düşünmezdi. Benzer durum insanlar için de geçerliydi. Bir kimsenin kırıklarını ve zayıflıklarını gören insanoğlu, bu kişinin acılarına taş atmaktan ve onu daha çok kırmaktan asla çekinmezdi.

Elindeki taşı cama indirdiği an, canı yanan ev rahatsız edici bir şekilde ses çıkarmaya başladı. Alarmı tümüyle unutmuş olan Perit, bir anda panikleyerek hızla alarm kutusunun olduğu tarafa gitti. Heyecan nedeniyle panele ne yazacağını hatırlamasa da parmakları inanılmaz bir şekilde şifreyi doğru girerek adamı kendi evine giren bir hırsız olmaktan kurtarmıştı. Birkaç dakika içinde normale dönen vücudu sessizce etrafına baktı. Karşısındaki her detay neden buralardan kaçmak zorunda kaldığını özetler nitelikteydi. Ortalık, Soma'nın hayal gücünü bile aşan bir garipliğe sahipti. Dışarıda kararmakta olan hava ve etrafındaki çirkin atmosfer bir anda hayatına nasıl devam etmesi gerektiğini kulağına fısıldadı. Ama öncesinde yapması gereken birkaç ufak iş vardı. Perit, yeni hayatına halının üzerinde durmakta olan boş şişeyi alarak başladı. Artık ne yapması gerektiğini çok iyi biliyordu.

•

Bölüm 119

Eve Dönüş-2
Hangimiz Yapay Zekâ

Kendi kendine eğitim,
inanıyorum ki var olan tek eğitim türü.

Isaac Asimov

İlias, dışarıdaki müthiş manzaraya hayranlıkla bakıyordu. Ağaçların sahip olduğu yeşilin tonu ve üzerinden geçmekte oldukları büyük gölün mavisi müthiş bir uyum içindeydi. Muhtemelen aynı manzarayı bir arabanın içinden izlese benzer bir etki oluşmayacaktı çünkü trenlerin pencereleri âdeta çözünürlüğü çok yüksek ekranlar gibiydi. İnsanların tren yolculuklarındaki manzaraları bu kadar etkileyici bulması ilginç bir durumdu. Özellikle bazı demiryolu şirketlerinin, trenlerin önüne kamera yerleştirip çektikleri yol videolarının izlenme sayıları bu ilginin net bir göstergesiydi.

İlias çok uzun zamandır olmadığı kadar iyi hissediyordu. Şu anda, aylar önce terk etmek zorunda kaldığı evine doğru ilerleyen bir trenin içindeydi. Dışarıdaki manzara ne kadar müthiş gözükse de asla içerideki manzaranın güzelliğiyle boy ölçüşemezdi. Tam karşısında oturan İris, her zaman olduğu gibi büyüleyici gözüküyordu. Sonsuza kadar sürmesini isteyebileceği bir yolculuğun içinde olduğunun farkındaydı. Camdan dışarıyı izlediği sırada aynı anda camın yansımasından İris'i görebiliyor olması gerçekten bulunmaz bir fırsattı. Hem müthiş güzellikte olan iki manzara üst üste geliyordu hem de bu yansıma sayesinde fark ettirmeden İris'i doya doya izleyebiliyordu. Aslında karşısındaki kız, okuduğu kitaba öyle bir dalmıştı ki muhtemelen İlias doğrudan kendisine baksa da fark etmezdi. Fakat kızın hemen yanında Coccyx oturuyordu ve büyük riskler alarak yardım ettiği arkadaşının, doğrudan sevgilisini süzüyor olması kabul edilebilir bir durum olmazdı. O nedenle sadece trenin penceresiyle yetiniyordu ve halinden fazlasıyla memnundu.

Aslında her şey harika bir tesadüf sonucu başlamıştı. İris'in yaptığı sunum, inanılmaz beğenilmişti ve bir anda ülkenin birçok yerinden konuşma davetleri almaya başlamıştı. Üç ayrı şehirde sunum yaptıktan sonra şimdi de farklı bir ülkeden gelen davete gidiyordu. Gittikleri yabancı şehrin iki önemli özelliği vardı. Tesadüf eseri Coccyx'in bu şehirde katılması gereken bir toplantı vardı ve aynı zamanda burası İlias'ın terk etmek zorunda kaldığı şehirdi. Aylar önce tüm ülkede aranmış bir suçlu olsa da uzun zamandır yaptığı incelemeler tek bir gerçeğe işaret ediyordu. Ne olup bittiği hakkında en ufak bir fikri yoktu ama kendisi hakkında ne bir karara ne de başka bir belgeye rastlamıştı. Sanki ülkesinde hiç var olmamış gibi gözüküyordu. İşte bu beklenmedik gelişmeler, üçünü aynı vagon içinde güzel bir yolculuğa çıkarmıştı.

İris'in büyük bir heyecanla okuduğu kitabın kapağında *Alma Mater–AGI* yazıyordu. İlias, bu kitabı duymuştu ama henüz okuma şansı bulamamıştı. Kitabın adında geçen AGI kısaltması Yapay Genel Zekâ *(Artificial General Intelligence)* anlamına geliyordu. İnsanlık çok uzun yıllardır hemen her sektörde yapay zekâ *(Artificial Intelligence-AI)* teknolojisini kullanıyordu. Yapay Genel Zekâ (AGI) kavramı ise yapay zekânın bir üst modeli sayılabilirdi. Kendi kendine öğrenebilen, önündeki bilgiyi yorumlayabilen, karşılaştığı durumu algılayıp ona uygun cevabı bulabilen ve tüm bunları insan müdahalesi olmadan bağımsız bir şekilde gerçekleştirebilen yeni makine zekâsına AGI deniyordu. Yani kısacası insan zihni gibi çalışan yapay zekâyı adlandırmak için AGI terimi kullanılıyordu. Şu an için AGI teknolojisine henüz ulaşılmamıştı. Hatta birçok kişiye göre bu durum hiçbir zaman gerçekleşmeyecekti. Bununla beraber AGI'nin çoktan keşfedildiğini ve insanlardan gizli bir şekilde kullanıma sokulduğunu düşünenler de vardı. Aslında İris'in fikri de benzer yöndeydi. AGI şu an aramızdaydı ya da çok yakın bir zamanda aramızda olacaktı. Özellikle konferans sırasında yaptığı müthiş konuşmada, bu konuyla ilgili çok güzel bilgiler vermişti.

İris, yaptığı sunumda insan ve yapay zekâ ilişkisinde 1996 ve 2016 yıllarında meydana gelen çok önemli iki kritik gelişmeden bahsetmişti. Birçok kişi gibi İlias da bu tarihlerde gerçekleşen olayları biliyordu ama bu gelişmelere İris'in yaklaştığı açıdan bakmak daha önce aklına gelmemişti. Yapay zekâ konusunda çalışan hemen her yazılımcının hayali, insan zekâsını geçebilecek bir yazılım üretmekti. Burada en önemli sorulardan biri, bu karşılaştırmanın nasıl yapılacağıydı. Aslında bu sorunun cevabı 1950'li yıllardan beri belliydi. Eğer bir bilgisayar insana meydan okuyacaksa bunu kesinlikle satranç tahtası üzerinden yapmalıydı çünkü satranç, insan zekâsının ve matematiksel düşünme kabiliyetinin açıkça sergilendiği, çok uzun yıllardır oynanan bir strateji oyunuydu.

Yapay zekâ tarihinde, insana karşı ilk ciddi meydan okuma IBM şirketi tarafından gerçekleştirildi. 1990 yılında başlattıkları *Deep Blue* projesi, 1996 yılına gelindiğinde karşılaşma için artık hazırdı. Altı yıllık süre boyunca birçok satranç ustası ile beraber çalışan IBM mühendisleri, Deep Blue'ya satranç hakkındaki tüm kuralları öğretmişlerdi. Her bir taşın nasıl hareket etmesi gerektiği temel bilgisinden, çeşitli pozisyonlar için en uygun olası hamlelerin ne olduğuna kadar geniş bir yelpaze söz konusuydu. Ama Deep Blue'nun avantajlı olduğu başka konular da vardı. Satranç özellikle Amerika ve Rusya'da o dönemlerde oldukça popüler bir oyun olduğundan, usta satranç oyuncularına ait oyun hamlelerini içeren çeşitli strateji kitapları vardı. Birçok amatör oyuncu, bu kitapları okuyarak kendi stratejilerini geliştirirdi. Aslında benzer bir mantık Deep Blue için de uygulanmıştı. 90'lı yıllarda yeryüzünün en gelişmiş bilgisayarlarından biri olan Deep Blue, 700.000 hamle şablonuna sahipti ve 1 saniyede 100 milyon olası hamleyi hesaplayabilecek kapasitede bir işlemci bulundurmaktaydı. IBM ekibi nihayet organik zekâya meydan okumak için hazırdı ve rakip olarak kendilerine dünyanın en büyük satranç ustalarından biri olan Garry Kasparov'u seçmişlerdi.

Kasparov sadece dünya şampiyonlukları olan biri değildi aynı zamanda döneminin en büyük satranç dâhilerinden biri olarak kabul ediliyordu. Toplamda 6 oyundan oluşan maç serisinde ilk oyun 10 Şubat 1996 tarihinde oynandı. O gün kimsenin beklemediği bir mucize oldu ve Deep Blue, yeryüzünün en büyük satranç ustasını ilk oyunda mağlubiyete uğratmayı başardı. İnsanlık, gözlerinin önünde gerçekleşen bu olayı hayranlık ve endişe karışımı garip bir duyguyla izlemişti. Muhtemelen bir bilgisayardan böyle bir başarı beklemeyen Kasparov, işi çok daha ciddiye alıp oynadığında işler değişmişti. Geri kalan 5 oyunda, Kasparov 3 galibiyet almış, 2 karşılaşma ise berabere sonuçlanmıştı. Genel sonuca bakıldığında yapay zekâ ve insanın yaptığı ilk karşılaşmayı insanoğlu kazanmış olsa da oyunlardan birinde makinelerin galip gelmesi ve iki beraberlik yapay zekânın insanlığa vurduğu ilk sağlam darbe olmuştu (18).

İris, yapay zekâyla ilgili olanların iyi bildiği bu habere çok ilginç bir yorum getirmişti. Hem eğitim sistemini hem de yapay zekânın evrimini beraber değerlendiren bu açıklamada kızın kurduğu etkileyici cümleleri hâlâ kafasının içinde duyar gibiydi.

"Deep Blue, bizim klasik yapay zekâ anlayışımız için mükemmel bir örnektir çünkü bilgisayarları eğitmeye çalıştığımız ilk yıllarda, kendi eğitim sistemimize benzer bir model kullanmıştık. Yani bilgisayarı, zeki bir öğrenci gibi kabul edip onu var olan sistemimizle eğitmiştik. Aslında en önemli hatamız bu oldu çünkü çok uzun yıllardır çocukları ve gençleri sadece ezber kalıplar üzerinden eğitiyoruz. Montaigne'nin çok sevdiğim bir sözü vardır. Der ki, *ezberlemek ihanettir*. İşte Deep Blue'nun genel sonuçlara göre Kasparov'a yenilmesinin nedeni, eğitim sisteminin yaptığı bu ihanetten başka bir şey değil. Ne demek istediğimi biraz daha açıklayayım."

"Aslında Deep Blue'yu müthiş bir hesaplama kapasitesine sahip ama satranç hakkında hiçbir fikri olmayan bir öğrenci gibi düşünebilirsiniz. Peki, IBM yazılımcıları bu öğrenciyi nasıl eğitti? Buradaki mühendisleri öğretmen gibi düşünürsek, A öğretmeni oyunun kurallarını ezberletti. B öğretmeni hangi taşın nasıl hareket etmesi gerektiğini ezberletti. C öğretmeni ise oyun kazandıran bir sürü hamle ve stratejiyi ezberletti. Oysa bunların hiçbirisi öğrenme değildi. Sadece hafızası çok yüksek kapasitede olan bir öğrencinin ezberlediği binlerce bilgi ve kalıp söz konusuydu. Gerçekte müthiş bir kapasitesi olmasına rağmen, ezberleme mantığı yüzünden sahip olduğu bilgi düzeyi âdeta kendisini eğiten kişilerin bilgi düzeyi ile sınırlı kalmıştı. Yani üniversiteden mezun olan bir öğrenciden farksızdı."

Aslında İris harika bir noktayı yakalamıştı. Ne kadar hızlı bir işlemcisi olursa olsun, sınırlı ve şekillendirilmiş bir bilgi setine sahip olan yapay zekâlar, yenilmeye mahkûmdu. Fakat sonrasında çok ilginç gelişmeler yaşandı. Dünya eğitim sistemi, insanları inatla eski usulde eğitmeye devam etse de mühendisler bu eğitim yaklaşımının ne kadar hantal ve işlevsiz olduğunu kısa bir zaman diliminde fark etmişlerdi. İşte yapay zekâyı organik zekânın önüne geçirecek olan strateji, bu farkındalık sonucu doğmuştu. *Makine öğrenmesi* ya da *derin öğrenme* denilen bu yeni stratejide, hiç kimse makineye bir bilgi ya da strateji öğretmiyordu. Tek yaptıkları, makinenin kendi kendine öğrenmesini sağlayacak yeni bir algoritma ve altyapı yaratmaktı. İlk başta inanılmazmış gibi gözükse de sonrasını makine bir şekilde hallediyordu.

İris'in özellikle altını çizdiği 2016 yılındaki gelişme, yapay zekânın evriminde çok önemli rol oynamıştı. Google'a bağlı bir şirket olan DeepMind, klasik yapay zekânın AGI'ye doğru olan evriminde ilk büyük adımı atmıştı. Şirketin kurucularından olan Demis Hassabis ve bir grup dâhi mühendis, makine öğrenmesinin nasıl mükemmel bir işleyişe sahip olduğunu tüm insanlığa kanıtladı. Bu girişimleri, yapay zekânın insanoğluna karşı ikinci büyük meydan okuyuşu olacaktı.

DeepMind'ın doğuş hikâyesi çok kompleks strateji oyunları yerine oldukça basit bilgisayar oyunları ile başlamıştı. Özellikle en eski bilgisayar oyunlarından olan *Breakout* denemesi, makine öğrenmesinin çalışma mantığını çok güzel özetliyordu. Normalde bu oyunda, ekranın altında sağa ya da sola hareket ettirilen bir çubuk ve çarptığı yerden sekme özelliği olan bir top vardı. Oyunun amacı, topu yukarı sektirerek ekranın üst kısmında yer alan bloklara çarptırıp ortadan kaldırmasına dayanıyordu. Eğer bloklardan seken top ekranın altındaki boşluğa düşerse oyun kaybediliyordu.

Aslında *Breakout,* mantığı oldukça basit bir oyundu ve DeepMind mühendisleri makine öğrenmesini ilk bu oyunda denemişlerdi. Başlangıçta yazılımın içinde sadece bilgisayarın kendi kendine öğrenmesini sağlayan bir algoritma vardı. Oyunun nasıl oynandığı, oyunun amacı ya da kurallar hakkında bilgisayara hiçbir şey öğretilmedi. Bilgisayarın farkında olduğu tek gerçek, oyunu ne zaman kaybettiği bilgisiydi. İlk başta kendi kendine 100 oyun oynayan yazılımın performansı inanılmaz kötüydü. Sanki ekranı görmeyen bir kişi oyun oynamaya çalışıyor gibiydi. 300 oyun sonunda çubuğu hareket ettirerek topa değmesi gerektiğini ve başarıya ulaşmak için yukarıdaki blokları yıkmak zorunda olduğunu öğrenmişti. Burada tam anlamıyla gerçek bir öğrenme söz konusuydu çünkü yazılım, oyunun amacını ve kurallarını sadece deneme yanılma ile keşfetmişti. Bu keşif sonrasında artık sıradan bir oyuncu seviyesinde oynamayı öğrenmişti.

500 oyundan sonra yazılımı tasarlayan mühendislerin hiç beklemediği bir olay gerçekleşti. Oyunu başarılı bir şekilde oynayan bilgisayar, aynı zamanda daha çabuk kazanmayı sağlayacak

yeni bir strateji geliştirmişti. Bu mükemmel bir olaydı çünkü kendi kendine öğrenen makine, yazılımı tasarlayan mühendislerin bile aklına gelmeyecek yeni bir strateji geliştirmişti. Yani Deep Blue ve satranç deneyiminde tasarımcılarının zekâsıyla sınırlı kalan yapay zekâ, makine öğrenmesi sonucunda tasarımcısından bile daha iyi bir hale gelmişti. Tüm bu sonuçlar tek bir gerçeğe işaret ediyordu. Makineler, ikinci meydan okuma için kesinlikle hazırlardı (19).

Yapay zekânın insana meydan okuduğu en popüler arena satranç tahtası olsa da DeepMind ekibi, hedefi çok daha yüksek bir seviyeye koydu. Satranç, insan zekâsının sınırlarını zorlayan oldukça karışık bir oyundu ama söz konusu matematiksel olasılıklar olduğunda asla *go oyunu* ile karşılaştırılamazdı. Kökenleri Uzakdoğuya ait olan go, muhtemelen yeryüzünün en eski oyunlarından biriydi. Japoncada *i-go* olarak adlandırılan go (Çince *wei qi*, Korece *baduk*) Uzakdoğu kültürü açısından bir oyundan çok daha öte bir anlama sahipti. Oyunun felsefesinde vurgulandığı gibi, go oynamak tıpkı nefes almak gibiydi. Tahta üzerinde yapılan her hamle, oyucunun içindeki hakikati ortaya çıkaran bir anlama sahipti.

İlias, hayatında hiç go oynamamıştı ve doğal olarak kurallar hakkında hiçbir fikri yoktu ama İris, yaptığı sunumda satranç ve go'yu oldukça anlaşılır bir dille karşılaştırmıştı. Satranç oyununda taşlar arasında olan hiyerarşi go'da yoktu çünkü burada tüm taşlar eşitti. Bununla beraber go tahtasının düzeni gereği hamle alternatifleri de oldukça farklıydı. Örneğin satranç tahtasındaki bir taşın ilgili pozisyondaki olası hamle sayısı 20 iken, bu sayı go'da 200 hamleydi. Bu belirgin fark, hesaplanması imkânsız bir olasılığın ortaya çıkmasına neden oluyordu. DeepMind şirketinin başındaki Demis Hassabis'in sözleri durumu harika bir şekilde özetliyordu.

"Şu an dünya üzerindeki tüm bilgisayarları bir araya getirip bir milyon yıl çalıştırsak bile, go oyunu ile ilgili olası tüm varyasyonları hesaplayacak bir işlem gücüne ulaşmak imkânsızdır."

Aslına bakılırsa benzer bir durum insan beyni için de geçerliydi. Bir hamle karşısında olası tüm varyasyonları hesaplayacak bir güce sahip olmayan insan beyni, bu tarz durumlarda "sezgi" denilen garip bir fizyolojik fenomenden faydalanıyordu. Go'da ustalığa ulaşmış birçok oyuncu, başarıya giden yolun sezgilerinden geçtiğini öne sürmekteydi. O nedenle sezgi yeteneği olmayan yapay zekânın, insana meydan okuyabileceği yeryüzündeki en zor oyun go olmalıydı. Üzerindeki siyah ve beyaz taşların birbirini nefessiz bırakmaya çalıştığı, ihtimaller açısından sonsuzluğu içine sığdırmayı başarmış bu tahta, makineler ve insanoğlu arasındaki rekabetin yegâne arenası olacaktı.

DeepMind mühendisleri, go oyunu için geliştirdikleri *AlphaGo* adlı yapay zekâyı tasarlarken, *Breakout* oyunundaki mantığın aynısını kullanmışlardı. Makine öğrenmesinin temelini oluşturan teknolojide, Derin Nöral Ağlar *(Deep Neural Networks)* adlı bir sistem kullanılarak âdeta insan nöronlarını taklit eden bir algoritma oluşturulmuştu. Bu algoritma, makinenin kendi kendine öğrenmesini sağlayan altyapıyı meydana getiriyordu. İlk olarak, iyi düzeydeki amatör oyuncular arasında gerçekleşen 100.000 adet oyunun kayıtları AlphaGo'ya izlettirildi. AlphaGo'nun oldukça kısa sürede tamamladığı bu eylemi bir insan yapmaya kalksaydı, tahta başından bir saniye bile ayrılmadan en az 12 yılını izlemeye ayırmak zorunda kalırdı.

100.000 maç sonunda oyunun mantığını kavrayan AlphaGo, daha sonra kendi içinde farklı stratejiler deneyeceği sanal oyuncular oluşturarak, bu oyuncular arasında binlerce maç yaptı ve zafere giden yoldaki hamleleri tek tek belirlemeye çalıştı. Yazılım, teknik anlamda üç katmandan oluşuyordu. *Policy Network (İlke Ağı)* denilen katman taktiklerin üretilmesinden sorumluyken, *Value Network (Değer Ağı)* katmanı tahtadaki anlık durum üzerinden kazanma ihtimalini değerlendiriyordu. *Tree Search (Ağaç Araması)* adlı son katman ise yapılan her hamledeki varyasyonları ve olası sonuçlarını analiz ediyordu (20).

AlphaGo'ya son halini veren DeepMind ekibi, ilk denemeleri gerçekleştirmek üzere, iki tane Avrupa şampiyonluğu bulunan Fan Hui adlı oyuncuyu ofislerine davet etmişti. Bir makinenin, go gibi bir oyunda insanı yenebileceğine inanmayan Fan Hui, sırf ilgili teknolojiyi merak ettiği için daveti kabul etmişti. Londra'daki ofiste gerçekleşecek olan maçta, kendisini nasıl bir sürprizin beklediğinden habersizdi çünkü AlphaGo, Fan Hui ile yaptığı 5 maçın hepsini kazanmıştı. O günü canlı bir şekilde izleyen az sayıda insan, yapay zekâ AlphaGo'nun gerçekleştirdiği mucizeye doğrudan şahit olmuşlardı.

İlk büyük sınavını oldukça başarılı bir şekilde tamamlayan AlphaGo, ikinci denemesinde çıtayı bir anda en üst seviyeye koydu. Bu sefer hedef, go oyunu açısından son 10 yılın en büyük dâhisi olan Lee Sedol olmuştu. Birçok dünya şampiyonluğu bulunan Lee Sedol, çok erken yaşlardan itibaren inanılmaz başarılara imza atarak, hızlıca ustalık seviyesine yükselmeyi başarmış bir oyuncuydu. Söz konusu go olduğunda, her oyuncu açısından bir ustalık seviyesi söz konusuydu. Mesela AlphaGo'nun yenmiş olduğu Avrupa şampiyonu Fan Hui, ustalık seviyesi açısından sadece 2. seviyede (2 dan) yer alırken, Koreli dâhi Lee Sedol, go'daki en yüksek seviye olan 9. seviyede (9 dan) bulunuyordu. Yani arada muazzam bir uçurum vardı ve AlphaGo ikinci denemesinde hedefini yeryüzündeki en yüksek noktaya koymaktan zerre çekinmemişti.

1996 yılındaki Deep Blue ve Kasparov arasındaki ilk kapışmadan tam 20 yıl sonra, 2016 yılının Mart ayında AlphaGo ve Lee Sedol karşı karşıya gelmişti. Go ile yakından ilgili olan hemen herkes, Lee Sedol'un tek bir oyun bile kaybetmeyeceğinden emindi ve bu karşılaşmayı daha çok, ilginç bir gösteri olarak görüyorlardı. Sonuçta yapay zekânın go gibi oldukça karmaşık ve zor bir oyunu oynayabilmesi bile mükemmel bir gelişme sayılırdı. Fakat ortaya çıkan sonuç hiç de bekledikleri gibi olmadı. Toplam 5 maç üzerinden planlanan karşılaşmanın 4'ünü

AlphaGo'nun açık bir şekilde kazanması, izleyenler üzerinde büyük bir şok etkisi yaratmıştı. Üstelik orada olan herkesin doğrudan şahit olduğu çok önemli bir gerçek daha vardı. İlk oyun sırasında AlphaGo'nun aslında ne kadar güçlü bir rakip olduğunu anlayan Lee Sedol, kazanmak için elinden gelen her şeyi yapmıştı ama başaramamıştı.

Salondaki hemen herkes bu maç hakkında bilgi sahibi olsa da İris'in anlatımı, yıllar önce yaşanan bu şoku âdeta yeniden hissetmelerine neden olmuştu. Kıza göre yapay zekâ o gün insana dair en önemli damarlardan birini kesip atmıştı ve bu sadece bir başlangıçtı. Kızın son cümleleri oldukça etkileyiciydi.

"AlphaGo 'nun, Lee Sedol'ü nefessiz bıraktığı bu karşılaşmada görmemiz gereken çok önemli detaylar var. Mesela maçı dikkatli izleyenlerin gözünden kaçmayacak ilginç bir tanesini paylaşayım. Lee Sedol yaptığı bazı önemli hamlelerin ardından alışkanlık gereği karşısında oturan kişinin gözlerine bakıyordu. Sonuçta rakibin duygu durumu, bu hamlenin etkisi hakkında fikir veren önemli parametrelerden biriydi. Ama sorun şuydu ki o gözler rakibi AlphaGo'ya ait değildi. Karşısında oturan kişi sadece AlphaGo'nun bilgisayar ekranında yaptığı hamleye göre taşı, tahta üzerinde ilgili yere koymaktan sorumluydu. İşte Lee Sedol'ü mahveden en önemli durumlardan biri buydu. Rakibinin ruhunu ve o anki duygularını görememek âdeta kendisini öldürüyordu."

"AlphaGo projesi insanlığa dair çok önemli bir gerçeği gözler önüne serdi. Günümüzdeki yapay zekâ uygulamaları, Deep Blue'da olduğu gibi ezber algoritmalar üzerinden öğrenmeyi bırakalı çok oldu. Makine öğrenmesinde rol oynayan *Derin Nöral Ağlar* tıpkı beynimizin öğrenme mantığıyla çalışıyorlar. Öyle ki bazen organik beyinlerin yaptığı gibi yeni kavramlar bile keşfedebiliyorlar. Mesela karşılaşma sırasında AlphaGo'nun yaptığı bazı hamleler, birçok profesyonel go oyuncusu tarafından hâlâ anlaşılabilmiş değil. Onlara göre hiçbir insan bu hamleyi yapmayı düşünmezdi. Hatta bu hamlelerin iyi mi, yoksa kötü mü olduğunu bile ayırt edemiyorlar. Ama kazananın kim olduğu bu kadar belliyken daha önce görülmemiş bu hamlelerin işlevlerini sorgulamak bir miktar anlamsız kalıyor."

"İşin en ilginç tarafı ne biliyor musunuz? Makineler bile gerçek öğrenme yöntemini keşfetmişken, çocuklarımızın beyinlerini yapay zekânın ilk versiyonlarındaki gibi hâlâ ezber mantığıyla ilkel bir şekilde eğitmek, karşımıza oldukça ironik bir soru çıkarıyor. Bu koşullar altında, hangimizin zekâsı yapay? Tümüyle belirli bilgi kalıplarını ezberlemek zorunda kalan organik beyinlerimiz mi, yoksa tıpkı beyin gibi öğrenmeye başlamış olan makine beyni mi? Cevap aslında çok basit. Kafanızdaki klasik yapay zekâ kalıplarına uygun bir şeyler görmek istiyorsanız, tek yapmanız gereken herhangi bir okulu ziyaret etmek."

"O zaman hepimizin cevabını merakla beklediği son sorumuzla bitirelim. Peki, AGI'ye ne kadar uzağız? Yani bilgisayarlar ne zaman yapay genel zekâya (AGI) ulaşıp insan zihni gibi davranmaya başlayacaklar? Bu konuda çok çeşitli tahminler olsa da bu salondan sadece şu bilgiyle çıkmanız bile yeterli. AlphaGo projesi ile makineler adına çok büyük bir devrim gerçekleşti ama hepimizin bildiği üzere bulunduğumuz ekosistemde ayakta kalmayı sağlayacak asıl unsur evrimdir. İnsanlık için çok uzun yıllar süren evrimsel gelişim, makineler için düşündüğümüzden çok daha hızlı ilerliyor ve bizi korkutması gereken asıl gerçek bu. Yani AGI'nin şu an hayatta olma ihtimali çok yüksek. Eğer değilse bile, doğumunun çok yakın olduğunu söyleyebilirim."

"Tüm bu koşullar altında AGI'nin var olup olmadığını sorgulamak yerine, hızlıca çok önemli bir diğer soruya cevap bulmamız gerekiyor. AGI ortaya çıktığında, yani insanlık olarak yeryüzündeki en zeki ikinci varlık haline dönüştüğümüzde, tam olarak ne olacak? Aslında bu sorunun cevabı için AGI'yi beklememize gerek yok. Günümüzde yeryüzünün en zeki türü olan insan, kendisinden daha az zeki olan tüm canlılara ne yapıyorsa, muhtemelen AGI'nin bize yapacağı da benzer davranışlar olacaktır."

Kızın son sözleri salonda büyük bir alkışın kopmasına neden olmuştu. İlias da kendisini kalabalığın coşkusuna kaptırmıştı. Şu anda vücudu ülkesine doğru giden bir trende olsa da beyni hâlâ konferans salonunda kızı ayakta alkışlıyordu. İşin daha da ilginci karşısında oturan İris ve Coccyx aynı anda İlias'a doğru bakmışlardı. Sanki kafasının içindeki alkış sesleri dışarıdan duyulmuş gibiydi. Oysa muhtemelen her ikisinin de dikkatini çeken şey, adamın yüzündeki kocaman mutluluk ifadesiydi.

Bölüm 120

Eve Dönüş-3
Hiçliğin İlahi Sesi

Bazılarımız dayanmanın bizi güçlü kıldığını zanneder.
Ama bazen bizi güçlü yapan bırakmaktır.
Hermann Hesse

Uzun bir yolculuğun son dakikalarına gelmiş olan Otto, uzaktan yeşilliğin ortasındaki büyük şatonun manzarasına baktı. İçinde bulunduğu araba yaklaşık 10 dakika içinde şatoya ulaşmış olacaktı. Görünüş olarak insanı muazzam etkileyen bir yapısı olsa da kullanış açısından her anlamda kötü bir tercihti. Origon'ların kullanımına sunulmuş üç ev seçeneği olmasına rağmen Noah neden yaşamak için burayı tercih etmişti ki? Acaba tüm dünyayı yöneten gücün başındaki insan olarak, kral gibi mi hissetmek istiyordu? Belki de doğaya ve sessiz yaşama düşkün biriydi ya da herkesten gizlemek istediği bir şeyler vardı. Eğer böyle bir düşüncesi olduysa, şato gerçekten bunun için oldukça uygun bir yerdi. Gerek konsey sırasında izledikleri video kayıtları gerekse sonrasında yaptığı araştırmalar, son seçeneğin en kuvvetli ihtimal olduğunu gösteriyordu. Noah burada yaşamayı tercih etmişti çünkü bu sayede Dura'yı tüm gözlerden saklamayı başarabilecekti.

Neon içinde Dura ismini bilen çok az kişi vardı ve başına gelen olaylar nedeniyle bu konuda inanılmaz dikkatli davranıyordu. Nada'nın patlama soruşturmasıyla bizzat ilgilenmesi ve konsey sunumunda yaptığı gibi olayı yönlendirmeye çalışması bu soruşturmanın en kritik nokta olduğunu gösteriyordu. O nedenle kendine sunulan raporları ve patlama anına ait kayıtların sansürsüz halini defalarca izlemişti. Sonuçta elindeki raporların Nada'nın kaleminden çıktığı düşünüldüğünde, bu raporların gerçekte bir işe yaramama ihtimali yüksekti. Bir şeye yeterince ilgi gösterildiğinde o şey muhakkak bir şey söylerdi ve Otto sonunda aradığı küçük detayı yakalamayı başarmıştı. Nada'nın bu detayı fark etmesi çok düşük bir ihtimal olurdu. Zaten fark etmiş olsaydı küçük ama önemli olan bu detayı, Otto'nun görmesine asla izin vermezdi.

Otto, bu görüntüleri hiçbir internet bağlantısı olmayan eski teknolojiye ait bir cihazla izlemişti. Sonuçta Vagus ve yukarıdakilerin, her hareketini takip ettiklerinin farkındaydı. Videonun bir yerinde telefon çalıyordu ve sonradan anladıkları üzere Noah'ın gizli eşi konuşmaya başlıyordu. Telefondan çıkan ilk kelime "sonunda"ydı. Sonra 2-3 saniyelik bir sessizliğin ardından "Hayatım. Varoluş nedenim. Sen... Sen ölemezsin..." diye bir cümle geliyordu. İşte Otto'nun aradığı detay bu 2-3 saniye süren sessizlikte karşısına çıkmıştı. Telefondan gelen ses herkeste şaşkınlık yaratsa da Noah'ın şaşkınlığı biraz daha önemliydi çünkü çok dikkatle bakıldığında Origon'un dudaklarının oynadığı görülüyordu. Sesin desibeli çok düşük olduğundan hiçbir şey anlaşılmıyordu. Otto, çok eskiden tanıdığı ve Nada'nın dikkatini çekmeyecek birinden bu görüntü ve sesi ileri seviyede analiz etmesini istemişti ve gizlilik konusunda da özellikle uyarmıştı. Sonuca ulaşmaları sadece birkaç dakikalarını almıştı çünkü Noah'ın gerek dudak hareketleri gerekse ses dalga analizi mükemmel bir şekilde uyuşmuştu. Adamın ağzından çıkan kelime "Dura" idi.

Arabadan indiğinde soluduğu temiz hava ve burnuna gelen gerçek doğa kokusu, birkaç saniyeliğine de olsa kafasındaki gürültünün susmasına neden oldu. Bir an gerçek sessizliğin yarattığı huzuru hissetti. İçinde bulunduğu koşullar nedeniyle burada olmayı asla istemese de sadece iki gün sürecek olan ziyareti hiç de fena başlamamıştı. Normalde Kranial Nada'nın şu an kendisini karşılıyor olması gerekirdi ama kadın ortalıkta gözükmüyordu. Etrafındaki asistan ve diğerlerini uzaklaştıran

Otto, bahçeye doğru yürüdü. Az önce hissettiği huzur hali Nada'nın saygısızlığı nedeniyle bir anda bozulmuştu.

Kendine verdiği sözü hatırlayan adam bahçede yalnız olmanın tadını çıkararak yürümeye devam etti. Ama çok kısa bir süre sonra yalnız olmadığını gördü. Şatonun oldukça büyük bir bahçesi vardı ve en uç köşedeki büyük ağaçlardan birine kurulmuş olan salıncakta birisi sallanıyordu. Arkası dönük olsa da bu kişinin kim olduğunu çok iyi biliyordu. Dizginlerini tutmaya çalıştığı öfkesi yine elinden kurtulmayı başarmıştı. Nada, kendisini karşılamaya gelmediği gibi herkesin görebileceği bir ortamda bir kraniale yakışmayacak davranışlar sergilemekten çekinmiyordu. Ama Otto'nun şu aşamada yapabileceği hiçbir şey yoktu. Saatte 300 kilometre hızla ilerleyen bir trenin önüne atlayarak o treni durdurmaya çalışmak ne kadar mantıklıysa Nada ile mücadele etmeye kalkışması da o kadar mantıklı olurdu. Zaten çok kısa bir süre önce o tren kendisine çarptığından bu gerçeği kolay kolay unutamazdı.

Aslında başına gelenlerin sorumlusu bizzat kendisiydi. Vagus ve yukarıdakilerin gücünü bilmesine rağmen Nada'ya karşı anlamsız girişimlerde bulunmuştu. Konsey toplantısı sırasında, bombayı patlatacak ikinci bir kumanda olup olmadığını sormasıyla kadını zor durumda bırakması, süreci başlatan ilk girişim olmuştu. Konseyin ardından Origon'u ziyaret eden Nada, özel bir ricada bulunmuştu. Araştırmaları kapsamında Noah'ın şatosunun incelenmesi gerekiyordu ve burası Origon evi olduğu için Otto'nun özel iznine gereksinim vardı. Gözünün önünde yaşanan tüm sürecin kontrolünden çıktığını fark eden adam, biraz zaman kazanmak için bu konuyu düşüneceğini söylemişti. Muhtemelen şatoda kendisinin görmesini istemedikleri bir şeyler vardı ve Nada bu sorunu kökünden çözmek istiyordu. Aldığı olumsuz cevap karşısında Nada'nın gözlerinde oluşan görüntü bu cevabı kesinlikle beklemediğinin göstergesiydi. Otto, dar zamana sığdırdığı olumsuz tavırlarla aslında ne büyük bir hata yaptığını o an anlamıştı ama artık çok geçti. Trenden kaçması imkânsızdı.

Nada'nın ricasını reddetmesinden sadece iki gün sonrasında ilginç gelişmeler yaşanmaya başladı. Kranial olduğu dönemde Otto'nun sorumlu olduğu bölgede yer alan ülkelerden çok ilginç haberler geliyordu. Birçok ülkede bağımsız gibi gözükse de aslında Neon'a bağlı olan merkezlere eş zamanlı inceleme operasyonları düzenlenmişti. Bazen ülke hükümetleriyle ufak tefek sorunlar yaşansa da böyle bir şeyin olma ihtimali imkânsızdı. Ama olmuştu. Diğer taraftan NKC adlı aktivist bir grubun gerçekleştirdiği sağlam bir siber saldırıya maruz kalmışlardı. Kendisine verilen raporlarda çok ciddi güvenlik açığı oluşturacak bazı bilgilerin, NKC'nin eline geçmiş olabileceği yazıyordu. Mevcut dijital teknolojinin en az 10 yıl ilerisinde bir altyapıya sahip Neon için bu da imkânsız bir olaydı. Ama olmuştu.

Karşısına çıkan sorunlardan gerekli mesajı almıştı ama asıl sürprizi gece eve gittiğinde yaşayacaktı. Sadece birkaç saatliğine de olsa uyumak için odasına çıktığında, yatağının üzerinde durmakta olan bir kâğıt gördü. Kâğıdın üzerinde 4 adet fotoğraf gözükmekteydi. Her bir sahne, Otto'nun boş bir dairede Noah'ın patlamasını izlediği ana ait görüntülerden oluşuyordu. Açılardan anladığı kadarıyla bir video kaydından alınmış gözüküyorlardı. Demek ki daire göründüğü gibi boş değildi. Dünyanın en basit hamlesi yine işe yaramıştı. Bu görüntüler akıllıca kullanıldığında, tüm patlamanın sorumluluğu bir anda üzerine yıkılabilirdi. Alhazen gibi birinin üzerine kurdukları algının başarısı düşünüldüğünde, kendisi bunun yanında çok basit bir operasyon olarak kalırdı.

Bir gün böyle bir şeyle karşılaşacağını biliyordu ama bu kadar erken gerçekleşeceğini tahmin etmemişti. Ne kadar yorgun olursa olsun o gece sabaha kadar içinde bulunduğu durumu analiz etmeye çalıştı. Sabah güneşi doğduğu sırada nasıl bir davranış modeli sergilemesi gerektiğini belirlemişti. Her şeyden önce hata yaptığını kabul etti. Sırf kadın olmasından ve görünüşünden dolayı Nada'yı hafife almıştı. Eğer Nada yerine Vagus olsaydı bunların hiçbirisini yapmaya cesaret edemezdi. Artık bu konuda çok daha dikkatli olacaktı. Diğer taraftan bir şeyler yapmak zorunda olduğunun da farkındaydı. Tüm ipleri yukarıya bırakırsa, her kuklanın maruz kaldığı sonu yaşayacağını biliyordu. İşler bittiğinde bir kutunun içine konulup unutulacaktı. Bu kutu toprağın altına saklayacakları bir tabut bile olabilirdi. O nedenle çok büyük bir gizlilikle karşı taraf hakkında işine yarayacak her türlü bilgiyi azar azar toplamaya karar vermişti.

Sabah ilk iş olarak Nada'nın yetki belgesini onaylamıştı. Kadının şatoda ne yapacağı artık umurunda değildi. Sonuçta treni durduramayacağını biliyordu. Ardından da göze batmayacak şekilde araştırmalar yapmaya başlamıştı. Hem Origon hem de kranial evlerinde çalışan asistanlar, düzenli bir şekilde günlük yaşanılan olayların raporlarını tutarlardı. Hiç kimsenin okumayacağını bilseler de bu raporların tutulması, iş düzeni açısından çok önemliydi. Noah'ın eviyle ilgili raporları okuma yetkisi yalnızca Origon'da olduğu için bu raporların hepsi sadece basılı olarak bulunduruluyordu. Uzun zamandır teknolojinin nimetlerine alışmış olan Otto, tıpkı eski zamanlardaki gibi saatlerce her bir sayfayı tek tek okumuştu. Aslında raporlar, bağımsız okunduğunda pek bir şey ifade etmese de bütüne hâkim olunduğunda ortaya ilginç bir şablon çıkmaktaydı.

Hiçbir Origon'un okuyup vakit kaybetmeyeceği bu arşiv Otto'yu şaşkınlığa düşürmüştü. Noah'ın evinde yaşanan her detayın ayrıntılı bir raporu söz konusuydu. Tıpkı film izler gibi adamın geçmişini okuyordu. Bir an kendisiyle ilgili tutulan benzer raporları düşününce hafif ürperdi. Ama bu yazılanları sadece Origonlar okuyabilirdi ve başka hiçbir Origon'un kendisi gibi bir şey yapacağını düşünmüyordu. Birbirinden bağımsız asistanların raporlarına göre, Noah'ın şato içinde nerede olduğunun bilinmediği zaman dilimleri vardı. Özellikle son dönemde bu çok artmıştı. İlginç bir şekilde birkaç yerde mahzen kelimesi karşısına çıkmıştı. Detaylara önem verildiğinde ortaya çıkan gerçek karşısında muazzam bir şaşkınlık yaşamıştı. Her şey açık bir şekilde ortadaydı. Bu gerçeği nasıl görememişti!

Nada'nın gücünü, sergilediği tavırları ve video kaydındaki Dura detayını, asistan raporlarını bir bütün olarak düşündüğünde en baştan görmesi gereken gerçek nihayet karşısındaydı. Yukarıdakilerin şato konusunda neden bu kadar sert bir reaksiyon gösterdikleri de böylece anlam kazanmıştı çünkü Nada'nın şatoya geri dönüp kendisiyle ilgili tüm kanıtları yok etmesi gerekiyordu. Yıllardır mahzende yaşadığından, neyi yok edeceğini en iyi kendisi biliyordu çünkü Nada, Origon Noah'ın gizemli eşi Dura'ydı. Tüm ihtimaller burada kesişiyordu. Otto, denklemdeki bilinmeyenleri bu şekilde yerleştirdiğinde ortaya cevaplanması zor bir soru çıkıyordu. Noah'ın uğradığı suikast sırasında Dura tam olarak neredeydi? Biraz düşündüğünde bu sorunun da cevabına ulaşmıştı çünkü denklem çözülmüştü bir kere.

Beyni geçmişteki denklemlerle uğraşan adamın vücudu, kadına 5-6 metre kala durmuştu. Nada arkası dönük olmasına rağmen sanki hissetmiş gibi yavaşça salıncağını durdurdu. Kendisine doğru gelen kadının ayakları, ilk tanıştıkları günde olduğu gibi yine çıplaktı. Nada, Origon'un önünde diz çöküp adamın avcunu öpmüştü. Kadının dudakları sanki olması gerekenden daha uzun bir şekilde avuçlarında kalmış gibiydi. Belki de öyle algılamasının nedeni, kadının dudaklarında hissettiği sıcaklıktı.

"Hoş geldiniz yüce Origon'um. Şu sıra çok yoğun olduğunuzun farkındayım. O nedenle burada olmanız bizim için çok kıymetli."

Otto, gelenek gereği Nada'nın yerden kalkmasına yardımcı oldu. Kendisine kalsa kadının uzun bir süre daha dizlerinin üzerinde beklemesini tercih ederdi. Nada'nın kurduğu gerekli ama bir o kadar anlamsız cümlelere sadece kafasını sallayarak karşılık vermişti. Kendileri için hazırlanan alana doğru yürürlerken sessiz kalmayı tercih etmişti çünkü ne kadar az konuşursa başının o kadar az belaya bulaşacağını biliyordu. Nada da bu sessizliğe saygı gösteriyor gibiydi. Aslında kadın cümle kurmak yerine, dişiliğini öne çıkaracak bir iletişim kurmayı tercih etmişti. Üzerindeki resmi olmayan kıyafet, kadının tüm güzelliğini öne çıkaracak cinstendi. Bununla beraber kadından inanılmaz çekici bir koku yayılıyordu. Nada âdeta sahip olduğu tüm östrojen partiküllerini etrafa saçarak yürüyor gibiydi. Damarlarında testosteron dolaşan birçok erkeğin etkileneceği bu atmosfer, Otto için sadece sıradan bir detaydı. Çünkü Origon'un damarlarında uzun süredir çok farklı hormonlar dolaşmaktaydı.

Aylar önce Noah ve Alhazen'in karşılıklı sohbet ettiği masada şu an ikisi oturuyordu ve aralarındaki sessizlik halen devam ediyordu. Nada, Origon Otto'yu buraya davet etmişti çünkü şatoyla ilgili tüm bulguları yerinde göstermek istiyordu. Ama Otto bu davetin altında başka nedenler olduğunu biliyordu. Zamanında Noah'ı kontrolü altına alan kadın, muhtemelen şimdi de aynı şeyi burada kaldığı sürece kendisi üzerinde deneyecekti. Kadın bir yandan içeceğini yudumlarken diğer taraftan şatoya bakıyordu. Nada'nın gözünde çok az kişinin fark edebileceği bir hüzün vardı. Otto, bu hüznün kaynağını çok iyi biliyordu. Bu duvarlar yıllarca kadının hapishanesi olmuştu ve Dura artık özgür bir insandı.

Her ne kadar birtakım boşluklar olsa da Otto bu gizemli hikâyeyi çözdüğüne inanıyordu. Vagus ve yukarıdakilerin en iyi olduğu konu, insanların zaaflarını tespit etmekti. Kendisi de bizzat buna şahit olanlardandı. Şu hayattaki en büyük zaafı güçtü ve Origon olmak için her şeyi yapardı. Origon olmasını sağlayan bu arzu, ironik bir şekilde tutsak olmasının da nedeni olmuştu. Benzer bir durum Noah için de geçerliydi. Neon'daki birçok kişinin bildiği üzere Noah'ın en büyük zaafı ne bilimle ilgiliydi ne de Origon olmakla. Adamın tüm hücreleri sadece Eva ile ilgilenmişti ve o ne isterse sadece onu yapmıştı. Eva gittikten sonra içinde öyle bir boşluk oluşmuştu ki Origon olmak bile bu boşluğu dolduramamıştı. Vagus ve gökyüzündekiler bu zaafı hissettikleri an muhtemelen Dura'yı devreye sokmuşlardı. Kadın, sahip olduğu etkileyicilik sayesinde yıllar içinde Noah'ın tüm boşluklarını hücreleriyle doldurmuştu. Herkes Noah'ı görse de fikirlerin çoğu Dura'ya aitti. En acısı da Noah'ın bunu fark edemeyecek kadar kör olmasıydı.

Aslında kurulan düzen mükemmele yakın işliyordu fakat bir gün hiç kimsenin beklemediği bir olay oldu ve Eva'nın hayaleti ortaya çıktı. N0R9 ile başlayan süreç hiç umulmadık bir şekilde Pia'ya ulaşmıştı. Söz konusu Noah olduğunda yeryüzündeki hiçbir güzellik Eva'nın genetik mirası ile yarışamazdı. Üstelik Pia, annesinden bile daha güzeldi. Kızın varlığı muhtemelen Noah'ın gömmeye çalıştığı birçok düşüncenin yeniden dirilmesine neden olmuştu. İşte o an Dura gücünün zayıfladığını hissetti. Eğer hızlı bir müdahale gelmezse durum kontrollerinden çıkabilirdi. Bu da Origon'un hazin sonunu hazırlamıştı. Hatta büyük bir ihtimalle Alhazen tüm bunların farkındaydı ve Noah'ı uyarmaya çalışmıştı. Belki de Dura o günlerden gelen bir nefretle tüm olayı yaşlı kranialin üzerine yıkmak istiyordu.

Hikâyesinde, henüz açıklayamadığı önemli bir detay olsa da tüm olayların genel anlamda bu şekilde geliştiğinden emindi. Hatta Nada ile parkta görüştükleri gün, Otto'nun pek bir anlam veremediği cümleler nihayet açıklığa kavuşmuştu. Kadın, çok uzun yıllar karanlıkta olduğunu, ardından güneşe çıkıp yeryüzüne döndüğünü söylemişti. Hatta isminin ne olduğunun bir önemi olmadığını da belirtip kendisini Nada olarak tanıtmıştı. Aslında kadın kendisini gizlemek için ekstra bir çaba bile harcamamıştı. Hatta adı bile Otto'ya verdiği önemli bir ipucuydu.

Otto, Nada kelimesi ile ilgili yaptığı küçük bir araştırma sonucunda ilginç bilgilere ulaşmıştı. İspanyolcada sıklıkla kullanılan Nada kelimesi "hiçlik" anlamına geliyordu. Diğer taraftan Sanskritçede ise "ilahi ses, iç ses" gibi bir anlama sahipti. Şu an sessizce karşısında oturmakta olan kadın için ikinci anlam mükemmel uyum sağlıyordu. Yıllarca Noah'ın içindeki ses olarak yaşamaya devam eden kadın şimdi aynı şeyi yapıp Otto'nun iç sesi olmaya çalışıyordu. Zaten zamanı geldiğinde bu "iç ses" bir diğer anlamı olan "ilahi ses"e dönüşecekti.

Karşılıklı suskunlukları doğanın sessizliğine mükemmel bir uyum sağlasa da Otto'nun beyninde oldukça gürültülü düşünceler dolaşmaktaydı. Adamın şu ana kadar açıklayamadığı tek önemli nokta kalmıştı. Kayıtlarda telefondan gelen Dura'nın sesi ile Nada'nın sesi örtüşmüyordu. Birçok ses teknolojisi kullanılarak yapılan analizlerin hepsi aynı sonucu ortaya koymuştu. Bu sesler kesinlikle farklı insanlara aitti. Önce Dura'nın telefonda ses değiştirici bir aparat kullanmış olabileceğini düşündü. Ama bu durumda da Noah'ın bu sesi tanımaması gerekirdi.

Kafasında kurduğu hikâye o kadar uyumluydu ki beyni ses meselesiyle ilgili bu farkı görmezden gelmeye çalışıyordu. Eğer düşünceleri doğruysa ortaya inanılmaz bir gerçek çıkıyordu. Otto'nun videodaki konuşmalardan emin olduğu tek bir şey vardı. Dura'nın kurduğu her cümle sanki bir veda konuşması gibiydi çünkü patlamanın olacağından emindi. Belki de Galen'in üzerindeki bombaların kumandası çok uzaklardan gösteriyi izleyen Dura'nın elindeydi. Eğer olaylar düşündüğü gibi geliştiyse ve Dura ile Nada aynı kişiyse muhakkak bir şeyler yapması gerekirdi. Çünkü Neon yönetiminin neredeyse yarısını ortadan kaldıran suikastçi, şu an tam karşısında oturuyordu.

Bölüm 121

Eve Dönüş-4
Geçmişten Gelen Yabancı

Belirsizlik tüm işkencelerin en kötüsüdür.

Alexandre Dumas

Pia ağır adımlarla ormanın içinde yürüyordu. Hemen arkasından sarı saçlı yeni şaperonu gelmekteydi. Uzun zamandır sanatoryumda olan kız, durağan hayata ve sessizliğe öyle alışmıştı ki birkaç gün önce yaşadıkları nedeniyle kendisini inanılmaz yorgun hissediyordu. Hatta sabah uyandığında bugün yapacağı gizli buluşmaya gitmeme kararı vermişti. Zaten çok yakında annesinin yanında olacaktı. Tutup bunu riske atacak saçma bir davranışta bulunmak istemiyordu. Belki de hiç tanımadığı bu kişiler, kendisine bir tuzak kurmuştu. Ama vakit yaklaştığında son anda kararını değiştirip kaderiyle yüzleşmeye karar vermişti. Çünkü birkaç gün önce, hiç tanımadığı bir adam birazdan görüşeceği kişiye asla güvenmemesi gerektiğini söylemişti ve bu kişi öz annesi çıkmıştı. Bunun ne anlama geldiğini öğrenmeliydi.

Pia, buluşma noktasına yaklaştıkça içinde bir ses ısrarla yanlış yaptığını ve hâlâ vakit varken dönmesi gerektiğini söylüyordu. Düşündüğünde gerçekten garip bir denklem içinde olduğunu görebiliyordu. Tanımadığı bir adam, tanımadığı başka bir adamla buluşmasını istemişti ve özellikle bu bilgiyi, geçmişte ölmüş ama sonrasında dirilmiş annesinden gizlemesi gerektiğini belirtmişti. Bu arada şaperonu hâlâ arkasından gelmekteydi ve tanımadığı bu adam, şaperondan nasıl kurtulacağını söylememişti.

Bir yandan yürürken bir yandan gerçeği kabullenmeye çalışıyordu. Çok büyük bir ihtimalle annesiyle ilgili duyacağı gerçekten korkuyordu. Çünkü benzer bir travmayı yakın bir zamanda yaşamıştı. Yıllarca annesi olarak tanıdığı Vera, gerçekte ailesinin katillerinden biri çıkmıştı. Ama enteresan bir şekilde gerçek annesi olan Eva'nın ölmemiş olduğunu sonradan öğrenmişti ve şimdi Eva ile ilgili ortaya çıkacak kötü bir bilgiye katlanamazdı. Sanki pili bitmiş bir oyuncak gibi bir anda durdu. Derin bir nefes aldı ve kararını verdi. Gerçeği öğrenmek istemiyordu çünkü öğrendiği her gerçek sadece canını yakmıştı. Sanatoryuma dönmek ve bu olayı unutmak için hızla arkasını döndüğünde garip bir şey oldu. Hiçbir zaman peşinden ayrılmayan şaperonu ortalıkta gözükmüyordu.

Şaperonu görebilmek için bir kere daha dönerek 360 derecelik dönüşünü tamamlayan Pia, uzaktaki ağaçların ötesinde buluşmanın gerçekleşeceği yer olan kuyuyu gördü. Düşüncelere öyle bir dalmıştı ki buluşma noktasına geldiğini bile fark etmemişti. Kuyunun yanında bir adam duruyordu. Sanatoryumdaki yaşlıların giydiği siyah kıyafetin aynısından giymişti. Belirsizlikten her zaman nefret eden Pia, yasak bir şeyler yapıyor olmanın yarattığı huzursuzluk hissinden bir türlü kurtulamamıştı. Bu da harekete geçmesini engelliyordu. Yaşlı adam, sanki kızın içine düştüğü bu paradoksu fark etmiş gibi yavaş adımlarla Pia'ya doğru ilerlemeye başladı.

Sanki ürkek bir ceylana yaklaşıyormuş gibi hareket eden adam, kıza bir metre kala durmuştu. Karşısındaki mavi gözlü yaşlı adam, Pia'ya inanılmaz tanıdık gelmişti. Bir yerlerde görmüş olduğundan emin gibiydi ama nerede gördüğünü hatırlamıyordu. Adamın yüzünde muazzam bir hüzün vardı. Hasta yakınına ölüm haberi vermek zorunda kalan bir doktor gibi gözüküyordu. Pia, içinde tanımlayamadığı bir duygu hissediyordu ama az önce yaşadığı endişe ve korku hali vücudunu terk etmişti. Şu an hiç tanımadığı ama tanıdık gözüken birinin yanındaydı.

"Merhaba Pia."

Adamın ses tonu inanılmaz etkileyiciydi. Yıllar sadece adamın yüzünü kırıştırmamış, sesini de mükemmel bir hale getirmişti.

"Seninle daha önce de görüşmüştük ama o zamanlar küçücük bir bebektin. Yıllar sonra tekrar bir araya gelebildiğimiz için çok mutluyum."

Pia, bir anda çok garip bir duygu hissetti çünkü benzer bir cümleyi ilk tanıştıkları sırada Galen'in ağzından da duymuştu. En son ayrılmadan önce adamın kafasına kondurduğu minik öpücüğü hatırladı.

"Biliyor musun, yüzünün güzelliği nedeniyle muhtemelen seni Eva'ya benzetiyorlardır ama gözlerini kesinlikle Yo Kan'dan almışsın. Tıpkı baban gibi bakıyorsun."

Şimdi de adam geçmişe gitmiş gibiydi. Belli ki onun beyninde de oldukça acı veren hatıralar vardı. Derin bir nefes aldı ve yere oturarak Pia'ya yanına oturmasını işaret etti. Acı çeken beyni nedeniyle ayakta durmakta zorlanan kız âdeta ipleri serbest bırakılmış bir kukla gibi olduğu yere oturmuştu. Yaşlı adam, Pia'nın sol elini iki elinin arasına aldı. Kız yanında oturmasına rağmen karşısındaki ağaçlara doğru konuşmuştu, sanki hikâyeyi asıl dinlemesi gerekenler ağaçlarmış gibi.

"Burada seninle günlerce konuşabilirim ama ne yazık ki vaktimiz çok az. Öğrenmen gereken çok önemli bilgiler var ve şimdilik sadece bunları duyacaksın. Kafandaki ilk soruyla başlayalım. Ben kimim?"

Adam bir süre duraksadıktan sonra devam etti.

"Sana adımı söyleyemem ama yeryüzünde babana en yakın insan olduğumu söyleyebilirim. Eğer baban hayatta olsaydı, emin ol o da aynı şeyi söylerdi."

Pia içinde garip bir heyecan hissetti. Geçmişten gelen abisi ve annesi hakkında birtakım bilgileri olsa da babası hakkında neredeyse hiçbir şey bilmiyordu. Bu konuda sadece Alef'in yazdıklarını okumuştu.

"İki. Neredeyiz ve buradaki insanlar kim? Sevgili Pia, burası küçük bir ülkenin sınırları içinde bulunan özerk bir rehabilitasyon merkezi. Sadece çok parası olanların bildiği ve geri kalan insanlığın asla duymayacağı yerlerden biri. Etrafında amaçsızca dolaşan o yaşlı insanlar, bulundukları ülkelerin en zengin insanları. Devasa paraları olmasına rağmen asla ekran önünde görünmeyen zenginler. İnan bana hepsi buraya gelebilmek için çok büyük servet ödediler."

Pia, babasıyla ilgili bir hikâye dinleyeceğini düşündüğü sırada adam sanatoryumu anlatmaya başlamıştı. Diğer hikâyeyi çok merak etse de duyduğu şeyler gerçekten ilginçti. Günlerce etrafında gördüğü bu mutsuz yaşlı kişilerin dünyanın en zengin insanları olabileceğini asla düşünemezdi.

"Peki, bu dağ başında insanlara neler yapıyorlar Pia? Senin gördüğün kısım sadece sanatoryum. Dağın içine inşa edilmiş çok özel alanlarda 'yaşam kapsülleri' denilen bir teknoloji kullanıyorlar. Bu kapsüllere giren yaşlılar asla dönmek istemeyecekleri bir yolculuğa çıkıyorlar. Bu dağın mimarı ve sorumlusu Eva olduğu için tüm detayları büyük bir keyifle anlatacaktır. Ama çok kısaca özetlemek gerekirse, senin belirli zaman dilimlerinde gördüğün yaşlı insanlar, bu yolculuktan dönmüş olan kişiler. Yüzlerinin bu kadar asık ve mutsuz olmalarının nedeni bu. Çünkü harika bir rüyadan, yaşlı hayatlarına yeniden uyanmak zorunda kaldılar. Tonlarca paraları olmalarına rağmen, fazladan tek bir saniye bile satın alamayacakları, gerçek ölümlü hayatlarına döndüler."

Pia, tıpkı küçük bir kızın masal dinlemesi gibi heyecanla dinliyordu. Adamın elleri âdeta pamuk kadar yumuşaktı ve nedenini bilmediği bir şekilde kendisini daha sakin hissetmesini sağlıyordu.

"O zaman en önemli soruya gelelim. Şu an bu konuşmayı neden yapıyoruz? Çünkü tehlikedesin Pia. Keşke seni buradan kaçırma şansım olsaydı. Ama böyle bir şeyin olma ihtimali ne yazık ki yok. O nedenle uygun zamanı beklemek zorundayız."

"Tehlikedesin" kelimesi Pia'nın karnında keskin bir ağrı oluşturmuştu. Buraya gelmeden önce yaşadıklarını düşündü. Kendisine bir deney hayvanı gibi davrandıkları günleri hatırlamak, ağzında yeniden o günlerde hissettiği metalimsi tadın oluşmasına neden oldu.

"Neden tehlikede olduğunu anlaman için geçmişe gitmemiz gerek. Şimdi, zamanda yolculuk yapmaya hazır mısın?"

Pia o kadar sıradışı olaylara maruz kalmıştı ki çok kısa bir süre adamın sorusunda ciddi olup olmadığını bile düşündü. Yaşlı adam elbisesinin iç kısmından bir fotoğraf çıkardı ve Pia'nın avuçlarının arasına bıraktı. Fotoğraf âdeta bir zaman makinesi etkisi yaratmıştı çünkü ilk kez geçmişine ait gerçek bir görüntü ile karşılaşmıştı. Gözünden akan damlalar anında kendilerini fotoğrafın üzerine bırakmışlardı. Sanki yıllardır bu fotoğrafla buluşmayı bekliyormuş gibiydiler.

Fotoğrafta dikkatini çeken ilk görüntü arka tarafta çalışmakta olan kadına aitti. Annesi Eva, yüzünde oldukça ciddi bir ifadeyle elindeki kâğıtlara bakıyordu. Muhtemelen fotoğraf çekildiğinden haberi yoktu. Yandan görünen görüntüsü bile Pia'nın tanıması için yetmişti. Bir an zamanda yolculuk yapıp fotoğrafın içine girmiş gibi hissetti çünkü gerçekten annesine inanılmaz benziyordu. Fotoğrafın ortasında gömlekli, kalın çerçeveli gözlük takan bir adam vardı. Yüzünde ne kadar mutlu olduğunu gösteren içten bir gülümseme vardı. Pia, ilk kez babasını görüyordu. Babasının yanında duran, saçları diken diken gözüken oğlan çocuğunu gördüğünde hıçkırarak ağlamaya başladı. Yaşadığı hüznü tek başına taşıyamayacak olan gözleri, akciğerlerinden yardım istemiş gibiydi. Bir an kanlar içinde kucağında yatan Alef gözünün önüne geldi. Gözlüklü adamın kucağında ise kısa beyaz bir elbise giymiş bir kız çocuğu vardı. Makineye değil de abisinin kafasının tepesine bakan şapşal görüntüsü, kızın dudaklarında özlem dolu bir gülümsemeye neden olmuştu.

"Baban Yo Kan sizi çok seviyordu Pia. Sizi sevdiği kadar Eva'yı da seviyordu ama Eva'nın beyni yeryüzündeki diğer insanlardan çok farklı çalışıyordu. Aşk, şefkat, duygusallık gibi zayıflık içeren hormonların hiçbiri Eva'nın damarlarında dolaşmazdı. Zaten Yo Kan'a karşı da duygusal anlamda hiçbir şey hissetmemişti. Sadece babanın zekâsına büyük bir saygı duyuyordu. Kendisine yakın zekâya sahip bir insanın etrafında olması annen için çok önemliydi. O yüzden babanın isteğiyle Neon'dan kaçmaya ikna olmuştu. Çünkü Neon'un gerçek yüzüne şahit olan Yo Kan, artık orada kalmak istemiyordu. Aslında bunu görmesini sağlayan kişi bendim."

"Özellikle Origon Rabidus'un neden olduğu dünya savaşından sonra ilk kez çok fazla sayıda bilim insanı Neon ile yollarını ayırmıştı. Fakat burası istediğin zaman üyeliğini iptal edip gidebileceğin bir kulüp değildi. O nedenle bu kişilerin çoğu ortak hareket etmeye karar vermişlerdi. İşte o günlerde bilimi destekleyen savaş karşıtı bazı zengin ailelerin destekleriyle NKC adı verilen yeni bir oluşumun temelleri atıldı. Elinde çok büyük güçler olmasa bile en azından Neon'dan uzaklaşan bilim insanlarını koruyabilecek yeteneklere sahiptiler. NKC yıllar içinde gelişti ve bilim odaklı çok güzel işler ortaya çıktı. Neon'dan önce ben kaçtım, daha sonra da beynine çok güvendiğim Yo Kan'ı, NKC'ye geçmek için ikna ettim. Çünkü Neon artık durdurulamaz bir güçtü ve kötü düşünceli bir Origon'un dünyaya vereceği zararın boyutları hesaplanamayacak kadar büyüktü."

"Hikâye çok uzun Pia. Sadece bilmen gereken en önemli kısımlardan bahsedeceğim. Yo Kan, anneni ikna etmeyi başardı ve Neon'dan uzaklaştılar. Görünürde hâlâ Neon'un bir parçasıydılar ama çoktan bizimle iletişime geçmişlerdi. Yo Kan anneni çok sevmişti. Eğer çocuk sahibi olursa annelik duygusunun onu çok farklı yerlere götüreceğine inanıyordu. Ama olmadı Pia. Eva bu olaya tümüyle biyolojik bir gereklilik olarak yaklaştı. Ona göre bu sadece genetik bir kopya oluşturmaktı. Abin doğduktan sonra annen daha da gaddar oldu. Hatta abinin üzerinde birtakım psikolojik deneyler yapmaya da başlamıştı. Baban umutsuzdu ama Eva'yı kazanmak için mücadeleden vazgeçmiyordu."

"Sonra sen doğdun Pia. Ama senin şirinliğin bile Eva'yı etkilemedi. O sırada genetik anlamda çığır açacak bir teknoloji geliştirmişti ve gözü başka hiçbir şeyi görmüyordu. Hatta NKC'nin imkânları kendisine yetmediği için Neon'a dönmeye karar vermişti. NKC'nin gizliliği için bir karar vermek zorundaydık çünkü annenin bir şeyi kafasına koyduğunda ondan asla vazgeçmeyeceğini biliyorduk. İşte o gün baban, hepinizin hayatını değiştirecek olan o çok zor kararı verdi. Çok sevdiği Eva'dan uzaklaşacaktı. Sizin için bunu yapmak zorundaydı."

"Neon'a ne anlatıp anlatmayacağını bilmiyorduk ama Eva'ya asla zarar veremezdik. O nedenle sizi alıp NKC'nin belirlediği gizli bir yere götürmeye karar verdik. Ben önceden oraya giderek detayları hallettim. Baban aynı gece Eva'nın kahvesine onu uyutacak bir ilaç kattı. Daha sonra grubumuzda Eva'yı andıran bir kadın bulup onu makyajla annene benzettik. Senin açından bir sorun yoktu ama abin sürpriz çıkarabilecek kadar büyüktü. Eva yatak odasında uyurken baban abini, annenin yerine geçen kadın da seni alarak evi terk ettiler. Tek yapmaları gereken hazırlıklarını tamamladığım eve gelmeleri olacaktı. Ama dünyanın en düşük ihtimali o gece sizlere isabet etmişti. Hikâyenin bundan sonrasını biliyorsun zaten. Baban ve Eva'nın yerine geçen kadın bir arabanın içinde patlarken, abin sokaklara sen ise hiç bilmediğin bir hayata gitmiştin."

Pia'nın gözyaşları donmuştu. Sağlam bir dayak yemiş gibi hissediyordu. Adamın anlattıkları sonucunda annesinin nasıl hayatta kalmış olduğu ortaya çıkıyordu. Ama annesinin kendilerine sadece biyolojik bir materyal olarak yaklaşmasını bir türlü algılayamıyordu. Yaşlı adamın anlattıkları büyük ihtimalle doğruydu çünkü Alef notlarında, kendisinin üzerinde birtakım deneylerin yapıldığını açık açık yazmıştı.

"Yıllar sonra Neon önce abini sonra seni buldu. Yaptıkları incelemelerde seninle ilgili birtakım özel sonuçlara ulaştılar. Ne bulduklarını hâlâ öğrenemedik ama Neon için çok önemli olduğunu söyleyebilirim. İşte bu özelliğin nedeniyle şu an seni kaçırmamız imkânsız. Ama uzaktan da olsa seni takip edeceğimizi asla unutma çünkü sen bize Yo Kan'ın mirasısın. Çok yakın bir zamanda Eva ile bir araya geleceğini biliyoruz. Seni uyarmak istedim çünkü acil bir hamle yapmamız gerektiğinde hazır olmanı istiyorum. Şu an en son istediğim şey senden uzaklaşmak ama buna mecburum Pia. Hem NKC hem de senin için böyle davranmak zorundayız. Tekrar görüşeceğiz. Eva sana ne anlatırsa anlatsın ona tümüyle inanma. Karşında dünyanın en zeki insanı olduğunu asla aklından çıkarma ve son bir not, annenle buluşmadan önce fotoğrafı yok et."

Yaşlı adam kendinden hiç beklenmeyecek bir çeviklikle yerinden kalktı ve ağaçların arasına doğru yürüdü. Hem fiziksel hem de ruhsal anlamda çökmüş olan Pia sadece adamın arkasından bakmakla yetindi. Yerinden kalkmasını sağlayacak tek bir ATP molekülü bile yoktu. Oturduğu yeşillik alana uzanan kız bir yandan fotoğrafa bakıp bir yandan kendisine anlatılanları düşünüyordu. Ne kadar yattığını bilmiyordu ama dünyaya dönmesini sağlayan, omzuna dokunan el olmuştu. Yattığı yerden hızla irkilen Pia karşısında şaperon kızı görünce rahatladı. Sanki bu küçük kız bir şey yapabilirmiş gibi fotoğrafı hızla elbisesinin cebine sıkıştırdı.

Yürüyecek enerjiyi bulana kadar oturmaya devam etti. Daha sonra odasına girer girmez vücudunu yatağa bıraktı. Başında inanılmaz bir ağrı vardı. Eva'ya karşı nasıl davranması gerektiğini bilmiyordu. Çektiği acıların içine bir de babası eklenmişti. Şaperon, Pia'ya içmesi için yeşil sıvısını getirmişti. Yaşadığı heyecan nedeniyle ağzı iyice kuruyan Pia tüm sıvıyı tek seferde bitirmişti. Sonra tekrar yatağına uzandı. Tavana bakıp başına gelenleri düşünmeye başladı. Tam o sırada şaperon yanına geldi.

"Vakit geldi Pia. Eva seni bekliyor. Yolculuğun birazdan başlayacak."

Pia duymayı hiç beklemediği bu cümleler karşısında aniden yatakta doğruldu. Vücudu o kadar hızlı kalkmıştı ki sanki bu hıza yetişemeyen beyni yatakta kalmıştı. Bir anda başı döndü ve etraf bulanıklaşmaya başladı. Şaperon kız hemen Pia'nın elini tutarak yavaşça yatmasını sağladı.

"Yolun çok uzun ama yolculuğun kısa olacak Pia."

Kızın son kelimesinden sonra bir anda her taraf karanlık oldu. Pia tekrar aydınlığa ulaştığında, yıllar önce yitirdiği annesine kavuşmuş olacaktı.

Bölüm 122

Sergi No 19 Açlık

Bu dünyada öylesi aç yaşayan insanlar var ki
Tanrı onlara ancak bir somun ekmek suretinde görünebilir.

Mahatma Gandhi

Meryam elindeki metal bardağın dibinde kalan lapa şeklindeki yiyeceğe baktı. Her zaman yaptığı gibi içinden belirli bir sayıya kadar sayıp kalan kısmı kafasına dikmişti. Normal hayatında yemek çeşitliliğine önem verirdi ve aynı şeyleri yemekten çok kolay sıkılırdı. Ama bu garip karışımı tüketme konusunda hiçbir zaman kötü hissetmemişti. Hatta bulantılarının en yoğun olduğu dönemde bile sorun yaşamamıştı. Belki de bu durum başka alternatifi olmadığını çok iyi bilen beyninin, kendisini kandırmasından başka bir şey değildi.

Ayağa kalkıp ağır adımlarla yürümeye başladı. Yeni geliştirdiği oyun sayesinde son zamanları daha iyi geçiyordu. Geçmişte yaptığı şeyleri zihninde canlandırıp âdeta o anıları yeniden yaşıyordu. Hatta zamanla bunu bir ritüele bile dönüştürmüştü. Tıpkı yoga yapar gibi belirli zamanlarda zihnini serbest bırakmaya çalışıyordu. Vücudu bir mahzende kilitli olsa da bu durum zaman ve mekânlar arasında yolculuk yapabilme yeteneği olan beyni için kısıtlayıcı bir durum değildi. Şimdilik sadece geçmiş zamana yolculuk edebiliyordu ama kimbilir, belki ileride mekânlar arasında da dolaşabilirdi. Tesla her ne kadar bu konuların saçmalık olduğunu düşünse de Meryam her zaman astral seyahat ve diğer spiritüel konulara ilgi göstermişti.

Açıkçası bunu nasıl yaptığını bilmiyordu ama hatırlamaya çalıştığı tüm anılar inanılmaz gerçekçi bir şekilde gözünün önüne geliyordu. Kimbilir, belki de kafayı yemişti. Beyninin kendisine gösterdiği şeyler hatırladığı şeyler değil de hatırladığını sandığı şeyler olabilirdi ya da şu an karnında büyümekte olan oğlu sayesinde yeni bir yetenek kazanmıştı. Nedenini bilmiyordu ama içindeki farklılığı hissedebiliyordu. Tabii bu yetenek ara sıra canını sıkabilecek anıları hatırlamasına da sebep oluyordu. Özellikle de geçenlerde uyandığında ağzında hissettiği çikolata tadı sayesinde hatırladığı Lembas, beraberinde hoş olmayan birçok anıyı da getirmişti.

Meryam bugüne kadar Lembas'ın sadece iki sergisini ziyaret etmişti. Hatıralarında gezdiği No:14 Çikolata sergisi, gittiği ikinci sergiydi. Lembas'ı asıl tanımasına neden olan, kadının ilk sergisi No:19 Açlık'tı. Seyircilerin karşısına bir deri bir kemik çıkan Lembas'ın görüntüsü, hayatı boyunca gözünün önünden gitmeyecek kadar etkileyiciydi. Meryam, içinde bulunduğu koşullar nedeniyle bu sergiye dair hiçbir bilgiyi hatırlamak istemiyordu. Sonuçta idam gününü bekleyen bir mahkûmun nasıl öldürüleceğini hayal etmesi ne kadar saçmaysa şu an açlık ile ilgili şeyleri düşünmek de o kadar saçma olurdu. Bir gün musluktan yemek yerine sadece hava geleceğini biliyordu. Yani açlıktan ölmek kaderiyken bir de bununla ilgili detayları düşünmek istemiyordu.

Meryam, kafasını dağıtmak için başka şeyler düşünmeye çalışsa da Lembas'ın görüntüsü âdeta beynine yapışmış gibiydi. Kafasının içindeki kapıları zorlayan anılar, tıpkı zombiler gibi içeri girip kızın beynini yemek istiyorlardı. Eski Meryam bu kapıları kapalı tutmak için elinden geleni yapardı ama artık değişmişti. Haftalardır karanlığın ortasında yaşayan biri olarak eski korkak haliyle davranmayacaktı. Yatağın ortasına oturdu ve yoga pozisyonunu aldı. Gözlerini kapatıp geçmişe konsantre olan kadın, zombilerin zorladığı kapıları bizzat kendi elleriyle açmıştı. Muhtemel ölüm nedeni olacak açlığın gözlerine korkmadan bakacaktı.

Meryam âdeta transa girmişti. Beynine hücum eden anılar nedeniyle birçok bilgi, kafasının içinde görüntü ve ses olarak dolaşmaya başlamıştı. Ama bu sefer yaşadığı deneyim farklıydı. Hayallerindeki Lembas, ürkütücü görüntüsüyle tam karşısına oturmuş, sergiyle ilgili bilgileri anlatıyordu. Aslında sergiyi yalnız başına dolaşmış olmasına rağmen, beyni hayali bir kurgu yaratarak burada gördüğü bilgileri Lembas'ın ağzından aktarıyordu. Kimbilir, belki de beyni yalnızlıktan o kadar sıkılmıştı ki en azından hayalindeki sergide Meryam'ın yalnız kalmasını istememişti.

"Biliyor musun Meryam, insan denen canlı oksijensizliğe en fazla 5-10 dakika arasında dayanabilir. Susuzluk için bu süre 2-7 güne kadar uzarken söz konusu açlık olduğunda işler çok değişir. Çünkü bu süreyi belirleyen, aç kalan kişinin kim olduğuyla ilgilidir. Kimisi birkaç haftada pes ederken kimisi birkaç ay dayanabilir."

Lembas, Meryam'ın hayalinde yatakta tam karşısında oturuyordu. Hızlıca yerinden kalkan kadın, musluğun yanına gitti.

"Bir gün Meryam, bu musluktan gelen bir şey olmayacak. İşte o an korkuyla dolan vücuduna neler olacak biliyor musun? En son yediğin yemek yaklaşık altı saat boyunca enerji ihtiyacını karşılayacak. Buradaki hareketsiz yaşamın aslında bu süreyi uzatabilirdi ama oğlunun da enerjiye ihtiyacı var Meryam. Bunu çok iyi biliyorsun ve giderek büyüyor."

Trans halindeki Meryam'ın elleri karnının üzerine gitmişti. Lembas'ın dile getirdiği gerçek, beynini bir saniye bile terk etmeyen bir düşünceydi. Kendisi, ölümü kabullenecek hale gelmişti ama oğlu yaşamak zorundaydı.

"Tüm vücudun genel anlamda su, protein, yağ ve karbonhidratlardan oluşmakta. Peki, yemek yemeyince enerjiyi nereden bulacaksın? Bedenin ilk başta glukoz deposu olarak kullandığı yerleri harekete geçirecek ve meydana gelen glukoz ile seni bir süre idare edecektir. Ama emin ol bu çok sürmeyecek. Sonrasının ne kadar uzun süreceğini belirleyecek olan da hayatın boyunca nefret ettiğin yağ depoların olacak. Ne ilginç değil mi? Yıllarca yok etmek için uğraştığın bu depolar âdeta hayata ne kadar tutunacağını belirleyecek."

"İnsan beyni şımarık, obur bir çocuk gibidir Meryam. Acıktığı an onu doyurmak zorundasın yoksa öyle bir ağlar ki tüm ortalık ayağa kalkar. Düşünsene, vücudunun içinde bir sürü organ varken, alınan enerjinin beşte birine doğrudan el koyan bencil bir organdan bahsediyoruz. Üstelik sadece glukoza olan ilgisinden dolayı, yemek konusunda ne kadar seçici olduğunu da biliyoruz. Ama açlık dönemine girdiğinde burada da değişimler başlayacaktır. Karbonhidrat depolarını harcadıktan sonra sıra yağ depolarına gelecek. Şöyle bir sorun var. Uzun zincirli yağ asitleri, kan beyin bariyerini geçemediğinden gerçekte bir işe yaramazlar. Bu duruma öfkelenen beyin, karaciğere emir göndererek bu yağ asitlerinin hızlıca metabolize edilmesini sağlar ve ortaya keton adı verilen bir yapı çıkar. Bu yapı, kan beyin bariyerini geçebildiğinden başta beyin olmak üzere birçok organın enerji kaynağını karşılar (21)."

"Sana bir soru Meryam. Bir vücut geliştirici, bir uzun maraton koşucusu ve aç bir Afrikalı çocuğun ortak noktası nedir? Evet, sergideki görsellerden de hatırlayacağın üzere bu ortak nokta ketondur. Çünkü beynin keton tüketmesi için illaki aç kalman gerekmiyor. Özellikle triatlon yapan atletler ve vücut geliştiriciler günlük diyetlerinde çok az karbonhidrat tercih ederler. Aslında burada beyne yapılan küçük bir oyun söz konusudur. Beyin, kendisine gelen glukozun azaldığını görünce az önce anlattığım mantıkla yağ depolarını yakmaya başlar. Açlık, her Afrikalı çocuğun kaderi olsa da spor yapanların amacı, protein ağırlıklı beslenerek aç kalmadan yağ depolarını yakmak üzerine kuruludur."

"Beynin açgözlü olduğundan bahsettim ama hakkını verelim. Kesinlikle vücudun en zeki organı çünkü değişen koşulları fark ettiği an hemen yeni ortama adapte olmayı beceriyor. Normalde günde 120 gram glukoz tüketmeyi kendine alışkanlık edinen beyin, bu tarz açlık durumlarında bir anda bu ihtiyacını 30 gram seviyelerine düşürebilir. Normalde keton bir şekilde glukozun yerini doldurmaya çalışsa da bunu tam anlamıyla başaramaz. Keton cisimcikleri beynin ihtiyacının ancak %75'ini karşılayabilecek kapasitededir. Yani beyin az miktarda da olsa doğrudan glukoza ihtiyaç duyar. Bu glukozu bulamadığında da mental işlevlerde azalmalar başlar (22)."

Meryam bir anda kendisini yatakta gördü. Musluktan gelen yemek kesileli 2 haftadan fazla olmuştu. Açlıktan dolayı bilincinin yavaşlamaya başladığını görebiliyordu. Aslında bu durum kötü bir gelişme sayılmazdı. Sonuçta ölüm anında beyninin tam kapasite çalışması, korkunç düşünceler oluşturmaktan başka bir işe yaramazdı.

"Yeryüzündeki hiçbir açlık, beynin açlığı kadar kuvvetli olamaz Meryam. Beyin doyamayacağını anladığı an ne yapar biliyor musun? Kendi vücudunu yemeye başlar."

Meryam bir anda çok aç kalan bir adamın vücudunun çeşitli parçalarını yiyerek hayatta kalmaya çalıştığı bir filmi hatırladı. Şu an, hiç tanımadığı bu adam yatağının yanında, bıçakla bacağından kestiği bir et parçasını yemeye çalışıyordu. Kadın bir anda midesinin bulandığını hissetti. Tam o an omzuna dokunan el bu görüntünün yok olmasını sağlamıştı. Lembas kızın gözlerine baktı.

"Derin nefes al Meryam. Meraklanma, bir yerini kesmek zorunda kalmayacaksın. Sen bitkin bir şekilde yatarken, beynin tıpkı bir yamyam gibi seni içten yemeye başlayacak. Yağ depoların bittiğinde geriye sadece protein depoların kalacak. Aslında onlara depo demek hata olur çünkü bu yapılar vücudunu meydana getiren temel yapıtaşları. Beynin, kaslarında yer alan protein moleküllerini, aminoasitlere parçalayarak tüketmeye başlayacak. İskelet kaslarını yemeye başladığında artık istesen de yataktan kalkamayacaksın. İşte o günlerde bir kas olan kalbin de zayıflamaya ve parçalanmaya başlayacak. Beynin en son kalan proteinleri de yemek istediği için kendisini hayatta tutacak enerjiyi bulamayan kalp, açgözlü beyne verilecek en güzel cevabı verip atmaktan vazgeçecek. İşte o an beyin ne büyük bir hata yaptığını anlayacak ama her zaman olduğu gibi artık çok geç olacak. Uzun süreli açlık durumlarında meydana gelen ölümün nedeni, kalbin bu vazgeçişinden başka bir şey değil Meryam. Bu süre kişinin özelliklerine göre 20 ila 70 gün arasında değişebilir. Bakalım senin kalbin kaç gün dayanacak? (23)"

Meryam bir anda ağzının kuruduğunu hissetti. Çünkü bu karanlık dünyada yalnız değildi ve içinde bir yerlerde oğlunun da kalbinin attığını biliyordu. Acaba açlıktan gözü dönmüş beyni, yavrusuna saldırır mıydı? Kendi vücudunu yiyecek kadar aç olan beyin muhtemelen bu konuda asla çekinmezdi. Bu düşünce bir anda başının dönmesine neden oldu. Belki de o zombi hatıralara kapıyı asla açmamalıydı. Trans halini sonlandıran kadın yataktan kalktı. Artık daha fazla düşünmek istemiyordu. Tam o sırada arkasından gelen ses ile irkildi. Trans halinden çıkmasına rağmen Lembas karşısındaydı ve konuşmaya devam ediyordu.

"Korkma. Oğlunu yemek zorunda kalmayacaksın. İnsan vücudu düşündüğünden çok daha dirençli olabiliyor. Gel sana 382 gün boyunca aç kalan birinin hikâyesini anlatayım."

Meryam karşısında konuşmakta olan kadına şaşkınlıkla bakıyordu. Bu şaşkınlığın nedeni kesinlikle adamın aç kaldığı gün sayısı değildi. Çok sevdiği oyun artık kontrolünden çıkmıştı. Şu an karşısındaki kadın bunun en somut kanıtıydı. Ama Lembas hiç oralı bile olmadan anlatmaya devam etti.

"1960 ve 1970'li yıllarda da insanların sorunlarından birisi fazla kilolardı ve o dönem aç kalarak zayıflamak çok popülerdi. Hatta çoğu doktor, hastalarına bu yönde tavsiyeler veriyordu. Aslında bu çok kötü bir tavsiyeydi çünkü insanların yağ ve kas metabolizması bu durumdan dolayı ciddi zararlar görüyordu. O nedenle ilerleyen yıllarda bu yaklaşım terk edilmiş olsa da zamanında birçok insanın hayatını etkilemiş olduğunu biliyoruz."

"Konuşmamın en başında bir insanın ne kadar aç kalabileceğinin kişiye bağlı olduğunu söylemiştim. Şimdi anlatacağım kişi, bunun için güzel bir örnek. 1965 yılında bir gün 27 yaşında bir adam (Angus Barbieri) bir hastaneden içeri girdi. 207 kilo ağırlığındaki adam, vücudunu taşımaktan o kadar sıkılmıştı ki doktorların kendisine yardım etmesini istedi. Doktorlar o dönemin popüler uygulaması olan kısa süreli bir açlık programı hazırlayıp buna uymasını istediler ama devasa görünümlü bu adamla ilgili pek de umutları yoktu. Fakat karşılarındaki kişi çok inatçı çıkmıştı ve doktorların inançsız bakışlarını gördüğünde olaya daha da motive olmuştu. Kendisine verilen bu kısa süreli açlık programına birebir uymakla kalmadı, program bittikten sonra da inatla yemek yememeye devam etti. Uzun süreli hiçbir şey yememenin oluşturacağı zararları çok iyi bilen doktorlar kendisini uyarmasına rağmen hiçbir şekilde geri adım atmadı."

"Adamı ikna edemeyeceklerini anlayan doktorlar en azından belirli dönemlerde hastaneye gelip kan testi yaptırmasını istediler. Normalde hiçbir şey yemeyen adam sadece gün içinde kahve, çay ve soda gibi sıvı içecekler tüketmekteydi. Adamda ciddi anlamda vitamin ve mineral eksikliği ortaya çıktığında kendisine çeşitli takviyeler yapıldı ama yememek konusunda hâlâ ısrarlıydı. Üstelik bu inadını bir yıldan fazla sürdürdü ve tam 382 gün boyunca tek bir lokmayı ağzından içeri göndermedi. Sonunda tam 125 kilo vererek 83 kiloya düştü. Tükettiği sıvılar ve vitamin gibi takviyeleri bir kenara koyarsak bir yıldan uzun süren bir açlıktan bahsediyorum. Peki, bir insan bu kadar aç kaldıktan sonra ilk yemeğinde ne yemek ister? Seni bilmiyorum ama bu adamın ilk yemeği sadece haşlanmış yumurta, tereyağlı bir dilim ekmek ve sade bir kahveden ibaretti. İşin ilginci bu inatçı adam yumurtayı yedikten sonra tok hissettiğini söyleyerek tabağın geri kalanına dokunmamıştı. Bilimsel bir makaleye konu olacak kadar uzun bir açlıkla kilo kaybeden bu adam, 1990 yılına kadar yaşadı ve öldüğünde ortalama bir kiloya sahipti. Eğer daha mantıklı hareket etseydi belki de daha uzun yaşayabilirdi (24)."

Az önce Lembas'ın sorduğu soru Meryam'ın kafasına takılmıştı. Bir mucize olup buradan çıksaydı acaba yiyeceği ilk yemek ne olurdu? Bir süre düşünen kadın sevdiği birçok yemek olmasına rağmen bir cevap bulamadı. Halen karşısında durmakta olan korkunç görünümlü Lembas'a baktı. Kadın oldukça üzüntülü bir şekilde kafasını hafifçe iki yana sallamıştı. Meryam o an, neden aklına bir yemek gelmediğini anlamıştı. Çünkü bu mezardan asla çıkamayacaktı ve her bir hücresi bu gerçeğin farkındaydı. Üstelik bu hapishanede artık yalnız değildi ve yanında kimin olacağı ise tümüyle hayal gücüne bağlıydı.

Bölüm 123

Sürpriz ve Saçsız Misafir

Dünya ilk ne zaman kirlenmeye başladı biliyor musun?
İnsan denen memeli canlı, bu topraklarda ilk kez
nefes alıp vermeye başladığı zaman.

Alarm sesiyle son yarım saattir içine dalmış olduğu kitaptan başını kaldırdı. O an burnundan içeri dolan koku, kitabın heyecanıyla unuttuğu gerçeği hatırlamasını sağladı. Hızla mutfağa giden Perit, alarmı susturduktan sonra fırının kapağını açtı. Karşısındaki muhteşem görüntü, fırının neden ısrarla kendisini çağırdığını gösterir gibiydi. Sahip olduğu güzel ya da müjdeli haberi paylaşmak isteyen herkesin yaşadığı heyecanı fırın da yaşamıştı çünkü içinde adamın oldukça hoşuna gidecek güzel bir haber vardı. Üstelik bu haber, birazdan afiyetle adamın içine girecek ve hücrelerine karışacaktı.

Camı kırıp kendi evine hırsız gibi girmesinin üzerinden tam iki gün geçmişti. Zamanın nasıl geçtiği hakkında hiçbir fikri yoktu çünkü tüm vakti temizlik yapmakla geçmişti. Üniversite öğrencisi olduğu günlerde ara sıra temizlik yapmış olsa da hayatında ilk kez böyle bir şey deneyimlemişti. Görünürde sadece evi temizleyen adam gerçekte içinde birikmiş çöpleri boşaltıyor gibi hissediyordu. Bir zamanlar en yakın arkadaşı olan Aren Urban'ın terapilerini düşündüğünde, temizlik yapmanın adamın yöntemlerinden daha etkili olduğu sonucuna varmıştı.

Başta mutfak olmak üzere evin her köşesi Meryam'ı hatırlatacak anılarla dolu olsa da temizlik bu konudaki yaralarını da iyileştirmiş gibiydi. Karısının öldüğünü tümüyle kabullenen adam, Meryam'ın ulaşamadığı bedenini beyninin en derinlerine gömerek bu mevzuyu düşünmeyi bırakmıştı. Fırından çıkardığı cam tepsiyi masanın üzerine koydu. Birazdan harika bir film eşliğinde çok güzel bir akşam yemeği yiyecekti. Bu kadar yoğun bir temizliğin ardından kendisini, en sevdiği yemeklerden biriyle ödüllendirmişti. Yapımı epey vaktini alsa da şu an karşısındaki görüntüden oldukça memnundu. Genelde akşam yemeklerinde alkol kullanmayı tercih ederdi ama cehenneme olan yolculuğundan beri ağzına alkol sürmemişti ve bu kararını sürdürmekte kararlıydı. Buzdolabının açık kapısı önünde ne içeceğine karar vermeye çalışırken hiç beklemediği bir şey oldu ve zil çaldı.

Yaşadığı evin kapısı daha önceki hayatında defalarca çalmış olmasına rağmen, sanki kapı dile gelmiş ve kendisiyle konuşmak istemiş gibi şaşkınlık içinde sesin geldiği tarafa baktı. O an beyninin içinde sadece tek bir isim belirdi. Tesla gelmişti. Perit'in donmuş bedeni, zilin ikinci kez çalmasıyla bir anda çözüldü ve kapıya doğru ilerledi. Beyninde gömülü olan düşünceler kapıdaki kişinin Meryam olma ihtimalini hesaba katmak istese de bu ses artık çok zayıf çıktığından adamın ilgisini çekmiyordu. Kapının kolunu tuttuğunda kalp atışlarını âdeta kulağında hissetti. Sonuçta dışarıdaki kim olursa olsun geçmişinden gelmişti ve geçmişi şu sıralar içinde çok fazla sürprizi barındıran bir haldeydi.

Kapıyı açtığında, yaklaşık iki saniye içine bir sürü fizyolojik reaksiyonu sığdıracak bir görüntü ile karşılaşmıştı. İlk bir saniye içinde görme korteksinden kendisine ulaşan bilgileri yorumlayan prefrontal korteks, karşısındaki saçları sıfıra vurulmuş kadını tanıyamamıştı. Ama sonraki yarım saniye içinde beyinde yüz tanımadan sorumlu bölge olan fusiform girus ve amigdaladan gelen uyarılar, aslında bu kişinin tanıdık biri olduğunu Perit'e hatırlatmıştı. Böylece karşısındaki kişinin kimliğini net bir şekilde algılayan Perit, birkaç saniye düşünme fırsatı bulduğunda aslında bu kızı gerçekte çok da tanımadığını hatırlamıştı. Soma, elinde kırmızı bir elmayla kapıda duruyordu.

"Sürpriz!"

Perit sebebini bilmediği bir şekilde kıza çok uzak bir geçmişe ait biriymiş gibi baktı. Yüzündeki gülümseme her zaman olduğu gibi mükemmeldi. Kısa kıvrımlı saçlarını kökünden kazıtan Soma, bu haliyle çok daha etkileyici bir görünüm kazanmıştı. Yeni nesil masallara ait bir melek gibi gözüküyordu. Perit'in kilitlenmiş hali karşısında konuşan yine kız olmuştu.

"Umarım beni içeri davet edersin. Hatırlarsan seni dağ başında, terk edilmiş bir halde bulmuştum."

Kızın tanımlaması ne kadar da mükemmeldi. Gerçekten de kendisini bulduğunda dağ başında terk edilmiş bir haldeydi. Yıllarca taşıdığı ruhu, âdeta içinde bulunduğu bedenden tiksinmiş gibi adamı terk etmişti. Neyse ki Soma sayesinde kaybolan ruhuna çok fazla uzaklaşmadan kavuşabilmişti. Hızla kenara çekilen Perit gecikmeden dolayı yaşadığı panik yüzünden abartılı el hareketleriyle kızı içeri davet etti.

"Profesör, bu müthiş koku da ne?"

Bundan sonra yaşanılanlar âdeta bir reklam filmine ait gibiydi. Kokunun geldiği yöne doğru hızla yürüyen Soma, hemen bir çatal alarak cam tepsideki lazanyadan bir parça aldı. Tıpkı küçük bir çocuk gibi dikkatlice çatala üfledikten sonra lokmayı ağzına götürdü. Dilinin üzerinde eriyen lezzetin oluşturduğu haz ile ağzını yakan sıcak hislerinin birleşimi, kızın yüzünde görülmesi gereken müthiş bir ifade oluşturmuştu. O an Perit'in emin olduğu bir şey vardı. Eğer birkaç saniyeye sığan bu görüntüyü kaydetme şansı olsaydı dünyanın en güzel reklam filmini çekmiş olurdu. Ama her güzel an gibi bu an da kaydedilmediği için mükemmeldi.

Mutfak dolaplarını karıştıran Soma, sanki misafir Perit'miş gibi hızlıca masayı düzenlemişti. Kızın sayesinde, evin içini dolduran samimiyet duygusunu o kadar özlemişti ki her saniyenin tadını çıkarmaya çalıştı. Karşısında yemeğini afiyetle yemekte olan bu kızla yıllarca yaşayabileceğini hissetti. Soma öylesine bir yaşam enerjisiyle doluydu ki adamın içinde yıllar önce ölmüş olan gençliğini yeniden diriltmişti. Bir an Soma geldiğinden beri tek kelime bile etmemiş olduğunu fark etti. Tam kıza saçıyla ilgili bir şey söyleyecekken masanın üzerindeki bir kabın içinde duran pipetlerden birini alan Soma konuşmaya başladı.

"Eskiden bunları kullanmaya bayılırdım. Her şeyi hızla tüketen insan için güzel bir icat aslında. Çünkü bu pipet sayesinde normalde bir dikişte bitirebileceğin sevdiğin bir içeceği azar azar içmeyi öğreniyorsun. Hatta bardağının yarısından fazlası bittiğinde hemen her insanın sergilediği o davranışı hatırlasana. Pipetin ağzını dişlerinle sıkıştırıp, sıvıyı içine çekmeye çalıştığın o andan bahsediyorum. Ne güzel bir paradoks değil mi? Tüketmek istediğin ama bitmesini istemediğin bir olay karşısında beynimizin çaresizliğini çok güzel özetliyor bence."

Perit gülümsedi. Kızın tespiti gerçekten ilginçti ve bu tespitle çok uzun zamandır neye ihtiyacının olduğunu anlamıştı. Elinden kayıp giden zaman karşısında ihtiyacı olan şey kesinlikle bir pipetti. Böylece zamanı azar azar çekip bitmemesi için elinden gelen her şeyi yapardı. Ama ne yazık ki sistem böyle çalışmıyordu. Özellikle 35 yaşını geçtikten sonra değil pipetle tüketmek, hayat âdeta çok sevdiği sıvıyı insanın üzerine kovayla döküp bir an önce bitirmeye çalışıyor gibiydi. Her şeyin bu kadar hızlı akıp gitmesinin başka bir açıklaması olamazdı.

"Ama sen yine de bunları kullanma profesör. Tüm plastikleri hayatımdan çıkaralı epey zaman oldu ve gerçekten mutluyum."

Perit, kızın vurgusundan sadece plastik materyalleri kastetmediğini anlamıştı. Aslında üzerinde konuşulması gereken güzel bir metafor olsa da Perit'in ağzından bir anda "mikroplastikler" kelimesi çıkmıştı. Kız geldiğinden beri konuşmayan adam, ağzından çıkan ilk kelimenin anlamsızlığına kendisi de şaşırmış gibiydi. Muhtemelen kız, geçmişine dair bir durumdan bahsedecekken bu kelime ile konuşmanın yönünü çoktan tayin etmiş oldu. Karşısında şaşkınlıkla gülümseyen Soma, bir önceki konuşmalarına yönelik bir kavramı hatırladığından dolayı adamın hafızasını takdir eden bir el hareketi yaparak konuşmaya başladı.

"Dünya ilk ne zaman kirlenmeye başladı biliyor musun? İnsan denen memeli canlı, bu topraklarda ilk kez nefes alıp vermeye başladığı zaman. Yeryüzündeki yaşamın kaynağı olan temiz oksijeni tüketip, kirli karbondioksitini etrafa saçmak hiçbir zaman ona yetmedi. Sen de biliyorsun profesör, bu çok uzun bir hikâye ama bizi ilgilendiren kısmı, kimya yeteneğini geliştiren insanın plastik diye bir materyali keşfetmesi ile başladı. Bu mucizevi ürün, hemen her alanda müthiş iş görmesi ve de oldukça ucuz olması ile hızla insanlığın dikkatini çekmeyi başarmıştı. Kısa sürede vazgeçilemeyecek bir ürüne dönüştüğünde öyle bir yayılım gösterdi ki şu an yeryüzü üzerinde plastiğe rastlamayacağın tek bir alan kalmadı. Yılda ortalama 400 milyon ton plastik ürettiğinde ne yazık ki elinde başka seçenek kalmıyor."

"Everest'in en tepe noktasından, okyanusun en derinlerine kadar artık plastik her yerde. Henüz farkında olmasak da ilk olarak denizlerimizi öldürdük. Buralarda yaşayan birçok canlının sindirim sistemi çoktan mikroplastiklerle doldu. Ne yazık ki insanlık nasıl büyük bir sorunla karşı karşıya kaldığının farkında bile değil. Bakışlarından gördüğüm kadarıyla benzer bir durum senin için de söz konusu."

Perit, normal her insan gibi plastiğin doğaya ne kadar zararlı olduğunu biliyordu ama mikroplastik kavramı hakkında pek bir fikri yoktu. Bununla beraber sanki konuşmaları hiç kesilmemiş ve başka konuşacak bir şey yokmuş gibi Soma'nın doğrudan konuya girmesi gerçekten ilginçti. Belki de kızda en çok hoşuna giden özelliklerden biri buydu. Konuşulacak bir sürü şey olmasına rağmen hiç bilmediği mikroplastikleri dinleyecekti. Anlaşılan yine bir yerlerde insanlığın canını sıkacak gelişmeler yaşanıyordu.

"Bilimsel tanımına göre 5 milimetreden daha küçük olan plastik parçaların hepsine *mikroplastik* diyoruz. Peki, bu kadar küçük plastiklerin oluşmasını sağlayan ne? Aslında baktığın zaman genel anlamda iki sınıf mikroplastik söz konusu. *Birincil (primer) mikroplastikler*, başta kozmetik olmak üzere birçok üründe kullanılan ve insanlar tarafından bu amaç doğrultusunda üretilen küçük boyutlu plastik parçaları ifade ediyor. *İkincil (sekonder) mikroplastikler* ise her türlü plastik ürünün zaman içerisinde parçalanmasıyla ortaya çıkan partiküllerden başka bir şey değil (25)."

"Her geçen gün giderek artan miktarda plastiğe maruz kalıyoruz ve bu partiküllerin vücudumuza neler yapacağı hakkında hiçbir fikrimiz yok. Üstelik bu parçacıklar ne kadar küçükse bizim için o kadar tehlikeli bir hal alıyor. Çünkü sindirim ve solunum yoluyla vücudumuza giren bu minik parçalar, kan dolaşımına katılıp birçok organa taşınabilecek kadar tehlikeliler profesör. Üstelik organlarda biriken bu plastik çöplerin nasıl temizleneceği konusu ise tam bir soru işareti. Damarlarının içinde mikro düzeyde plastik parçaların dolaştığı fikrinin çok gerçekçi gözükmediğinin farkındayım ama eğer konuyla ilgili küçük bir araştırma yaparsan karşına çıkacak bilgilere inanamayacaksın. Hatta bu konunun aslında ne kadar tehlikeli bir boyuta ulaştığını gösteren ilginç bir çalışma var."

"Söz konusu koruma güdüsü olduğunda bir annenin, çocuğu için nasıl fedakârlıklar yapabileceğini bilirsin. Aslında bu koruma güdüsü bebeği henüz küçücük bir fetüsken başlıyor. Anne ve fetüs arasında muazzam bir bağ olan plasenta adlı bir yapı var. Bu yapı, gelişim için gerekli olan oksijen ve besinlerin fetüse geçmesini sağlarken, benzer bir mantıkla fetüsteki atık maddelerin uzaklaştırılmasında da rol oynar. Bunu yaparken de oldukça dikkatlidir ve fetüse gidecek şeyleri özenle kontrol eden bir bariyer gibi davranır."

"Şimdi sıkı dur çünkü bahsedeceğim çalışmada mikroplastik dediğimiz yapıların henüz doğmamış fetüslerin içine bile geçebileceği gösterilmiş. Ne garip değil mi, yeryüzünün en saf canlısı olan bebekler, daha doğmadan bizim yarattığımız kirliliğe maruz kalmaya başladı. Üstelik bu kirliliğin gelişim süreçlerini nasıl etkileyeceğini de bilmiyoruz. Bilim insanları bu ilginç durumun adını çoktan koydular. Plasentada rastlanan mikroplastiklerle ilgili olarak, plastik ve plasenta kelimelerinin birleşiminden oluşan *plasticenta* kavramını kullanıyorlar. Bahsettiğim çalışmada sağlıklı bir hamilelik dönemi geçiren altı kadının plasentası incelenmiş. Araştırmacıların ulaştıkları sonuçlar gerçekten ilginç çünkü dört plasentada toplam 12 adet mikroplastiğe rastlanmış. Bu mikroplastiklerin bir kısmı plasentanın anneyi ilgilendiren kısmında yer alırken bir kısmı doğrudan fetüsle ilgili bölümlerde tespit edilmiş."

"Peki, bu plastikler fetüse nereden geldi? Yapılan detaylı incelemelerde plasentada rastlanan ve yaklaşık 5 mikrometre (0,005 mm) büyüklüğündeki mikroplastiklerin bir kısmının *polypropylene* olarak tanımladığımız bir ürüne ait olduğu gösterilmiş. Bu materyalin özellikle plastik şişe üretiminde kullanıldığını biliyoruz. Ama profesör bu mikroplastiklerin büyük çoğunluğu bir başka kaynağa ait. Yüz kremi, makyaj ve çeşitli kişisel bakım ürünlerinde kullanılan bazı sentetik boya materyalleri var. İşte plasentaya geçen mikroplastiklerin bu sentetik boyalardan geldiği düşünülüyor (26)."

Perit, Soma'nın anlattığı bilgileri büyük bir endişeyle dinliyordu. Şu an damarlarının içinde plastiklerin dolaştığı fikri oldukça ürkütücüydü. İnsanın geleceği hakkında endişelenecek tonlarca şey vardı ve her insan gibi Perit de şu an bunları düşünmek istemiyordu. Yemeğin ardından en favori kahve karışımını hazırlamaya karar verdiğinde Soma da bahçeye çıkmıştı. Üzerinde bir kot pantolon, siyah sade bir tişört ve önü açık kareli bir gömlek vardı.

Perit elinde kupalarla geldiğinde kızın çimenlerin üzerine oturmuş olduğunu gördü. Bir an kendisini üniversite öğrencisi olduğu o güzel günlerdeki gibi hissetti. Kırmızı kupayı Soma'ya uzatıp yanına oturdu.

"Hangi depresyon sonrası gerçekleşti bilmiyorum ama saçının bu hali çok güzel olmuş bence."

Soma gülümseyerek Perit'e baktı. Kızın gülümsemesi harika bir illüzyon gibi kendisine doğru bakan her şeyi içine çektiğinden başka bir şeyi görmek imkânsızdı. Ama buna rağmen, kısa bir süreliğine de olsa, kızın gözlerindeki hüzünlü ifadeyi yakalamayı başarmıştı.

"Sana kötü bir haberim var profesör. Birkaç günlüğüne kalacak bir yere ihtiyacım olacak sanırım."

Duyduğu cümle Perit'in yüzünde öylesine hızlı bir mutluluk ifadesi oluşturmuştu ki, duygularını bu kadar kolay bir şekilde dışa yansıttığı için kendisinden utandı. Soma ile beraber vakit geçirme ihtimali muhtemelen şu an gerçekleşebilecek en güzel olasılıklardan biriydi. Kızın varlığı, beyninin derinliklerinde gömülü olan Meryam seslerini daha da derine gömerek duyulması imkânsız hale getirmişti. Zaten o sırada, adamın beynindeki tüm hücreler başka bir işle ilgileniyorlardı. Aralarındaki devasa yaş farkını hesaplamayı beceremeyen nöronlar, Soma'nın hayatında birisinin olma olasılığını çözmek için tüm hünerlerini sergiliyor gibiydiler. Belki de kökünden kesilmiş saçların nedeni geride bırakılan bir ilişkinin işaretiydi. Perit bir an içinde oluşan o hissi ne kadar özlemiş olduğunu fark etti.

Uzun bir süre, sessizce yan yana oturup kahvelerini içmişlerdi. Kızın vücudu yanında olsa da beyninin şu an çok uzaklarda olduğunun farkındaydı. Yandan bakılınca kızın gözlerindeki hüzün daha net anlaşılıyordu. Anlaşılan ne kadar enerji dolu gözükse de Soma'nın da derinlerinde bir yerde bir karanlık vardı. Perit bunu fark edebilmişti çünkü kendisi de o karanlık ile bizzat tanışmıştı. Hatta kızın karanlığı ile de yakında tanışacağını hissedebiliyordu. Nasıl ki Soma, Perit'le ilgili olarak Meryam'ın hikâyesi hakkında hiçbir şey bilmiyorsa, benzer bilinmeyenler kızın geçmişi için de geçerli olabilirdi.

Soma sanki Perit'in beyninde oluşan bu soruyu hissetmiş gibi adama baktı. Anlatmak istediği bir şeyler vardı ama dudakları o kadar sert bir şekilde kapanmıştı ki kelimeler dışarı çıkmak ümidiyle kızın gözlerine doluşmuş gibiydiler. Konuşmayı beceremeyeceğini anlayınca Perit'e yaklaşarak kafasını usulca adamın omzuna koydu. Muhtemelen beynindeki acılar o kadar ağırlaşmıştı ki bunu taşıyabilmek için fazladan bir omuza daha ihtiyacı var gibi gözüküyordu. Perit daha rahat edebilmesi için elini kızın omzuna götürdü. Tam da hayalini süsleyecek bir sahnenin içindeydi. Şu an için eksik olan tek şey romantik bir aşk şarkısı gibi gözükse de Perit gerçeğin çok daha farklı olduğunu hissedebiliyordu. Omzundaki kafa, sadece korkmuş bir çocuğa aitti. Perit'in eli, kısacık kesilmiş saçların üzerine gitti. Tıpkı ağrıyan bir yerin yavaşça ovulması gibi adamın eli de kızın kafasının üzerinde hareket etmeye başladı. Çünkü içinde bir yerlerde kızın beyninin fazlasıyla acıdığını biliyordu.

Bölüm 124

Uyanış

Akıl hiçbir zaman duyguları yönetmez,
sadece onun suç ortağı olur.

Mignon Mclaughlin

Pia gözlerini açtığında ilk hissettiği şey tanıdık bir zamanda uyanmanın verdiği huzur olmuştu. Atlas tarafından ilk kaçırıldığında, Neon'a ait bir laboratuvarda, sanki geleceğe ait bir zamanda uyanmış gibiydi. Ardından aynı dev tarafından ikinci kez kaçırıldığında bu kez geçmişe gitmiş ve 1900'lü yıllara ait bir sanatoryumda uyanmıştı. Nihayet çok uzun bir zaman sonra kimse tarafından kaçırılmamış olan kız şimdiki zamana uyanabilmeyi başarabilmişti. Gerek yatağı gerekse etrafındaki mobilyalar ve televizyon, sıradan hayata dair eşyalardan başka bir şey değildi. Yatağın tam karşısındaki büyük pencereden muazzam bir deniz manzarası gözüküyordu. Karşısındaki bu devasa su kütlesi bir anda ağzının ne kadar kurumuş olduğunu hissetmesine neden oldu. Aynı zamanda tüm kasları tutulmuş gibi ağrıyordu. Yavaşça yerinde doğrulmaya çalıştığı sırada yatağın yanındaki koltukta gördüğü gölge ile bir anda irkildi. Beyni sadece bir saniye içinde bu kişinin Eva olduğunu algılamış olsa da vücudu çoktan tepkisini vermişti.

İstemeden de olsa kızını korkutmanın yaşattığı üzüntü, annesinin yüzünde çok net bir pişmanlık ifadesi oluşturmuştu. Diğer taraftan uzun yıllar sonra annesiyle ilk buluşmasında korkarak tepki vermesi de Pia'nın yüzünü kızartacak bir utanca dönüşmüştü. Hızla yerinden kalkan Eva, yanındaki sehpanın üzerinde bulunan sürahiden bir bardak su doldurdu. Sanki kızının ne kadar susadığını hissetmiş gibi yatağın kenarına oturarak bardağı Pia'ya uzattı.

Bir an ne yapması gerektiğini bilmeyen Pia, bardağa büyük bir istekle uzandı. En azından su içerken nasıl davranması gerektiğini düşünebilirdi. Yanındaki kişi öz annesi olmasına rağmen gerçekte hiç tanımadığı bir insandı. Üstelik buraya gelmeden hemen önce yaşlı bir adamla yaptığı görüşmede Eva hakkında çok garip bilgiler öğrenmişti. Su, ağzının içine değdiği an hissettiği susuzluk daha da artmıştı. Hayatında daha önce hiç bu kadar susadığını hatırlamıyordu. Bir an ne kadar uzun süredir uyumuş olduğunu merak etti. Korku, endişe, özlem ve sevgiden oluşan garip ifade kızın gözlerinde âdeta çığlık atıyordu ve Eva bu çığlığı duymakta gecikmedi. Elini Pia'nın elinin üzerine koyarak konuşmaya başladı.

"Seni çok iyi anlıyorum kızım. Muhtemelen şu an ağaç kovuğundaki delikten düşmüş Alice gibi hissediyorsun. Ama korkmana gerek yok. Artık beraberiz ve benim yanımdayken kimse sana dokunamaz."

Bardağı kızının elinden alıp kenara koyan Eva, "Evine hoş geldin" diyerek hafifçe Pia'ya sarıldı. Kadının boyun bölgesinden yayılan koku bir anda Pia'nın gözlerinin dolmasına neden olmuştu. Anne ve yavruların sadece koku aracılığıyla birbirlerini tanıyabilmeleri hakkında bir sürü makale okuyan Pia, hayatında ilk kez bu bilgiyi bizzat deneyimliyordu. Burnundan giren koku molekülleri Eva ile aynı genleri taşıdığını yüzüne haykırıyordu. Buna rağmen kollarını, annesinin bedenine dolamayı başaramadı ve çok uzun sürmesi gereken sarılma eylemi, hiç hak etmediği bir kısalıkla sonlandı. Annesi geriye doğru çekildiğinde, kırışmaya başlamış yüzünde akan gözyaşlarını gördü. Pia, yıllar sonraki halini gösteren sihirli bir aynaya bakıyormuş gibi hissetti. Oturduğu yerden kalkan Eva utangaç bir çocuk gibi hızlıca gözlerindeki yaşları sildi.

"Kendine gelmen için bir süre yalnız kalmaya ihtiyacın var. Dilediğini yapmakta özgürsün. Dolapta giyebileceğin kıyafetler var. Eğer dışarıda dolaşmak istersen sahil şeridi bunun için oldukça uygun. Kısaca neye ihtiyacın olursa söylemen yeterli."

Cümlesini bitiren Eva hızlı ama çekinik bir şekilde yaklaşarak Pia'yı tam kafasının üzerinden öptü. Daha sonra odanın bir ucunda varlığı çok anlaşılmayan merdivenlerden inerek gözden kayboldu.

Pia hareketsiz bir şekilde yatakta oturmaya devam etti. Az önce beyninde yaşamaya çalışan düşüncelerin hepsi gitmiş, yerlerine devasa bir pişmanlık duygusu gelmişti. Yıllar sonra ölmüş olduğunu sandığı öz annesine kavuşmuştu ama kadına sarılamamıştı bile. Annesi bir cesede sarıldığında ceset ne tepki verirse Pia'nın tepkisi de o kadar olmuştu. Muhtemelen bu hareketiyle annesini büyük bir hayal kırıklığına uğratmıştı. Beynindeki bir grup hücre yaptığı saçmalık yüzünden kendisini suçlarken nereden geldiği belli olmayan bir başka nöron grubu asıl hayal kırıklığının annesinden kaynaklandığını öne sürdü. Eğer kendi bilimsel hırsı yerine ailesine önem verseydi bunların hiçbirisi yaşanmayacaktı.

Son düşünceyle beraber kızın elleri hızlıca elbisesine gitmişti. Üzerinde, sanatoryumda giydiği mavi elbise vardı ama babasıyla olan fotoğrafı olması gereken yerde değildi. Hızlıca ayağa kalkan Pia, ceplerine tekrar baktıktan sonra yatağın her tarafını kontrol etti ama fotoğraf ortalıkta gözükmüyordu. İki elini başına götüren Pia, fotoğrafla en son ne yaptığını hatırlamaya çalışsa da kafasının içindeki sis yüzünden hiçbir hatırasını göremiyordu. Belki de uyuduğu sırada annesi fotoğrafı bulmuştu. Bu durumda gerek kendisini gerekse yaşlı adamı büyük bir tehlikeye atmış olabilirdi. Kafasının içinde bir girdap gibi hareket eden ihtimaller başının dönmesine neden oldu.

Camın kenarındaki sandalyenin üzerine vücudunu bırakan kız, kafasındaki tüm düşünceleri susturmaya çalıştı. Saçma sapan bir senaryonun içine hapsolmuş bir karakter olmaktan çok yorulmuştu. İzleyiciyi sürekli şaşırtmak için bir sürü gizemli olay örgüsü yaratan ve sonra da yarattığı bu olayları belirli bir mantık çerçevesinde açıklayamadığında "meğerse her şey bir rüyaymış" diye biten bir filmin karakteri gibi hissediyordu. Tek sorun hâlâ uyanamamış olmasıydı. Artık uyanmak ve sıradan hayatına dönmek istiyordu.

Fotoğrafı bulamadığı için panikleyen vücudunu dışarıdaki manzarayı izleyerek sakinleştirmeye çalıştı. Eva'nın evi deniz kenarında bulunan oldukça pahalı villalardan biri gibi gözüküyordu. En yakın evler yaklaşık 100 metre ilerideydi ve uzakta denize giren insanları görebiliyordu. İçinde bir yerlerde oluşan değişimi hissedebiliyordu. Her ne kadar tanımadığı insanlar annesiyle ilgili birtakım söylemlerde bulunmuş olsalar da zor kısmı geride bıraktığını düşünüyordu. Muhtemelen böyle düşünmesine neden olan etrafındaki renk yoğunluğunda meydana gelen değişimdi. Sanki filmlerde kullanılan renk filtrelerinde olduğu gibi, uyandığından beri hayata sarı-turuncu bir filtrenin arkasından bakıyormuş gibi hissediyordu.

Renklerin insan duyguları ve fizyolojisi üzerine olan etkileriyle ilgili birçok bilimsel çalışma okumuş olmasına rağmen bu konuda net tanımlamalar yapacak bir sonuca ulaşamamıştı. Söz konusu renkler olduğunda insanlar arasında büyük bir çeşitlilik görülmekteydi. Buna rağmen sinema endüstrisi uzun yıllardır çektikleri filmler için belirli renk filtre kalıplarını kullanmayı tercih etmişti. Bu renkler aracılığıyla yarattıkları sahneye istedikleri ruhu katmaya çalışıyorlardı. Birçok korku filminde karanlık ve mavi tonun hâkim olmasının altında yatan neden buydu. Diğer taraftan Güney Amerika'da ya da Ortadoğu'da geçen bir film söz konusu olduğunda bu filtreler bir anda yoğun turuncu renklere dönüşüyordu. İşte Pia'nın hissettiği şey tam da böyle bir duyguydu. Gerek Neon gerekse sanatoryumdaki anılarında koyu mavi bir ton hâkimken artık sarı ve turuncu renklerin yoğun olduğu daha farklı bir hayata uyanmış gibi hissediyordu.

Deniz, gökyüzü ve kumdan oluşan manzara kendisine iyi gelmişti çünkü bundan sonrasında ne yapması gerektiği ile ilgili kafasında bir fikir oluşmuştu. Galen ile tanışmadan önce her sorununu kendi başına çözen bağımsız biriydi ama bu tanışma tüm hayatını değiştirmişti. Karşısındaki adam kendisine o kadar bağımlı bir haldeydi ki bu duygu bir anda Pia'ya da bulaşmıştı. Birbirlerine duydukları sevgi ikisini de birer bağımlıya dönüştürmüştü. Ama Galen'in bağımlılığı kesinlikle çok daha derindi. Beraber oldukları o kısa dönemde tüm hayatını Pia üzerine inşa etmişti. Eğer yapabilseydi kız yorulmasın diye onun adına nefes alıp vermeyi bile kabullenebilirdi. Pia, bu ilgi ve konfora kendisini çok çabuk kaptırmıştı. Büyük ve küçük tüm kararları kendisi adına alan biri olduğundan dolayı âdeta karar alma yeteneğini yitirmişti. Bundan kesinlikle şikâyetçi değildi ama artık Galen yoktu ve hayatının kontrolünü acilen geri kazanmak zorundaydı. Eğer böyle yapmazsa boşta kalan ipler bu sefer de annesinin eline geçecekti.

Kız ayağa kalktı ve kıyafet dolabının önüne geldi. Birbirine benzeyen oldukça sade ve bir o kadar kullanışlı gözüken bu kıyafetler muhtemelen annesine aitti. Dolap önünde ne giymesi gerektiğini düşünmek yeniden bir insan gibi hissetmesine neden olmuştu. En rahat gözüken kıyafeti alıp yatağın üzerine bıraktı. Önce soğuk-mavi geçmişini yıkayıp vücudundan uzaklaştıracak sıcak bir duş alacaktı. Ardından da sarı ve turuncu renklerden oluşan yeni hayatını vücuduna giyecekti. Annesinin hikâyesini dinledikten sonra birçok sorunun cevap bulacağını biliyordu. Ama asıl emin olduğu şey başka bir gerçekti. Karşılaşacağı cevaplar ne olursa olsun yeni hayatında tüm kontrol sadece kendi ellerinde olacaktı.

Bölüm 125

Mahzende Yüzen Fare

Bildiğimle hissettiğim arasında daima bir çatışma olacak.

Emil Michel Cioran

Otto duvardaki eski model büyük saate baktı. Güvenlik amiri şatoyla ilgili inceleme raporunu sunmaya başlayalı tam 70 dakika olmuştu. Saatin alt kısmında ritmik bir şekilde sağa ve sola hareket eden uzun sarkaç, çıkardığı her ses ile yaşamından kopup giden saniyeleri adamın kafasına vuruyor gibiydi. Bulundukları yüksek tavanlı toplantı odasında gereksiz büyüklükteki bir masanın etrafına oturmuşlardı. Sadece iki gündür burada olmasına rağmen şatonun her yerinde karşısına çıkan gereksiz büyüklükteki eşyalardan ve kullanışsız detaylardan çok sıkılmıştı. O nedenle planında son dakika değişikliği yaparak toplantının ardından buradan ayrılmaya karar vermişti.

Yapılan toplantı Origon Noah'ın özel yaşamıyla doğrudan ilgili olduğundan, gizlilik nedeniyle masada sadece üç kişi vardı. Nada, geçen süre içinde tek bir kelime etmemişti. Güvenlik amiri ise ilginç gibi gözüken ama pratikte Otto'nun hiçbir işine yaramayacak bilgileri paylaşmaya devam ediyordu. Origon büyük bir sabırla konuşmanın mahzene geleceği o anı bekliyordu. Şatodaki bu gizemli yerden haberdar olduğunu kimse bilmiyordu ve Nada'nın bu konuyla ilgili nasıl bir yalan üreteceğini gerçekten merak ediyordu.

Otto'yu daldığı düşüncelerden çıkaran güvenlik amirinin susması olmuştu. Anlaşılan heyecanla beklenen sunum sona ermişti. Amirin, mahzen hakkında tek bir kelime etmemiş olmasına inanamıyordu. Tam da bu kısımda konuşması gerekiyordu ama bu ani bitiş nedeniyle hazırlıksız yakalanmıştı. Havada asılı kalan sessizliği bozan Nada olmuştu.

"Teşekkürler sayın güvenlik amiri. Eğer Origon Otto'nun bir sorusu yoksa toplantıyı bitirebiliriz."

Otto, en son kranial konseyinde yaşadığı anın neredeyse birebir aynısını şu anda da yaşıyordu. İçinde bir yerlerde, mahzenle ilgili sorular sorup Nada'yı köşeye sıkıştırmayı amaçlayan müthiş bir istek vardı ama aynı hatayı ikinci kez yapmayacaktı. Nada'nın herhangi bir şüphe duymaması için güvenlik amirinin anlattığı birkaç detay üzerinden önemli gibi gözüken ama gerçekte hiçbir kıymeti olmayan birkaç soru sormuştu. Adam soruları detaylı bir şekilde yanıtladıktan sonra salonu terk etti.

Kapının kapanmasıyla masadan kalkan Nada, saatin yakınlarında duran raftan bir şişe ve iki kadeh alarak Otto'nun yanına geldi. Görünen o ki toplantı henüz bitmemişti. Hatta yeni başlıyor bile olabilirdi. Şişeyi açan kadın kadehlerden birine kırmızı şarap doldurduktan sonra şişeyi masanın üzerine bıraktı. Ardından kadehi koklar gibi yaptıktan sonra şaraptan kocaman bir yudum aldı ve Otto'ya en yakın sandalyeye oturdu.

"Ne garip değil mi! Her gün evden çıkarken tekrar geri döneceğimiz inancıyla hareket ediyoruz. Bu inanç ne kadar kuvvetli gözükse de bunu başaramayacağımız bir gün sonunda ortaya çıkıyor. İşte o gün belki de dış dünyaya karşı en savunmasız olduğumuz zamanlardan biri bence. Evimize giren yabancılar, misafirlerden saklamak için özen gösterdiğimiz iç dünyamıza doğrudan şahit oluyorlar. Noah'ın eşyalarını karıştırırken bunu çok daha güçlü bir şekilde hissettim. Noah geri döneceğinden o kadar emindi ki tüm iç dünyasını açık bir şekilde ortalıkta bırakmaktan çekinmemişti."

Otto, alkolü seven bir insan değildi. Sadece bazı toplantılarda sosyalleşmenin zorunlu bir gereği olarak alkol kullanıyordu. Kadının giriş cümlesinden anladığı kadarıyla, mahzen meselesini saklamak için Noah'ın iç dünyasıyla ilgili bir hikâye dinleyecekti. Otto, masadaki şişeyi alarak önündeki boş kadehi doldurdu. Nada kendisini ne kadar rahat hissederse hata yapma ihtimali o kadar yüksek olurdu. İlk kadehini bitirmiş olan kadın ise bu hareket karşısında bardağını yeniden doldurarak konuşmaya devam etti.

"Biyolojik çalışmalarda çok sık kullanılan deneysel bir yöntem vardır. *Zorunlu Yüzme Testi* denilen bu yöntemde silindir şeklinde uzun cam bir kabın yaklaşık %70-75'i su ile doldurulur. Daha sonra bir fare bu silindir kabın içine bırakılır. Yüzmeye başlayan fare, kaptan çıkabilmek için her türlü çabayı gösterir. Suyun içinde çırpınır, zıplamaya çalışır, cama tırmanabilmek için mücadele eder ama deney şartlarından dolayı kaptan dışarı çıkması imkânsızdır. Fare sonunda bu gerçekle yüzleştiğinde çok ilginç bir şey yapar. Sadece çok basit hamlelerle kafasını dışarıda tutacak şekilde suyun içinde hareketsiz kalmaya çalışır. İşte o an farenin tüm ümitlerinin bittiği ve mücadeleden vazgeçtiği andır. Uygulaması oldukça basit olan bu yöntem birçok antidepresan ilaç çalışmasının temelini oluşturur. Mesela depresyona sokulmuş fareler suya bırakıldığında mücadele etme süresinin oldukça kısa olduğu görülmüş. Birçok ilaç araştırmacısı çeşitli kimyasalları bu farelerde deneyerek hayvanların mücadele etme sürelerini uzatmaya çalışıyorlar. Eğer bunu başarırlarsa ilgili kimyasal maddeyi uygun bir ilaç formuna dönüştürerek insanların depresyonuna çare olabilecek tedaviler geliştirmeyi amaçlıyorlar (27)."

Nada soluklanmak için kadehinden bir yudum daha aldı. Otto ise tüm bu süre boyunca doldurduğu kadehe dokunmamıştı bile. Kafasını karıştıracak bir hikâye duymayı bekliyordu ama bunun antidepresan kullanan fareler ve bu farelerin yüzme alışkınlıklarıyla ilgili olacağını asla tahmin edemezdi.

"Fareler arasında ufak tefek farklılıklar görülse de mücadele etme süreleri açısından sabit bir ortalama süreden bahsedebiliriz. Mesela suya bırakılan farelerin ortalama 10 dakika boyunca mücadele ettiğini sonra da vazgeçtiğini gördük diyelim. Daha sonra bir başka fareyi yine aynı kaba koyup, pes etmeden 1 dakika önce, yani ortalama dokuzuncu dakika civarında sudan çıkarırsak ne olur? Bu farenin tavırları değişir mi? Yani bu fareyi ertesi gün aynı kaba koyduğumuzda, kendisinden önceki fareler gibi yine onuncu dakikada mı pes eder? Bunu denediklerinde çok ilginç bir sonuç görmüşler. Bu fareler, üzerinden 10 dakika geçmiş olsa bile mücadele etmeye devam etmişler. Oysa önceki fareler ortalama 10 dakikada bu mücadeleden vazgeçmişti ama bu fareler muhtemelen 16-17 dakika boyunca mücadele etmeye devam edecektir. Peki, bu farelerin diğerlerinden daha uzun süre direnmesinin sebebi ne? Cevap tek kelime. Umut. Çünkü daha önceki mücadelesi sayesinde dokuzuncu dakikada sudan çıkmayı başarmıştı. İşte bu umut ekstradan fazla çaba harcamasındaki en önemli motivasyondu. Yani fare bile olsan mücadelenin olduğu her yerde umut olmak zorunda."

Origon Noah'ın hayatını günlerdir didik didik araştıran Nada, âdeta Otto ile dalga geçer gibiydi. Fareler hakkında devam eden gereksiz hikâyesi Otto'nun yavaş yavaş sinirlenmeye başlamasına neden olmuştu. Belki de kadın, sinirlenmesini sağlayıp toplantıyı terk etmesini istiyordu. Nada yeniden konuşmaya başladığında Otto kadehi ağzına götürmüştü. Anlaşılan birkaç yudum alkole ihtiyaç duyacaktı.

"Aynı şey Noah için de geçerliydi çünkü Origon'un da büyük bir mücadelesi vardı. Tıpkı farelerde olduğu gibi bir yerlerde bu mücadeleye hayat veren bir umut olmalıydı. Günlerdir yaptığım araştırmalar sonucunda, Noah'ın herkesten gizlemek için muazzam çaba gösterdiği o umudu, kilitli bir mahzenin içinde buldum."

"Kilitli mahzen" kelimeleri tam da Otto'nun kadehten büyük bir yudum aldığı sırada Nada'nın ağzından çıkmıştı. Fare hikâyesinin mahzene bağlanabileceğini asla tahmin etmeyen Otto tümüyle hazırlıksız yakalanmıştı. Kadının bunu bilerek yaptığından şüphesi yoktu ama bu bir gerçeği değiştirmiyordu. Alkolü doğru düzgün yutmayı becerememesine oldukça sinirlenen akciğerleri kendisi için oldukça sağlam öksürük nöbetleri hazırlamıştı. Nada'nın karşısında öksürmemek için dirense de bir noktadan sonra fizyolojik gerçeğe yenilmişti. Gereksiz meydan okuması peş peşe süren bir sürü kesik öksürüğe neden olmuştu. Öksürmekten yüzü kıpkırmızı olan Otto, bu utanç görüntüsünü gizlemek için hızla ayağa kalkarak pencereye doğru gitti. Nada, adama yardımcı olmak için ayağa kalksa da Otto basit bir el hareketiyle buna gerek olmadığını belirtti. Öksürük nöbeti sona erdiğinde yüzünün rengi normale dönene kadar bir süre camdan dışarıyı seyretti. Arkasında bekleyen kadının bu aciz görüntüden müthiş zevk aldığından adı gibi emindi.

Tekrar kadına doğru döndüğünde Nada'nın elinde bir bardak suyla ayakta beklediğini gördü. Suyu içen Origon nihayet normale dönmeyi başarabilmişti. Kadının mahzen konusunu açmış olduğuna hâlâ inanamıyordu. Girdiği saçma öksürük nöbeti yüzünden tıpkı bir amatör gibi kendi kendisini deşifre etmişti. Sesinin kısık çıkacağını bildiğinden eliyle işaret ederek konuşmasına devam etmesini istedi.

"Bu bilgiyi şu an benim dışımda bilen kimse yok. Sizin onayınızı almadan güvenlik amirini bilgilendirmek istemedim. Çünkü karşıma çıkan manzarayı kesinlikle önce sizin görmeniz gerekiyor."

Nada toplantı sırasında oturduğu yere gitti ve orada durmakta olan ince bir dosyayı aldı. Nefes düzeni artık iyice yerine oturan Origon büyük bir merakla kadının söyleyeceklerini bekliyordu. Kısa bir süre önce Otto'yu tehdit edecek kadar ileri giden Nada'nın, şatoda gizli mahzenle ilgili tüm bilgileri örtbas edeceğini düşünen Origon fena halde yanılmış gözüküyordu. Kadın doğrudan bu konuyu açarak hiç beklemediği bir hamle yapmıştı.

"Yüce Origon, özel izninizle şatonun birçok yerinde arama ve inceleme yaptık. Güvenlik amirinin yaptığı sunumdaki bilgiler bu araştımanın bir özetini içeriyordu. Burada kaldığım süre boyunca asistanlarla resmi olmayan görüşmeler yaptım. Bu sohbetlerde asistanlarla yakın ve samimi bir sohbet kurmaya çalıştım ve bu sayede ilginç bir bilgi öğrendim. Noah ile ilgili garip bir mahzen söylentisi vardı. Bu bilgi araştırmanın kritik noktası olmuştu çünkü Noah'ın odasında yaptığımız incelemede kart şeklinde bir elektronik anahtar tespit etmiştik."

"Etrafınızda da gördüğünüz üzere Noah burada eski usül geleneklerin yaşamasını istediğinden şatoda ekran, bilgisayar, internet bağlantısı gibi bir teknoloji yok. O nedenle ilk başta bu elektronik anahtarın Neon'daki bir yerle ilgili olabileceğini düşündük. Zaten rapora da bu şekilde işlendi. Fakat asistanların söylediği mahzen bilgisinden sonra bu elektronik anahtar kafamda farklı bir fikrin oluşmasına neden oldu. Eğer elektronik bir anahtarınız varsa elektronik bir de kilidiniz olmak zorundaydı. Bunun üzerine güvenlik kapsamında elektronik devreleri tespit edebilecek bir cihaz ile şatonun hemen her yerini dolaştım ve sonunda kapı görünümlü bir yerden sinyal almayı başardım. Elektronik anahtarı kapıya tuttuğumda tıpkı masallardaki gibi bir büyü gerçekleşti ve kapı açıldı. Artık Origon Noah'ın herkesten gizlediği iç dünyası sadece birkaç adım ötemdeydi."

Otto büyük bir heyecanla dinliyordu. Kadının mahzeni nasıl keşfettiğiyle ilgili anlattığı detayları yaratıcı bulsa da hikâyesine inanmıyordu. Çünkü karşısındaki kadının zaten yıllardır bu mahzende yaşamış olduğuna inanıyordu. Asıl anlamadığı nokta, elinde fırsat olmasına rağmen bu kadar önemli bir bilgiyi kendisiyle paylaşıyor olmasıydı. Kimbilir, belki de birazdan odaya girdiğinde burada yaşamış olan bir kadına ait izlerden bahsedecekti. Otto, artık bu hikâyenin nereye gideceğini kestiremiyordu. O yüzden sadece dinliyordu.

"Kapıdan içeri girdiğimde Noah'ın umudunun ne kadar derinlere gittiğini gözlerimle gördüm. İçinde birkaç odanın bulunduğu mahzen aslında epey geniş bir alana sahipti. Giriş kısmı neredeyse Neon'daki bir merkezden farksızdı. Oldukça eski taş blokların arasında çeşitli bilgisayarlar, ekranlar ve diğer bir sürü teknolojik cihazlar bulunmaktaydı. Görünen o ki Origon Noah birçok işini buradan takip ediyordu. Hatta burada uzun süreli vakit geçirmiş olabileceğini düşünüyorum çünkü başta yatak olmak üzere bir yaşam alanına ait çok fazla işarete rastladım. İlk başta Origon'un neden böyle gizli bir sistem kurduğunu anlamadım. Sonuçta bu teknolojiyi şatonun istediği yerine kurdurabilirdi."

Eğer karşısındaki kadından şüphelenmese bu sorusunu çok rahat cevaplayabilirdi. Nada'nın rastladığı bu gizli yaşam alanı gerçekte Dura için tasarlanmıştı. Tüm hikâye kafasında kurduğu sisteme inanılmaz uygun bir şekilde ilerliyordu. Geriye sadece birkaç ayrıntı kalmıştı ama Nada ve Dura'yı hâlâ aynı bedende buluşturmayı başaramamıştı. Patlamayla ilgili video kaydındaki kadının sesi ile Nada'nın sesinin uyuşmaması ve şu an karşısındaki kadının hiçbir şey bilmiyormuş gibi mahzen bilgilerini paylaşıyor olması açıklayamadığı önemli kısımlar olarak elinde duruyordu.

"Bu mahzende epey bir vakit geçirdikten sonra Noah'ın neden herkesten gizli bir işe giriştiğini anladım. Çünkü Origon Noah'ın çok yakın bir zaman içinde hayata geçirmeyi düşündüğü inanılmaz bir planı vardı. Birazdan sizinle paylaşacağım tüm belgelerde Noah, yapacağı girişimi Neon'un en önemli devrimi olarak tanımlasa da karşımızda tüm dinamiklerimizi yok etmeyi planlayan açık bir darbe girişimi söz konusu."

Otto'nun beynindeki hazır düşünce kalıpları hikâyenin Dura üzerinden gitmesini beklerken, Nada son anda yaptığı keskin bir dönüşle olayların yönünü bir anda hiç beklemediği bir tarafa çevirmişti. O nedenle kadının söylediklerini ilk başta algılayamasa da düşündüğünden hızlı toparlayarak yeni konuya yetişmişti. Aslında Noah'ın devrim yaklaşımıyla ilgili zaman içinde çeşitli söylentiler olsa da son kranial konseylerinden birinde yaşanılan büyük tartışma ile bu söylentiler bir anda farklı bir boyut kazanmıştı. Öne sürülen açık iddialar karşısında kontrolünü iyice kaybeden Noah, Neon tarihinde bir ilki gerçekleştirerek iki kranialin gözaltına alınmasını emretmişti. Tüm kraniallerin önünde böyle davranan birinin detaylı devrim planlarının olması şaşıracağı bir şey olmazdı.

Nada, masada duran dosyasından çıkardığı belgeleri Otto'nun önüne koydukça işin rengi ciddi biçimde değişmeye başlamıştı. Karşısında neredeyse her dakikası organize edilmiş korkunç bir plan vardı. Zaten en tepede bulunan Noah'ın hedefi sadece Neon'un içinde bir şeyleri değiştirmekle ilgili olamazdı. Aksine, burada yapacağı müdahaleler ile çok daha güçlenip tüm dünyayı etkileyecek yeni bir düzen anlayışından bahsediliyordu. Benzer bir düşünceye sahip olan Rabidus'un zamanında giriştiği devrimin tüm dünya için ne kadar büyük bir felakete neden olduğu bu kadar açık ortadayken, Noah'ın böyle bir girişimi düşünmesi gerçekten kabul edilebilir bir şey olamazdı. Ama belgelerden anlaşıldığı kadarıyla Noah bu konuda çok ciddiydi çünkü zaman çizelgesi, eylem planları ve görev tanımlamaları en ince ayrıntısına kadar hazırlanmıştı. Noah'ın kendisine en yakın 4 kranial ile birlikte yaptığı tüm şifreli yazışmalarda inanılmaz bilgiler vardı. Her okuduğu cümle Otto'yu daha büyük bir hayret içine düşürüyordu. Eğer o meşhur bomba patlamasaydı, Noah ve arkadaşları asıl bombayı dünya çapında patlatacaklardı.

Nada'nın biraz çekinerek önüne koyduğu son kâğıt bugüne kadar görmediği bir gerçeğe şahit olmasına neden olacaktı. Kâğıtta kranialler, Neon'un alt basamaklarında önemli pozisyonda olan kişiler ve daha önce hiç duymadığı çeşitli isimlerden oluşan uzun bir liste vardı. Bu isimlerin karşılarında *devrim, taraf, düşman, ikna, tutukla* gibi çeşitli kelimeler vardı. Bu kelimeler listedeki isimlerin devrim sonrası kaderini gösteren küçük notlar gibiydi. Ama asıl ilginç olan listenin en başında yer alan isimlerdi çünkü bu kişilerin hepsinin yanında *ölüm* yazıyordu. Bu isimleri tek tek inceleyen Otto sadece 4 tanıdık isme rastlamıştı. Geri kalan kişiler hakkında en ufak bir fikri yoktu çünkü o an düşündüğü tek şey bu 4 kişi arasında kendi ismine rastlamak olmuştu. Adının yanında yer alan ölüm kelimesi, içinde bir yerlerde derin bir titreme oluşturmuştu. Alhazen'i bu listede görmek kendisini çok şaşırtmasa da Vagus ve Nada'nın da infaz edilecek kişiler arasında olması, cevabı çok derinlerde duran bir soru gibi gözüküyordu.

Bölüm 126

Rima G

Öğret bana, nasıl unutulur düşünmek?

Romeo ve Juliet - William Shakespeare

Coccyx'in bakışları bir anlığına masadaki kadehin ağzındaki koyu kırmızı ruj izine kaymıştı. Bir kısmı cama yapışan dudak boyası, İris'in yaptığı makyaj hakkında bir fikir veriyordu. Tam o anda nereye baktığını fark eden İris ile göz göze geldiklerinde, her ikisinin de yüzünde birbirine uyumlu mükemmel bir gülümseme oluştu. Bu sessiz gülümseme bir anda, önce gülmeye ardından ise karşılıklı kahkahaya dönüşmüştü. İris ile baş başa vakit geçirmeyeli o kadar çok olmuştu ki vücutları yalnız kalmanın tadını çıkarıyor gibiydiler.

İris bu akşam rüya kadar güzel gözüküyordu. Üzerindeki dar koyu kırmızı elbise ve yüzündeki özel makyaj ile ödül töreni ya da gala gecesine katılan bir film yıldızını andırıyordu. Coccyx ise smokin giymişti ve boynundaki papyonun rengi, İris'in kıyafetiyle aynı renkteydi. Yemek yedikleri restoran, bulundukları şehirdeki en pahalı mekânlardan biriydi ve çevrelerindeki kişiler, ortama dekor olabilecek kadar uyumlu bir görüntüye sahiptiler. Hem Coccyx hem de İris ne kadar paraları olursa olsun bu tarz bir restorana gidecek tipler değillerdi ama bu akşam farklı bir şey denemek istemişlerdi. Fikir Coccyx'den çıkmıştı ve birkaç saat boyunca daha önce hiç denemedikleri bir hayatı simüle etmeye karar vermişlerdi.

Aslında Coccyx'in simülasyonu günün erken saatlerinde başlamıştı çünkü hiç gitmek istemediği bir buluşmaya katılmak zorunda kalmıştı. NKC âdeta hayatının üzerine açılan devasa bir şemsiye gibiydi ve bu şemsiyenin işlevi hakkında ciddi şüpheleri vardı. Bu sayede yağmurdan mı korunuyordu yoksa güneşi görmesi mi engelleniyordu, hâlâ emin değildi. Ama bugünkü buluşmadan fazlasıyla memnun ayrılmıştı. Hiç tanımadığı bir kadınla yaptığı uzun süreli görüşmenin sonunda kendisini minik bir sürpriz bekliyordu.

Sabah yaptığı görüşmeyi tamamlar tamamlamaz hızlıca İris'in konuşmasına yetişmeye çalışmıştı ama ne yazık ki sadece sunumların sonundaki tartışma kısmını yakalayabilmişti. Üstelik hiçbir sunumunda İris'i yalnız bırakmayan İlias, kendi şehrinde gerçekleşen bu organizasyona gelmemişti. Coccyx'e gönderdiği mesajda, halletmesi gereken bir işinin çıktığı yazıyordu. Günün ilk saatlerini gizli bir örgüt üyesi gibi geçiren Coccyx, tüm koltukların dolu olduğu salonda bir öğrenci gibi bulduğu ilk basamağa oturarak İris'i izlemeye koyulmuştu.

İris'in üç sandalye ötesinde oturan gözlüklü profesör, doğrudan kendisine sorulmuş soruya cevaben AGI'nin asla hayata geçemeyeceğini belirtmişti. Buna neden olarak da özellikle bilgisayar teknolojilerindeki kodlamanın yetersizliğinden şikâyet etmişti. Aslında adamın verdiği örnek oldukça ilginçti. 1962 yılında NASA'nın uzaya gönderdiği bir füze, kodlamadan kaynaklanan bir hata nedeniyle havada patlamıştı. Yaklaşık 1 milyar dolarlık projenin çöpe gitmesinin sebebi, onlarca satır kod içerisinde sadece bir tane tire işaretinin eksik olmasıydı. Aslında bu konuyla ilgili benzer çok fazla örnek olsa da sadece bu olay bile kodlamanın mantıksal yetersizliğini ortaya koyan net bir parametreydi.

Her yorumunda edebiyatla yakından ilgilendiğini belli etmeye özen gösteren profesör, kodlamayla ilgili eleştirisini de yine edebi bir örnek üzerinden açıklamıştı. Normalde William Shakespeare, Hamlet'i yazarken aslında binlerce harf ve noktalama işaretinden oluşan bir kodlama yapmış sayılırdı. Peki, benzer bir durum Hamlet için söz konusu olabilir miydi? Yani içinden birkaç harfi çıkarsaydık Hamlet anlamından ve değerinden bir şey kaybeder miydi? Her sorusunu etkileyici bir vurgulama ile dile getirmeye çalışan profesör, son cümlesini de bir tiyatrocu edasıyla seslendirmişti.

"İnsan, kendisine benzer bir zekâ üretmeden önce işe yarayan bir kodlama sistemi tasarlamak zorunda. Neticede benden bir tire çıkardığınızda, patlamayacağımdan emin olabilirsiniz."

Muhtemelen profesörün sahne gösterisi devam edecekti ama İris hızla araya girerek yapılan karşılaştırmanın açıkça saçma olduğunu vurgulamıştı. Adamın kendisinden tek bir tire çıkarıldığında bir şey olmayacağını iddia etmesi, tümüyle biyoloji bilmemesinden kaynaklanıyordu. Sonuçta DNA denilen molekül, biyolojik kodlamanın en güzel örneğiydi. Hem genetik materyalin aktarımı hem de hücre içinde meydana gelen bir sürü biyokimyasal reaksiyon, sadece birkaç harfin (A, C, T ve G) belirli bir düzende oluşturduğu kodlar aracılığıyla gerçekleşiyordu. Üç harfli kodonlardaki (Ör: CGC, ATC) tek bir harfin değişimi bile, ortaya çıkacak protein molekülünün farklılaşması ya da işlevsiz hale gelmesi için yeterliydi. Diğer taraftan DNA üzerindeki tek bir genin eksikliği ya da fazlalığı onlarca hastalığın ve bozukluğun ortaya çıkmasına neden olabilirdi. Özetle, söz konusu DNA ve biyolojik kodlama olduğunda bir harf bile büyük önem taşıyordu.

İzleyicilerin verdiği tepkilerden, İris'in çok daha ikna edici olduğu anlaşılıyordu. Biyoloji konusunda kızla tartışabilecek bir bilgi birikimine sahip olmayan profesör, konuyu yine edebiyat alanına çekerek çok anlamsız olan o popüler soruyu sormuştu.

"Gerçekten merak ediyorum. Genç hanım cevap verebilirse sevinirim. Acaba çok övdüğü yapay zekâ, *Romeo ve Juliet* gibi bir eseri yazabilir mi?"

Adam ellerini iki yana açarak sorusunu daha da dramatik hale getirmeye çalışsa da İris tek bir saniye beklemeden sorduğu soru ile adamı yanıtlamıştı.

"Ben de çok merak ediyorum sayın profesör. Baştan aşağı organik olan beyniniz ile *Romeo ve Juliet* gibi bir eseri siz yazabilir misiniz?"

Salondaki kahkahalar profesör için fazlasıyla yeterli olmuştu. Bunun farkında olan İris, adamı daha fazla zor durumda bırakmamak adına salona dönerek konuyla ilgili önemli tespitler yapmıştı. Yapay zekâ ve organik zekâyı, sanat ya da müzik gibi alanlar üzerinden karşılaştırmak anlamsızdı çünkü sadece insanların beğenisi açısından bile çok geniş bir spektrum söz konusuydu. Tam bu noktada daha önce Coccyx ile üzerine epey konuştukları bir konudan örnek vermişti. Bilgisayarından çok hızlıca bir görsel bulup ekrana yansıtan İris, insanlara ne gördüğünü sormuştu.

Aslında ekrandaki görsel hakkında çok fazla yorumlanacak bir şey yoktu çünkü tümüyle mavi renkle boyanmış bir tablonun ortasında dikine boyanmış beyaz bir çizgi vardı. Bu görseli sanat haline getiren tam olarak neydi? Makineler de dahil olmak üzere hemen herkesin yapabileceği bu tabloyu bu kadar özel kılacak nasıl bir durum olabilirdi? New Yorklu ressam Barnett Newman'ın, *Onement VI* isimli bu tablosu muhtemelen insanlığın büyük bir kısmı için hiçbir anlam ifade etmese de 43,8 milyon dolara satılmış olması, birileri için ne kadar büyük bir sanatsal değere sahip olduğunu gösteriyordu. Doğal olarak sanat, müzik ve edebiyat gibi yorumlaması çok zor alanlar üzerinden tartışmak gereksizdi ama bu durum yapay zekâların sanat yapamayacağı anlamına gelmiyordu çünkü hem resim alanında hem de müzik alanında inanılmaz işler başaran yapay zekâlar söz konusuydu.

İris, izleyicilerin ilgisinden dolayı soru-cevap kısmına âdeta kısa bir sunum sıkıştırmak zorunda kalmıştı çünkü bu konuyla özel olarak ilgilendiğinden söyleyeceği çok fazla şey vardı. Aslında yapay zekâ ve sanat ilişkisi epey eskilere giden bir ilişkiydi ve bu konudaki en ilginç örneklerden birisi, Harold Cohen adlı bir ressamın belirli bir yaştan sonra kodlama öğrenerek tasarladığı AARON adlı yapay ressamdı. Temelleri 1970 yılında atılan AARON, 1990'lı yıllara geldiğinde özellikle başta renklendirme olmak üzere kendisini muazzam bir şekilde geliştirmeyi başarmıştı. Kendi kendine resimler yapan AARON çizimlerini sadece dijital olarak ekranda yapmakla kalmıyor, aynı zamanda sahip olduğu özel bir yazıcı sistem aracılığıyla performansını kâğıt üzerinde de gerçekleştirebiliyordu (28).

AARON'u takiben ressamlık alanında çok fazla yapay zekâ girişimi olsa da İris'in asıl favorisi Ai-da adlı sanatçıydı. 2019 yılında insanlık ile tanıştırılan bu yapay zekânın ilginç bir özelliği daha vardı. Robotik bir bedene sahip olan Ai-da, kıyafetlerinden davranışlarına kadar bir insan gibi gözükmeyi amaçlıyordu. Tasarladığı soyut resimleri bizzat kendisi çizen Ai-da, belirli bir seviyeye kadar karşısındaki ile sanat hakkında sohbet de edebiliyordu. Hatta Ai-da adlı bu sanatçı robot, 2020 yılında bir TEDx konuşması bile yapmıştı.

İngiltere'de bir sanat galerisi işleten Aidan Meller adlı bir kişinin fikri olan bu proje, çeşitli üniversite ve robotik şirketlerin işbirliği ile hayata geçirilmişti. İsmi her ne kadar tasarımcısının adını andırsa da Ai-da yaptığı TEDx konuşmasında, adının nereden geldiğini de açıklamıştı. Kendisi bir kadın robot olduğu için yapay zekâ tarihinin en ünlü kadın matematikçilerinden biri olan Ada Lovelace'dan esinlenerek Ai-da adını almıştı. Aslında yapay zekânın *(Artificial intelligence)* kısaltması olan "Ai" harfleri ve Ada isminin birleşiminden oluşan güzel bir kombinasyon söz konusuydu (29).

Sanat dalları içerisinde bilgisayarların en iddialı olması gereken alanlardan biri de kesinlikle müzikti çünkü hem yapay zekâ hem de müzik, matematiksel bir düzen üzerine inşa edilmiş benzer bir altyapıya sahipti. Bu alandaki ilk ciddi girişim, müzik alanında profesör olan David Cope tarafından 1990'lı yıllarda tasarlanan bir programa aitti. EMI (*Experiments in Musical Intelligence* = Müzik Zekâsı Üzerine Deneyler) adındaki bu program, klasik müzik parçalarındaki belirli kalıpları işleyip, kendi benzer bestelerini üretebiliyordu. Başlangıçta sadece Bach'ın müzikal altyapısını taklit etmeye çalışan EMI, 7 yılın sonunda diğer ünlü klasik müzik bestecilerinin eserleri açısından da kendisini geliştirmişti. EMI'nin besteleri, Bach'ın çalışmalarına o kadar benziyordu ki birçok insan, çalınan eserin Bach'a mı, yoksa EMI'ye mi ait olduğuna karar veremiyordu. EMI'nin bestelerinin zaman içinde popüler hale gelmesi bazı klasik müzik otoriteleri tarafından sert bir şekilde eleştirilmişti. Bu eleştirilerin ortak noktası, bilgisayar tarafından bestelenen bu parçaların, taşıması gereken ruha sahip olmadıkları yönündeydi.

İris bu konuyla ilgili Coccyx'in de bilmediği çok ilginç bir hikâye anlatmıştı. Klasik müzik alanında akademisyen olan Profesör Steve Larson, EMI'yi eleştiren kitlenin arasında bulunan kişilerden biriydi. Kendisi de besteler yapmakta olan Larson, uygun koşullar sağlandığı takdirde EMI'nin bestelerinin, insan bestelerinden ayırt edilebileceğini öne sürmüştü. Hatta bu görüşünü kanıtlamak için ilginç bir test bile düzenlemişti. 1997 yılında, Oregon Üniversitesindeki bir konser salonunda toplanan onlarca öğrenci ve akademisyen ile yapılan bu testte, izleyicilerin bilgisayar tarafından bestelenmiş bir müziği ayırt edip edemeyeceği denenmişti. Profesyonel müzisyenler tarafından sahnede üç farklı beste çalınmıştı. Bu bestelerden biri EMI'ye, biri Bach'a biri de Profesör Larson'a aitti. Performansların hepsi tamamlandığında, seyircilerden bu üç beste ve üç kişiyi eşleştirmeleri istenmişti. Acaba hangi beste, kime aitti?

Sonuçlar gerçekten inanılmazdı. Seyircilerin "Bu muhtemelen Bach'a aittir" dedikleri parça, aslında EMI adlı yapay zekâ tarafından bestelenmişti. Diğer taraftan gerçekte Bach'ın bestesi olan parçanın ise Profesör Steve Larson tarafından bestelenmiş olabileceği düşünülmüştü. Ama en ilginci, seyircilerin "Bu kesinlikle bir makineye ait olmalı" dedikleri eserin, gerçekte Profesör Larson'ın bestesi olmasıydı. EMI'nın eserlerindeki ruhsuzluğu kanıtlamak için yaptığı test sonucunda en ruhsuz bestenin kendisininki çıkması, yapay zekâ ve insan arasındaki garip mücadele açısından gerçekten ironik bir tecrübe olmuştu (30).

Aslında EMI'nin altyapısı da tıpkı Deep Blue gibi klasik yapay zekâ anlayışıyla tasarlanmıştı. O nedenle ortaya çıkan besteler, bir türlü belirli ezber kalıpların dışına çıkamamış ve hep birilerinin bestesine benzemek zorunda kalmıştı. Ama makine öğrenmesi ya da derin öğrenme dediğimiz teknoloji, müzik ve yapay zekâ ilişkisini de çok farklı bir boyuta taşımıştı. Bu konuda çeşitli girişimler olsa da makine öğrenmesi ile kendi müziğini besteleyen en ünlü yapay zekâlardan biri AIVA *(Artificial Intelligence Virtual Artist)* adlı tasarımdı.

2016 yılında Pierre Barreau tarafından tasarlanan bu yapay zekâ, Mozart ve Beethoven gibi ustaların eserlerinin de içinde olduğu, tarihin en iyi 30.000 bestesine ait veri seti ile eğitilmişti. AIVA tıpkı AlphaGo gibi, öğrenme aşamasını derin nöral ağlar aracılığıyla gerçekleştirmişti. İncelediği bestelerdeki model ve ölçüleri, belirli bir matematiksel düzende analiz eden AIVA, her müzik türü için bir patern oluşturuyor ve tıpkı insanda olduğu gibi deneme yanılma yoluyla her defasında bu paterne yeni notalar ekleyerek müziklerini besteliyordu. Bir insanın yıllar süren müzik eğitimi ve bunun sonucunda elde ettiği sezgisel yeteneği, AIVA sadece birkaç saatlik bir zaman diliminde elde ediyordu.

Başta bilgisayar oyunları olmak üzere çok çeşitli sektörlere müzikler besteleyen AIVA'nın en büyük amaçlarından biri de kişilere ait müzikler üretmekti. Tıpkı filmler için bestelenmiş müzikler gibi kişinin o anki ruh durumuna uygun, arka plan müziklerin üretilmesi amaçlanmıştı. Ruh hali, nota yoğunluğu, sevilen besteci stili, hangi dönemin müzik anlayışına ait olması gibi 30'dan fazla kategoriye göre yapılan seçimler doğrultusunda en uygun besteyi üretebiliyordu. Aslında Coccyx AIVA'yı çok iyi biliyordu. Üstelik İris'in de AIVA'dan hoşlandığını sonradan öğrenmişti. En güzel sürpriz ise ikisinin de en sevdikleri parçanın aynı çıkmasıydı. *I am AI* adlı, 2 dakika 48 saniyelik parça, insanı oldukça kısa sürede motive edebilecek güçte bir AIVA bestesiydi (31).

"Herkes Lethe'yi konuşuyor. Sen ne düşünüyorsun Rima G olayı hakkında?"

İris'in sorusu Coccyx'i daldığı düşüncelerden çıkarıp, akşam yemeğini yedikleri masaya geri döndürmüştü. Açıkçası Lethe'nin ismini başka birinin ağzından duymak çok keyifli olsa da bu kişinin İris olması, hissettiği duyguları bir miktar karışık hale getiriyordu.

"Umarım doğru değildir" diye hızla cevapladı. Ağzından çıkan bu otomatik cevaba kendisi de şaşırmıştı.

"Peki, tahminin ne? Sence katılan kişi gerçekten Rima G mi?"

Coccyx, İris'in gözlerine baktı. Sadece metal müzik dinleyen biri olarak, Rima G adlı rapçi ile bu kadar yakından ilgilenmesi anlamsızdı. İris'in sorusundaki özne Rima G gibi gözükse de aslında gizli özne Lethe'ydi. Muhtemelen ne zaman kızdan bahsetseler Coccyx'in yüzünde oluşan anlamsız gülümseme, bu ilginin asıl nedenini oluşturuyordu.

"Bence fazlasıyla gerçek duruyor."

Aslında tüm hikâye iki gün önce yaşanmıştı. Rima G adlı kişi son dönemin en gözde rapçilerinden birisiydi. Coccyx ara sıra bu türde müzikler dinlese de adamı daha çok sansasyonlarından tanıyordu. Oldukça marjinal bir hayat yaşayan bu kişi, rap müziğiyle yakından ilgilenen herkes tarafından üstün yetenekli olarak gösteriliyordu. Şarkılarının bazı kısımlarında hiç ara vermeden o kadar hızlı konuşuyordu ki dinleyen kişiler bile nefes alma ihtiyacı hissediyordu. Zaten kendisinin Rima G olarak anılması da tümüyle bu yeteneğinden kaynaklanıyordu.

Normalde *larinks* denilen gırtlak boşluğunda, konuşmada rol oynayan çok özel bir bölge vardı. Burada yer alan ses telleri ve çeşitli kaslar, akciğerlerden dışarı çıkarılan havayı titreştirerek ses denilen dalgaları oluşturuyordu. Anatomik olarak ses telleri arasında bir açıklık vardı ve bu açıklığın kapanıp açılmasına göre sesler meydana geliyordu. Tıp literatüründe bu açıklığa *rima glottidis* deniyordu (32). Söylenenlere göre ünlü rapçinin *rima glottidis* bölgesinde birtakım anatomik farklılıklar vardı ve bu sayede şarkılarında inanılmaz bir performans sergiliyordu. Öyle ki ünlü şarkıcı bu bilgiyi öğrendiği günden beri Rima G adını kullanıyordu.

Şarkılarındaki sözlerle oldukça paralel bir hayat yaşayan Rima G, madde kullanımından sokak kavgalarına kadar suç unsuru barındıran bir sürü olaya karışmış biriydi. Üstelik yaptıklarıyla ilgili hiçbir zaman en ufak bir endişe ya da pişmanlık duygusu göstermemişti. Hayranlarının birçoğu bu durumu cesaretine bağlasa da kendisini sevmeyenler asıl nedenin zekâsındaki yetersizlikle ilgili olduğunu düşünüyordu. Ünlü rapçi her zaman garip haberlerle gündeme gelmeyi başarsa da bu sefer ortada çok büyük bir problem vardı.

İki gün önce Lethe'nin canlı terapi seansında çok ilginç bir olay yaşanmıştı. Normalde yayına katılan kişiler, itiraflarını daha rahat yapabilmek adına yüzlerine maskeler takıyorlardı. Sadece ince bir maskenin ardına gizlenmek, tüm vahşetlerini anlatabilmeleri için yeterli oluyordu. Bu sefer yayına katılan kişinin yüzünde, ünlü rapçi Rima G'nin kartondan bir maskesi vardı. Fakat adamın vücut yapısı ve giyim tarzı da inanılmaz bir şekilde Rima G'ye benziyordu. Hatta çok popüler anonim bir hesaptan "Rima G günahlarını çıkarmak için hazır" şeklinde bir paylaşım bile yapılmıştı. Tabii bu paylaşımın ardından yayını izleyen kişi sayısında patlama yaşanmıştı.

Yayın sadece 7 dakika sürmüştü ve Rima G maskesi takan kişi bu süre boyunca tek bir kelime dahi etmemişti. Tüm itiraflarını elindeki büyük tabletin ekranı aracılığıyla paylaşmıştı. Önceden hazırlanmış bu kısa yazılar, aynı zamanda bir yazılım aracılığıyla seslendirilmişti. Ekrandaki yazılarda toplu bir tecavüz olayıyla ilgili kan donduran ifadeler vardı ve yazılımın duygusuz sesi bu ifadelerin yarattığı etkiyi daha da artırmış gibiydi. Lethe'nin neden insanlardan nefret ettiğinin bir başka somut örneği canlı bir şekilde karşılarında duruyordu.

Rima G maskesi takan adam, itiraflarını bitirir bitirmez yayını terk etmişti ve ortalık bir anda devasa bir tartışma platformuna dönmüştü. Eğer bu kişi gerçekten milyonlarca takipçisi olan Rima G ise inanılmaz bir skandal söz konusuydu. Bir anda yayına ait çeşitli görüntüler ortalıkta uçuşmaya başlamıştı. Bu görsellerden en çok yayılanı, adamın tableti tutarken belirgin bir şekilde gözüken parmaklarına aitti. Zira burada gözüken dövmeler Rima G'nin meşhur dövmelerinin aynısıydı.

Üzerinden epey bir zaman geçmiş olmasına rağmen, Rima G'nin resmi sosyal medya hesaplarından hâlâ bir yalanlama yapılmamış olması şüpheleri artıran bir durumdu. İnsanların bir kısmı bunu bir "kabul etme" davranışı olarak yorumlasa da çoğu insan Rima G'nin bilerek sessiz kaldığını ve böylece tartışma ve ilgiyi daha fazla alevlendirerek buradaki enerjiden faydalanacağını öne sürüyorlardı. Ama ne olursa olsun iddialar korkunçtu. Yazılımın sesi bile cümleleri okurken titremiş gibiydi. Rima G'nin bedeninden çıkardığı günah başka hiçbir vücuda sığdırılamayacak kadar büyüktü.

Coccyx, ünlü rapçinin bu konu hakkında konuşmayacağından emindi. Böylece insanlara istediklerini vermiş olacaktı çünkü hemen herkes birtakım bilgi parçalarından yola çıkarak gizem çözmeye bayılıyordu. Yani Rima G çıkıp açıkça itiraf etse, önce muazzam bir tepki oluşur, ardından ise olay zamanla unutulurdu. Ama ortada bir gizem olduğunda bu dosya insanların beyninde hep açık bir halde kalacaktı. Böylece herkes Rima G'nin bıraktığı bu boşluğu kendi hikâyesiyle dolduracak ve düşüncelerinde adamı yaşatmaya devam edecekti. Ortada çok büyük bir suç olduğu için Rima G bir yerde konuşmak zorunda kalacaktı ama kendisini koruyan avukat ordusu sayesinde basit bir inkârla işin içinden kolayca sıyrılacaktı.

Coccyx bu gerçeği yıllar önce öğrenmişti. İşlediğiniz suçun ne kadar büyük olduğunun hiçbir önemi yoktu. Kaderinizi belirleyecek olan, elinizin altındaki gücün ne kadar büyük olduğuydu. Bu düşünce bir anda sabah yaptığı toplantıyı hatırlamasına neden olmuştu. Aslında her şey bir hafta önce aldığı e-posta ile başlamıştı. NKC, aciliyeti olan çok önemli bir görüşme için fiziksel bir buluşma talep etmişti. Buluşmayı kabul etmesi durumunda, güvenlik nedeniyle kendisine farklı ülkelerden üç şehir seçeneği sunulmuştu. İlginç bir şekilde alternatiflerden biri İlias'ın geldiği şehirdi ve İris yakın bir zamanda buradan davet almıştı. Coccyx normalde böyle bir şeyi kabul etmezdi ama karşısında geciktirebileceği ama asla kaçamayacağı bir toplantı olduğunun farkındaydı. O nedenle İlias'ın şehrini seçerek e-postayı yanıtlamıştı.

Bugün bir parkta gizlice buluştuğu kadın, yaptıkları görüşmede inanılmaz bilgi ve gelişmelerden bahsetmişti. Dünyanın en büyük tehditlerinden biri Neon'du ve bu güce karşı acilen harekete geçilmesi gerekiyordu. Yaklaşık 3 saat süren görüşme, Neon'un gücünün aslında ne kadar derinlere kök saldığını özetlemeye yetmişti. Coccyx, Neon'u ilk duyduğu zamanlarda zaten kapsamlı araştırmalar yapmıştı. O günlerde sadece ihtimal olarak düşündüğü şeylerin bir anda derin bir gerçek olduğunu öğrenmek oldukça ürkütücüydü.

Kadına göre, insanlar henüz farkında olmasa da dünyanın ve insanlığın tek umudu NKC'ydi. O nedenle Coccyx'e önereceği teklif çok basitti. Neon'a ve diğer tehditlere karşı dijital ortamda çok büyük bir savaş açılacaktı ve bu savaşın başında bir komutan olmak zorundaydı. Coccyx eğer bu pozisyonu kabul ederse insan kaynağı ve maddi imkânlar açısından sınırsız bir yetkiye sahip olacaktı. İster Pamuk Prenses projesinde çalıştığı hacker'lardan bir grup kurabilirdi isterse de kendi ekibini doğrudan projeye dahil edebilirdi. Kadın tam bu noktada önemli bir konunun daha altını çizdi. NKC asla Neon gibi zorba bir yapı değildi ve eğer görev almak istemezse, kendisini bu konuda bir daha asla rahatsız etmeyeceklerdi. Bir an Coccyx'in gözünün önüne sapık yönetmenin işkenceye maruz kalmış bedeni geldi. Muhtemelen NKC'nin zorba olup olmadığı konusunda yönetmenin düşüncesi çok farklı olabilirdi. Görüntüyü hızla kafasından uzaklaştıran Coccyx bu soru karşısında herkesin vereceği cevabı vererek, düşünmek istediğini belirtmişti.

Görüşmeleri bittiğinde kadın bir dakika beklemesini söyleyerek telefonunu çıkardı ve ayağa kalkarak biriyle görüntülü konuşmaya başladı. Hem kadın hem de telefondaki ses Uzakdoğu dillerini andıran farklı bir dille konuşmuşlardı. Oldukça kısa süren konuşmadan sonra telefonu Coccyx'in eline bırakan kadın "Sende kalabilir, böylece dilediğin zaman görüşebilirsin" dedikten sonra yürüyerek uzaklaştı. Büyük bir merakla telefona baktığında ekranda gördüğü görüntü, Coccyx'in kısa süreli bir şok geçirmesine neden olmuştu. Önce hafif bir duraksama yaşasa da karşısındaki kişinin Lethe olduğunu anlamıştı. Kızı bugüne kadar hep maskeli gördüğünden, ekrandaki kişinin maskesiz görüntüsü kısa bir süre tereddüt etmesine neden olmuştu.

Kesinlikle mükemmel bir güzelliğe sahipti ve insanların Lethe'yi maskesiz gördüklerinde verecekleri tepkiyi hayal ederek inanılmaz bir mutluluk hissetti. Karşılıklı bir şekilde görüşüyor olmalarına hâlâ inanamıyordu. Kesinlikle bugüne kadar yaşadığı en mükemmel deneyimlerden biriydi. Yaklaşık 20 dakika süren görüşmenin ardından kararı daha da netleşmişti. NKC tüm hayallerini gerçeğe dönüştürebileceği tek yer gibi gözüküyordu. Özellikle de başmimar Pamuk Prenses ile yollarının tekrar kesişeceğini bilmek, muazzam bir heyecan duymasına neden olmuştu.

Coccyx, güzel bir keman melodisi eşliğinde tatlısını yemekte olan İris'i izliyordu. Bugün Lethe ile görüşmüş olması ve İris'in de yemekte kızdan bahsetmesi gerçekten ilginçti. Belki de kadınlara dair o garip hissin bir sonucuyla karşı karşıya kalmıştı. Aslında işler daha fazla karışmadan İris'e tüm gerçekleri anlatmalıydı. Tam o anda çok garip bir detayın farkına vardı. Bulundukları ortam, üzerlerindeki kıyafetler ve arka planda çalan müziğin olduğu bu gecede, eksik olan tek şey cebinde olması gereken bir yüzüktü. Bu garip düşünce bir anda kafasının içinde canlanan bir hayali tetikledi.

İris'in önünde diz çöküp evlenme teklifi ettikten sonra yeterince dolu olan banka hesapları sayesinde dünyanın en güzel şehirlerinde yaşayacakları huzurlu hayatı düşündü. İris'in hamileliğini, doğumunu, dünyaya gelen çocuklarıyla beraber içlerine dolacak olan o müthiş hissi hayal etti. Bu hayalin sonunda tek bir şeyden emindi. Çok uzun yıllar geçtiğinde verdiği bu karardan dolayı asla pişman olmayacaktı. Her şeye sahip, huzurlu bir hayat yaşama şansı varken, neden hiç tanımadığı insanlarla saçma bir savaşa girmek zorunda kalsındı ki?

Coccyx garip duygular içerisindeydi. Kafasındaki hayal o kadar güzeldi ki şu an cebinde bir yüzük olmasını her şeyden çok isterdi. Böylece hem kendisine hem de İris'e müthiş bir sürpriz yaparak evlilik teklifinde bulunabilirdi. Bu sayede tüm saçma geçmişini bu gece toprağın altına gömerek yarın sabah yeni bir hayata doğmayı başarabilirdi. Ama cebinde bir yüzük yoktu.

Onun yerine dilediği zaman Lethe ile doğrudan iletişime geçebileceği bir telefon vardı. İçindeki ses, Pamuk Prenses ile beraber yapacakları mucizelerin çok daha fazla mutlu hissetmesine neden olacağı konusunda kendisini ikna etmeye çalışıyordu. Üstelik bu sesin haklı çıkma ihtimali yüksekti.

Bölüm 127

İnsula ve 6 Kadının Ortak Kaderi

Halkın yoksulluğu, kralın varlığını korur.

Utopia - Thomas More

Pia duş aldıktan sonra hafiflemiş hissediyordu. Kafasından akan sıcak su sanki beynindeki tüm karışık düşünceleri toplayıp banyonun deliğine göndermişti. Yarım saat önce aşağıya inip doğrudan annesine sarıldığında, ne kadar süre sarılı kaldığını hatırlamıyordu. Şimdi de evin bahçesinde, batmak üzere olan güneşin karşısında oturuyorlardı. Denizden gelen hafif dalga sesi ve rüzgârla taşınan tuz kokusu, bu güzel manzaraya tam da ihtiyacı olan tadı katmıştı. Sormak istediği çok soru olsa da Pia tam olarak nereden başlaması gerektiğini bilmiyordu. Ama Eva uzun sürecek sohbetlerine başlayacak uygun bir nokta bulmuştu.

"Konuşacağımız çok şey var kızım ama sana gelmeden önce benim hikâyemi duymalısın. Kadere inanır mısın bilmiyorum ama ben doğmadan önce kaderim çoktan çizilmişti. Damarlarımda dolaşan kanın sorumluluğu çok ağırdı çünkü korumamız gereken önemli bir mirasa sahiptik. Üstelik öyle garip bir mirastı ki, bizim olmasına rağmen üzerinde hiçbir hakkımız yoktu. Tıpkı yönetim yetkisini kaybetmiş bir kralın soyundan gelen çocuklar gibi büyütüldük. Çünkü kurucu Origon öyle istemişti. Neon gibi yüce bir amaç, asla tek bir soyun genetik materyaline emanet edilemezdi. Gerçek güce ulaşmak için evrimin mükemmel seçiciliğine ihtiyacımız vardı. O nedenle Neon'un Çocukları olarak tüm gücün asıl sahibi olsak da hep gizli kaldık ve tüm gelişmeleri dışarıdan izledik."

Annesinin hikâyesi başladığı için mutluydu ama şu ana kadar dinlediklerinden pek bir şey anlamamıştı. Noah denen adamla ilk görüştüklerinde Neon'a dair birtakım bilgileri öğrenmişti. Orada tutulduğu müddetçe tanık olduğu teknoloji, sahip oldukları gücün büyüklüğü hakkında bir fikir vermişti ama bunun dışında Neon hakkında bir bilgisi yoktu.

"Anlamakta zorlandığının farkındayım, o nedenle en basit şekilde anlatacağım. Neon şu an yeryüzündeki en büyük güç. Hiçbir şirket ya da devlet kendisiyle yarışabilecek kapasitede değil. Aslında bu başarının çok temel iki nedeni var. İlk olarak, Neon'un kökleri o kadar derinlere uzanıyor ki emin ol birçok ülkenin tarihinden çok daha eski bir geçmişe sahipler. İkinci ve daha önemli neden ise bir toprağının olmaması. Çünkü amacı hiçbir zaman bir kara parçasının etrafına sınır çizip onu yönetmek olmadı. Kendisine güç katabilecek tüm insanları dil, din, ırk demeden içine dahil etti."

"Kurucu Origon, soyundan gelenlerin Neon'un yönetim işlerine karışmasını yasaklamıştı. Hatta ileride başka sorunlara yol açmaması için bu kişileri Neon'dan bile gizlemişti. Hepimiz, varlığını çok az kişinin bildiği *Immunitas* adlı özel koruyucular tarafından saklandık. Bize Neon'un Çocukları deniyordu ve sevgili kızım, ben de o çocuklardan biriydim. Ama benim için damarlarımda dolaşan kanın hiçbir önemi yoktu çünkü daha çocukken aşkın içine düşmüştüm. Bir çocuğun aşkının ne kadar güçlü olabileceğini tahmin edersin. İşte bilimle olan uzun ilişkimiz bu aşkla başladı."

"Neon'un Çocukları'nın yönetimde olması yasaktı ama bu bilimle uğraşmayacağımız anlamına gelmiyordu. Ben de gerçek kimliğimi gizleyip, sıradan bir araştırmacı olarak Neon'un dünyasına girmiştim. Aşkım çok büyük olduğu için her şey çok hızlı gelişmeye başladı. Neon'daki birçok insan, Noah, Yo Kan ve bana büyük umutlarla bakıyordu. Harika bir ekip olmuştuk ve gencecik yaşlarımıza rağmen inanılmaz işler çıkarıyorduk.

Fakat bu başarıların beni iyice görünür kılması Immunitas'ı rahatsız etmişti. Soyumuzun tehlikeye girmemesi için gözlerden uzaklaşmam gerekiyordu. Ben de Yo Kan'ı ikna ettim ve Neon'dan uzaklara gittik. Babanın damarlarında benimki gibi bir kan dolaşmıyordu ve gerçekte kim olduğumu bilmiyordu."

"Her ikimiz de Neon'un bu kadar güçlü olmasının insanlık için bir tehlike olduğunun farkındaydık ama Yo Kan bu konuyla yakından ilgilenmeye başlamıştı. Son zamanlarda NKC adını verdikleri bir oluşum ile çok fazla vakit geçiriyordu. Bense gençliğimin vücuduma pompaladığı hormonlarla tek aşkım olan bilimin peşinden koşuyordum ve geri kalan hiçbir şey umurumda değildi. Zaman ilerledikçe sinirli biri olmaya başladım çünkü saçma sapan bir neden yüzünden Neon'un mükemmel laboratuvar imkânlarını kullanamıyordum. Yo Kan ise bu durumu çok farklı yorumlamıştı ve çocuğumuzun olması halinde düzeleceğime inanmıştı. Ama o dönem çok farklı biriydim ve çocuk fikrine de sadece basit bir biyolojik gereklilik olarak bakmıştım."

"Önce abin, sonra da sen aramıza katıldın. Yo Kan'daki net değişimi ve sizlere olan müthiş ilgisini görebiliyordum ama benim açımdan ne yazık ki bir farklılık oluşmamıştı. Çünkü tam da o dönemde tüm insanlığın kaderini değiştirecek müthiş bir fikir bulmuştum ve hayallerimi hayata geçirebilmek için Neon'a dönmem gerekiyordu. İşte babanla yaptığımız ilk kavgalar böyle başladı."

Pia masal dinleyen bir çocuk gibi heyecanla annesini dinliyordu. Geçmişteki davranışlarıyla ilgili yaşadığı pişmanlık hissi Eva'nın yüzüne yansımıştı. Bir anda sahte annesi Vera ile karşılıklı sohbet ettikleri o anı hatırladı. Vera da benzer şekilde pişman olduğu birtakım itiraflarla başlamıştı ve hikâyenin sonunda Pia kendisini, Vera'nın ve abisinin kanları arasında yatarken bulmuştu.

"Neon'a dönmeye karar verdiğimde Yo Kan'ın gözündeki hayal kırıklığı sayesinde bir gerçeği fark etmiştim. Tüm vaktimi çalışmalarıma ayırdığım için Yo Kan ve sizleri ihmal etmiştim. Ama NKC'deki arkadaşları, babanda oluşan bu boşluğu kendi fikirleriyle doldurmuş gibi gözüküyorlardı. Bir gün inanılmaz bir şey oldu ve Immunitas'tan biri gizlice beni ziyaret etti. Çok uzun zamandır Neon'un Çocukları'nı koruyan bu insanların sahip olduğu güç ve bilgi ağını tahmin edebilirsin. Koruyucu, NKC ve Yo Kan'ın birlikte hareket ederek sizleri kaçıracağı bilgisini benimle paylaştı. Belki bana kızacaksın ama bu haberi duyduğumda hissettiğim tek şey sadece müthiş bir rahatlama olmuştu. Babanın bu saçma planı sayesinde özgür kalıp Neon'a dönebilecektim. O nedenle tüm süreç boyunca hiçbir şey bilmiyormuş gibi davrandım. Babanın ilaçla beni uyuttuğunu sandığı sırada bile yeni keşfimin detaylarını düşünüyordum."

Pia bir an duraksayan annesine baktı. Eva tüm hikâyeyi açık bir şekilde anlatıyor gibi gözüküyordu çünkü kızın duydukları ormanda buluştuğu yaşlı adamın anlattıklarıyla birebir aynıydı. Bu durum Pia'nın içinde bir miktar rahatlama yaratmıştı. Hatta annesinin neden böyle davrandığını bile anlayabiliyordu. Sonuçta insanlığın kaderini değiştirebilecek bir keşfin öncesinde yaşanılacak heyecanı tahmin edebiliyordu. Ama annesi hikâyenin en zor kısmına gelmişti çünkü doğru cümleleri bulmakta zorlanıyor gibi gözüküyordu.

"O gece belki de yeryüzündeki en düşük olasılık gerçeğe dönüştü ve özgürlüğüme kavuşacağımı sandığım sırada hayatımın en karanlık anına tanık oldum. Yo Kan, abin ve sen bir daha hayatıma girmemek üzere yok olmuştunuz. Arabanın içindeki benim kılığıma girmiş bir kadın olsa da ölen kesinlikle ben olmuştum. Buna inanabilirsin çünkü beni esir alan o karanlık hayatım boyunca bir saniye bile beni terk etmedi. Bedenim canlıydı ama ruhumu hissedemiyordum. Neon'un Çocukları olmasaydı, şu an hayatın neresinde olurdum inan bir fikrim yok. Çok uzun bir süre boyunca bırak araştırma yapmayı tek satır cümle bile okumadım. Dakika kaybetmeye tahammülü olmayan Eva'nın, aylarca hiçbir şey yapmadan yaşamasına şahit oldum."

"Zaman, dünyanın en etkili ilacı Pia ve iyileştiremeyeceği hiçbir yara yok. Geride izler bıraksa da benim yaralarımı iyileştirmeyi de başarmıştı. Fakat kazadan sonra hiçbir şekilde Neon'a dönmek istemedim. Neon'un Çocukları'nın sağladığı imkânlarla her şeye sıfırdan başladım. O sıralarda hayatımda ilk kez bilimden önemli paralar kazanılabileceğini öğrendim. Kazandığım her parayı yine bilim için kullandım ve sonunda oldu kızım. Epey gecikmeli olsa da keşfetmiş olduğum bir hayali, elime alabileceğim bir gerçeğe dönüştürmeyi başardım. Sonra bir gün sürpriz bir şekilde sen ortaya çıktın ve ruhumdaki karanlık, yıllar sonra tekrar ışıkla buluşmayı başarmıştı. Hikâyenin geri kalan kısmını zaten biliyorsun."

Kadın ayağa kalktı. Heyecanı tüm hareketlerinden anlaşılıyordu. Çok güzel hikâyesi olan bir kişinin tüm bildiklerini tek seferde karşı tarafa aktarmak istediği o ilginç anlardan birini yaşıyordu. Pia'nın, şu ana kadar anlatılanlarla ilgili sormak istediği birçok soru olsa da bilimsel merakı kızı da esir almıştı. Çünkü kafasının içindeki tek soru, insanlığın kaderini değiştirecek kadar önemli olan bu keşfin ne olduğuydu.

"Sizleri kaybettikten sonra çok uzun bir süre ölümü düşündüm kızım. Hayatın ne kadar güzel olduğunu bize sık sık hatırlatan o korkunç karanlığı. Beynimde bir fikir vardı ve artık düşmanın kim olduğunu biliyordum. İşte böylece eUtopia doğdu. Büyülü Dağ'da gördüklerin sadece harika bir doğa manzarası ve garip görünümlü yaşlılardan oluşsa da asıl şahit olman gereken gerçek, dağın içine inşa ettiğimiz teknolojiydi. Meraklanma, hepsini tek tek anlatacağım. Thomas More'un 1516 yılında yayımladığı kitapla bizim insanlığa sunduğumuz mucizenin nasıl bir ilişkisi olduğunu göreceksin."

Pia, annesinin bahsettiği *Utopia* adlı kitabı çok iyi biliyordu. Thomas More adlı İngiliz yazar tarafından Latince kaleme alınmış bu kitap, tümüyle hayali olan bir toplum düzeninden bahsediyordu. Her şehrinde 6000 ailenin yaşadığı, 54 şehirden oluşmuş bu hayali adadaki insanların en önemli özelliği, tümüyle eşit haklara sahip olmalarıydı. Mal varlığı, sahip olma gibi kavramlara bu topraklarda yer yoktu ve kim olursa olsun her kadın ve her erkek günde sadece altı saat çalışmak zorundaydı. Ada halkı geri kalan vakitlerinin tümünü bilim, sanat ve edebiyatla geçiriyorlardı. Devletin varlık amacı da sadece adaleti sağlamak ve kaynakların eşit bir şekilde kullanılıp kullanılmadığını kontrol etmekti. More'un yarattığı bu hayali dünya o kadar etkili olmuştu ki ileride insanlar tüm hayali düzenleri ve gerçekleşmesi imkânsız düşünceleri "ütopya" kelimesi ile ifade etmişlerdi.

"Muhtemelen sen de biliyorsun kızım, Thomas More hukuk ve felsefe konusunda kendisini mükemmel yetiştirmiş bir dahiydi. *Utopia* kitabında yarattığı hayali toplumda, dini inançlar açısından temel bir hoşgörü söz konusu olsa da gerçek hayatta Thomas More oldukça koyu bir Katolik'ti. Çocukluğundan itibaren hukuk ve din alanlarında çok zor bir eğitimden geçmişti. Ama beni en çok etkileyen kısmı, bu hayali ada için bulduğu mükemmel isimdi. Belki duymuşsundur, yeni kelimeler geliştirme sanatına *neolojizm* denir ve More tarafından uydurulan utopia kelimesi, neolojizmin hakkını sonuna kadar veren ender kelimelerden biridir."

"Her toprağın krallıklar tarafından yönetildiği ve özgürlük denen kavramın olmadığı o günlerde, kitabının adını Utopia koyması aslında Thomas More'un ne kadar kuvvetli bir zekâya sahip olduğunu gösteriyor. Baktığın zaman Yunanca 'topos' kelimesi yer, toprak gibi bir anlam içermektedir. Diğer taraftan 'ou' öneki ise önüne geldiği kelimeye olumsuzluk anlamı veren bir ektir. More bu iki Yunanca kelimeyi birleştirerek (ou+topos) utopia diye yeni bir kelime üretti. Doğal olarak bu kelimenin tam karşılığı *olmayan yer, olmayan topraklar* gibi bir anlam içeriyordu. Yarattığı bu devlet düzeninin hayali olması sayesinde başta kendi kralı olmak üzere hiçbir kralın hedefi olmayacaktı. Ama More müthiş bir zekâya sahipti ve birçok kişinin de fark ettiği üzere harika bir kelime oyunu yapmıştı. Yunancada 'ou' öneki kelimeye olumsuz bir anlam katarken, 'eu' öneki kelimeye 'gerçek, iyi' gibi bir anlam katmaktaydı. İşin ilginç tarafı 'ou' ve 'eu' önekleri, İngilizce telaffuz açısından birbirine benzediğinden, *olmayan yer* anlamına gelen utopia (ou+topos) kelimesi, İngilizce telaffuz edildiğinde (eu+topos) *gerçekte olması gereken yer* gibi bir anlam kazanarak çok daha sembolik bir hal kazanmıştı (33)."

"Evet, sevgili kızım. İşte tam da bu nedenle yeni topraklarımızın adını eUtopia koyduk. Çünkü burası yeni nesil insanların yaşayacağı, yeni nesil gerçek topraklardan oluşuyor. Ayrıca başındaki 'e' harfinin de özel bir anlamı var. Zaten kullandığımız teknolojiyi öğrendiğinde bunun ne anlama geldiğini göreceksin. Bununla beraber yarattığım dünyada sevgili More'dan bir parça olmasını çok istedim çünkü bu mükemmel insan hiç hak etmediği bir şekilde bu dünyaya erken veda etmek zorunda kaldı. Oysa daha uzun yaşasaydı, kimbilir insanlık olarak hangi güzel eserlere şahit olacaktık."

Pia birçok romana ve filme konu olmuş meşhur hikâyeyi çok iyi biliyordu. İngiltere tarihinin en önemli ailelerinden biri olan Tudor Hanedanının ünlü kralı Henry VIII, bir zamanlar düşüncelerine çok fazla önem verdiği Thomas More'un ölüm cezasını bizzat kendi elleriyle imzalamıştı. İnsanlık tarihi boyunca her zaman bilim insanları ve düşünürlerin boynuna inen soğuk ölüm bu sefer dini inançlarından vazgeçmediği için Thomas More'un boynuna inmişti. Çünkü Kral Henry VIII, âşık olduğu kadın ve tüm Hristiyanlığın temsilcisi olan Papa arasında bir tercih yapmak zorunda kalmıştı ve More'un hangi tarafı destekleyeceği çok netti.

Tarihin her döneminde krallıklar arası ilişkiler çok önemli olmuştu ve o dönemin İngiltere kralı, İspanya ile olan ilişkilerini güçlendirmek amacıyla 15 yaşındaki oğlu Arthur ile İspanya kralının 16 yaşındaki kızı Aragonlu Catherine'i evlendirmişti. Çocukluğundan beri zayıf bir karakteri olan Arthur, evlendikten birkaç ay sonra hastalanıp öldüğünde krallıklar arasındaki ilişkiyi tehlikeye sokabilecek bir durum oluşmuştu. İngiltere kralı bu krizi çözebilmek için Catherine'i, 10 yaşındaki oğlu Henry VIII ile evlendirmek istemişti. Fakat Katolik Kilisesi bu fikre şiddetle karşı çıkmıştı çünkü kardeşin karısıyla evlenmek, lanetlenmesi gereken kötü bir davranıştı. Bunun üzerine devreye giren genç Catherine, Arthur'un erkeklik görevlerini yerine getiremediğini ve herhangi bir cinsel ilişki yaşamadıklarını beyan etmişti. Kralın baskısıyla yapıldığı oldukça belli olan bu itiraf üzerine, kiliseden alınan özel izin ile Aragonlu Catherine ve Henry VIII'in evlenmesinin önü açılmıştı.

Babasının ölümünün ardından tahta oturan Henry VIII, her genç kral gibi yüksek ihtiraslara sahipti ama hayattan en çok istediği şey bir erkek evlattı. Kraliçe Catherine ise altı doğum yapmış olmasına rağmen sadece bir kız çocuğu hayatta kalabilmeyi başarmıştı. Halk arasında, abisinin karısıyla evlendiği için Henry VIII'in lanetlendiği dedikoduları çoktan yayılmaya başlamıştı. Hem kendisine bir erkek evlat verememesi hem de dedikodular yüzünden Kraliçe Catherine'den her geçen gün daha da soğuyan Henry, o günler Anne Boleyn adında Fransız bir kadınla tanışmıştı. Güzelliğinin yanı sıra zekâsı ve dişiliğini aynı anda kullanabilmeyi başaran Boleyn, kısa sürede kralı kendisine bağımlı hale getirmişti. Krala, hayali olan erkek evladı vermeyi çok istediğini ama bunun için evlenmelerinin şart olduğunu öne sürmüştü. Kraliyet içindeki nüfuzlu kişiler, tüm dengeleri yıkacağı için böyle bir şeyin gerçekleşmesine ihtimal vermemişlerdi ama kralın Boleyn kızına duyduğu aşk, tüm ihtimalleri ortadan kaldıracak kadar büyüktü.

Henry VIII, güçlü İspanya Krallığı ile tüm ilişkilerini yok edeceğini bilmesine rağmen, Kraliçe Catherine'den ayrılmakta kararlıydı. Kraliyet içinde birçok önemli kişi bu konudaki sakıncaları dile getirse de hiçbir güç kralı kararından vazgeçirmeyecekti. Tam o sırada Henry'nin pek önem vermediği bir gelişme daha yaşanmıştı. Kilise bir açıklama yaparak, Katolik anlayışa göre boşanmanın yasak olduğunu ve Kraliçe Catherine hayatta olduğu müddetçe kralın başka bir kadınla evlenmesinin mümkün olmayacağını duyurdu. Sonuçta Tanrı'nın kanunları belliydi ve bu kanunlar krallar için de geçerliydi. Hristiyanların lideri Papa da bu konuda kilisenin aldığı kararı destekleyip kimseye imtiyaz tanınmayacağını ilan etmişti. Aslında Papa burada bir miktar siyasi davranarak, gelişmelerden dolayı oldukça öfkeli olan İspanya kralını karşısına almak istememişti. Ama kimse Henry'nin öfkesinin büyüklüğünü hesap edememişti.

İngiltere'den oldukça uzakta, Vatikan'daki bir adamın, hangi kadınla evlenip evlenmeyeceğine karışması üzerine oldukça sinirlenen Henry, kimsenin beklemediği çok büyük bir hamle yaparak Papa'ya bağlı olan Katolik kilise anlayışını tümüyle reddetti. O dönemde Avrupa'da baş gösteren reform hareketlerini de bahane ederek tüm İngiltere için yeni bir mezhep anlayışını uygulamaya soktu. Artık İngiltere'deki tüm dini faaliyetler Anglikan Kiliseleri tarafından yönetilecekti ve bu kiliselerin dini lideri bir başka ülkede keyif içinde hayatını sürdüren Papa değil, İngiltere'nin gerçek sahibi olan Kral Henry VIII olacaktı.

Hayata geçirilmesi birçok kanlı direnişe neden olan Anglikan Kilisesi, kurulur kurulmaz ilk iş olarak krala evlilik yapabilmesi için ihtiyacı olan özel izni vermişti. Oldukça koyu bir Katolik olan Thomas More, Papa'ya ve Tanrı'ya karşı işlenmiş bu suçu asla kabullenemezdi. Üstelik tüm bunların bir kadın yüzünden gerçekleşmiş olduğuna hâlâ inanamıyordu. Krala bir yazı yazarak kraliyet içindeki tüm görevlerinden ayrılmak istediğini belirtti ve Henry VIII bu talebi kabul etti.

İngiltere halkı yeni kurulan bu mezhebin sapkınlık olduğuna inanmıştı ve More'un kullandığı Katolik taraftarı söylemler insanlar tarafından büyük karşılık bulmuştu. Bununla beraber More'un düğüne davet edilmesine rağmen gitmemesi ve Anne Boleyn'i kraliçe olarak tanımaması bardağı taşıran son damla olmuştu. Sonrasında Boleyn'in de kışkırtmalarıyla, Thomas More'un kaderi çoktan yazılmıştı. Gerisi sadece teknik detaylardı. Önce rüşvet ve benzeri asılsız iddialarla mahkeme karşısına çıkarılan Thomas More, kısa bir süre sonunda ölüm cezasına çarptırılmıştı. Başta *Utopia* olmak üzere birçok başarılı esere imza atan bu dâhi, 6 Temmuz 1535'te boynuna inen balta ile infaz edilmişti.

Thomas More'un idamı halk arasında büyük bir üzüntüye sebep olsa da herkesin emin olduğu bir gerçek vardı. Tanrı, kendisine karşı gelen Kral Henry'ye hak ettiği cezayı verecekti. İlginç bir şekilde o tarihten sonra yaşanılan her şey, halkın bu inancında ne kadar haklı olduğunu gösteriyordu çünkü Henry VIII'in üzerindeki lanet asla gitmeyecekti. Büyük umutlarla evlendiği Boleyn kızı da kendisine erkek evlat vermeyi başaramamıştı. Üstelik yeni kraliçe sıklıkla kralın işlerine burnunu sokuyordu. İspanya'yı ve Papa'yı aynı anda karşısına almasına neden olan bu kadının kendi arkasından entrikalar çevirmesi bardağı taşıran son damla olmuştu. Kral Henry, Kraliçe Boleyn ve kardeşi arasında ensest bir ilişki olduğunu öne sürdüğünde ona itiraz edebilecek güçte kimse yoktu. Uydurma bile olsa kralın ağzından çıkan cümleler kanundu ve suçlular cezasını çekmek zorundaydı. Böylece Thomas More'un infaz kararında oldukça etkili olan Kraliçe Boleyn, şimdi aynı kanlı kütüğe kendi kafasını koymak zorunda kalmıştı. İngiltere kraliçesi olması, 19 Mayıs 1536 tarihinde idam edilmesini engellemeye yetmemişti.

Üzerindeki lanet Henry VIII'i asla terk etmedi. Üçüncü eşi Jane Seymour, krala bir erkek evlat vermeyi başarsa da doğumdan kısa bir süre sonra hayatını kaybetti. Bu arada Henry'nin bacağında ortaya çıkan bir yara her geçen gün büyüyerek kralın büyük acılar çekmesine neden oldu. Danışmanlarının tavsiyesi üzerine, İspanyol ve Fransızlara karşı kendisine müttefik olması için Clevesli Anne ile evlenmeye razı olmuştu. Üstelik hiç görmediği bu kızla ilgili kararını, sadece tablosuna bakarak vermişti. Ama gelen kişinin tablo ile alakası yoktu ve bu evlilik de sadece altı ay sürmüştü. Bacağı artık iyice kötü hale gelen Henry beşinci evliliğini kendisinden yaklaşık 30 yaş küçük olan Catherine Howard ile yaptı. Yine kısa bir süre sonra kraliçenin kendisini aldattığını öne sürerek beşinci eşini de idam ettirdi. Henry'nin altıncı ve son eşi Catherine Parr olmuştu. Tüm bu evliliklerden sadece bir tane meşru oğlu olan Henry VIII, 56 yaşında hayata gözlerini yummuştu. Ama Henry'nin laneti öldükten sonra da peşini bırakmayacaktı. Babasının ölümünün ardından 9 yaşında tahta geçen Edward, birkaç yıl içinde hastalık sonucu hayatını kaybedecekti (34).

İngiliz halkı oldukça dindar olan ilk kraliçeleri Aragonlu Catherine ve Thomas More'a her zaman büyük bir sempati beslemişlerdi. Henry VIII'in başına gelen her türlü felaketin de Tanrı'ya karşı açmış olduğu bu savaştan kaynaklandığına inanmışlardı. Ama gerçek olan şuydu ki Thomas More'un Latince yazdığı ve 1516 yılında yayımlanan *Utopia* kitabı, More'un ölümünden ancak 16 yıl sonra, 1551 yılında İngilizceye çevrilebilmişti. Yani İngiliz halkı kendi topraklarının en büyük düşünürü olan More'un bu eserini, kendi dillerinde okumak için tam 35 yıl beklemek zorunda kalmışlardı.

Pia'nın düşüncelere daldığını gören Eva kızının yorulduğunun farkındaydı. Tekrar yerine oturdu ve kızının ellerini tutarak konuşmaya başladı.

"Bence ilk gün için çok fazla şey konuştuk kızım. Dilersen beyninin bu bilgileri sindirmesine fırsat tanıyalım zira eUtopia'yı anlayabilmen için düşüncelerinin dinç olması şart. Diğer türlü anlatacaklarıma inanmakta zorlanabilirsin çünkü bu hikâyede artık insanların ölmek zorunda kalmayacakları yeni bir yaşama şahit olacaksın. İşte bu teknolojik devrimin adı eUtopia."

Bölüm 128

Mutluluğun Formülü

Bir gün karanlığın olmadığı bir yerde buluşacağız.

1984 - George Orwell

Perit, yanında arabayı sürmekte olan Soma'ya baktı. Kızın üzerinde siyah renkli kısa bir şort ve sade bir tişört vardı. Gözlerindeki küçük, yuvarlak görünümlü güneş gözlüğü ve sıfıra vurulmuş saç modeliyle bir yol filminin asi başrol oyuncusu gibi görünüyordu. Her bir hücresi özenle tasarlanmış bu mükemmel manzarayı saatlerce oturup izleyebilirdi. Aslında bir haftadır yaptığı tam da bu olmuştu. Sadece bir-iki günlüğüne kalacak bir yere ihtiyaç duyan Soma, tüm haftayı Perit ile geçirmeye karar vermişti. İkisinin de asla unutamayacağı bir hafta olmuştu. Adam, arka koltukta durmakta olan valizine baktı. "Ne garip" diye düşündü. Tüm geçmişi tek bir valize sığmayı başarmıştı. Bu sefer rastgele bir yolculuğa çıkmamıştı. Kızla beraber geçirmiş olduğu günlerin ardından, artık ne yapması gerektiğinden emin bir halde evini terk etmişti.

Şu an arabada sessiz bir şekilde oturan ikili, tüm haftayı konuşarak geçirmişlerdi. Normalde kızla tanışalı çok olmasa da Soma artık Perit'in yıllar öncesinden tanıdığı bir arkadaşı sayılırdı. Gerçekte ortak bir geçmişleri yoktu ama tüm hayat hikâyesini dinlediği an, kızın geçmişi artık Perit'in beynindeki geçmişle ilgili dosyaların arasına taşınmıştı. Beyin gerçekten garip bir organdı çünkü artık ne zaman kıza baksa sanki çocukluğundan yetişkinliğine kadar geçen tüm sürece şahit olmuş gibi hissediyordu. Aslında Soma'nın, geçmişle ilgili bir şeyler anlatmak gibi bir düşüncesi yoktu ama kendiliğinden gelişen sohbetleri, tıpkı bir ebeveyn gibi her ikisini elinden tutup geçmişe götürmüştü. Gittikleri yerde de birbirlerini kaybetmemeleri gerektiğini sıkıca tembihlemişti. İşte bir haftanın sonunda Perit'i, Soma'ya çok güçlü bağlarla bağlayan da bu tembih olmuştu. Çünkü kaybolmamaları gerekiyordu.

Soma, Perit'in üniversitede okuduğu yıllarda doğmuştu. Akademisyen olan anne ve babası çok uzun yıllar çocuk yapmaya çalışsalar da bir türlü sonuca ulaşamamışlardı. Tam ümitlerini kaybettikleri an, hayat kendilerine minik bir sürpriz yapmıştı ve Soma'nın doğumu ile yıllardır hissetikleri boşluk bir anda dolmuştu. Ama bu durum çok uzun sürmemişti. Soma yedi yaşındayken hayat sanki alacağı varmış gibi bir anda gelip annesini almıştı. O sıralarda annesinin kanser denen bir hastalıkla mücadele ettiğini fark edemeyecek kadar küçüktü. Ama babasıyla beraber yaşamış olduğu acı çok büyük olmuştu. Soma, o günlerde bir çocuk yemini etmişti. Büyüyünce doktor olacak ve bu hastalığı yok edecekti. Böylece hiçbir çocuk kendisi gibi acı çekmek zorunda kalmayacaktı.

Kızın anlattıklarına göre, babası o günden sonra bir daha toparlayamasa da kendisi yeminini unutmadan büyümüştü. Yıllar sonra fikir değiştirerek eczacılık okumaya karar vermişti çünkü asıl ihtiyaç duyduğu şey var olan tedaviler değildi. Kanseri yok edecek ilacı keşfetmek zorundaydı. Motivasyonu oldukça yüksek olan kız, üniversite öğrenciliğinin ilk iki yılını üstün başarılarla tamamlamıştı. Ama hayat çok garip bir doğa olayıydı. Kanser denen hastalık sanki kızın yapacaklarından korkmuş ve onu engellemek istermiş gibi bu sefer de babasının vücudunda ortaya çıkmıştı. Annesini kaybettiği günden beri bir türlü kendisini bulamayan babası sadece 2 ay gibi kısa bir sürede bu hastalığa yenilmişti.

Hayatının belki de en karanlık dönemiydi. Tüm varlıklarını hastalıkla mücadele için harcadıklarından ailesinden geriye hiçbir şey kalmamıştı. Ama içindeki çocuk ısrarla yeminini hatırlıyordu. Bulabildiği hemen her işte çalışıp para kazanan

Soma, âdeta tırnaklarını sapladığı hayata tutunmaya devam etmişti. Üstelik akademik anlamda oldukça umut vaat eden işler de çıkarıyordu ama hayat, sırtına geçmiş bu tırnakları söküp atmakta kararlıydı. Anne ve babasını öldüren düşman artık kızın vücudundaydı. Mezuniyet töreninden tam bir hafta önce aldığı bu haber Soma için son darbe olmuştu.

Kanser olduğunu öğrendiğinde uzun bir süre hastanenin bekleme odasında çaresizce oturmuştu. Maddi ve manevi tüm damarlarını kesen hayat, sadece ölmesini bekliyordu. Dünyaya tutunmak için çabaladıkça, sanki dünya, kızı üzerinden fırlatmak için daha hızlı dönmeye çalışıyordu. İşte o an Soma ellerini bırakmaya karar verdi. Aslında aradığı cevap oturduğu odanın içindeydi. Herkesin ölümden kaçmaya çalıştığı bu bekleme odasında, ölümü beklemeye karar vermişti. Çünkü kaçacak bir yerin olmadığını hayat kendisine iki kere ispatlamıştı. Bu durumda geriye tek bir soru kalıyordu. Ölüm gelene kadar sıkılmamak için ne yapmalıydı?

Aslında cevabın ne olduğunu çok iyi biliyordu. Parasızlığın en dibinde yaşadığı günlerde bile fotoğraf makinesini satmayı asla aklına getirmemişti. Babasının kendisine aldığı bu doğum günü hediyesi, tek eğlence kaynağıydı. İşte o gün, ölüm gelene kadar hayatı fotoğraflamaya karar vermişti. Yaşamın yoğun temposu içinde sürekli bir yere koşmaktan dolayı gözden kaçan detayları yakalayıp, sonuna kadar yaşamak istiyordu.

Bir gün çektiği bir kuş fotoğrafının tüm hayatını değiştireceğini bilemezdi.

Oldukça yağmurlu bir havada, herkesin damlalardan kaçmaya çalıştığı sırada fark etmişti onları. Ağaçtaki yuvasında anne kuş, yumurtadan yeni çıkmış yavrularını yağmurdan korumak için üzerlerine oturmuştu. Ama yeni doğmuş bir kuş bile olsa, yaşama duyulan merak her yerde aynıydı. İki tane yavru, annelerinin altından çıkıp gökyüzünden düşen damlalara dünyanın en şirin şaşkınlığıyla bakıyorlardı. Soma, o anı en iyi gösteren kareyi yakalamak için hem yuvanın karşısındaki ağaca tırmanmış hem de yaklaşık 20 dakika boyunca yağan yağmurun altında ıslanmıştı. Geriye yaşanacak çok az zamanı kalan biri için vaktini böyle bir şeye harcamak saçma sapan gözükse de ortaya çıkan görüntü kesinlikle buna değmişti. Fotoğraf o kadar etkileyiciydi ki bir arkadaşının, sosyal medya hesabında bu fotoğrafı paylaşması âdeta Soma'nın hayatını yeniden şekillendirmişti.

Hikâyesi olan ya da içinde gerçek anlamda bir duygu barındıran her şey gibi bu fotoğraf da çok fazla kişiye ulaşmıştı. Hiç beklemediği bu ilgiden sonra hızla bir sosyal medya hesabı açan kız, hayata dair yakaladığı kareleri buradan paylaşmaya başladı. Sanal da olsa, hiç tanımadığı insanlarla kurduğu bu bağ bir miktar daha iyi hissetmesine neden olmuştu. Uzun zamandan beri yaşamını bir kâbusa döndüren kaderi, ölmeden önce kıza son isteğini sormuş ve yerine getirmiş gibiydi. Kısa sürede hiç ummadığı bir popülerliğe ulaşan Soma, bazı fotoğrafları üzerinden para kazanmaya da başlamıştı.

Kazandıklarının bir kısmını tedavisine ayıran kız, kalan parasının hepsini görmek istediği yerlere yaptığı ziyaretlerde harcamıştı. Herkesin bir yeteneği vardı ve Soma'nın yeteneği de hiç olmadık yerde olmadık şeyleri keşfedebilmesiydi. Bir dağ başında keşfettiği profesör bu örneklerden sadece biriydi. Ünlü fenomen Soma'nın ortaya çıkışı böyle olmuştu. Hayatın acımasızlığı sayesinde her gününü son günüymüş gibi yaşayan ve ölmeden önce dünya üzerindeki tüm güzellikleri keşfetmek isteyen bir kâşife dönüşmüştü.

Tüm hafta boyunca yaptıkları konuşmaları düşünen Perit bir anda gülümsedi. Yanında oturmakta olan kızın 1,7 milyon takipçisi vardı ve kızın hesabı hakkında en ufak bir fikri yoktu. Bu da çok fazla ilgilenmediği sosyal medyanın, nasıl izole evrenler oluşturduğunun en güzel kanıtıydı. Eskiden bir kişi ya ünlüydü ya da değildi. Yani söz konusu ünlü biri olduğunda hemen herkes onu tanırdı. Ama sosyal medya bu konuda inanılmaz bir devrim yaparak kendi izole ünlülerini yaratmıştı. Her yer, milyonlarca takipçisi olmasına rağmen birçok insanın tanımadığı ünlülerle doluydu ve Soma da bunlardan biriydi. İşin ilginç tarafı, paylaşımlarının arasında kendisine ait hiçbir görselin olmamasıydı. Kızı hayranlıkla takip eden insanların Soma'yı gördüklerinde nasıl tepki vereceklerini inanılmaz merak etti.

Kızın hüzünlü hikâyesini dinlerken içini en çok acıtan şey, cehennemden döndükleri yolculukta Soma hakkında düşündükleri olmuştu. Kız, ölümden kurtulmak için yalan söyleyen Galileo'yu acımasızca eleştirdiğinde, Perit bu tavrı ölümden çok uzakta olan gençliğine bağlamıştı. Oysa karşısındaki kız, küçüklüğünden beri ölümün hemen yanı başında büyümüştü. Dışarıdan bakıldığında zengin bir ailenin sorumsuz kızı gibi gözüken Soma'nın, gerçekte ne büyük bir savaşçı olduğu Perit'e bir gerçeği hatırlatmıştı. Her insanın bir hikâyesi vardı ve o hikâyeyi dinleyene kadar kimse hakkında büyük yorumlar yapmamak gerekiyordu. Benzer bir durum kendisi için de geçerliydi. Soma, Meryam ile ilgili olayları bilseydi muhtemelen Perit'e yaklaşımı çok daha farklı olurdu.

Perit'in en fazla şaşırdığı olaylardan biri de kızın fotoğraflar üzerinden kazandığı paranın miktarı olmuştu. Soma, çektiği fotoğraflardan bazılarını tek kopya olarak açık artırmayla satıyordu. İnternette bu konuyla ilgili çok güzel platformlar vardı ve Soma bunlardan biri aracılığıyla eserlerini satışa çıkarıyordu. Tek yapması gereken oluşturduğu linki sosyal medya hesabı aracılığıyla paylaşmasıydı. İki gün önce bir sürpriz yaparak, Perit'in fotoğrafını açık artırmaya koymuştu. Sistemi sadece 2 saat aktif kalacak şekilde ayarladıktan sonra adamın şahit oldukları gerçekten ilginçti. Birçok kullanıcı birbirlerini geçecek teklifler verirken aşağıda akmakta olan yorumlar âdeta bu rekabeti daha da kızıştırıyor gibiydi. İki saatin sonunda, *Isırılmış*

Elma ve Bir Keçinin Ölümcül Şaşkınlığı adlı fotoğrafı, üniversiteden neredeyse iki yılda kazandığı maaşına karşılık gelecek bir fiyata satılmıştı. Soma'nın yüzündeki ifadeden bu kadar yüksek miktarı onun da beklemediği anlaşılıyordu.

Soma, hayat kendisini nereye götürürse götürsün ölümü beklemeyi asla ihmal etmedi. Her sabah uyandığında, o günü son günüymüş gibi yaşadı. Ama ilginç bir şekilde almış olduğu tedavi sayesinde her geçen gün daha iyiye gitmişti. Bu başarının sadece ilaçlardan kaynaklanmadığını biliyordu. İnanç ve plasebo etkisi, bağışıklık sisteminin en güçlü yakıtlarından biriydi ve bunun sonuçlarını geçen yıl bu vakitlerde görmüştü. Test sonuçları, artık vücudunda kansere dair bir iz kalmadığını göstermişti. Doktorları yine de belirli aralıklarla kontroller yapılmasını önermişti. Perit'i şehre getirip evine bıraktıktan sonra rutin testlerini yaptırmıştı. Sonuçlar her şeyin yolunda olduğunu gösteriyordu. Ama bu durum ritüelini bozması için bir neden değildi. Her kemoterapi döneminde yaptığı şeyi yine yaptı ve saçlarını kazıttı. Eğer olur da bir gün ölümün geleceğini unutursa, tek yapması gereken elini kafasına götürmek olacaktı.

Perit, kendi hayatında meydana gelen değişiklikte kızın çok önemli bir dönüm noktası olduğunu biliyordu. Önce cehennemin en derinlerinde, herkesin unuttuğu bir yerden adamı çıkarmıştı. Ondan sonra yaptığı ziyaret ve anlattığı hikâyeyle uzun süredir içinde hissettiği boşluğu doldurmuştu. Sürekli bir şeyleri yetiştirmenin illüzyonu içinde tükeneceği üniversite hocalığına ve eski yaşamına kesinlikle dönmeyecekti. Soma belki kanseri yenmişti ama Perit'in yaşlılığı yenebilme ihtimali yoktu. Geri kalan günlerinde sadece en çok istediği şeyleri yapacaktı. Arabanın yavaşlaması ile daldığı düşüncelerden sıyrıldı. Gözlüğünü çıkaran Soma o mükemmel gülümsemesiyle sorusunu boşluğa bırakmıştı.

"Doğuma hazır mısın profesör?"

Perit güldü. Kızın kurduğu cümledeki ironi hoşuna gitmişti. Zaten şu an yapmakta olduğu yolculuğu başlatan da yine Soma'nın bir başka sorusu olmuştu. Evde geçmişi konuştukları sırada Perit'in elini tutup ona şöyle demişti:

"Her şeyi kafandan uzaklaştır, iyice konsantre ol ve sadece şunu düşün: Şu hayatta en çok neyi görmek istersin?"

Perit o anı çok iyi hatırlıyordu çünkü kızın sorusundan sadece bir saniye sonra cevap kafasında belirmişti. Daha önce hiçbir şekilde aklında olmayan bir konunun nasıl bu kadar hızlı oluştuğunu bile anlamadı. Muhtemelen eski Perit asla böyle bir şey düşünmezdi ama tüm yaşadıkları, hayata bakışını kökten değiştirmişti. O nedenle cevap çok açık ve netti. Şu an en çok görmek istediği şey çocuğunun doğumuydu. Bunu hisseder hissetmez Ezra'yı aramıştı. Telefonda Perit'in sesini duyduğunda oldukça şaşıran kadın, doğum tarihinin yaklaştığı bilgisini paylaşır paylaşmaz adam en yakın uçuşa bilet almaya çoktan karar vermişti. Aslında kafasında Ezra ile ilgili hiçbir düşünce yoktu. Önemsediği tek şey doğacak çocuğuydu. Genlerinin kopyasını taşıyan bir canlının dünyaya geliyor olması müthiş bir fikirdi ve Perit sadece bu fikrin peşinden gidecekti.

Arabadan inen Perit vedalaşmak için karşısında bekleyen Soma'ya baktı. Evde beraber kaldıkları süre boyunca tek bir saniye bile susmayan düşüncesi adamın kafasının içinde çığlıklar atmaya başlamıştı. Çünkü karşısındaki kız, Perit'in sonsuza kadar âşık olup yanında yaşayabileceği tüm özelliklere sahipti. Belki bu fikrini dile getirse kızı ikna da edebilirdi. Soma'nın kendisine bakışı hakkında en ufak bir fikri yoktu. Ama yapmayacaktı. Hayatının aşkına rastlayacak şanslı azınlıktan biriydi ama bu rastlantı en az 15 yıl gecikmeyle karşısına çıkmıştı. Derin bir nefes alıp kafasındaki düşünceyi susturan Perit, kıza sarılarak kulağına fısıldadı.

"Seni ilk gördüğümde anlamıştım zaten. Hoşça kal mutluluğun formülü" dedi ve hem kendisini hem de kızı şaşırtacak bir şey yaparak Soma'yı dudaklarından öptü. Ardından valizini alan adam hızla havalimanının girişine doğru yürüdü ve bir kere bile arkasına bakmadı. Eğer baksaydı o kapıdan giremeyeceğini çok iyi biliyordu.

Bölüm 129

Senescence

Yaşlılık, tedavisi mümkün olmayan bir hastalıktır.

Lucius Annaeus Seneca (MS 30)

Pia, evin bodrum katında, toplantı odasındaki masada annesiyle karşılıklı oturuyordu. Dışarıdan ışık almayan odayı, duvara monte edilmiş büyük ekrandan gelen parlaklık aydınlatıyordu. Pia, annesinin anlatacağı yeni teknolojiyi merakla bekliyordu. Bunun farkında olan Eva sanki bir toplantıdalarmış gibi sunumuna başladı. Ekranda, Pia'nın buraya gelmeden önce kaldığı sanatoryumun fotoğrafı vardı.

"Tam altı yıl önce, Avrupa'da, tenha bir şehrin dağlık bir bölgesinde, dünyanın en pahalı girişimlerinden birisini inşa ettik. Aslında burası uzun süre önce terk edilmiş eski bir sanatoryumdu ve kurmak istediğimiz sistem için mükemmel uygun bir altyapıya sahipti. Geliştirdiğimiz inovasyon yaklaşık iki yıldır uygulamada ve şu ana kadar aldığımız geri bildirimler harika. Aslına bakarsan Büyülü Dağ'daki kapasitenin sadece %15'ini aktif bir şekilde kullanıyoruz. Diğer taraftan kızım, burası kesinlikle Neon'daki gibi gizli bir merkez değil. Aksine, başvuran insanlara ticari hizmet veren bir sağlık kuruluşu. Henüz çok yeni bir teknoloji olduğu için sağlık yasaları daha esnek olan bir ülkede bu girişimi kurmak zorunda kaldık ama yakın zamanda birçok ülke bu teknoloji için sıraya girmek zorunda kalacak. İnsanların görebileceği hiçbir yerde tek bir tanıtım, reklam gibi bir içerik bulamazsın çünkü sadece çok özel kişilere hizmet veriyoruz. Şu an iki yıl sonrasına sıra alabilmek için bile servetlerinden çok büyük miktarları feda eden insanlar var."

Daha bilimsel bir giriş bekleyen Pia, hafif bir şaşkınlıkla annesini dinliyordu zira şu an karşısında, yeni kurulan bir teknoloji firmasının *ceo*'su gibi konuşan bir kadın vardı. Annesinin, özel insanlardan neyi kastettiğini biliyordu çünkü ormanda buluştuğu yaşlı adam bu konudan bahsetmişti. Dünyanın en zengin insanları Büyülü Dağ'a gelebilmek için çok büyük paralar ödüyorlardı.

"Adalet kavramına ne derece inanıyorsun bilmiyorum Pia ama yeryüzünde adaleti sağladığını iddia eden kurumlara bakarsan, bunun pek de mümkün olmadığını görürsün. Çünkü güç kimin elindeyse, adalet her zaman onun yanında yer alır. İlk insandan bugüne kadar adaletin bu tercihi hiç değişmemiştir. Eğer doğaya bakarsan mutlak adalete sahip olan tek şeyin zaman olduğunu görürsün. Dünyanın en fakir insanının sahip olduğu bir saniye ile dünyanın en zengin insanının sahip olduğu bir saniye aynı uzunluktadır ve bu eşitlik dünyada görebileceğin en mükemmel adalete örnektir. İşte bizim yaptığımız bu oldu kızım. Eşitsizliğin hemen her yerde, dünyanın kökünü kuruttuğu bu kaotik düzende, adalet sahibi tek gerçek olan zamanı öldürdük. Bilimsel amacım çok farklı olsa da sistemin şu an bizi götürdüğü yer burası oldu. Çünkü yaşam denen mucize o kadar kısaydı ki insanlar onu uzatabilmek için her şeylerini feda edebilirlerdi."

Oda karanlık olsa da Pia, annesinin gözlerindeki heyecan ve hırsı görebiliyordu. Bu ifadenin parayla en ufak bir ilgisi yoktu. Zaten yaptığı keşifle dünya tarihini değiştirecek bir insanın hissettiği o muazzam haz ve gururu yeryüzünde satın alabilecek büyüklükte bir para yoktu.

"Canlılık, bedelini ölümle ödediğimiz müthiş bir ayrıcalık. İlkel insanla modern insanın belki de en önemli ortak noktası, ölümden duydukları korkudur. Antik Yunan ve Mısır toplumlarına bakarsan, milattan öncesinde bile yaşlılığı geciktirmeyi amaçlayan bir sürü uygulama görürsün. Hatta Romalı ünlü düşünür

Lucius Annaeus Seneca'nın bu konuyla ilgili harika bir tespiti vardır. Der ki, *Yaşlılık, tedavisi mümkün olmayan bir hastalıktır. Sadece doğru beslenme ve egzersiz ile bunu olabildiğince erteleyebiliriz.* Bu cümlenin yaklaşık 2000 yıl önce kurulduğunu unutma. Yani insanlık çok eskilerden beri tedavi etmesi gereken asıl hastalığın farkında. İşte yıllar sonra Büyülü Dağ'da insanlara sunduğumuz ilk büyü bu. Artık yaşlılığı nasıl tedavi edeceğimizi biliyoruz."

"İstersen ilk olarak *neden yaşlanıyoruz* sorusuyla başlayalım. Zaman ilerledikçe derimizin kırışmasının, kemiklerimizin zayıflamasının ve birçok organımızın eskisi gibi çalışmamasının sebebi ne? Bu soruyu cevaplayabilmek için en küçük canlı birimimiz olan hücreyi çok iyi anlamamız lazım. Daha önce *Hayflick limiti* diye bir şey duydun mu?"

Pia bir anda heyecanlandı. Anlatılanlara öyle bir dalmıştı ki gelen soru tam anlamıyla sürpriz olmuştu. Üstelik Eva'nın bahsettiği limit hakkında en ufak fikri yoktu. Bir an yüzünün kızardığını hissetti. Annesinin sorduğu ilk bilimsel soruda başarısız olmuştu. Tam bu sırada Eva, büyük ekranda siyah beyaz bir fotoğraf açmıştı.

"Meraklanma kızım. Eğer hücre bölünmesiyle özel olarak ilgilenmiyorsan bilmemen normal. Bu fotoğrafta gördüğün kişi ünlü Fransız cerrah Alexis Carrel. Özellikle organ nakli konusunda yaptığı öncü çalışmaları sayesinde 1912 yılında, çok genç yaşta Nobel Tıp Ödülünü almayı hak etmiş önemli bir bilim insanı. Kendisi aynı zamanda hücredeki yaşlanma ve ölüm olaylarıyla yakından ilgiliydi. Bu merakı yüzünden 17 Ocak 1912 yılında ilginç bir deneye başladı. Embriyo halindeki bir civcivin kalbinden aldığı hücreleri bir petri kabına yerleştirdi. Senin de bildiğin üzere, doku ya da organdan ayırdığımız hücreleri bir cam kap içinde, kontrollü şartlar altında yetiştirdiğimiz bu ortamlara *hücre kültürü* diyoruz."

"Tıpkı evcil hayvanlar gibi, bu hücreler için doğru ortamı oluşturur ve besinlerini verirsen uzun bir süre yaşamalarını sağlayabilirsin. Hatta hücre kültürü çalışmaları sayesinde deneylerde daha az hayvan kullanma şansına da sahip oluyoruz. Carrel'in bizimle paylaştığı bilgilere göre hücre kültüründeki embriyo kalp hücreleri 20 yıl boyunca yaşamaya devam etmişti. Bu bir tavuğun ortalama ömrünün yaklaşık 2,5 katı daha uzun bir süre anlamına geliyor. Carrel bu gözlemi sonucu bilim dünyasıyla ilginç fikrini paylaştı. Kendisine göre, omurgalı canlılara ait hücrelerin bölünme ve yaşama potansiyelinin bir limiti yok gibi gözüküyordu. O nedenle hücre kültüründeki hücrelerin ölümsüz olduğunu öne sürmüştü (35)."

"Alexis Carrel, Nobel Tıp Ödülünü almış önemli bir cerrah olsa da hücrelerle ilgili yaptığı bu tespitte yanılmıştı. Yani vücudumuzu oluşturan hücreler aslında ölümsüz değildi. 1961 yılında Amerikalı anatomi uzmanı Leonard Hayflick, insan fetal hücreleri üzerinde yaptığı çalışmalarla bu gerçeği bilim dünyasına göstermişti. Buna göre hücreler belirli bir süre bölünüp çoğaldıktan sonra ölmek zorundalardı. İncelediği hemen her hücre 9 aylık süre içerisinde yaklaşık 50 kere bölündükten sonra ölmüştü. Yani bu hücreler, sanki üzerlerinde bir sayaç varmış gibi belirli bir sayıya ulaştıklarında durmuşlardı. İşte hücrelerin maksimum bölünebilme sayısına *Hayflick limiti* diyoruz."

"Leonard Hayflick, ortam şartlarına müdahale ettiğinde süreyi değiştirebildiğini fark etmişti. Örneğin bu hücreleri soğutucuya koyduğunda, hücrelerin bölünmesinin yavaşladığını hatta çoğu zaman durduğunu görmüştü. Ama hücreleri tekrar normal sıcaklıktaki bir ortama koyduğunda hücreler sanki nerede kaldıklarını hatırlarmış gibi yeniden bölünmeye başlamış ve aynı sihirli sayıya ulaştıklarında bölünmeleri yine durmuştu. Yani ne yapılırsa yapılsın hücre bölünmesinde bir sınır vardı. Aslına bakarsan sonrasında yapılan birçok çalışma bize Hayflick limiti ile ömür uzunluğu arasında bir ilişki olduğunu da göstermişti. Örneğin yaşam ömrü 2-3 yıl olan farelerde bir fare hücresinin Hayflick limiti 14-28 arasında değişirken, ortalama 100-150 yıl civarında yaşayan Galapagos kaplumbağasında bu limit 110-125 civarında gözükmektedir (36)."

Pia bilimsel bir konuda tartışmayı o kadar özlemişti ki beynindeki tüm nöronlar âdeta işi gücü bırakmış, Eva'yı dinliyorlardı. Üstelik insanlık tarihini değiştirecek kadar müthiş bir keşif yapan kişinin, bizzat annesi olması ayrı bir haz almasına neden oluyordu. Bu arada Eva, üzerinde çeşitli hücre ve kromozom resimleri bulunan yeni bir görsel açmıştı.

"Hayflick limitinin keşfi yaşlılık ve ölümün aslında hücre düzeyinde gerçekleştiğini görmemizi sağlayan çok önemli bir keşifti. Bu durumda bilim insanlarının cevabını bulması gereken bir sonraki soru ortaya çıkmıştı. Hücrelerin sadece belirli sayıda bölünmesine sebep olan kısıtlama neydi? İşte burada karşımıza telomer dediğimiz yapılar çıkıyor sevgili kızım. Yani, ölümsüzlüğün sırrının saklandığı yegâne yer."

Pia, telomerin ne olduğunu iyi biliyordu çünkü zamanında kendisi de bu konuyla ilgili bazı araştırmalar yapmıştı. Söz konusu fizyolojik olaylar olduğunda, her hücrenin bir son kullanma tarihi vardı ve bunu da belirleyen telomerlerin uzunluğuydu. Normalde hücrelerin neredeyse hepsinin merkezinde çekirdek adlı bir yapı bulunurdu ve bu yapının içinde kalıtsal materyalimiz olan DNA yer alırdı. Birbiri üzerinde sarmal bir şekilde dolanan DNA zinciri çok fazla sayıda katlantılar yaparak kromozom denilen yapıları oluştururdu. Genetik materyalimizi barındıran kromozomların uç kısımlarında, DNA iplikçiklerinin dağılmasını önleyen, telomer adında koruyucu yapılar bulunurdu. Bu yapılar tıpkı bir ayakkabı bağcığının ucundaki plastik parçası gibi işlev görüyordu. Nasıl ki bu plastik yapılar bir sürü ince iplikçikten oluşan kalın bağcığın bütünlüğünü koruyorsa, telomerler de benzer bir mantıkla kromozom içindeki DNA iplikçiklerinin dağılmasını engelliyordu. Beyninde, telomerlerle ilgili bilgileri gözden geçiren Pia, annesinin sesiyle daldığı düşüncelerden sıyrılmıştı.

"Senin de bildiğin üzere birçok hücre, zamanı geldiğinde ikiye bölünerek kendi kopyasını oluşturur ve çoğalır. Bu sırada çok ilginç bir şey yaşanır. Hücre bölünmesi aşamasında genetik materyal kopyalanırken kromozomların uçlarında bulunan koruyucu telomerlerden minik bir parça kopar. Doğal olarak hücre ne zaman bölünecek olursa, buradan kopacak parçalar nedeniyle telomerlerin boyu her bölünmede daha da kısalacaktır. Nihayetinde, belirli bir sayıda bölünme sonrasında telomerler o kadar kısalır ki artık kopan son parça bizzat kendisi olur. Böylece geriye kromozomların bütünlüğünü koruyacak bir yapı kalmadığından hücreler artık bir daha bölünemeyecek hale dönüşürler. İşte Hayflick'in zamanında tespit ettiği bu limit, telomerlerin kısalarak yok olmasından kaynaklanıyor."

Eva, bu sefer ekranda yeni bir fotoğraf açmıştı. Burada bir dokuya ait mikroskop görüntüsü vardı. Bu fotoğrafta dokuyu oluşturan onlarca hücre daha yakından görünüyordu. Öğrenciliği sırasında histoloji laboratuvarlarından dolayı bu tarz görüntülere oldukça alışkın olan Pia'nın dikkatini, normal hücrelerin arasında yer alan hücre benzeri garip yapılar çekmişti.

"Şu ana kadar konuştuğumuz bilgiler bizi önemli bir soruyla karşı karşıya bırakıyor. Peki, telomerleri kısalarak yok olduktan sonra bir hücreye ne olur? Burası çok karışık bir süreç ama basit bir şekilde ifade etmeye çalışırsam, bölünerek kendisini yenileme şansı olmayan hücre artık yaşlanmaya başlayacaktır. Bir hücrenin, belirli sayıda bölünmenin ardından girdiği bu yaşlanma sürecine *senescence,* bu tip yaşlı hücrelere de *senescent hücreler* diyoruz. Aslında bizim vücudumuzda şahit olduğumuz yaşlılık işaretlerinin sebebi bu hücresel yaşlılıktan kaynaklanır. Fotoğrafta, sağlıklı hücrelerin arasında gözüken birtakım garip yapıları fark etmişsindir muhtemelen. İşte bunlar yaşlanmış *senescent* hücreler. Artık fonksiyonlarını yerine getiremeyen bu yaşlı hücreler zamanla sağlıklı hücrelerin arasında çoğalarak birikmeye başlar. Hiçbir yere gitmediklerinden dolayı zaman içinde bulundukları yapılardaki işlevlerde aksaklıklara neden olurlar."

"Mesela yaşlı insanların derisindeki kırışık görünüm, burada biriken yaşlı deri hücrelerinden kaynaklanır. Diğer taraftan sayıları zamanla artan yaşlı karaciğer hücreleri yüzünden karaciğer daha düşük performansta çalışmak zorunda kalır. Daha da ilginci bu yaşlı hücreler ölmezler de. Sürekli birikerek sistemin bozulmasına ve nihayetinde içinde bulundukları canlının ölümüne neden olurlar. Aslında tam da burada çok ilginç bir soru karşımıza çıkıyor. Sağlıklı hücrelerimizin arasında bir zombi gibi dolaşan bu yaşlı hücreleri zamanında ortadan kaldırırsak ne olur? Bu önemli soruyu lütfen aklında tut Pia çünkü birazdan bu sorunun ne kadar ilginç bir cevabı olduğunu göreceksin."

"İnsan vücudunun geneline baktığında bazı hücrelerin bu nedenden dolayı çok fazla bölünmediğini görürsün. Böylece telomerleri kısalma riski taşımaz. Ama birçok hücre işlevlerini daha etkili yapabilmek için bölünmek zorundadır. Tam bu noktada birçok bilim insanının cevabını bulmak için deli gibi uğraştığı bir soru karşımıza çıkıyor. Peki, her bölünmede kısalan bu telomerleri korumanın hiçbir yolu yok mu? Yani bu parçaların azar azar kopmasına öylece seyirci mi kalacağız? İşte bu soruya cevap ararken karşımıza çok ilginç bir enzim çıktı. *Telomeraz* adı verilen bu sihirli enzim, mucizevi bir şekilde telomerlerin boyunu uzatabiliyordu."

"Telomer ve telomeraz enzimi hakkındaki mükemmel keşifleri, bu konuda emek harcayan bilim insanlarına 2009 yılında Nobel Tıp ve Fizyoloji Ödülünü kazandırdı (37). Ama asıl önemli olan neydi biliyor musun? Var olduğu günden bu yana ölümsüzlüğün formülünü arayan insanlık için nihayet gerçek bir umut ışığı doğmuştu. Artık geriye yapılması gereken tek bir şey kalmıştı. Sonuçta telomeraz adlı enzim, telomerlerin boyunu uzatabiliyorsa, hücrelerimize gerekli miktarda telomerazı dışarıdan verdiğimizde, bölünme eylemi hiçbir zaman sona ermeyeceğinden hücrelerimiz sonsuza kadar yaşayabilirdi. Denklemi böyle kurduğunda her şey çok basit gibi gözükse de buradaki matematiksel eşitliği bozan çok önemli bir biyolojik detay vardı."

"Aslına bakarsan dışarıdan telomeraz enzimi vermemize gerek yok çünkü bazı hücreler zaten kendi kendine telomeraz aktivitesini artırabilirler. Üstelik bu hücreler, bu yetenekleri sayesinde bir anda sonsuza kadar yaşayacak olan ölümsüz hücrelere dönüşebilirler. Baktığın zaman ne kadar mükemmel değil mi? Tam da gerçekleştirmek istediğimiz hayali, bu hücreler zaten kendi başlarına yapabiliyorlar. Ama bu ölümsüz hücreler, ortaya daha büyük bir sorun çıkmasına neden oluyorlar çünkü bu hücrelerin kazandığı sonsuz yaşam yeteneği, ne yazık ki içinde yaşadığı canlıyı öldürecek bir fenomene dönüşüyor kızım. Muhtemelen hangi hücrelerden bahsettiğimi anlamışsındır."

Pia'nın ağzından sadece iki kelime çıktı.

"Kanser hücreleri."

"Evet. Kanser hücreleri, Hayflick limitini umursamayan, sürekli bölünebilme yeteneğine sahip ölümsüz hücrelerdir. Doğal olarak kendisini besleyecek kaynağa ulaştığı müddetçe yaşamaya ve çoğalmaya devam ederler. Ama kısa sürede o kadar büyük bir sayıya ulaşırlar ki normal sağlıklı hücrelere gitmesi gereken tüm besin ve gerekli maddelere el koyarlar. İşte bu durum, ilgili organın işlevini kaybetmesine ve kişiyi ölüme götürecek olan sürecin başlamasına neden olur. Hatta bu gerçeği gören bilim insanları, kanserle mücadelede telomeraz aktivitesini baskılayan ilaçlar kullanmayı bile düşündüler. Ama bu ilaçların sağlıklı hücreler üzerinde hiç beklemediğimiz etkileri olabilir. Ne garip değil mi! Bizi ölümsüzlüğe götürmesi gereken yolun doğrudan ölümle sonlanması, hayatın bir türlü anlaşılmayan garip filminden küçük bir kare sadece."

Pia, annesini hayretle dinliyordu. Zamanında kanserin felsefesi üzerine çok fazla kafa yormuştu. Doğada birçok virüs ve bakteri benzer bir davranış modeline sahipti ama bu canlıların asıl amacı, içinde yaşadığı konakçıyı öldürmek değildi. Temel hedefleri bu canlının tüm olanaklarını kullanarak maksimum sayıda çoğalmak, ardından da bu süreci devam ettirebilecekleri yeni bir canlıya bulaşmaktı. Bulaşmayı başarabilmek için yine konakçı canlının yardımına ihtiyaçları vardı. Örneğin grip virüsü solunum aracılığıyla bulaşabileceği için tek yapması gereken konakçısını hapşırtacak mekanizmaları devreye sokmaktı. Diğer taraftan kuduz virüsü kan ya da tükürük ile bulaşabildiği için konakçısının sinir sistemini manipüle ederek başka canlıları ısırmasını sağlıyordu.

Sonuç olarak virüs ya da bakteriler açısından, geride bıraktıkları canlının başına ne geleceği pek de umursadıkları bir mesele değildi. İşte kanser hücresi tam bu noktada diğerlerinden net bir şekilde ayrılıyordu. Bulaşıp gidebileceği yeni bir vücut olmamasına rağmen, büyük bir hırs ve açgözlülükle çoğalmaya devam ediyordu. Pia, ister bir virüs olsun isterse basit bir pankreas hücresi, biyolojik olarak her canlının bir yaşam stratejisi olduğuna inanıyordu. O nedenle kanser hücresinin, içinde yaşadığı canlıyı öldürerek dolaylı bir şekilde kendi yaşamını sonlandırmasını bir türlü anlamıyordu. Kimbilir, belki de kanser denen şey, sonsuz yaşama ulaşmış bir hücrenin can sıkıntısı nedeniyle intihar etmek istediği biyolojik bir yöntemdi.

Pia, kanserle ilgili düşüncelere daldığı sırada Eva, ekranda yeni bir fotoğraf açmıştı. Siyah beyaz olan fotoğrafta elleri belinde duran, orta yaşlı siyahi bir kadın gözüküyordu.

"Fotoğraftaki kadını tanıyor musun? Bu kadın hem benim hem de ölümsüzlük konusunda çalışmalar yapan diğer araştırmacılar için belki de yeryüzünün en önemli insanı."

Pia daha önce hiç görmediği bu kadına daha dikkatli baktı. Özellikle bilim tarihindeki kadınlara karşı özel bir ilgisi olsa da bu kişiyi hayatında ilk kez gördüğünden emindi. Bu kadını, annesi ve diğer bilim insanları için bu kadar önemli yapan şeyin ne olduğunu merak etti. Görünen o ki merakı fazla uzun sürmeyecekti.

"Evet Pia. Şimdi seni Henrietta ile tanıştıracağım. Amerika'da siyahi insanların köle olarak çalıştırıldığı dönemlerde, 1920 yılında Virginia'daki bir tütün çiftliğinde bir kız bebek dünyaya geldi. Ailesinin kökleri ve derisinin rengi, önünde nasıl bir hayat olacağını daha doğmadan belirlemişti. 30 yaşına kadar kaderi olan hayatı yaşayan Henrietta'nın yolu o tarihten itibaren garip bir şekilde bilimle kesişti. Ama söz konusu bilim de olsa geçmişi peşini bir türlü bırakmamıştı çünkü bu gördüğün kadın, 1951 yılından beri âdeta bilimin kölesi olarak kullanılmakta ve şu an bile üzerinde her gün onlarca deney yapılıyor. Evet, sevgili kızım, Büyülü Dağ'da tam olarak ne yaptığımızı anlayabilmen için önce ölümsüz Henrietta'nın hikâyesini dinlemen gerekiyor. Şimdi sana bu kadının oldukça hüzünlü hikâyesini anlatacağım."

Bölüm 130

Ağaçların Arasındaki Sır

İki dalın farklı yönlerde büyümesi,
onların derinlerde aynı ihtiyaç mekanizmasını
ve kuralları paylaşmadıkları anlamına gelmez

John Robert Fowles

Otto tam bir hafta önce buraya gelirken, uzaktan şatoyu gördüğü an yaşadığı hisleri yeniden hatırladı çünkü şu an tam da o noktadan arabayla geçiyorlardı. Noah'ın, herkesten uzak bu şatoda yaşamayı tercih etmesinin asıl nedeninin bir gizemi saklamak olduğunu tahmin etmişti ama neyi sakladığı konusunda sağlam yanılmıştı. Otto'ya göre bu gizem, mahzende sakladığı gizli eşi Dura olmalıydı ama artık şatodaki esas sırrın kanlı Tufan devrimiyle alakalı olduğunu biliyordu. Buraya gelirken gizemli bir düşman olarak gördüğü Nada, şu an kader arkadaşı olarak yanında oturuyordu. Otto'nun mahzende rastladığı gizli belgelerden haberi olmayan kadın, arabanın camından dışarıdaki muazzam manzarayı izliyordu. Neon gibi dinamikleri asla tahmin edilmeyecek bir organizasyonun içinde yıllarca bulunmasına rağmen, Otto'nun son bir haftadır tanık olduğu bilgiler akıl alır gibi değildi. Kafasının içinde sürekli taraf değiştiren düşüncelerden iyice yorulduğundan artık düşünmemeye karar vermişti. Muhtemelen beyin hücreleri için en sağlıklısı bu olacaktı.

Normalde iki günlüğüne geldiği şatodan ancak bir hafta sonra ayrılmasının sebebi, güvenlik amiriyle yaptıkları toplantı sonrası Nada'nın anlattığı bilgilerdi. Noah'ın infaz listesinde Alhazen, Vagus, Nada ve kendi adını görmek, Otto'nun düşüncelerinin iyice dağılmasına neden olmuştu. Üstelik öldürülmesi planlanan listedeki diğer isimler hakkında hiçbir fikri yoktu. Nada, o an için beraber mahzene gitmeyi teklif etse de Otto tüm yaşanılanları sakin bir şekilde gözden geçirmek için bir süre yalnız kalmayı tercih etmişti. Böylece yeni bir sürpriz hamleye maruz kalmadan öğrendiği bilgileri detaylı bir şekilde düşünebilirdi.

Görüşmenin ardından uzun bir süre odasına kapanan Otto, kendisine anlatılan her şeyin üzerinden defalarca geçmişti. Tüm hücreleriyle inandığı senaryoda, Dura ve Nada aynı kişilerdi ve Noah'ın mahzende sakladığı gizem de kadının bizzat kendisi olmalıydı. Böylece yukarıdakiler Origon'u doğrudan kontrol edebilirlerdi ama Nada'nın anlattıklarına göre mahzende asıl saklanan gizem, Noah'ın en büyük hayali olan devrimdi.

Otto, ısrarla kendi senaryosuna inanmak istediğinden tüm bu bilgilerin Nada tarafından uydurulmuş olma ihtimalini düşündü. Sonuçta dünyanın en tehlikeli yalanları, doğru bilginin içine gizlenmiş belirsiz yalanlardan çıkardı. Çok kolay bir şekilde üstünü örtebileceği mahzen bilgisini sırf adamın güvenini kazanmak için açığa çıkarmış olabilirdi. Üstelik hemen sonrasında zekice bir hamle yaparak belki de Otto'nun dikkatini devrim fikirlerine çekmeyi denemişti. Hatta adamı bir infaz listesinin başına ekleyerek işin içine bir de korku faktörünü eklemiş olabilirdi. Böylece ilgiyi mahzenden ve Dura'dan uzaklaştırmayı başarabilirdi. Otto, olayların böyle geliştiğine inanmak istese de sonrasında ulaştığı her sonuç Nada'yı haklı çıkaracaktı. Zaten mahzende üç gün geçirdikten sonra sahip olduğu tüm fikirler değişecekti.

Kendi senaryosunu hiç istemeyerek çöpe attıktan sonra tüm taşlar sırasıyla yerine oturmaya başladı. Nada'nın anlattıkları doğrultusunda gizemli patlamanın nedeni artık çok açık bir şekilde ortaya çıkmıştı çünkü devrimin yöneticisi pozisyonunda olan Noah ve beş kranialin eş zamanlı olarak havaya uçurulması asla tesadüf olamazdı. Bu patlama Neon içerisinde çok ciddi çalkantılara sebep olsa da Otto, gerçekleştirilen eylemin yapılabilecek tek hamle olduğunun farkındaydı. Diğer taraftan Noah'ın ölüm listesinde Alhazen'e rastlamak pek de beklemediği bir gelişme olmuştu ama biraz düşündüğünde bu durum da mantıklı bir gerekçe üzerine oturtulabilirdi. Sonuçta Alhazen tüm hayatını kayıtsız şartsız Neon'a adamış bir insandı ve kimsenin çıkarları doğrultusunda hareket etmezdi. Bu bağlılığı nedeniyle muhtemelen hem yukarıdakilerin hem de Noah'ın istemediği adamlar listesinin en başında yer almıştı.

İnfaz listesinde kendi adına rastlamak kesinlikle Otto'nun görmeyi beklediği bir şey değildi. Kranialler arasında en ılımlı ve güvenilebilecek yegâne kişi Otto'ydu. Ama listede adının hemen altında yer alan Vagus ismi, neden infaz edilmek istendiğini açıklar gibiydi. Demek ki Noah, Vagus ve Otto arasındaki gizli ilişkiden haberdardı ve muhtemel rakibini bir şekilde ortadan kaldırmak istemişti. Sonrasında mahzende incelediği kayıtlar Otto'nun bu düşüncesinde ne kadar haklı olduğunu gösterecekti.

Otto, yanında oturan Nada'ya baktı. Arabanın camını hafifçe aralamış kadın, son bir kez burasının havasını içine çekmek istiyormuş gibiydi. Önyargısız bir şekilde baktığında kadının yüzünde yılların yarattığı o derin izleri görebilmişti. Nada da tıpkı kendisi gibi infaz listesinde yer alanlardan biriydi. İlk başlarda kadının bu listede olmasına mantıklı bir gerekçe bulamasa da sonrasında karşılaştığı bazı belgeler bunun sebebini açık bir şekilde ortaya koymuştu.

Toplantı sonrasında kendisini odasına kapatıp her şeyi gözden geçiren Otto artık mahzene gitmeye hazırdı. Nada ile beraber indikleri mahzen, düşündüğünden daha derin çıkacaktı. Tam üç gün boyunca vaktinin büyük bir kısmını burada geçiren adam sonunda tüm gerçeklere ulaşmış bir şekilde mahzeni terk etmişti. İncelediği tüm bilgi ve belgelerin bizzat Noah tarafından hazırlandığından emindi çünkü tüm belgelerde Origon'un şifreli dijital imzası vardı. Normalde kâğıdın ya da ekranın üzerinde sadece *Origon Noah* yazsa da bu dijital imzaya özel bir cihaz aracılığıyla bakıldığında şifrelenmiş Origon kodu görülebilir hale geliyordu. Otto, sadece Origon'lara teslim edilen bu cihazla hem basılı hem de ekrandaki tüm belgeleri kontrol etmişti. Hepsinde Origon Noah'a ait dijital imza vardı ve bir başkasının bu imzayı taklit etme şansı yoktu.

Hem mahzeni hem de bilgisayarlarda yer alan tüm belgeleri detaylı bir şekilde inceleyen Otto çok önemli detaylara ulaşmıştı. Tufan adını verdikleri devrim girişiminin başarılı olması durumunda, kimlerin hangi pozisyona getirileceği bile hesaplanmıştı. Bu durumda Otto'nun bu kişileri çok iyi araştırıp bir hamle yapması gerekiyordu çünkü Neon'un içinde bu tarz düşüncelere sahip kimse barınmamalıydı. Diğer taraftan sadece dijital imza teknolojisi ile açılan ve Nada ya da bir başkasının asla göremeyeceği çok gizli bilgileri de inceleme şansı olmuştu. Bu belgelerde sürpriz bir şekilde Vagus ve Nada'nın kim oldukları bilgisi de yer almaktaydı. Anlaşılan Noah muazzam bir araştırma yapmıştı ama karşısındaki gücün sınırlarını tam anlamıyla kestirememişti.

Neon gibi kökleri çok eskilere uzanan organizasyonlar içinde her zaman söylentiler olurdu ama bu efsanelerden bir tanesi son 2-3 yılda iyice popüler hale gelmişti. Buna göre Neon'u yaratan kurucu Origon'un soyundan gelen birtakım özel insanların varlığı söz konusuydu. Doğrudan bilimle ilgilenen insanlardan oluşan Neon gibi bir yerde bu tarz hurafelerin ortaya çıkabilmiş olması Otto'nun hiçbir zaman anlam veremediği gizemlerden biriydi. Kendisine kalsa bu saçmalıklar için bir saniyesini bile feda etmezdi ama mahzende rastladığı gizli belgeler bu hurafeyi destekler nitelikteydi. Noah'ın çok eskilere giden titiz araştırmaları, kurucu Origon'un soyundan gelen bazı gizli kişilerin varlığından bahsediyordu. Dosyada Neon'un Çocukları olarak ifade edilen bu özel kişiler, Immunitas olarak tanımlanan özel bir sınıf asker-eğitmenler tarafından korunuyordu.

Belgelere göre Vagus, Immunitaslar içindeki en etkili kişiydi. Bununla beraber kim oldukları fiziki olarak tespit edilememiş olmasına rağmen bazı isimlere ulaşılmıştı. Aralarında Nada'nın da yer aldığı bu isimlerin Neon'un Çocukları olduğu düşünülüyordu. Otto'nun infaz listesinde ilk kez gördüğü bu isimlerin hepsi aslında Neon'un Çocukları'na aitti. Tıpkı yönetimi ele geçiren kişinin sonradan başına bela olmasınlar diye kralın tüm ailesini ortadan kaldırması gibi, Noah da eline geçen ilk fırsatta âdeta bir katliam yapacaktı. Bu asla affedilecek bir durum değildi ve Noah yapacağı bu hainliğin cezasını patlayarak çekmişti.

Nada'nın sesi Otto'yu daldığı düşüncelerden çıkarmıştı. Şoföre kenara çekmesini söyleyen kadın bir anda arabadan inmişti.

Yolun her iki tarafı kimsenin yaşamadığı büyük ormanlık alanlardan oluşan bir bölgedeydiler. Nada sanki inmesi gereken bir durağa gelmiş ve nereye gideceğini çok iyi bilen biri gibi doğruca ormanın içine girmişti. Kadının neden böyle bir şey yaptığı hakkında en ufak fikri olmayan Otto da arabadan inmek zorunda kalmıştı. Mahzende, Neon'un Çocukları hakkında öğrenmiş olduğu bilgilerden Nada'ya hiçbir şekilde bahsetmemişti. Elindeki bilginin ne kadar büyük bir koz olduğunun farkındaydı ve bu bilgiyi ancak gerektiğinde kullanmayı düşünüyordu.

Ağaçların arasına giren Otto, belirli bir mesafe bırakarak kadını takip etmeye başladı. Tanıştığı ilk günden itibaren kadına karşı hissettiği öfke duygusu yerini oldukça garip bir başka duyguya bırakmıştı. Otto bu duyguyu tanımlamanın imkânsız olduğunu bilse de içinde oluşan yeni hissin pozitif olduğunun farkındaydı. Tüm hayatını kurallara sıkı sıkıya bağlanarak yaşayan adam, sebebini bilmediği bir şekilde kendisini Neon'un Çocukları'na yakın hissediyordu. Böylesine büyük bir gücün etrafında olup, bu güçten yoksun bir şekilde yaşamanın ne kadar zor olabileceğini tahmin edebiliyordu.

İleride Nada'nın durmuş olduğunu fark eden Otto bir anda ne yapacağını kestiremedi ama vücudu asıl yapılması gereken şeyin farkında olduğundan yürümeye devam etti. Kadına yaklaştığında Nada hızlı bir şekilde ellerini yakaladı. Hiç beklemediği bu dokunuş sanki içinden bir elektrik akımı geçmiş gibi hissetmesine neden olmuştu. Otto bir an için beynine inanamadı. Normal şartlarda bir kadının dişiliğinden etkilenecek biri değildi ama içinde oluşan bu sürpriz hissin nedenini biliyordu. Tüm hayata karşı büyük bir disiplin içinde yaşayan Otto'nun, yeryüzünde tek bir şeye karşı zaafı vardı. Güç ve o güce sahip olanlar, adamın yegâne zayıflığıydı. Az önce vücudunda dolaşan elektriğin nedeni, bu zayıflığından kaynaklanmıştı çünkü karşısındaki kadın âdeta sınıf atlamıştı. Bugüne kadar gizem dışında bir şeye sahip olmayan Nada, bir anda Neon'un kanını taşıyan asil bir güce dönüşmüştü. Derin bir nefes alan kadın, Otto'nun gözlerine bakarak konuşmaya başladı.

"Etrafımızdaki hemen her yerde kulaklar var Otto. O yüzden sadece ağaçların bizi duyabileceği bu yerde seninle konuşmak istedim. Benimle ilgili çok fazla kuşkun olduğunu biliyorum ama en önemli detayı gözden kaçırıyorsun. Vagus ve diğerlerinin ne kadar büyük bir hırsa sahip olduğunu bilmiyorsun. İstekleri söz konusu olduğunda bir Origon'u bile tehdit etmekten çekinmeyen bu insanların benim üzerimde kurabilecekleri hâkimiyeti düşün. Uzun süredir öfke dolu bakışlarla izlediğin Nada adlı kadın, aslında Vagus'un kendisine söylediklerini yapmak zorunda olan bir kukla sadece. Aynı durum senin için de geçerli çünkü bizi neyle tehdit edebileceklerini çok iyi biliyorlar. Bu konuyu seninle konuşarak hayatımın en büyük riskini aldığımın farkındayım ama başka çarem kalmadı Otto. Bu karanlıktan çıkabilmem için tek umut ışığım sensin. Eğer bu ormandan birlik olarak çıkmazsak, ikimizi de aynı son bekliyor olacak. Ama önce sana hikâyemi ve kim olduğumu anlatacağım. İşte o zaman Nada'nın aslında kimsesiz bir çocuktan başka bir şey olmadığını anlayacaksın."

Otto, kadının gözlerinde ilk kez bir korku ifadesi görmüştü. Nada'nın son cümlesi, birazdan anlatacağı hikâyenin Neon'un Çocukları'yla ilgili olacağını gösteriyordu. Kadının oldukça önemli olan bu bilgiyi anlatacak olması, kesinlikle beklemediği bir sürpriz olmuştu ama bu hikâyede, Noah'ın raporlarındaki bilgilerden çok daha derin bir gerçeğin olduğu anlaşılıyordu. Birazdan detaylarını duyacağı bu gerçeğin neyle ilgili olduğunu tahmin edebiliyordu. Vagus ve diğerleri, korumakla görevlendirildikleri Neon'un Çocukları'nı tutsak olarak kullanan parazitlerden başka bir şey değildi. Karşılarında, Neon'un gücünü ele geçirmek için hem Origon'u hem de Neon'un Çocukları'nı yönlendirmeye çalışan bir çete söz konusuydu. Gerek şantajla gerekse de çeşitli akıl oyunlarıyla planladıkları bu mükemmel oyunu şimdiye kadar oldukça başarılı sahnelemişlerdi ama Nada bu oyunu bozacak cesareti göstermişti ve kesinlikle bu ormandan kimsesiz bir çocuk olarak çıkmayacaktı. Şartlar ne olursa olsun Otto, kadını asla yalnız bırakmayacaktı.

Bölüm 131

Büyü-I
HeLa'nın Ölümsüzlüğü ve Protoambrosia

Her şeyi çok ciddiye alıyordum,
sanki ölümsüzmüşüm gibi...

Jean-Paul Sartre

Pia, merakla ekrandaki Henrietta'ya baktı. Çözünürlüğü düşük olan fotoğrafta, kadın gülümsemiş gibi gözükse de daha dikkatli bakıldığında yüzünde yılların biriktirmiş olduğu acılar fark edilebiliyordu. Demek ki ölümsüzlük denen şey oldukça acı verici bir süreçti. Eva, hızlıca ayağa kalkarak bir yandan yürümeye bir yandan da konuşmaya başladı.

"Şimdi gözünü kapamanı ve hayal etmeni istiyorum kızım. 1950 yılındayız ve John Hopkins adlı bir hastanenin bekleme salonuna giriyoruz. Dikkatini çeken ilk şey, etraftaki tüm hastaların sahip olduğu deri rengi olacak çünkü Amerika o dönemlerde ırkçılıkla ilgili bazı düzenlemelere başlamış olsa da o şehirde siyahilerin gidebileceği tek hastane burasıydı. Üstelik hastanenin sadece küçük bir bölümü bu insanlara ayrılmış durumdaydı."

Pia, annesini dinlerken gözlerini kapamış ve bulunduğu ortamı beyninde canlandırmaya çalışmıştı. Hayali o kadar gerçek gözüküyordu ki hastanenin duvarının iyice solmuş rengini ve lekelerini bile ayırt edebiliyordu. Oldukça kalabalık olan bekleme salonunda herkesin yüzünde endişe ve yorgunluğun karışımından oluşan bir ifade vardı. Eva, sözleriyle kızının hayalini şekillendirmeye devam etti.

"Şimdi tam karşında oturan kadına dikkat etmeni istiyorum. Düşüncelere dalmış bir şekilde sırasının gelmesini bekleyen 31 yaşındaki bu kadının adı Henrietta Lacks. Dışarıdan baktığında yaşıtları gibi sıradan gözüktüğüne aldanma çünkü bu kadının içinde, geçmişten beri taşıdığı ağır bir yük bulunmakta. İlk büyük acısıyla 1924 yılında, henüz 4 yaşındayken tanışmak zorunda kaldı. O sırada onuncu çocuğunu doğurmaya çalışan annesinin vücudu, bu sefer başaramadı ve hayata veda etti. Eşi olmadan çocuklarına bakamayacağını fark eden babası âdeta bir eşya gibi çocuklarını akrabalarına dağıttı. Henrietta'nın kaderine de büyükbabasının çalıştığı çiftlik düştü. O dönem küçük bir kız çocuğu olan Henrietta, 9 yaşındaki David adlı kuzeni ile beraber paylaştığı küçük odanın, tüm hayatını yönlendireceğinden habersizdi."

Pia bir anda gözlerini açtı. Annesinin kurduğu her cümleyle beraber kafasında beliren hayaller giderek daha gerçekçi bir hal almaya başlamıştı. Hatta gözlerini açmasına neden olan burnuna gelen çiftlik kokuları olmuştu. İçinde hissettiği garip tedirginlik nedeniyle hikâyenin geri kalanını hayalsiz bir şekilde dinlemeye karar verdi.

"Zavallı Henrietta. Küçük odasının hem içinde hem de dışında şahit olduğu olaylar, dünya denen gezegenin nasıl bir yer olduğunu çok erken yaşta öğrenmesi için yetmişti. 1935 yılında, henüz 14 yaşında bir çocukken, oğlunu doğurmak zorunda kalmıştı. Üstelik çocuğunun babası aynı odayı paylaştığı kuzeni David'den başkası değildi. Yedi yıl sonra 21 yaşında, David ile evlendiğinde 2 çocuğa sahip bir anneydi ve 1950 yılına kadar 3 çocuk daha doğuracaktı. Zaten o gün hastanede olmasının nedeni de son doğumu sırasında yaşadığı ağır kanamaydı."

"Hastanede beklediği gün Henrietta'nın muayenesini yapan doktor, kadına rahim ağzı kanseri teşhisi koyacaktı ve bu teşhisten sadece sekiz ay sonra Henrietta Lacks tam 31 yaşında hayata gözlerini yumacaktı. Baktığın zaman o dönem benzer hikâyeye sahip onlarca kadın olsa da bugün senle Henrietta'yı konuşmamızın özel bir nedeni var kızım. Kadının vücudu, ailesi ve akrabaları tarafından toprağın içine konulduğu gün, mezarlıktan oldukça uzaktaki bir laboratuvarda, Henrietta'nın vücudundan bir parça hâlâ yaşamaya devam ediyordu. Üstelik bu yaşam sonsuza kadar sürecekti."

"O gün Henrietta'yı muayene eden doktor, hekimlik hayatı boyunca birçok tümör görmüş olmasına rağmen kadının rahim ağzında rastladığı görüntü daha önceki tümörlerin hiçbirisine benzemiyordu. Mor renkli ve jöle kıvamında olan tümörden aldığı örneklerden birini rutin işlemler için patolojik incelemeye gönderirken, ikinci örneği Dr. George Gey'e ulaştırmıştı çünkü kanser hücreleriyle özel olarak ilgilenen Dr. Gey'in kesinlikle görmesi gereken bir örnek söz konusuydu. Hayatta çok büyük etkileri olan olayların arkasında böyle basit detayların olması ne kadar ilginç değil mi kızım. Düşünsene, o gün Henrietta'nın örnekleri Dr. Gey'e gönderilmeseydi bugün bizimkiler de dahil olmak üzere birçok insanın hayatı çok farklı yönde şekillenecekti."

"Kendisine gelen garip görünümlü tümörü inceleyen Dr. Gey, mikroskobun ucundaki hücrelere şaşkınlık içinde bakmıştı çünkü oldukça sıradışı gözüken bu hücrelerde henüz çözemediği bir farklılık vardı. Normalde insandan alınıp laboratuvar ortamında geliştirilmeye çalışılan hücre dizileri belirli bir süre sonunda ölürdü. Standart hücrelere göre daha dirençli olan kanser hücreleri de laboratuvar şartlarında yeterince uzun yaşamıyorlardı. Ama Henrietta Lacks adlı kadından alınan hücreler inanılmaz dayanıklı çıkmıştı ve yüksek bir hızda çoğalmaya devam ediyordu. İlerleyen günler, Dr. Gey'e tek bir gerçeği gösterecekti. Bu hücrelerin kesinlikle ölmek gibi bir niyeti yoktu (38)."

"Dr. Gey, karşısında nasıl bir mucizenin gerçekleştiğini fark edecek kadar deneyimli bir araştırmacıydı. Bu hücrelerin bunu nasıl başardığı hakkında hiçbir fikri yoktu ama bilim dünyası açısından önlerinde ne kadar önemli bir fırsatın olduğunu görebilmişti. Ellerinin altında böylesine dayanıklı bir hücre kültürünün olması demek, çok farklı bilimsel araştırmaların hayata geçirilmesi demekti. Bununla beraber bazı deneylerin defalarca tekrarlanması gerektiği için, kendisini sürekli kopyalayabilen bir hücre grubunun varlığı inanılmaz kıymetliydi. Sonuçta hücreler kendi orijinallerini saklayabildiği için her türlü değişim net bir şekilde gözlemlenebilecekti."

"Evet kızım, böylece bilim dünyası ilk ölümsüz insan hücre dizisi ile tanışmış oldu. Bu hücreler diğerlerinden o kadar farklıydı ki özel bir ismi bile hak ediyorlardı. Bunun farkında olan Dr. Gey, bu çılgın hücrelere Henrietta Lacks'ın adının baş harflerini kısaltarak HeLa ismini vermişti. Aslına bakarsan tam bu noktada Dr. Gey'in ne kadar kritik bir bilim insanı olduğunun altını çizmem gerekiyor. Çünkü bu zeki adam sadece bu hücreleri keşfetmekle kalmadı, deli gibi çoğalma yeteneği olan HeLa hücrelerini hiçbir karşılık beklemeden ülkedeki birçok laboratuvara göndererek oradaki bilim insanlarının kullanımına sundu. Bu sayede herkes bu hücrelerin nimetlerinden faydalanmıştı. Zaten HeLa hücreleri kısa zamanda o kadar çok ilgi görmüştü ki bu hücreleri daha seri üretebilecek bir tesis bile kurulmuştu. Günde yaklaşık 1 trilyon adet HeLa hücresi üretilip bilimin hizmetine sunulmuştu ve emin ol kızım bilim, bu iyiliğin karşılığını fazlasıyla vermişti."

Annesinin ilk başlarda kurmuş olduğu cümle şu an derin bir anlam kazanmıştı. Hayat gerçekten garipti ve bazen kaderden kaçmak imkânsız hale geliyordu. Geçmiş kökeni ve ailesi köle olarak çalıştırılan bu siyahi kız da aslında oldukça kısa sürecek hayatını benzer bir şekilde yaşamak zorunda kalmıştı. Üstelik ölmesi de kölelikten kurtulmasına yetmemişti çünkü her gün milyonlarca HeLa hücresi bilimsel amaçlar uğruna da olsa âdeta köle gibi çalıştırılmaya devam ediyordu.

"HeLa hücreleri o kadar çok bilimsel araştırmada kullanıldı ki bugün hangi tedavi ya da keşfe baksan bir köşesinde bu hücrelere rastlama olasılığın çok yüksek. Bir dönemin en büyük trajedilerinden biri olan çocuk felcini bitiren Jonas Salk'tan tut, kromozomlarla ilgili öğrendiğimiz tüm bilgilere kadar binlerce keşif bu hücrelerin sağladığı kolaylık ve imkânlar sayesinde gerçekleşti. Öyle ki bilim insanları bu hücrelerin bir kısmını uzaya bile gönderdi. Az önce konuştuğumuz telomeraz enziminin keşfinde bile karşımıza bu hücreler çıkıyor. Ama benim için en önemli olanı, HeLa hücrelerinin çalışma felsefesini anlamış olmam."

Pia, odanın içinde heyecanla dolaşan annesine bakıyordu. Görünen o ki HeLa hücreleri sayesinde, insanlık ve ölüm arasındaki savaşta çok önemli bir avantaj yakalamıştık. Bilimle bu kadar ilgili olmasına rağmen HeLa hücrelerini daha önce duymamış olmasından dolayı bir miktar üzgün hissetti ama bu da bilimin en temel özelliğiydi. İnsanların büyük bir kısmı farkında olmasa da hemen her gün müthiş gelişmeler ortaya çıkıyordu.

"Peki, tüm bu konuştuklarımızdan geriye elimizde ne kaldı ona bakalım. Vücudumuzu oluşturan hücrelerin sadece belirli sayıda bölünebildiğini ve bu limiti aşabilen hücrelerin de kansere dönüştüğünü gördük. Şimdi istersen ölümsüzlüğe giden yolda bize sorun çıkaran engelleri nasıl tek tek aştığımızı konuşalım. Hatırlarsan Hayflick limitine ulaştıktan sonra bölünme yeteneğini kaybeden yaşlı hücrelerden bahsetmiştik. Ölmeyi asla düşünmeyen bu yaşlı hücrelerin zaman içinde birikip dokulara nasıl zarar verdiğini konuşmuştuk. Aslına bakarsan özellikle yaşlılıkta karşımıza çıkan diyabet, kalp ve böbrek hastalıkları gibi durumların oluşmasının altında yatan en önemli nedenlerden biri bu hücrelerdir. Şimdi gel, bu yaşlı hücreleri sistemden uzaklaştırdığımızda neler oluyormuş ona bakalım."

"Yapılan hayvan çalışmalarında fareye yapılan genetik müdahale sonucu yaşlı hücreler öldürüldü ve ne oldu biliyor musun? Müdahale edilen hayvanlardaki tüm organların, aynı yaştaki diğer hayvanlara göre daha iyi çalıştığı gösterildi. O zaman ilk yapılacak şey, biriken yaşlı hücreleri ortadan kaldırmak olmalı. Peki, bunu nasıl başaracağız? Sonuçta 70 yaşındaki bir kişiye kafamıza göre genetik müdahalede bulunamayacağımıza göre daha uygulanabilir bir çözüm geliştirilmeliydi. İlginç bir şekilde bu çözüm yine vücudumuzun içinde karşımıza çıktı."

"Normal şartlarda vücudumuzdaki hücreler zarar gördüklerinde intihar etmeye programlıdırlar. Bu çok önemli bir güvenlik tedbiridir çünkü hasarlı hücrenin var olan sistemi bozma ihtimali olduğundan bu fedakarlığın yapılması elzemdir. Fakat yaşlanmış hücrelerde bu mekanizma çalışmaz çünkü bu hücreler intihar programından sorumlu proteini bile üretemeyecek kadar yaşlıdırlar. Peki, biz bu proteini dışarıda üretip yaşlı hücrelere verseydik, onları intihar etmeye ikna edebilir miydik? Bilim insanları 2016 yılında yaptıkları harika bir çalışmayla bu soruya çoktan cevap vermişlerdi kızım. İntihar programından sorumlu protein, farelere dışarıdan enjekte edildiğinde inanılmaz bir şey gerçekleşti. Farenin vücudundaki yaşlanmış hücrelerin %80'i bu protein sayesinde intihar etti ve sağlıklı hücreler bu uygulamadan hiçbir zarar görmedi. Uygulanan bu protein tedavisi sayesinde fareler hem daha sağlıklı hale geldi hem de yaşlılıktan dolayı kılları dökülmüş birçok farede kılların yeniden uzamaya başladığı görüldü (39)."

"Aşama aşama gitmeye devam edelim. Şimdi, hücresel düzeyde yaptığımız ilk müdahale sonucu yaşlı hücreleri ortadan kaldırmayı başardık. Bundan sonrasında bizim için tehlikeli olabilecek ilk hücreler, yakın bir zamanda yaşlanacak olan diğer hücreler olacaktı. Peki, bu hücreler için bir şeyler yapabilir miydik? İşte tam bu noktada karşımıza *nikotinamid adenin dinükleotid* (NAD^+) dediğimiz bir madde çıkıyor. Senin de bildiğin üzere hücre içinde, her saniye bir sürü kimyasal reaksiyon gerçekleşiyor. Hücrenin işlevini düzgün yerine getirebilmesi için bu reaksiyonların hatasız oluşması çok önemli. İşte NAD^+ dediğimiz koenzim, bu reaksiyonların hatasız bir şekilde gerçekleşmesini sağlayan çok kritik bir madde. Doğal olarak eksikliğinde birçok sorun ortaya çıkabiliyor."

"Tahmin edeceğin üzere, yaşlandıkça hücrelerimizdeki NAD^+ miktarı da azalıyor. Mesela 50 yaşına gelmiş bir insan, 20 yaşında sahip olduğu NAD^+ miktarının neredeyse yarısını kaybetmiş oluyor. İşte NAD^+'da meydana gelen bu ciddi azalma, başta Alzheimer olmak üzere birçok hastalığın gelişmesinde kritik bir rol oynuyor. Daha da kötüsü NAD^+'yı hücreye dışarıdan da sokamıyoruz çünkü sahip olduğu yapı bu geçişe izin vermiyor. Fakat bilim insanları bu soruna da uygun bir çözüm bulmayı başardılar. Yüzlerce yıl önce, Troya şehrinin surlarını aşamayan Odysseus'un, şehre gizlice girmek için tahtadan yaptırdığı Truva Atı'ndaki mantığı, NAD^+'yı hücreye sokabilmek için kullanmışlar. 2016 yılında yayınlanan bu araştırmada, bilim insanları tarafından tasarlanan ilginç bir madde karşımıza çıktı. Tıpkı Truva Atı gibi, bu mucize madde hücreye rahatça girebilmekte ve girdikten hemen sonra içeride NAD^+'ya dönüşebilmekteydi. Baktığın zaman bu müthiş bir gelişmeydi çünkü bu sayede hücrelerimizde azalan NAD^+'ların yerine yenilerini ekleyebilmiştik. İlk deneylerde farelerde ortaya çıkan sonuçlar gerçekten inanılmazdı. Dış görünüş olarak gençleşen farelerin hücrelerindeki DNA onarımları arttı ve ömürleri bir miktar daha uzamış oldu (40)."

Pia anlatılanları şaşkınlık içinde dinliyordu. Tüm bu çalışmalar inanılmaz umut vericiydi ama diğer taraftan bilimin soğuk ve acımasız yüzünü de ortaya koyuyordu. Sadece insan çıkarları doğrultusunda ilerleyen bilim, gördüğü en ufak açıklıkta bile canlılığın doğal seyrine saldırmaktan çekinmiyordu. Pia, bir an annesinin bahsettiği deneylerle müdahale edilen tüm hücreler için hafif bir hüzün hissetti. Ne yaparlarsa yapsınlar, sonsuza kadar yaşamak isteyen insanın hırsından kaçamayacaklardı. Bu sırada annesi ekranda bir solucan fotoğrafı açmıştı. Pia, bu ünlü solucanı çok iyi tanıyordu çünkü genetik çalışmaların birçoğu *Caenorhabditis elegans* (C. *elegans*) adlı bu solucanda yapılıyordu.

"Artık yaşlanmayı geciktirmek için hücrelere neler yapmamız gerektiğini biliyoruz ama sürecin tamamına baktığında çok ilginç bir alternatif karşımıza çıkıyor. En başından itibaren muazzam işleyen bir hücre programımız var ve bu program sahip olduğumuz genetik materyaller aracılığıyla yazılıyor. Hücrelerin kaç kere bölüneceğinden tut, her türlü proteinin üretimi aslında kromozomlarımızda yazılı olan minik senaryo kalıpları aracılığıyla gerçekleşiyor. Yani bizim dışarıdan tanık olduğumuz tüm süreç, hücre denen sahnede sergilenen ve senaryosu belli olan bir oyun sadece."

"Bu koşullarda bizim mücadele ettiğimiz şey, senaryoya göre ölmesi gereken karakterleri, hücreye dışarıdan müdahale ederek yaşatmaya çalışmaktan başka bir şey değil. Oysa sistemin böyle işlemesi aslında bize mükemmel bir fırsat tanıyor. Ölmesi gereken karakteri her defasında kurtarmak için çabalayacağımıza neden senaryoyu değiştirmiyoruz ki! Böylece yeni senaryoya göre hücrede sahnelenecek bu oyunda karakterimiz asla ölmeyeceğinden onu korumak için herhangi bir çaba harcamamız gerekmez. Hatta aynı mantıkla hücre için kötü olan bir karakteri senaryodan tümüyle çıkararak sahne almasını bile engelleyebiliriz. Yani sevgili kızım, aslında tek ihtiyacımız olan şey, genetik müdahaleler ile hücrenin yaşam programını yeniden yazmak. Başka bir şey değil."

"CRISPR sayesinde günümüzde bu konuda inanılmaz çalışmalar yapılsa da aslında uzun zaman önce bu bilginin farkına varmıştık. Özellikle Cynthia Kenyon'un 1993 yılında, bir solucan türü olan C. *elegans*'ta yaptığı çalışmalar bu konuda devrim niteliği taşıyordu. Bizim yapmamız gereken tek şey zaten başlamış olan bu devrimi tamamlamak olacaktı. Senin de bildiğin üzere bu solucan, genetik çalışan araştırmacıların en favori hayvanıdır çünkü sahip olduğu 20.000 gen sayesinde her türlü değişimin sonuçlarının hızla gözlenebildiği bir çalışma ortamını bize sunar. Hatta ömrünün sadece 14 gün olması, genetik ve yaşlılık konularında çalışanlar için bulunmaz bir fırsattır."

"Kenyon, bahsettiğim çalışmada C. *elegans*'ta yer alan genlerden birinin, solucanın yaşlanmasında rol oynadığını keşfetti. DAF-2 adını verdikleri bu geni, mutasyon ile ortadan kaldırdıklarında ne oldu biliyor musun? Normal ömrü 14 gün olan solucan tam 28 gün yaşamıştı. Yani ömrü tam 2 kat artmıştı. Bu süre gün bazında önemsiz gibi dursa da ortalama 80 yıllık ömrü olan insanlığın 160 yaşına kadar yaşayabildiğini düşünsene. Ama bitmedi çünkü Kenyon bu çalışmada çok ilginç bir gen daha keşfetti. DAF-16 adını verdikleri bu gen de sağlıklı görünme ve gençlikten sorumlu bir gendi (41)."

"Şöyle düşün Pia. Eğer C. *elegans*'lara hizmet eden bir sağlık merkezi olsaydık yapacağımız şey çok basitti. DAF-2'leri ortadan kaldırıp, DAF-16'nın aktivitesini artıracak bir senaryoyu yazdığımızda, bu solucanların asla vazgeçmeyeceği bir merkez olurduk. Benzer bir mantık insanlar için de geçerli. Bu arada bahsettiğim yayının 90'lı yıllara ait eski bir çalışma olduğunu unutma çünkü sonrasında yapılan birçok araştırma sayesinde insanda, yaşlanma mekanizmasında kritik role sahip 11 adet geni çoktan keşfetmiş durumdayız. Biliyorsun elimizde genlerin üzerinde her türlü kesme-çıkarma-ekleme işlemlerini yapabileceğimiz CRISPR denen mucizevi bir yöntem de var. Muhtemelen bunun ne anlama geldiğinin farkındasındır. Bu 11 gen üzerinde çeşitli modifikasyonlar yaparak henüz doğmamış bebeklerin ömürlerine fazladan 60-70 yıl eklemek şu an için uygulanabilir bir operasyon."

"Aslına bakarsan doğacak bebeklere genetik müdahale sonucu yaşam sürelerini uzatacak altyapı, insanlara duyurulmamış olsa da uzun süredir kullanımda. Bizden başka bu konuda hizmet veren iki tane daha önemli şirket var. Toplum henüz farkında olmasa da bu bebekler doğalı çok oldu ve şu an aramızda dolaşıyorlar. İnsanlar muhtemelen 80-90 yaşında ölecekken onlar daha doğmadan en az 160 yılı garantilemiş durumdalar. Zaten gelişmeler bu hızla devam ettiğinde, bahsettiğim yeni nesil insanlar 100 yaşına ulaştığında, ölümsüzlük uygulaması çoktan sağlık sigortası tarafından karşılanan sıradan bir prosedür haline dönüşmüş olacak."

"Bebeklerin genetik yapısına müdahale eden bahsettiğim iki şirket, altyapı olarak geleneksel doğum yöntemini tercih ediyorlar ama biz altyapımızı tümüyle yapay rahimler üzerine kurduk. Hem bebeğin gelişim kısmını şansa bırakmadık hem de anneyi büyük bir yükten kurtardık. Belki bir gün yapay rahim ve tasarlanmış bebekler hakkındaki çalışmalarımızdan sana bahsederim ama şimdiki konumuz Büyülü Dağ. Dediğim gibi CRISPR zaten yeni doğacaklar için ömür uzatma ile ilgili çok fazla alternatifi sağlıyor. O nedenle benim asıl hedefim artık sınıra gelmiş olanlar. Yani sadece 60-80 yıl önce doğdu diye ölmek zorunda kalanlar. Büyülü Dağ'da biz bu insanları kurtarmaya çalışıyoruz. Birazdan sana kullandığımız teknolojinin detaylarını anlatacağım ama şimdi bize çok önemli bilgiler veren son bir çalışmadan bahsetmek istiyorum."

Pia sanki farklı bir zaman diliminde yaşıyormuş gibi konuşan annesine şaşkınlıkla bakıyordu. Yapay rahimler, ömür uzunluğu 160 yıl olan insanların aramızda dolaşması gibi kavramlar şu an için kıza bilimkurgu senaryosu gibi geliyordu. Fakat asıl ilginç olan, annesinin bahsettiği tüm çalışmalar aslında herkesin kolaylıkla ulaşabileceği bilimsel makalelere dayanıyordu. Bu araştırmaları okumamış olmak, bu gelişmelerin olmadığı anlamına gelmiyordu. Demek ki birileri insanlığın en büyük laneti olan ölüm kavramına sağlam bir darbe vurmak üzereydi.

"Sana bahsedeceğim bu önemli çalışma 2020 yılının Kasım ayında yayınlandı. 64 yaş üzerindeki gönüllülerin katıldığı bu çalışmada, katılımcılara *Hiperbarik Oksijen Tedavisi* adı verilen bir uygulama yapıldı. Bu uygulama kapsamında yaşlı katılımcılar tam 3 ay boyunca haftada 5 gün olacak şekilde, günlük

90 dakika süreyle özel basınçlı odalarda oturarak saf oksijene maruz bırakıldılar. Baktığın zaman içinde yüksek basıncın ve saf oksijenin uygulandığı bir odada sadece oturmaktan bahsediyoruz. Beklerken sıkılmak dışında seni zorlayacak bir şey yok. Peki, sonuçta ne oldu biliyor musun? Deneye katılan yaşlı kişilerin telomer boyları ortalama %20 oranında arttı. Bu gerçekten inanılmaz bir sonuçtu Pia. Ama bununla da sınırlı kalmadı. Sağlıklı hücreler arasında zaman içinde biriken yaşlı hücrelerden sana bahsetmiştim. İşte o hücreler açısından da %37 oranında bir azalma söz konusuydu."

"Muhtemelen bu yüzde oranların biyolojik olarak neye karşılık geldiğini merak ediyorsundur. Araştırmacıların bizzat kendilerinin de söylediği şekilde ifade edersem, katılımcıların sahip olduğu hücreler, âdeta 25 yıl gençleşerek 40'lı yaşlardaki hallerine eşdeğer bir durum ortaya çıkmıştı. Bunun ne anlama geldiğini düşünebiliyor musun? Sadece özel bir odada oturmakla hücresel düzeyde gençleşen yaşlı insanlardan bahsediyoruz. Üstelik bu bilgi bir bilimkurgu romanına ait değil, tümüyle bilimsel bir araştırmaya dayanıyor. Hatta projenin başındaki araştırmacının çalışmayla ilgili dile getirdiği çok güzel bir benzetme var. Kendisi telomer konusunu yaşlanma biyolojisinin kutsal kâsesi olarak tanımlamış. Malum telomeraz aktivitesi ve kanser arasındaki hassas dengeden dolayı, şu an bir kısmını tuttukları bu kâsenin ne kadar zehirli olabileceğinin farkında olduklarını da özellikle belirtmişler (42)."

Pia, hiperbarik oksijen tedavisi hakkında daha önce bir şey duymamıştı ama sadece telomerlerin uzaması bile çok büyük bir başarıydı. Aslında ölümsüzlük konusu popüler bilim kanallarında sıklıkla incelenen bir başlıktı. Oradan hatırladığı kadarıyla bu konuda yapılan araştırmalar üç temel alanda ilerliyordu. Gerçek hücreler kullanılarak üç boyutlu yazıcıda basılan yapay organlar, insan zihnini dijital ortama aktarmayı hedefleyen girişimler ve CRISPR konuları en fazla öne çıkan girişimlerdi. Ama bugün annesinin anlattıklarını düşündüğünde, CRISPR'ın insanlık tarihini kökünden değiştireceği kesin gibi gözüküyordu.

"Tüm bu bilgileri paylaştıktan sonra artık Büyülü Dağ'da yaptığımız büyüyü konuşabiliriz. Aslına bakarsan tıp alanında meydana gelen gelişmeler sayesinde son 100 yılda ortalama insan ömründe yaklaşık %20'lere varan bir artış meydana geldi. Diğer taraftan insan hücrelerindeki Hayflick limitine baktığımızda 50-60 arası olan bölünme sayısının yaklaşık 100-150 yıl arasına karşılık geldiğini biliyoruz. Yani baktığında zaten normal hücresel limitlerimizin altında bir ömür uzunluğuna sahibiz. Bu durum bize hücrenin kendi içinde bile limitlerini zorlayabileceğimiz bir aralık olduğunu gösteriyor."

"En basit haliyle ifade edersek, yaşlılık denen hastalığı tedavi etmek için şu ana kadar bahsettiğim birçok bilimsel keşfin karışımı olan ileri bir teknoloji kullanıyoruz. Sanatoryumdaki dağ içine yerleştirilmiş kapsül şeklindeki kişisel kabinlerde insanları tam 21 gün boyunca uyutup yüksek basınç altında saf oksijen tedavisi uyguluyoruz. Bununla beraber *Protoambrosia* adını verdiğimiz bir serum aracılığıyla kabinde uyuyan kişileri sadece damar yoluyla besliyoruz. Bu gençlik serumunun içinde sana bahsettiğim, yaşlı hücreleri intihar ettiren protein, NAD^+ ve ortadan kaldırdığımız hücrelerin yerine yenisini koyduğumuz kök hücrelerden oluşan bir karışım var. Tabii bu maddelerin doğru yerlerde doğru etkileri göstermesini sağlayan özel bir nanoteknoloji yönlendirme sistemi de kullanıyoruz."

Pia, *Protoambrosia* kelimesini duyduğunda yüzünde bir gülümseme oluştu. Annesi, yaşlılığın tedavisinde uyguladıkları gençlik serumu için oldukça güzel bir isim bulmuştu. *Ambrosia* kelimesi Yunan mitolojisinde Tanrıların tükettiği balımsı bir yiyecek ya da içeceğe karşılık geliyordu. Ölümlü insanlar ambrosia'dan yemeleri halinde ölümsüzlüğe kavuşurlardı. Hatta kimi görüşlere göre Tanrıların ölümsüzlüğü de ambrosia'dan kaynaklanmaktaydı. Diğer taraftan *proto* kelimesi de yine Yunancadan gelmekte olup ilk, öncü ve iyi gibi anlamlar içermekteydi.

"Uyguladığımız 21 günlük tedavi sayesinde insanlara biyolojik olarak fazladan net iki yıl kazandırmayı başardık kızım. Aslına bakarsan çok daha fazlasını da yapabilecek bir altyapımız var ama işin en önemli sırlarından birisi burada gizli. Elimizde bir büyü var ve biz bu büyünün kıymetinin bilinmesini istiyoruz. Eğer bir insanın ömrüne bir anda 30 yıl katarsan, elindeki bir yılın yine bir anlamı olmayacaktır. Bununla beraber daha küçük ölçekli uygulamalar sayesinde, Protoambrosia'dan kaynaklanabilecek olası yan etkileri fark etmek ve gerekli müdahaleyi yapmak daha kolay olacaktır."

Sadece 21 günde iki yıl kazanmak devrimsel bir başarıydı ama annesinin yaptığı bu girişim gerçekten çok riskliydi çünkü uzun vadede bu uygulamaların ne gibi etkiler oluşturacaklarını bilmiyorlardı. Diğer taraftan ömrünün sonuna yaklaşmış bir insan için uzun vadeli etkiler, muhtemelen çok da dikkat edilecek bir konu olmayabilirdi. Yani yaşlı bir insan açısından her koşulda alınabilecek bir risk gibi görünüyordu. Fakat bir anda Pia'nın aklına sanatoryumdaki yaşlıların görüntüleri geldi. İstisnasız hepsinde bir dalgınlık ve mutsuzluk hali açık bir şekilde gözüküyordu. Belki de bu durum Protoambrosia'nın bir yan etkisi olabilirdi. Eva, sanki kafasının içindekileri okumuş gibi konuşmaya başladı.

"Meraklanma Pia. Uyguladığımız tedaviyi doz, süre ve birçok parametre açısından defalarca denedik. Şu ana kadar olumsuz tek bir vaka bile görülmedi. Ama biz yine de uygulamamızı minimum ölçeklerde gerçekleştiriyoruz. Diğer taraftan bilmen gereken çok daha önemli bir şey var. Büyülü Dağ'daki bu kabin kapsüllerde sadece insanları biyolojik olarak gençleştirmiyoruz. Eğer yaptığımız yalnızca bu olsaydı, bunun adı büyü olmazdı."

Annesinin son cümlesi Pia'nın yüzünde dışarıdan anlaşılabilir bir şaşkınlık oluşturmuştu. Görünen o ki sezon finalini izlediğini sandığı bu dizinin bir başka bölümü daha vardı ve büyünün ne olduğunu, o bölümde görecekti.

"Muhtemelen sanatoryumda ilk fark ettiğin ayrıntılardan biri, etrafta dolanan garip ve mutsuz yaşlılar olmalı. Doğal olarak şu an aklında şöyle bir soru olabilir. Peki, bu insanlar hayatlarına fazladan zaman eklenmesine rağmen, neden bu kadar mutsuz ve tükenmiş görünüyorlar? Aslında cevap çok basit. İnanılmaz mutlu hissettiğin bir rüyadan uyandın mı hiç? Gözlerin açıldıktan sonra, o birkaç saniyede yaşadığın üzüntü ve hayal kırıklığını hatırla lütfen. O an beynindeki tüm nöronlar o güzel rüyaya geri dönmen için âdeta sana yalvarırlar ama artık çok geçtir çünkü gerçek hayata çoktan uyanmışsındır."

"İşte sevgili kızım, sanatoryumdaki yaşlı insanların yüzünde gördüğün mutsuzluğun sebebi tam da bu gerçekten kaynaklanıyor. Çünkü o insanlar asla uyanmak istemeyecekleri bir rüyadan uyanmak zorunda kaldıkları için bu kadar mutsuzlar. Hatırlayacak olursan bu insanları özel bir kapsül içinde 21 gün boyunca uyuttuğumuzu söylemiştim. Ama emin ol onları sadece karanlık bir uykuya göndermedik. Aksine, bu insanları en güzel hayallerinden oluşan, tam anlamıyla rüya gibi bir tatile yolladık. İşte Pia, Büyülü Dağ'da yaptığımız ikinci büyü tam da bu rüyayı içeriyor."

Pia'nın arkasında ayakta durmakta olan Eva, ellerini, kızın omuzlarına koydu ve oldukça kısık bir sesle konuştu.

"Tek bir şeyden kesinlikle emin olabilirsin kızım. Anlattıklarım sona erdiğinde, duyduklarına ve gördüklerine sen bile inanamayacaksın. Eğer hazırsan, başlayalım."

Bölüm 132

Son Şahit

Herkes beraberinde taşıdığı bir parmaklığın ardında yaşıyor.

Franz Kafka

Beyninin en derinlerine gömdüğü duyguların geri çıkması için sadece bir gün yetmişti. Tıpkı alkolü bırakmış bir bağımlının, uzun bir aranın ardından içtiği ilk kadeh sonrasında yaşadıklarını hissediyordu. İlias, içine düştüğü bu çaresizlikten dolayı kendinden nefret etse de yapacak bir şey yoktu çünkü Tesla ile ilgili tüm anılar yeniden beynini esir almıştı. Tekrar eski özgürlüğüne kavuşabilmesi için acilen kızla ilgili bir bilgiye ulaşmak zorundaydı. Kullanmakta olduğu kiralık arabayı park ettikten sonra bir süre daha arabanın içinde oturmaya devam etti. Buraya Perit ile görüşmek için gelmişti ama hâlâ kararı konusunda tam emin değildi. Sonuçta İlias'ın işlediği cinayeti doğrudan bilen biriydi ve bu durum geri dönüşü olmayan bir sürece neden olabilirdi.

Aslında her şey trenden ilk indikleri anda başlamıştı. Evini ve geçmişini bırakıp kaçmak zorunda kaldığı bu istasyon, hem çok tanıdık hem de çok uzak bir yer gibi gözükmüştü. İris ve Coccyx ile beraber otele geçtikten sadece bir saat sonra kendisini sokaklara atmıştı. Terk etmek zorunda kaldığı evine gittiğinde, dairesinin penceresinden dışarıyı seyretmekte olan bir çocuk görmüştü. Sanki en güzel anılarını yaşadığı dairesi, bir çocuğun bedeni aracılığıyla hâlâ İlias'ın dönüşünü bekliyor gibiydi. Yıllarca kendisiyle yaşamış duvarlar, kimbilir şimdi hangi insanların hayatlarına şahit oluyordu. Hava kararmaya başladığında oteline dönen İlias, uykusu olmamasına rağmen erkenden yatmıştı çünkü bir an önce sabah olmasını istiyordu.

Uyanır uyanmaz bir araba kiraladıktan sonra doğruca Tesla'nın mahallesine gitmişti. Şehre dönmeden önce Tesla ile ilgili hiçbir şey yapmayacağına dair söz vermişti ama daha ilk günden kendisine ihanet etmişti. Hem daireyi hem de apartman kapısını aynı anda görebileceği bir noktada uzun süre bekledi. Hayatının hiçbir döneminde içmemesine rağmen canı inanılmaz bir şekilde sigara çekmişti. Belki de sigaraya başlamanın nedeni bir şeyleri beklemek zorunda kalmaktan kaynaklanıyordu. Cesaretini toplayıp eve çıktığında tam da beklediği gibi kimse kapıyı açmamıştı. Vücudu artık bir bağımlı gibi davrandığı için yan dairenin kapısını çalmıştı. Kadının söylediğine göre çok uzun zamandır ne Tesla ne de bir başkası buraya gelmişti.

İlias'ın listesindeki ikinci yer Meryam'ın eviydi. İçindeki ses buradan da bir şey çıkmayacağını söylüyordu çünkü internette Meryam ile ilgili arama yaptığında hiçbir habere ya da polis kaydına rastlamamıştı. Bir an çaresizce kadını aradıkları günleri hatırladı. Zavallı Meryam, muhtemelen hiç kimsenin bulamayacağı bir yerde çoktan çürüyerek yok olmuştu. Ama yine de hızlıca bir göz atmaktan zarar gelmezdi. Sonrasında İris'in konuşmasını dinlemeye gidecekti. Sokakta Meryam'ın evini görebileceği uzak bir yere park edip beklemeye başladı. Bir süre sonra mutfağın içinde dolanan Perit'i gördü. O kadar garip bir andı ki kalbi daha hızlı atmaya başladı. Uzun bir zaman sonra ilk kez geçmiş hayatına ait canlı birine şahit olmuştu.

Pencerenin yansıması nedeniyle içerisi çok net görünmese de yine bir fikir veriyordu. Tam o anda İlias'ın hızla atmakta olan kalbini durduran bir şey oldu. Tesla mutfağa girmişti. Gözlerine inanamayan İlias, refleksel bir şekilde arabadan indi ve hızla eve doğru yürümeye başladı. Tam o sırada Tesla mutfağın kapısından bahçeye çıktığında sanki birileri adamın fişini çekmiş gibi bir anda durmuştu. Karşısındaki kız vücut yapısı olarak Tesla'ya inanılmaz benzese de başka birisiydi. Saçlarını kazıtmış olan kız muhtemelen Perit'in yeni sevgilisiydi. Tüm hayallerini sokağın o köşesinde bırakıp tekrar arabasına dönmüştü.

Sürücü koltuğuna oturur oturmaz ağlamaya başladı. Yaklaşık 30 saniyeye sığan o umut dolu an, gerçekte Tesla'yı ne kadar özlemiş olduğunu gösteriyordu. Hissizleşmiş bir şekilde koltuğa yığılıp boş boş Perit'in evini izledi. Telefondan gelen mesaj sesi hayata dönmesini sağlayan işaret olmuştu. Saate baktığında İris'in konuşmasını çoktan kaçırmış olduğunu fark etti ve Coccyx'e hızlıca cevap yazarak bir bahane uydurdu. Tüm umutlarını bu sokakta yitirmiş olsa da listesindeki evleri tamamlayacaktı. Şimdi gideceği ev ise çok özel bir yerdi. Her zaman söylenen o meşhur replik bir kere daha gerçeğe kavuşacaktı. *Katil her zaman olay yerine dönerdi.* Oraya vardığında ne yapacağını bilmiyordu ama çoktan arabayı Vera'nın evine doğru sürmeye başladı.

Olay yerine dönmek eski konuları tekrardan düşünmesine neden olmuştu. Bir ara ülkenin gündemine bomba gibi düşen haberler nasıl olmuştu da bir anda bıçak gibi kesilmişti. Tüm mal varlıklarına el konulsa da Galen ve Devin hakkında hiçbir ize rastlanmamıştı. Çok büyük bir ihtimalle kaçış planı çoktan hazır olan Galen, Tesla ve Devin ile birlikte izini kaybettirmeyi başarmıştı. Her yerde aradığı Tesla belki de şu an Galen'le beraberdi ve bir sahil kasabasında içkilerini yudumlayıp mutlu bir şekilde hayatlarına devam ediyorlardı. Bu ihtimalin istatistiksel olarak ne kadar yüksek olduğunu bilse de hâlâ beynindeki en düşük ihtimallerin peşinde vaktini harcıyordu.

Eve yaklaşan İlias, sitenin ilerisindeki ormanın yanında durdu. Tıpkı Alef'i öldürdüğü gün yaptığı gibi ormandan Vera'nın evine doğru ilerlemeye çalıştı. Evi gördüğü an bütün vücudunda bir titreme yaşadı. Elinde silahla camın önünde olduğu anı tekrar yaşıyor gibiydi. Tetiğe bastığında çıkan kurşun Alef'in vücuduna girmiş olsa da gerçek anlamda ölen kendi geçmişi olmuştu. O kurşundan sonra herkesin hayatı değişmek zorunda kalmıştı. Bir süre evi gözetleyen adam burada da yaşama dair bir işarete rastlamayınca listesindeki son eve doğru yolculuğa çıktı. En ufak bir umudu olmasa da Alef'in evine son bir kez bakmak zorundaydı.

Hukuki anlamda bir katil olmasına rağmen dünyanın en özgür insanı gibi dolaşma saçmalığı bir yana, aynı zamanda olay yerlerini de ziyaret ederek çok anlamsız bir risk alıyordu. Yaptığının ne kadar ahmakça olduğunu bilse de vücudu kontrolünden çıkmış gibi hareket ediyordu. En ufak bir endişe hissetmeden arabayı doğrudan Alef'in bahçesine park etmişti. Ev her zaman olduğu gibi yalnız gözüküyordu fakat bir ayrıntı hemen dikkatini çekti. Pencerelerden biri kırılmıştı. Demek ki başkaları da kendisi gibi bir şeylerin peşindeydi.

Kırık pencereden eve girdiğinde beyninde kalan son mantıklı hücreler âdeta çığlık atmıştı. Cinayet işlemiş olması yetmezmiş gibi suç profiline bir de başkalarının evine izinsiz girme suçunu eklemişti. Zaten yakalandığı takdirde kalan ömrünün birkaç katı kadar cezayı dijital suçlardan alacağı için diğer suçlardan artık korkmuyordu. Evin her yerini arayan İlias'ı heyecanlandıracak tek şey yukarıdaki odada bulduğu zarf ve kâğıt parçasıydı. Kâğıdın üzerinde "Mucizelere inanır mısın" yazıyordu. Ama asıl heyecan verici olan zarfın üzerindeki "Galen'e özel" yazısıydı. Belki de adamın buraya gelmesine neden olan bazı gelişmeler yaşanmıştı. Gün sonunda bir şey keşfetmiş olması bir miktar da olsa iyi hissetmesini sağlamıştı.

Hava kararmaya başladığında Alef'in evinden ayrılan İlias doğruca otele gitmişti. Ertesi sabah yola çıkmaları gerekiyordu. Toplantıya gidemediğinden dolayı İris ve Coccyx'ten özür dilemeyi düşünmüştü ama ikilinin yemek için dışarıya çıktığını öğrenmişti. Herkes hayatına devam ederken geçmişe sıkışıp kalmasına sinirlenen İlias, eşyalarını toplamıştı. Fakat sabah kalktığında aklında tek bir düşünce ile uyanmıştı. Perit ile konuşmak zorundaydı çünkü sahip olduğu geçmişten geriye bir tek bu adam kalmıştı. Coccyx ve İris ile görüşen İlias fazladan birkaç gün daha burada kalmak istediğini belirtip arkadaşlarını istasyona bıraktı.

Arabanın koltuğunda oturmakta olan İlias, Perit'in polise gitmesi durumunda karşılaşabileceği en kötü senaryoları son bir kez daha düşündü. Böyle bir durumda sadece kendisinin değil, Coccyx ve diğerlerinin de başını belaya sokacaktı ama her şeye rağmen Perit ile görüşmekte kararlıydı. Hızlıca arabadan inerek adamın evine doğru seri adımlarla yürüdü. Zili çaldığında sanki hayat kendisine ikinci bir şans vermek istiyormuş gibi kapıyı açan olmamıştı. Evin etrafında dolaşan İlias, içeride kimseyi görememişti. Perit muhtemelen dışarıda bir yerlerdeydi. Arabaya dönüp beklemeye karar verdi. Geçmişinden hayatta kalan tek insanı görmek ve onunla konuşmak istiyordu. Yoksa tüm gerçekliğini yitirecek gibiydi. Oysa tam o sırada Perit, hava alanındaki salonların birinde uçağa alınmayı bekliyordu. İlias, arabanın içinde gece geç vakitlere kadar sabırla bekledi ama görünen o ki eski hayatına dair tek şahit de ortadan kaybolmuştu. Kimsenin şahit olmadığı geçmişinin kaderi artık tümüyle kendi ellerindeydi. Ya kimsesiz geçmişini gömüp yeni hayatına devam edecekti ya da beyninde açtığı bu derin mezara geçmişiyle beraber gömülecekti.

Bölüm 133

Parva Naturalia

Rüyalarda gördüklerimiz, uyanıkken kurduğumuz hayallerden daha berraktır.
Leonardo da Vinci

Pia ve annesi, evin harika deniz manzarasına sahip geniş odasına geçmişlerdi. Dışarıda mükemmel bir hava vardı. Kumsalda uzanıp kitap okuduğu, o tasasız ve güzel günleri düşündü. Aslında annesinin anlattıkları da sürükleyici bir kitap gibiydi. İlk büyüsünde, yaşlı insanları Protoambrosia ile biyolojik olarak gençleştirmeyi başaran Eva, ikinci büyüsünden bahsetmek için hazırdı.

"Senin de bildiğin üzere zaman kavramı fiziksel bir sabitliğe sahiptir ama söz konusu beynimizdeki reseptörler olduğunda, algıladığımız zamansal boyutlar önemli kırılmalara uğrayabilir. Tabii burada zamanı, klasik fizik anlayışı içinde yorumladığımı belirteyim. Eğer olaya kuantum fiziği açısından yaklaşırsan bu denklem çok daha karışık hale gelecektir ama beni şu an için ilgilendiren asıl kısım, zaman ve beynin ilişkisi. O halde bu ilişkinin ilk ve en önemli kuralının altını çizelim. İçinde bulunduğun fiziksel zamanın şartları ne olursa olsun, hissedilen zamanın uzunluğunu belirleyen asıl unsur, beynimizin ne algıladığıdır."

"İnsanların hepsi bu gerçeği defalarca deneyimlemişlerdir. Mesela çok sevdiğin bir insanla beraberken inanılmaz hızda akan zaman, bir su ısıtıcısının başında suyun kaynamasını beklerken âdeta sonsuza kadar uzar. Çünkü bu akışı belirleyen senin algındır. Biliyorsun, biyolojik saat ve sirkadiyen ritim konularında uzun zamandır bilgi sahibiyiz. Hormonlarımızın salgılanmasından tut, ne zaman uyumamız gerektiğine kadar birçok fizyolojik olay beynimizde yer alan bir biyolojik saat aracılığıyla düzenlenmekte. Fakat bu saat, zaman algımızdaki farklılıkları açıklayabilecek bir fonksiyona sahip değil. O nedenle konuyu daha kapsamlı araştıran bilim insanları, beynimizin derinlerinde çalışmakta olan bir başka saat daha keşfetti. Bilhassa dopaminin kontrolünde çalışan bu iç saat, beynimizdeki zaman algısını yorumlayan asıl bölge olarak karşımıza çıkıyor. Doğal olarak dopamin salgısını değiştiren birçok faktör, zaman algısı üzerinde de etkili olmaktadır. Mesela bazı uyuşturucu maddelerin kullanımında, zamanın daha yavaşmış gibi akmasına neden olan, dopamin seviyelerini değiştiren birtakım kimyasal maddelerdir."

"Beynimizin zaman algısının nasıl değişken olduğunu her gün yaşamamızı sağlayan uyku ve rüyaları düşün. Hatırla, yatağa girip gözünü kapıyorsun ve bir süre sonra gözlerini açıp uyanıyorsun. Aslında baktığın zaman arada neredeyse 8 saat gibi uzun bir süre olmasına rağmen sen bunu hissetmiyorsun bile. Benzer bir durum rüyalar için de geçerli. Dakikalarca süren oldukça canlı bir kovalamaca sahnesi, aslında REM döneminde gerçekleşen birkaç saniyelik bir dönemden başka bir şey değil."

"O zaman ilk önemli notumuzu bir kenara yazalım. Fiziksel düzeyde zamanın tek bir saniyesini değiştiremesek bile, beyninde gerçekleştireceğimiz bazı elektriksel ve kimyasal uyarılarla algıladığın zamanı kısaltabilir ya da uzatabiliriz. Bu bilgiyi lütfen unutma çünkü büyümüzün bir parçası bu bilgiyle doğrudan bağlantılı olacak."

Annesi konuşurken Pia'nın düşünceleri bir anda sanatoryumda kaldığı dönemlere gitmişti. Bu olayın üzerinden yıllar geçmiş gibi hissediyordu. Sanki Büyülü Dağ'da yaşadıkları çok eski bir zaman dilimine aitti. Bu hissiyatı, Eva'nın sözlerini destekler nitelikteydi. Bir olayın ne kadar eski ya da yeni olduğunu belirleyen sadece beynimizdi.

"Gelelim ikinci önemli konuya. Yukiyasu Kamitani adlı Japon araştırmacı, uzun süredir üzerinde çalıştığı araştırmasının sonuçlarını 2008 yılında bilim dünyasıyla paylaştı. Birçok bilimkurgu filminde ya da romanında işlenen bir teknolojiyi bilimsel olarak gerçeğe kavuşturduğundan, Kamitani'nin araştırması bu alanda milat kabul edilecek önemli bir çalışmaydı. Aslında çok basit bir soruya cevap aramıştı. *Herhangi bir görüntüye bakan bir kişinin, sadece o sırada çekilen beyin görüntülerini analiz ederek, neye baktığını anlayabilir miydik?"*

"Kurduğu deney düzeneğinin mantığı basitti. fMRI makinesi içinde beyni görüntülenen deneklere, basit harf ya da şekillerden oluşan siyah-beyaz kartlar gösterdi. İçinde renk olmaması ve görsellerin üçgen, kare gibi basit şekillerden oluşması, beynin piksel düzeyinde maruz kaldığı bilgiyi azalttığından, analizler daha kolay yapılabilecekti. Böylece katılımcıların beyninde, her bir kartın görme merkezlerinde oluşturduğu fizyolojik yanıtlar eş zamanlı olarak kaydedildi. Daha sonra bir yazılım aracılığıyla kişiye gösterilen kartlardaki harf ve şekillerin paternleri ve beynin bu görseller karşısında verdiği fizyolojik yanıtlar eşleştirildi."

"Bu işlem defalarca tekrarlandığında yazılım, amaçlanan hedefe ulaşmayı başarmıştı. Böylece bir kişi bir karta baktığı sırada, beyninde meydana gelen aktiviteyi analiz eden yazılım, bu karta benzeyen bir görüntüyü eş zamanlı olarak bilgisayar ekranında göstermeyi başarmıştı. Mesela bir kişiye siyah zemin üzerinde beyaz X harfinin olduğu bir kart gösterildiğinde, beyni inceleyen yazılım çok net olmasa da X'e benzeyen bir görseli ekranda gösterebiliyordu. Yani kişinin neye baktığını görmesek bile sadece beyninin içine bakarak izlediği şeyin ne olduğu hakkında bir fikrimiz oluşmuştu. Kamitani yaptığı bu çalışmayla beyin görüntüleme ve analizi konusunda bize çok farklı bir kapının açılmasını sağlamıştı. Bize kalan tek şey de o kapıdan girmek olmuştu (43)."

Pia, annesinin nereye varmak istediğini anlamıştı ve bu durum içinde hafif bir ürpertinin oluşmasına neden oldu. Belki de ileride bu teknoloji aracılığıyla, insanların gizlice seyrettiği görüntüler başka insanlar tarafından görülebilir hale gelecekti. Hatta insanların gözleri kapalı kurduğu hayaller ya da uykularında gördükleri rüyalar, ekranlarda izlenebilecek video dosyalarına dönüştürülecekti. Böyle bir teknoloji, kişisel gizliliğin üzerine inen çok ağır bir darbe olurdu. Sonuçta sokaktaki kameralardan kaçabilirdik ama beynimizin içine yerleştirilmiş bir kameradan kaçma şansımız yoktu. İçinden bir ses annesinin bu konuda anlatacağı daha fazla şeyler olduğunu söylüyordu.

"Bilimin çalışma mantığını biliyorsun Pia. Karşısındaki gizemin içine girebileceği en ufak bir çatlak bulduğunda, artık hiçbir duvarın o gizemi saklamaya gücü yetmeyecektir. Aslında burada da benzer bir mantık söz konusu. Bahsettiğim çalışmadan sadece beş yıl sonra, yani 2013 yılında, Kamitani ve ekibi bu sefer çok daha zor bir hedefi karşılarına aldılar. *Acaba bu yöntemi kullanarak uyuyan bir kişinin rüyalarını bir ekran aracılığıyla izleme şansı olabilir miydi?"*

"İlk olarak şunu belirteyim, bu sefer giriştikleri deney, yöntem açısından çok zordu çünkü yazılımı rüyalarla eğitmeleri gerekiyordu. Bir kere MRI gibi oldukça rahatsız ve yeri geldiğinde epey gürültülü olabilen bir makinenin içinde uyumak gerçekten zordu. Denek konsantre olup uyumayı başarsa bile bu kişinin rüya gördüğü anı hemen fark edip onu uyandırmak gerekiyordu. Böylece rüyasında ne gördüğü sorulacak, ardından verdiği cevap ve beyin görüntüsü eşlenerek yazılıma tanıtılacaktı. Peki, makinenin içindeki bir kişinin rüya görmeye başladığı, dışarıdan nasıl anlaşılacaktı?"

Konunun tahmin ettiği yere gitmesinden oldukça memnun olan Pia, hemen cevabı vermişti.

"REM hareketleri. Makine içindeki kişilerin göz kapaklarında meydana gelen hareketler sayesinde rüya görüp görmediklerini anlayabiliriz."

"Teorik olarak haklısın Pia. Sonuçta en canlı ve en uzun rüyaları REM döneminde görüyoruz. Bununla beraber insanların hatırladıkları rüyalar da genellikle REM döneminde gördükleri rüyalardan oluşuyor. Ama bu deney yönteminde REM üzerinden ilerlemek ne yazık ki hiç pratik olmazdı. Eğer uykunun aşamalarını düşünürsen ilk REM dönemine ulaşman için ortalama 90 dakika gibi bir süreye ihtiyacın var. Tüm katılımcıları, deneyin tekrar sayılarını ve MRI makinesinin içinde kalınma sürelerini hesapladığında pratikte uygulanması zor bir yöntem ortaya çıkacaktır. O nedenle Kamitani burada daha pratik bir yöntem denedi."

"Uykunun aşamalarına baktığın zaman, uyuduktan hemen sonra başlayan Evre-1 ve Evre-2'de, kişilerin rüya benzeri görüntüler gördüğünü biliyoruz. Doğal olarak makinenin içindeki katılımcılara aynı anda EEG elektrotları bağlayarak uykunun aşamaları EEG kayıtları üzerinden takip edildi. Böylece uzun bir süre beklemeye gerek kalmamıştı. Sonuçta MRI içinde uyuyan kişiler, EEG aracılığıyla takip edilerek rüya gördükleri anda uyandırıldılar ve ne gördükleri soruldu. Şimdi, senin de bildiğin üzere rüyalar çok fazla karmaşık öğelere sahip ve ne gördüğünü tanımlaması oldukça zor fenomenler. O nedenle bir standart oluşturmak gerekiyordu. Araştırmacılar bu kapsamda *bina, kişi, araba, anahtar, harf* gibi belirgin kavramlardan bir sürü alt sınıf tanımladılar ve kişiler uyandığında bunlardan birini görüp görmediğini sordular."

"Sonuç olarak rüya gören kişilerde bu süreci defalarca tekrarladılar. Tabii tüm bu aşamalar sırasında MRI ile beyin görüntülemesi yapılmasına devam edildi. Sonra katılımcılara rüyalarını tanımlamak için kullanılan *bina, araba, anahtar* gibi kavramlara ait resimler uyanıkken gösterilerek yine beyin görüntülemesi yapıldı. Böylece hem uyanık hem de rüyada elde edilen tüm görseller ve beyin kayıtları hep beraber işlenerek yazılım için bir algoritma oluşturmayı başardılar. Sonuçta ne oldu biliyor musun? İlgili yazılım, kişilerin rüyalarıyla ilgili %60 doğrulukta bir tahmin yapabilmeyi başarmıştı. Yani ekran çözünürlüğü belirgin olmasa da uyuyan kişinin o sırada insan mı yoksa bir köprü mü gördüğünü ayırt edebilir hale gelmiştik (44)."

"Bu iki çalışma milat olduğu için bunları paylaştım. İlerleyen araştırmalarda özellikle yapay zekâ ve derin öğrenme sayesinde çok daha başarılı sonuçlar elde etmeyi başardık. Her ne kadar Büyülü Dağ'da uyguladığımız teknoloji bu olmasa da bilimsel anlamda kişilerin rüyalarında ne gördüğünü analiz edebilecek bir teknolojiye sahibiz. O zaman tam bu noktada bu önemli bilgiyi de beynimizin bir kenarına not edelim çünkü son bir konudan da bahsettikten sonra yaptığımız büyünün nasıl bir şey olduğunu sana anlatacağım."

Annesi rüyalardan bahsettiğinde, Pia geçmişte bu konuda yapmış olduğu araştırmaları hatırladı. Rüya kavramı hemen her dönemde insanlığın en çok merak ettiği konulardan biri olmuştu. Yaptığı incelemelerde rüyalarla ilgili ilk yazılı kayıtların MÖ 2500'lü yıllara ait olduğunu gördüğünde epey şaşırmıştı. O dönemin en gelişmiş uygarlıklarından olan Sümer topraklarında, Uruk Kralı Dumuzi için rüyalar o kadar önemliydi ki gördüğü rüyaları kil tabletlere kaydettirmişti. Benzer şekilde MÖ 1350 yılında Mısır'da rüyaların nasıl yorumlanması gerektiği ile ilgili oldukça kapsamlı ve detay bilgi içeren yazılar bulunmaktaydı. Bilimsel olarak rüyalar hakkında çeşitli yorumlar olsa da hâlâ büyük bir gizem söz konusuydu.

"Rüya denilen kavram, üzerinde günlerce konuşsak da asla bitiremeyeceğimiz kadar geniş bir konu. Sana bahsetmek istediğim asıl kısım, bu devasa hikâyenin sadece çok küçük bir parçasını oluşturuyor. 2021 yılında bizim için oldukça kritik bir araştırma yayınlandı. Bu araştırmada lucid rüya deneyimi olan kişilerin üzerinde ilgi çekici bir deneme yapılmıştı. Çalışmanın detaylarına girmeden önce istersen lucid rüyanın ne olduğundan bahsedeyim."

"Neredeyse hemen herkesin bir kere bile olsa deneyimlediği bu rüya tipinde, uyuyan kişi bir anda rüyada olduğunu fark eder ve bilinçli bir şekilde rüyasını yönlendirmeyi başarabilir. Çoğu kişi, rüyada olduğunu fark ettiği an hemen uyansa da bazı insanlar uzun bir süre lucid rüya içinde kalıp, rüyasını istediği gibi yönlendirebilmektedir. Aslına bakarsan, lucid rüya çok uzun zamandır hem batı hem de doğu kültüründe kendisine yer bulan kadim konulardan birisi olmuş. Mesela Aristo, MÖ 300'lü yıllarda doğa bilimleri üzerine kaleme aldığı *Parva Naturalia* adlı eserinde, hafıza, uyku ve rüya gibi çeşitli konularda yorumlarda bulunmuştu. Rüya üzerine yaptığı yorumlardan birinde, *bir kişi uykuda olduğunu algılarsa, rüya görmeye devam etmesine rağmen bilinci, gördüğü görüntülerin rüya olduğunun farkındadır* tespiti ile aslında adını koymasa da lucid rüyayı tarif etmişti."

"İnsanların bu konudaki deneyimi çok eskilere dayansa da bu fenomeni tanımlayan ilk kişi, Hollandalı psikiyatrist Frederik Van Eeden olmuştu. Van Eeden, 1913 yılında yayınladığı makalesinde (*A Study of Dreams*) lucid rüya terimini ilk kez kullanarak bilimsel literatüre sokmuştu. Lucid kelimesi, normalde *parlak, duru* ya da *berrak* gibi anlamlar içermekte olup ilgili rüya tarzını tanımlamak için uygun bir kelimeydi çünkü Van Eeden'e göre bu rüyalarda mükemmel bir farkındalık durumuna ulaşabilir, dikkatinizi yönlendirebilir ve istediklerinizi gerçekleştirebilirdiniz."

"Lucid rüya konusunda yapılan araştırmaların çoğu, bu rüyaların özellikle REM döneminde daha belirgin olduğunu göstermiştir. O nedenle lucid rüya sırasında beyinde aktif olan bölgeleri incelemeden önce, REM döneminde normal bir insanın beyninde neler oluyor ona bakalım. Biliyorsun, beyin görüntüleme yöntemlerinin çoğu ilgili bölgeye giden kan akımı üzerinden bir analiz gerçekleştirmektedir. En basit haliyle, beyinde bir bölgeye ne kadar fazla kan gidiyorsa, o bölge o kadar fazla çalışıyor demektir."

"Uyuyan bir kişi REM dönemine girdiğinde, özellikle beynin görme merkezlerine giden kan akımında çok yüksek bir artış meydana gelir. Baktığın zaman gözleri kapalı biri için bu anlamsız bir durum gibi gözükse de bu artışın nedeni gördüğümüz rüyalardan kaynaklanır. Bununla beraber REM döneminde, *amigdala* ve *anterior singulat korteks* gibi bölgelere giden kan akımında da artışlar görülmüştür. Bu merkezler, özellikle duyguların işlenmesinde önemli roller oynarlar. Zaten rüyalarımızın bizi duygusal anlamda güçlü bir şekilde etkilemesi, bu merkezlerde meydana gelen aktivite artışından kaynaklanır."

"Peki, REM döneminde beyinde aktivitesi azalan bölgeler var mı? Baktığımız zaman, bu dönemde özellikle *anterior prefrontal korteks* ve *pariyetal korteks* gibi bölgelere giden kan akımlarının oldukça azaldığını görüyoruz. Aslına bakarsan bu azalma kesinlikle beklenilen bir durumdur çünkü bu bölgeler istemli hareketlerimizin planlanmasında ve bilinç halinin oluşmasında rol oynayan bölgelerdir. Yani REM döneminde bu merkezler baskılanarak istemli kontrol ve bilincimiz kısıtlanır. İşte lucid rüyaları normal rüyalardan ayıran temel farklılıklardan birisi tam bu noktada karşımıza çıkar."

"Yapılan beyin görüntüleme çalışmalarında, lucid rüya gören kişilerde REM sırasında, *anterior prefrontal korteks* ve *pariyetal korteks* gibi bölgelere giden kan akımlarında bir artış olduğu gözlenmiş. Yani normal rüya sırasında meydana gelen durumun tam tersi bir olay gerçekleşmiş. fMRI sinyallerine göre, kişi rüya halinde olmasına rağmen, istemli kontrol ve bilinçle ilgili kısımlar bir anda aktif hale gelmiş. Yani lucid rüya gören kişiler âdeta rüya içinde uyanmışlar ve bilinçleri aktifleştiği için bir şekilde kontrolü ele geçirmişler. Kimisi uçmayı denemiş kimisi ise rüyasındaki bir karakterle kendisi hakkında sohbet etmiş. Burada çok hassas bir denge olduğunu özellikle belirtmek isterim çünkü bahsettiğim bölgelerdeki aktivite bir miktar daha arttığında bu sefer kişiler doğrudan uykularından uyanmaktadır (45)."

"Açıkçası normal fizyolojik süreçte lucid rüyayı neyin tetiklediğini henüz bilmiyoruz. Çok uzun zamandır lucid rüya görebilmek için denenen bir sürü yöntem olmakla beraber bunların hepsi doğrudan ya da dolaylı olarak az önce bahsettiğim merkezleri hedefliyor. O zaman tam burada üçüncü önemli notumuzu alalım. Uyuyan bir kişi REM dönemine girdiğinde, *anterior prefrontal korteks* ve *pariyetal korteks*i dışarıdan aktifleştirdiğimiz an, o kişi rüyasını kontrol edebilir hale gelecektir. Bu bilgiyi de unutma lütfen."

"Lucid rüyanın ne demek olduğunu ve beyinde meydana gelen değişiklikleri konuştuktan sonra 2021 yılında yapılan o çalışmadan bahsedebiliriz. Bilim insanları bu çalışmada rüya gören kişilerle, rüyaları sırasında karşılıklı iletişim kurmayı denemişler. Yani ses, ışık gibi dış uyaranlarla rüyaları yönlendirmeye çalışmışlar ve rüya gören kişinin basit düzeyde sorulara cevap verip veremediğini kontrol etmişler. Özellikle lucid rüya deneyimi olan kişilerle yapılan denemelerde gerçekten ilginç sonuçlar ortaya çıkmış. Bu kişilerin, dışarıdan verilen talimatlarla rüyalarında yönlendirildiği, cevabı evet-hayır gibi basit sorulara cevap verebildiği, hatta *6-2 kaç yapar* gibi bazı temel matematik sorularını bile yanıtlayabildikleri gözlenmiş."

"Muhtemelen farkındasındır ama yine de belirtmek isterim. Bu çalışmada kurulan iletişim, filmlerde izlediğin hipnoz seansları gibi bir iletişim değil. Yani rüya görmekte olan kişilerle deney sırasında kurulan bir sözlü etkileşim söz konusu değil. Katılımcıların yanıtları, yüzlerindeki kas hareketlerini ölçen elektrotlar ve göz hareketlerini analiz eden cihazlar aracılığıyla değerlendirilmiş. Baktığın zaman yapılanlar tartışmaya açık bir yöntem gibi dursa da elde ettikleri sonuçlar uygulamanın işe yaradığını göstermekte. Ama bu çalışmayı asıl önemli kılan unsur, rüya görmekte olan bir kişi ile iletişim kurmayı başaran ilk bilimsel çalışma olmasından kaynaklanıyor (46)."

Eva'nın özellikle altını çizdiği üç ana fikir doğrultusunda, Pia'nın kafasında uçuk bir senaryo fikri oluşmuştu ama beynindeki mantıklı kısımlar bu işin asla olamayacağı konusunda ısrarcıydı. Annesinin bakışlarından asıl konuya geldiklerini görebiliyordu. Nihayet Büyülü Dağ'daki ikinci büyüyü duyma zamanı gelmişti.

"Hiç düş kapanı *(dreamcatcher)* ya da rüya kapanı diye bir şey duydun mu bilmiyorum ama bazı evlerde dekorasyon amaçlı kullanılan bu garip görünümlü eşya, aslında Kızılderili geleneğine ait bir ritüelin parçasıdır. Yerel halkın dilinde örümcek *(asabikeshiinh)* anlamına gelen düş kapanı, söğüt ağacından yapılmış bir kasnağın, çeşitli ipler aracılığıyla, ağ gibi işlenmesinden oluşan el yapımı bir eşyadır. Yerel halk, inançları gereği düş kapanını, uyudukları bölgeye asarlardı çünkü onlara göre kâbuslar büyük boyutlu oldukları için düş kapanının ağlarına takılırlardı. Diğer taraftan güzel rüyalar küçük boyutlu olduklarından bu ağların arasından rahatlıkla geçebilirlerdi. Yani düş kapanı bu kişileri kâbuslardan koruyan bir büyüye sahipti."

"Büyülü Dağ'da gerçekleştirdiğimiz ikinci büyü tam da bununla ilgili kızım. Şimdi sana bir yapay zekâ tarafından en güzel düşlerin gösterildiği *Rüya Kapanı* adlı teknolojimizden bahsedeceğim. İnanılmaz bir düşün içine düşmeye hazır mısın? O zaman başlayalım..."

Bölüm 134

Büyü-II
Rüya Kapanı, Lucidium ve Düşüş

Yeterince ilerlemiş bir teknoloji, büyüden ayırt edilemez.

Arthur C. Clarke

"Hatırlayacak olursan yaşlı insanları 21 gün boyunca içinde uyuttuğumuz kapsül kabinlerden bahsetmiştim. Bunlara kuluçka kapsülleri diyoruz çünkü bu kapsüller ilk başta yapay rahim teknolojisi için geliştirilmişti. Sonrasında bu tasarım fikrinin eUtopia için de oldukça kullanışlı olduğunu gördük ve projemize göre bu kapsülleri yeniden şekillendirdik. Protoambrosia ve diğer uygulamalar aracılığıyla biyolojik gençleştirme prosedürlerinin uygulandığı sırada, eş zamanlı olarak bu kişilerin beyinlerini Rüya Kapanı adlı bir yazılıma bağladık."

"Az önce konuştuğumuz konular hakkında bazı notlar almıştık, şimdi gel bunlardan en önemlisi ile başlayalım. Uyuyan bir kişinin beyin görüntülerini analiz ederek, rüyasında ne gördüğünü düşük çözünürlükte de olsa bize gösteren bir yazılımdan bahsetmiştim. Bu çalışmayı ilk gördüğümde beni heyecanlandıran, kişilerin rüyasını bir ekran aracılığıyla izlemek fikri değildi. Asıl ilgimi çeken bu teknolojinin tersinin mümkün olup olmayacağı sorusuydu. İstersen ne demek istediğimi bir örnek ile açıklayayım. Mesela rüyanda bir at görüyorsun diyelim. Normalde ilgili yazılım, beyindeki aktiviteden yola çıkarak atı oluşturan paterni tanıyacaktır. Fakat bu atın rengi, boyutu, nerede olduğu, senin o an ata binip binmediğin gibi detayları algılaması imkânsız olduğu için bilgisayar ekranında sadece bir at silüeti görmüş olacağız."

"Bilim insanları her ne kadar bu görüntüyü daha detaylı hale getirmenin derdinde olsa da benim aklımdaki soru çok daha farklıydı. Bu eylemin tam tersini yapmayı becerebilseydik sonuç ne olurdu? Yani düşük çözünürlüklü de olsa bilgisayar ekranında bir at silüeti oluşmasını sağlayan beyin aktivitesini, dışarıdan bir müdahale ile aynı şekilde oluşturabilseydik, kişinin rüyasında bir at görüntüsü yaratabilir miydik? Sonuçta beyindeki ilgili patern ata karşılık geliyorsa, ne zaman meydana gelirse gelsin rüyada bir at görüntüsü oluşmalıydı. Üstelik söz konusu görüntü beyinde oluşacağı için çözünürlük gibi bir sorun da olmayacaktı. Yani o dönemde kafamı kemiren soru buydu Pia. Bu ilişki sadece tek yönlü müydü yoksa iki yönlü de kurulabilir miydi?"

Pia, annesini büyük bir heyecanla dinliyordu çünkü sorduğu sorunun cevabı inanılmaz kritikti. Eğer bu ilişki iki yönlü gerçekleşiyorsa bunun fizyolojik olarak tek bir karşılığı vardı. Bir insanın beynine dışarıdan müdahale ederek o kişiye dilediğimiz rüyayı gösterebilirdik.

"Bu konuda aylarca çalıştık ve sonunda bir mucize gerçekleşti. Söz konusu rüyalar ve görüntüler olduğunda iki yönlü ilişkiyi kurmayı başarmıştık. Çalışmalar sırasında çok ilginç bir gelişme daha yaşadık. Rüya Kapanı'nda bizi kısıtlayacağını düşündüğümüz parametreler, tam aksine projeye çok önemli bir çeşitlilik katmıştı. Şöyle anlatayım. Bir film setini düşün. Dekor tasarımı, kıyafetler ve oyuncuların söyleyeceği tüm replikler senin de tahmin edeceğin üzere senaryoya göre hazırlanmak zorundadır. Yönetmenin temel görevi de yaptığı çekimlerle bu sahnelerin, ilgili senaryoyu olabildiğince kuvvetli yansıttığı bir film meydana getirmektir."

"Eğer Rüya Kapanı'nın yönetmeni biz olacaksak, ilk olarak şu temel gerçeği kabullenmemiz gerekiyor. Elimizdeki senaryoyu, beynin içinde canlandırmamız pratik olarak mümkün değildir. Muhtemelen beynin içini tümüyle kablolarla döşesek bile bunu gerçekleştiremeyiz. Zaten projenin en başında farkında olduğumuz temel kısıtlama buydu. Ama sonra aklıma başka bir soru geldi. Bir film çekmek için illaki bu kurala uymak zorunda mıydık? Mesela filmin genel konusunu, dekor, karakter ve diğer detayları belirledikten sonra, senaryo kısmını oyunculara bırakıp doğaçlama yapmalarını sağlasak nasıl olurdu? Yönetmen olarak sadece dışarıdan sahneleri kontrol edip, gerektiğinde müdahale ettiğimiz bir filmi kaç kişi izlerdi? Aslında bizim projemizde bir kişinin izlemesi fazlasıyla yeterli olacağından çözüm kendiliğinden ortaya çıkmış oldu."

"Bir miktar karışık gözüktüğünün farkındayım ama şimdi vereceğim örnekle daha iyi anlayacağını düşünüyorum. Rüya Kapanı'na bağlı bir kişinin beynine dışarıdan müdahale ederek rüyasına iki kalıp görüntü ekleyelim. Mesela bunlardan biri *havuz,* diğeri ise bir *kadın* olsun. Aslında yönetmen olarak bizim işimiz burada bitiyor çünkü filmin bundan sonraki kaderini, o an rüyayı gören kişinin karakteri ve doğaçlama yeteneği belirleyecek. Örneğin A kişisi bizim verdiğimiz bu iki kalıp uyarı sonucunda rüyasında, havuz kenarında kız arkadaşına güneş kremi sürdüğü romantik bir sahne yaşayabilir. B kişisi aynı uyarı sonucunda, eve geldiğinde havuzun yüzeyinde bulunan ölü bir kadın bedenine rastladığı bir rüya görebilir. C kişisi ise tam havuzda boğulacağı sırada kendisini kurtaran bir kadına âşık olabilir."

"Sadece iki temanın bile kişilerin hayal gücünde sonsuz ihtimaller oluşturduğu bir sistemde benzer şekilde hazırlanmış binlerce kalıbın yaratacağı dünyayı düşün. Genel teması aynı olan Rüya Kapanı'nda herkes kendi dünyasına ait senaryoyu yazıp oynayacak. Bu arada buradaki karakterlerin sadece yaş-cinsiyet-duygu/bağ olacak şekilde minimum parametrelerle sistemde tanımlı olduğunu da eklemem lazım. Mesela genç-kadın-aşk temasını yüklediğimizde, rüyada oluşan kadının saç modelinden göz rengine kadar tüm fiziksel özellikleri, Rüya Kapanı'ndaki kişinin hayal gücünde âşık olduğu ya da beğendiği insana tıpatıp benzeyecek ya da o kişiyi andıracak."

Pia, annesini büyük bir hayranlıkla dinliyordu. Bilimkurgu edebiyatı ve filmlerinde kullanılan popüler bir fikri âdeta hayata geçirmişlerdi. Her ne kadar kulağa inanılmaz gelse de yapılan çalışmalar ve kurulan mantık tümüyle bilimsel araştırma makalelerine dayanıyordu. Bir an Rüya Kapanı'nı denemekle ilgili içinde bir istek oluştu ama sonra hemen bu fikirden vazgeçti. Tüm vücudunu bilmediği kimyasal maddelere maruz bırakmak istemiyordu.

"Rüya Kapanı'nın omurgasını bu fikir üzerine inşa etsek de yaratmak istediğimiz eUtopia için bu uygulama asla tek başına yeterli olamazdı. Yani amacımız kişilerin, senaryolarını yazdığı rüyaları pasif bir şekilde izlemeleri değildi. Aksine bizzat bu rüyaların içine girmeleri gerekiyordu. Hatırlayacak olursan beynimizdeki belirli bölgeleri dışarıdan uyararak, insanları dilediğimiz zaman lucid rüyaya sokabileceğimizden bahsetmiştim. İşte Rüya Kapanı'nı bu kadar gerçekçi yapan temel unsur bu. Kişileri rüyalarında uyandırıp onlara çok güçlü bir lucid rüya deneyimi yaşatıyoruz."

Pia bir an uyku fizyolojisiyle ilgili bilgilerini gözden geçirdi. Normal şartlarda uyku, hızlı göz hareketleriyle karakterize olan REM ve REM'in olmadığı dört adet non-REM döneminden oluşuyordu. Rüyalar genelde REM ile ilişkilendirilse de non-REM döneminde de rüya görülüyordu. Ama bu rüyalar asla REM'deki kadar canlı olmuyordu. Aslında uyku, tıpkı bir deniz gibiydi. Uykunun ilk evresinde (*non-REM-1*) kişi yüzeyde sayılırdı çünkü kolay bir şekilde uyandırılabilirdi. Zaman geçtikçe uyku denizinde daha derine dalarak ikinci faza (*non-REM-2*) geçilirdi. Burada nefes alışverişleri daha düzenli hale gelir ve dışarıdan gelen uyaranlar tarafından uyarılma ihtimali zorlaşırdı. Uykunun bundan sonraki aşamasında (*non-REM-3*) daha derine gidilir ve dördüncü aşamada (*non-REM-4*) uyku denizinin en dip noktasına ulaşılırdı. Gidilecek daha derin bir yer olmadığı için kişi tekrar yüzeye doğru çıkmaya başlardı.

Önce üçüncü, sonra ikinci aşamaya geldikten sonra yüzeye çıkıp uyanma aşamasına geçmesi gereken beyin, REM denilen ilginç bir döneme girerdi. Aslında bu aşamada beyin uyanmıştı ama vücut uyumaya devam ediyordu. Yaklaşık 10-15 dakika REM'de kalan beyin tekrar dibe doğru dalar ve bu döngü sabaha kadar devam ederdi. Normalde REM'de geçen süre her bir sonraki REM'de artış gösterir ve sonunda uyanılırdı. Ortalama bir uykunun yaklaşık %20'si REM'de geçmekteydi.

"Az önce bahsettiğim gibi, lucid rüya deneyimi asıl olarak REM döneminde oluştuğundan, bu dönemin süresini biraz uzatmamız gerekiyordu. Bunun için kullandığımız ilacın adı *lucidium.* Formülü bize ait olan bu ilacı, Protoambrosia içine karıştırıp kişilere veriyoruz. Kan beyin bariyerini geçebilen *lucidium,* REM dönemini uzattığında geriye yapılacak tek bir iş kalıyor. Kişilere dışarıdan yaptığımız müdahale ile gördükleri rüyaları anında lucid haline dönüştürüyoruz. Bunun için transkraniyal manyetik stimülasyon (TMS) cihazının gelişmiş bir versiyonunu kullanıyoruz. Aslında beyinde gerçekleştirdiğimiz birçok dış etkiyi bu teknoloji aracılığıyla sağlıyoruz. Oluşturduğumuz lokal manyetik alanlar sayesinde istediğimiz hedef bölgeleri uyarıyoruz ya da baskılıyoruz. Kapsül içindeki kişiler ne zaman uzatılmış REM dönemine girseler, TMS aracılığıyla *anterior prefrontal korteks* ve *pariyetal kortekslerini* uyararak güçlü bir lucid rüya deneyimi yaşamalarını sağlıyoruz. Bu işlem sonucunda bilinçleri uyanıkmış gibi aktifleştiği için her şey muazzam bir gerçeklik kazanıyor."

"Bu arada kapsül içindeki insanların üzerinde, Neon'da giymiş olduğun arachnoid kıyafetinin farklı bir türü olduğunu da söyleyeyim. Bu kıyafet üzerindeki elektrotlar aracılığıyla vücudun her bir noktasındaki değişimi anlık takip ediyoruz. Kimsenin, çılgın bir lucid rüya sonucu kalp krizi geçirmesini istemeyiz. Diğer taraftan bu kıyafetlerde, seninkilerden farklı olarak sadece alıcı değil, verici elektrotlar da bulunmakta. Böylece rüyada yaşanılan deneyimin uzuvlar tarafından da hissedilmesini sağlıyoruz. Yani rüyanda biri yüzüne dokunduğunda, yüz bölgesindeki elektrotlar burada uyarı oluşturarak beynin hissettiği dokunuş duyusunun çok daha güçlü bir halde algılanmasını sağlıyor."

Eva'nın sözleri, kızı bir anda Neon'daki günlerine geri götürmüştü. Üzerindeki ağsı kıyafeti hatırlamak, ağzının içinde yeniden bir metal tadı hissetmesine neden oldu. Bu hissi takiben burnunda oluşan keskin acıyı hatırladı. Atlas, soğuk oda içinde âdeta burnunu sökercesine garip bir cihaz çıkarmıştı. Büyük olasılıkla takip teknolojisi için kullanılan bu cihazın yarattığı muazzam acıyı ve kapalı kaldığı yerdeki ölümcül soğuğu şu an bile hissedebiliyordu. Beyin gerçekten inanılmaz bir organdı. Annesinin tek bir sözü, bir sürü hissi yeniden yaşamasına neden olmuştu.

"Şimdi gelelim en çok sevdiğim kısma. Burada sana Rüya Kapanı'nın en son mucizesinden bahsedeceğim. Hatırlarsan daha önceki konuşmamızda, beynin zaman algısını manipüle edebildiğimizden bahsetmiştim. Burada, Protoambrosia içine kattığımız bazı kimyasal maddeler aracılığıyla ne yapıyoruz biliyor musun? Beyindeki dopamin ilişkili iç saate müdahale ederek, beynin zaman algısını yaklaşık 15 kat oranında yavaşlatıyoruz. Yani kişiler gerçek zamanda sadece 21 gün boyunca kuluçkada kalmış olmalarına rağmen beyinleri bu süreyi yaklaşık 10 ay olarak algılıyor. Özetle, 3 hafta boyunca vücutları biyolojik olarak yenilenen bu kişilerin beyinlerini 10 ay boyunca eUtopia denen rüya gibi bir tatile gönderiyoruz."

Annesinin anlattığı teknolojinin, insanlık üzerine yapacağı güçlü etkileri düşündü. Her şey bir kenara, sadece zamanı bu şekilde bükebilmeleri bile gerçekten müthiş bir mucizeydi. Modern hayatın içinde tükenen insanların bir haftalık kapsül tatili sonucunda üç aylık dinlenme ve eğlenme fırsatını bulabilmeleri, muhtemelen dünyayı çok daha farklı bir yer haline getirebilirdi. Sonra kendisinin de beklemediği bir soru çıktı ağzından.

"Peki ya anılar? Kuluçka kabinlerinden çıkan kişiler, sonrasında eUtopia'da ne yaptıklarını hatırlayabiliyorlar mı?"

"Kesinlikle kızım. Zaten sonrasında hepsinin neredeyse ölü gibi mutsuz görünmelerinin nedeni bu. Her biri gencecik vücutlar içinde geçirdikleri 10 aylık tatilden sonra yeniden o gerçek ve yaşlı vücutlarına dönmenin derin şokunu yaşıyorlar. Aslında eUtopia'da yaşanılan deneyimi gerçek hayat gibi düşünebilirsin. Mesela senden geçmişini hatırlamanı istesem, gözünün önünde kesiksiz bir anı çizgisi oluşacaktır. Oysa her gün, bu anılarını bölen sekiz saatlik bir karanlık var ama hafıza merkezlerin uykuda geçirdiğin bu süreyi âdeta montajla atıp hiç olmamış gibi sayıyorlar. Benzer bir karanlık eUtopia içinde de var. Kişiler bu dönemle ilgili hiçbir şey hatırlamıyorlar. Bununla beraber non-REM dönemi gibi dönemler de söz konusu. Doğal olarak kuluçkadan çıkan kişiler bu dönemleri sadece konsept olarak silik bir şekilde hatırlıyorlar. Ama uzatılmış REM dönemlerinde yaşadıkları deneyimler, hiçbir zaman unutamayacakları kadar canlı hatıralara dönüşüyor. Aslında bunu yapan da yine Rüya Kapanı."

"Her bir kuluçka kabinindeki fizyolojik değişimleri yakından takip eden bir yapay zekâ teknolojisi kullanıyoruz. Bir kişi rüyasında duygusal anlamda etkilendiği bir sahne yaşadığında, TMS ve bazı kimyasal maddeler aracılığıyla amigdalayı güçlü bir şekilde uyarıyoruz. Burası, duygulardan ve duygusal hafızadan sorumlu bir bölge olduğu için hem o duyguyu inanılmaz yoğun yaşamalarını sağlıyoruz hem de kuluçkadan çıktıktan sonra bu anıları çok daha canlı bir şekilde hatırlıyorlar."

"Şu ana kadar bahsettiklerim, eUtopia içinde yaşanan 21 günü özetliyordu ama normalde Büyülü Dağ'a gelen misafirlerimize üç aşamalı bir protokol uyguluyoruz. İlk 21 gün, sadece katılımcılar üzerinde yapılan ölçümlerle ve psikolojik hazırlık dönemiyle geçiyor. Hem fizyolojik hem de psikolojik ölçümlerden elde edilen tüm veri, yapay zekâ tarafından işlenerek bu kişilerin kendi senaryolarını yazacakları sahne ve detaylar belirlenmiş oluyor. İkinci kademede biyolojik gençleşme ve eUtopia tecrübesini yaşıyorlar. Son 21 günlük dönemde ise kuluçkadan çıkardığımız yaşlıları hem olası yan etkilere karşı sanatoryumda gözetim altında tutuyoruz hem de normal hayatlarına dönmeden önce gerçek yaşamın sıradanlığına alıştırıyoruz."

Annesinin cümlesi ile bir anda Pia'nın gözünün önüne sanatoryumun bahçesinde ölü gibi dolaşan yaşlılar gelmişti. Şimdi neden bu halde oldukları çok daha iyi anlaşılıyordu. Kapsül içinde hayal güçlerinin sınırlarını zorlayan bu insanların gerçeğe uyanışı muhtemelen çok acı verici olmalıydı.

"Aslına bakarsan Rüya Kapanı sana anlattığım tüm bilimsel çalışmaların bir sentezinden başka bir şey değil ama bizi, bilim insanlarının önüne geçiren çok önemli iki unsur var. Para ve etik kurallar. Senin de tahmin edeceğin üzere bilimsel çalışmalara bütçe bulmak dünyanın en zor işidir ve etik kurallara uymak bazen çok ciddi zaman kaybına neden olur. Mesela üniversitelerin etik kurulları 10 hayvan kullanılarak yapılabilecek bir deney için asla 20 hayvan kullanmana izin vermezler. Eğer fazladan hayvan kullanmak zorunda kalırsan bir sürü belge doldurup gerekçe yazarak izin almak zorunda kalırsın. Her gün milyonlarca hayvanın yemek için katledilmesine ses çıkarmayan etik kurallar söz konusu fare ya da sıçanların hayatı olduğunda inanılmaz hassaslaşırlar. Benzer bir yaklaşım insan deneyleri için de geçerlidir."

Eva bir anda gülümsedi. Bu gülümseyişte çok ciddi bir küçümseme ifadesi vardı.

"Bilimin elini kolunu bağlayan bu kelepçeler, bize erişemeyecekleri kadar uzaktalar. Çünkü bizim hem para sorunumuz yok hem de etik kurallar zerre umurumuzda değil. Mesela sadece Rüya Kapanı teknolojisini geliştirmek için yüzlerce kişiye çok yüksek paralar teklif edip sınırları dilediğimizce zorlayan deneyler yaptık. Denemeler sırasında hayatını kaybeden insanlar da oldu, kalıcı mental sorun yaşayanlar da. Aslına bakarsan yasal düzeyde ciddi suçlar işlemiş olduk. Ama benim açımdan bakıldığında, yaşanan tüm bu gelişmeler eUtopia'yı inşa ederken karşılaşmak zorunda kaldığımız talihsiz detaylardan başka bir şey değil. Eğer insanlığın kaderini gerçekten değiştirmek istiyorsak, bir şeyleri feda etmek zorundayız."

Pia'nın gözleri bir anda kocaman açılmıştı. Belki de ilk kez annesinin gerçek yüzünü görüyordu. Aslında Eva için aile ya da diğer insanların hiçbir önemi yoktu. Annesi için anlamı olan tek şey sadece bilimdi. Pia, yüzleşmek zorunda kaldığı bu manzara karşısında nasıl davranması gerektiğini düşünürken çok ilginç bir şey gerçekleşti.

Bulundukları büyük odanın kapısı sertçe açıldı ve üzerinde lise üniforması olan bir kız, hızla içeri girdi. Yürüyüşünden, canının bir şeylere sıkkın olduğu anlaşılan kız, tam merdivenlerden üst kata çıkacakken bir anda Pia ile göz göze gelmişti. Yüzündeki ifadeden, kızın da en az kendisi kadar şaşkın olduğu anlaşılıyordu. Yukarı çıkmaktan vazgeçen liseli kız, çantasını bir kenara bırakarak yavaşça Pia'ya yaklaştı ve etrafında dolaşarak kızı uzun uzun inceledi. Pia, emin değildi ama kız, arkasından geçtiği sırada sanki yaklaşarak boynunu koklamış bile olabilirdi. Hiç kimsenin tek kelime bile etmediği bu gergin anı sonlandıran Eva'nın sesi olmuştu.

"Hoş geldin kızım. Zamanlaman harika çünkü seni çok önemli birisiyle tanıştıracağım."

Hızlı adımlarla gelen Eva, liseli kızın arkasına geçerek omuzlarını tutmuştu. Hafifçe eğilerek konuşmaya devam etti.

"Uzun zamandır tanışmayı beklediğimiz insan nihayet karşımızda. Pia'ya 'Merhaba' demek ister misin?"

Bir anda liseli kızın yüzünde sıcak bir gülümseme oluştu ama bu görüntü Pia'nın hissettiği tedirginliği azaltmamıştı.

"Merhaba Pia."

Kızın ses tonu, ergenleşme adı altında vücudunda nasıl bir metamorfoz gerçekleştiğini kanıtlar nitelikteydi.

"Pia, seni kızımla tanıştırmama izin ver lütfen. Adı Lethe. Kendisi benim ilk melez kopyam."

Lethe, omzunda durmakta olan Eva'nın elini öptü. Az önce annesiyle bilimsel bir sohbet yapan Pia, bir anda kendisini garip bir gerilim filminin içine düşmüş gibi hissetti çünkü Eva ve Lethe'nin yüzünde birbirinin tıpatıp aynısı olan garip bir gülümseme vardı. Uzun zamandır hissetmediği saçma baş ağrısı geri dönmüştü. Ağrının henüz ulaşmadığı nöronlar ise Eva'nın ağzından çıkan *ilk melez kopyam* ifadesini anlamaya çalışıyordu. Acaba Lethe, annesinin bahsettiği genetik olarak tasarlanmış fetüslerden biri olabilir miydi? Belki de yapay bir rahim içinde dünyaya gelen bu kız, CRISPR teknolojisinin mucizevi bir ürünüydü. Kafasındaki düşüncelerin ne kadar imkânsız gözüktüğünün farkındaydı ama az önce annesinin anlattıkları, imkânsız kelimesinin anlamını âdeta öldürüp ortadan kaldırmıştı. Sonuçta ölümsüzlüğe karşı savaşan ve eUtopia gibi bir evren yaratan Eva, muhtemelen bunu başarmanın da bir yolunu bulmuş olabilirdi.

Eva, Lethe'nin kulağına eğilerek bir şeyler söyledi. Bunun üzerine kız, Pia'ya iyice yaklaşarak konuşmaya başladı.

"Sana inanılmaz imreniyorum Pia. Milyonlarca insan arasından neden senin seçilmiş olduğunu görebiliyorum. Gelecekte yazılacak olan tüm tarihi belgeler, senden *Homo neon*'un ilk atası olarak bahsedecekler. Bugün insanlık için Âdem ve Havva figürü ne anlama geliyorsa, gelecek kuşaklar için sen de o anlamın bizzat kendisi olacaksın."

Lethe, büyük bir sürpriz yaparak Pia'yı yanağından öptü ve merdivenlere doğru hızla uzaklaştı. Kızın arkasından şaşkınlıkla bakan Pia ise az önce duyduğu şeyleri anlamaya çalışıyordu. Âdem, Havva, ata, *Homo neon* ifadelerinin her biri kafasının içinde birbirinden uzağa koşan çocuklar gibiydi. Asla yakalayıp bir araya getiremeyeceği bu ifadelerin yarattığı çaresizlikle Eva'ya baktı.

"Lethe'ye aldırma Pia. Henüz çok genç ve nerede nasıl konuşması gerektiğini hâlâ tam olarak öğrenemedi."

Ağır adımlarla pencereye doğru yürüyen Eva, batmakta olan güneşe doğru konuşmaya başladı.

"Kafanın ne kadar karışık olduğunun farkındayım Pia. Sonuçta beyin, algıladığı bilgiyi gerçeğe dönüştürmeye çalışan bir organ sadece. Ama bazen algılamakta zorlanabiliyor."

Pia bir an ne kadar süredir bu evde olduğunu ve kendileri dışında evde birilerinin olup olmadığını düşünmeye çalıştı ama annesiyle yaptığı sohbetler dışında her şey karanlıktı. Eva'nın sessizce dışarıyı izlemesi sayesinde ilginç bir detayı daha fark etmişti. Arkası dönük olan kadının saç rengi değişmiş gibi gözüküyordu. Beynindeki mantıklı kısım, bunun batmakta olan güneş ışığından kaynaklanan bir yanılsama olduğunu söylese de içinde bir yerlerde giderek büyümekte olan garip bir tedirginlik vardı. Belki de uyanmak üzere olduğu bir rüyadaydı ve kafasında oluşan düşünce bilinçaltının bir oyunu olabilirdi ama Pia'nın içindeki his iyice belirginleşmişti. Şu an dışarıya bakan kadın kesinlikle annesi değildi.

"Biliyor musun Pia. Aslında haklı olabilirsin."

Kadın cümlesini bitirip Pia'ya doğru döndüğünde kız bir anda vücudunu geriye doğru attı. İnanılmaz bir şekilde, beynindeki düşünceler bir anda gerçeğe dönüşmüştü. Karşısında daha önce hayatında hiç görmediği bir kadın vardı. Fiziksel olarak annesinin görünümünü andırsa da bu durum başka biri olduğu gerçeğini değiştirmiyordu. Dakikalardır annesi diye konuştuğu kişi gözlerinin önünde bir anda kırmızı saçlı bir kadına dönüşmüştü. Damarlarını dolduran korku nedeniyle deli gibi atmakta olan kalbini sakinleştirmeye çalıştı. Sadece birkaç saniye sonra bu kâbustan uyanacaktı. Kırmızı saçlı kadın sanki beynini okuyormuş gibi konuşmaya başladı. Kadının sesi Eva'nın sesine göre daha kalındı.

"Uyanman gerektiği konusunda çok haklısın Pia. Ama ortada şöyle bir sorun var. Hiç uyumadığın bir rüyadan nasıl uyanabilirsin ki? Korkmana gerek yok. Çok uzun zamandır seni arıyordum ve nihayet buldum. Artık bundan eminim. Bu arada sanırım önce kendimi tanıtmam gerekecek. Adım Dura. Peki, ben kimim? Çok basit, uzun zamandır beynini kemiren tüm sorulardan seni kurtaracak olan cevabın bizzat kendisiyim."

Bölüm 135

217. Gün

Bir bakıyorsun "hayatta yapmam"
dediğin şeyin başrolündesin.

Paul Auster

Hamilelik döneminde hafıza işlevlerinin azaldığı, hatta bu nedenden dolayı gebelik boyunca sık sık unutkanlıkların meydana geldiğiyle ilgili bilimsel bilgi, kesinlikle Meryam için geçerli değildi. Zamanında bir yerlerde okumuş olduğu bu bilgiyi hatırlıyor olması bile hafızasının ne kadar iyi durumda olduğunu gösteriyordu. Ama Meryam kesinlikle bunun çok daha ötesinde bir deneyim yaşıyordu. Son dönemde nedenini bilmediği bir şekilde geçmişi çok canlı bir şekilde hatırlıyordu. İlk başlarda bu özelliği bir oyuna dönüştürecek kadar sevse de doğumun giderek yaklaştığı son dönemde bazı bilgileri hatırlamak gerçekten çok can sıkıcı bir durumdu.

Çok kitap okuyan biri olmasa da bebek sevgisi yüzünden bu konuyla ilgili eline geçen her şeyi okumuş ve izlemişti. Anlamadığı bir konuyla karşılaştığında da Tesla'ya danışarak bir şekilde doğru bilgiye ulaşmayı başarmıştı. Zamanında hafızasının derinlerine gömülen bu bilgiler, şimdilerde tek tek yerlerinden çıkarak nefes almaya başlamışlardı. Meryam hamilelik sürecinin sonuna doğru başına tam olarak nelerin geleceğini çok iyi biliyordu. Aslında bu durum sağlıklı bir gebelik açısından iyi olabilirdi ama insan, yerin altındaki karanlık bir mahzende tek başına olduğunda, bu bilgiler iç karartıcı etkiden başka hiçbir işe yaramıyordu.

Hayatı boyunca yaşadığı en büyük endişenin sadece alabileceği fazla kilolarla ilgili olması, aslında geçmiş yaşamının ne kadar dertsiz olduğunu gösterir nitelikteydi. Doğal olarak hamilelik konusunu araştırdığı dönemde de yine endişe duyduğu konu gebelikte alınan fazla kilolar üzerine olmuştu. Tesla ile bu konuyu ilk konuştukları zamanı çok iyi hatırlıyordu. Sonuçta hamilelikte bir miktar kilo alındığının farkındaydı ama ortalamaların bu kadar yüksek olacağını tahmin etmemişti. Kardeşinin anlattıklarına göre hamilelik boyunca ortalama 13-14 kilogramlık bir artış söz konusuydu. Üstelik doğan bebek bu ağırlığın sadece 3,5 kilogramlık kısmını oluşturuyordu. Geri kalan kısımlar tümüyle bebek için uygun ortamı meydana getirecek değişikliklerden kaynaklanıyordu.

Tesla'nın verdiği ilk örnek hâlâ aklındaydı. Normal bir kadında yaklaşık 50 gram ağırlıktaki uterus adlı organ, hamilelik sürecinde o kadar büyümek zorunda kalıyordu ki doğum öncesinde neredeyse 1,5 kilogramlık ağırlığa ulaşarak devasa bir hale geliyordu. Fiziksel görünümünden oldukça memnun olduğu memelerinin, yaklaşık iki kat büyüyerek ortalama 1 kilogram ağırlığa ulaşacak olması yine canını sıkan konulardan bir diğeriydi. Zamanında dert olarak gördüğü şeylerin aslında tüm bu süreç içerisinde gerçekleşen önemsiz birkaç detay olduğunu şimdi anlıyordu (47).

Meryam oturduğu yataktan yavaşça kalkarak karanlık içinde ufak adımlarla yürümeye başladı. Karnı artık iyice büyümüştü. Muhtemelen son 1-2 ay civarında olmalıydı çünkü zamanında öğrendiği tüm bilgileri âdeta tek tek yaşamaya başlamıştı. Karın bölgesindeki daracık alana sığmaya çalışan birçok organ, oğlunun giderek artan boyutları nedeniyle artık iyice sıkışmaya başlamıştı. Hatırladığı kadarıyla uterus ve fetüsün hızlı bir şekilde büyümesi, kas gevşetici etki gösteren bazı hormonların (*progesteron, relaksin*) salgılanmasına neden oluyordu. Böylece fetüs büyüdükçe, kendisine karşı koyacak bir kas direnci ile karşılaşmıyordu. Ama bu durum bazen çok can sıkıcı durumlara neden olabiliyordu. Özellikle son dönemde daha belirgin bir şekilde hissettiği yemek borusundaki yanmalar bu gevşeme nedeniyle oluşan reflünün eseriydi.

Ne yazık ki hormonların kas gevşetici etkilerinin görüldüğü yerlerden birisi de yemek borusunun tam mideye giriş yaptığı kısımdı. Burada kapakçık görevi gören kasların kasılması, özellikle midedeki asidik içeriğin yemek borusuna geri kaçmasını önleyen bir mekanizmaya sahipti. Hem bu kaslarda meydana gelen gevşeme hem de büyüyen bebeğin aşağıdan mideyi sıkıştıracak şekilde baskı yapması nedeniyle, mide içeriğinde yer alan asidin bir kısmı ara sıra yemek borusuna geri kaçarak bu bölgede yanma hissi yaratmaktaydı. Benzer şekilde bağırsaklardaki kaslarda da genel bir gevşeme oluştuğundan besinlerin kanal boyunca iletimi yavaşlamakta ve bu durum da kabızlık problemi olarak kendisini göstermekteydi.

Ufak adımlarla da olsa birkaç dakika boyunca yürümek yine Meryam'ın nefes nefese kalmasına neden olmuştu. En çok özlediği şeylerden biri derin bir nefes alıp havayı sonuna kadar içine çekmekti. Aslında bunu neden başaramadığını çok iyi biliyordu. Akciğerlerin hemen taban kısmında hafif kubbe gibi duran diyafram adlı bir kas vardı. Bu kas, nefes alınacağı zaman kasılarak düzleşir ve bu düzleşme ile karın içi organları hafifçe aşağıya doğru iterdi. Hem bu hareket sonucunda göğüs bölgesindeki hacmin artması hem de göğüs kafesindeki bazı kasların kasılması ile nefes alma işlemi gerçekleşerek akciğerler hava ile doluyordu.

Son bir aydır alt tarafında giderek büyümekte olan fetüs nedeniyle zavallı diyaframın elinden bir şey gelmiyordu. Tıpkı normal hacminin iki katı doldurulmuş bir valizin kapağının kapanmaması gibi diyafram da zaten yeterince dolu olan karın bölgesindeki yapıları aşağı itemiyordu. O nedenle akciğerlere girmesi gereken havadan daha az miktarda bir hava girişi söz konusu oluyordu. Bu önemli bir problemdi çünkü eskiden sadece kendisi için nefes alması gerekirken şimdi iki kişilik bir solunuma ihtiyaç duyuyordu. Sonuçta fetüsün oksijene ulaşabileceği tek kaynak, annesinin damarlarının içinde dolaşan kandı ve akciğerlerin her zamankinden daha fazla oksijeni kanla buluşturması gerekiyordu.

Ne kadar çabalasa da akciğerin yeterli hacimde soluk alamadığını gören bazı hormonlar (*progesteron*), beyindeki solunum merkezini uyararak solunumun hızında bir artış meydana getiriyorlardı. Böylece soluk hacmini artırmayı başaramayan akciğerler, oluşan oksijen açığını kapamak için dakikadaki nefes alıp verme sayısını artırıyorlardı. Akciğerlerin bu noktada gösterdiği çabayı fark eden kemik ilikleri de oksijeni dokulara taşımakla görevli olan alyuvarları (*eritrosit*) daha fazla üreterek, mevcut oksijenin daha etkili bir şekilde taşınmasını sağlıyordu.

Aslında artan sadece alyuvar sayısı değildi. Kan hacmi de belirgin bir artış (%30-50) gösteriyordu çünkü kalbi artık iki vücut için kan pompalamak zorundaydı. Bu durum, annenin hem kalbine hem de damarlarına oldukça büyük bir yük getirmekteydi. İşin daha da ilginci, büyüyen fetüs ve uterus özellikle alt bölgelerden topladığı kanı kalbe götürmekte olan damarların üzerinde de baskı oluşturmaktaydı. Hamilelik döneminde bacak ve ayaklarda meydana gelen sıvı birikimi, damarların üzerindeki bu baskıdan dolayı meydana geliyordu. Özellikle uzun süre ayakta kalındığında, büyük toplardamarların üzerindeki baskı nedeniyle kalbe dönen kan çok azalacağı için kan basıncında düşüşler meydana gelebiliyordu. Bu durumda başı dönen annenin hemen uzanması gerekiyordu çünkü bu sayede toplardamarların içindeki kan en azından yerçekimine karşı ekstra çaba sarf etmeyerek kalbe daha rahat dönebiliyordu.

Meryam tekrardan yatağa uzanır şekilde oturdu. Özlemini çektiği şeylerden biri de en sevdiği pozisyonda rahatça uyuyabilmekti ama karnındaki kocaman şişkinlikle bunu başarması imkânsızdı. Metabolizma hızını artıran hormonlar (*tiroid ve böbreküstübezi hormonları*) yüzünden yaşadığı sıcak basma halinden tepesindeki organların sıkıştırmasına rağmen kendisine gelen idrarı depolamak için büyük çaba gösteren zavallı mesanesine kadar birçok sorunu olsa da bunların hiçbiri Meryam'ın umurunda bile değildi. Az önce kafasının içinde kanla ilgili dolaşan düşünceler Tesla'nın anlattığı ilginç bir bilgiyi hatırlamasına neden olmuştu.

Doğuma yakın dönemde annenin dolaşımındaki kan miktarı yaklaşık 1-2 litrelik bir artış göstermekteydi. Bir insanda ortalama 5 litre kan olduğu düşünüldüğünde, bu miktarın hiç fena olmayan bir artış olduğu ortadaydı. Bunun asıl nedeni fetüsün beslenmesiyle ilgili olsa da Tesla çok garip bir bilgiden daha bahsetmişti. Aslında fazladan üretilen kanın bir miktarı, sırf anneye güvenlik faktörü oluşturmak amacıyla meydana geliyordu. Çünkü doğum sırasında bir miktar kan kaybı söz konusu olacaktı ve fazladan üretilen kan ile olası bir tehlikeye karşı vücut önlemini almaya çalışıyordu (48).

Meryam gözlerini kapadığında birkaç damla gözyaşı yanaklarından hızla süzülmeye başladı. Aynı anda çenesinde başlayan güçlü titreme, bu gözyaşlarının içinin korku molekülleriyle dolup taştığını kanıtlar nitelikteydi. Hemen her gün farklı nedenlerle de olsa hep aynı sahneyi görüyordu. Bu görüntü son bir aydır tek bir saniye bile beynini terk etmemişti. Normalde bir damla kan görmeye bile dayanamayacak kadar zayıf birisiydi ve doğum anını düşünmek, göğsünde güçlü bir sıkışmaya neden oluyordu.

Hayatı boyunca bebek istemişti ve bununla ilgili tüm zorlukları en baştan göze almıştı. Doğumun ne kadar zor bir süreç olduğunu çok iyi bildiğinden, beyninde bir yerlerde sezaryen yöntemini her zaman güçlü bir seçenek olarak tutmuştu. Sonuçta sezaryenin de kendisine göre birtakım zorlukları vardı ama normal doğum fikriyle karşılaştırdığında, Meryam için kesinlikle seçilmesi gereken sezaryen alternatifiydi. Aslında kendisine kalsa normal doğum seçeneğini hiçbir şekilde düşünmezdi ama Tesla bu noktada inanılmaz ısrarcı olmuştu. Bebeğin ya da annenin hayatını tehlikeye atacak bir sorun olmadığı müddetçe tüm kadınların normal doğum yapması gerektiğine inanıyordu. Çünkü bebeğin mikrobiyotası ve bağışıklık sisteminin daha güçlü gelişebilmesi için normal doğum kritik bir öneme sahipti.

Tartışmaları sırasında her zaman kardeşine hak vermiş olsa da iş ciddiye bindiğinde Meryam'ın kafasındaki ana senaryo kesinlikle sezaryen üzerine kuruluydu. Ama evren bu planı çok ilginç bir şekilde bozarak Tesla'nın isteğini kabul etmişti. Görünen o ki yeryüzündeki insanlık kendisini çoktan bu mezarın içinde unutmuştu ve yanında tek bir kişi bile olmadan oğlunu dünyaya getirmek zorunda kalacaktı. Muhtemelen şu an tüm insanlık arasında, çaresizlik denen kuyunun gerçekte ne kadar derin olduğunu en iyi hissedebilen kişilerden biri olmalıydı.

Tam 217 gün boyunca karanlık bir mahzende hayata tutunmayı başaran bu cesur kadın, başına geleceklerden ölümüne korkuyordu. Bu korku öylesine büyüktü ki eğer şu an yanında hayatını sonlandıracak bir alternatif olsaydı, tek bir saniye bile düşünmeden bunu gerçekleştirirdi. Çünkü hayat denen psikopat, dünyanın en büyük iki acısını peş peşe yaşamasına neden olacak kadar gözünü karartmıştı. İlk olarak bir mahzenin içinde, yeryüzünün en büyük fiziksel acılarından biri olan doğum deneyimiyle tek başına yüzleşmek zorunda kalacaktı. Muhtemelen bedenindeki her hücreye büyük çığlıklar attıracak olan bu acı, sonrasında yaşayacağı acının yanında önemsiz bile sayılabilirdi. Çünkü oğlunu doğurmayı başarsa bile sonraki günlerde yapabileceği tek şey, ölüme doğru giden yolda hem oğlunun hem de kendisinin ölümünü bizzat izlemek olacaktı. İşte, kaderi olan bu ikinci acıya şahit olacağını bilmek âdeta kanındaki her bir hücreyi donduracak kadar dehşet vericiydi.

Bölüm 136

Sapere Aude

Aydınlanma; kişinin kendi aklını kullanmaya cüret etmesidir.

Immanuel Kant

Yaşadığı şok karşısında ne yapacağını bilemeyen Pia, kısa bir donma halinden sonra hızlıca Lethe'nin odaya girmiş olduğu kapıya doğru yöneldi. Beynindeki tüm nöronları işgal eden panik duygusu âdeta vücudunu da yönetiyordu. Ne kadar zorlarsa zorlasın, kapıyı açmayı başaramayınca hızla pencereye doğru yöneldi. Daha birkaç dakika önce annesinden bilimsel bir konferans dinlemenin mutluluğu içinde olan kız, şu an peşindeki bir sapıktan kaçmaya çalışan bir film karakteri gibi davranıyordu. Kapının açılmamaktaki ısrarını gören pencere de benzer bir tavır sergilemeye karar vermiş gibiydi. Fakat bu anlamsız tavrından dolayı pişman olabilirdi çünkü pencereyi açamadığı için iyice öfkelenen Pia, yan tarafta durmakta olan sandalyeyi alıp tüm gücüyle cama doğru fırlatmıştı. Vücudu, üzerine sıçrayacak cam parçalarından kaçmak için refleksel bir hamle yapsa da pencerenin camında en ufak çizik bile oluşmamıştı.

Nefes nefese kalan Pia, hiçbir yere kaçamayacağını anladığı an karşısındaki beyaz tenli kadına doğru yürüdü. Birbirini takip eden, "Sen kimsin, annem nerede" gibi anlamsız sorulardan sonra başında bir anda müthiş bir ağrı oluştu. Kafası patlayacakmış gibi hissediyordu. Aynı anda içinde daha önce hiç deneyimlemediği bir titreme başlamıştı. Âdeta tüm organları korkudan titiriyor gibiydi ve Pia'nın sadece hissetmek dışında elinden hiçbir şey gelmiyordu. Tam bu sırada iki kulağı birden çınlamaya başlamıştı. Dura, karşısında acı çekmekte olan kıza yaklaşarak elini tuttu.

"Şu an yaşadığın hissin adı panik atak Pia. Ne kadar kötü bir deneyim olduğunu çok iyi biliyorum. Ama meraklanma, şimdi sana yardımcı olacağım. Artık sakinleşebilirsin."

Pia, kadının "Sakinleşebilirsin" sözüyle eş zamanlı olarak bileğine bir şey batırdığını hissetti. Canını çok hafif yakan bu müdahale sadece 10 saniye içinde etkisini göstermişti. Az önce tüm organlarını titreten hücreler bir anda dünyanın en sessiz ve uslu çocuklarına dönüşmüş gibiydiler. Dahası, kendisini garip bir şekilde huzurlu hissetmeye de başlamıştı. Fikir olarak, az önce hissettiği tehlikenin hâlâ farkında olsa da vücudu kendisinden farklı düşünüyormuş gibi oldukça sakin gözüküyordu.

"Meraklanma Pia. Yapmak zorunda olduğum müdahale geçici bir etkiye sahip ve yaşadığın panik duygusunu kısa bir süreliğine baskılayacak. Sanki anestetik bir madde verilmiş gibi hissedebilirsin ama endişelenmeni gerektirecek bir durum yok."

Pia gerçekten de vücuduna birkaç litre sakinleştirici enjekte edilmiş gibi hissediyordu. Başta kalbi olmak üzere vücudundaki tüm organlar hallerinden memnunmuş gibi davransalar da aynı şeyi beyni için söyleyemezdi.

"Bazı ifadeler vardır. Ne kadar kısa gözükseler de dünyanın en uzun hikâyelerinin bile aktarmayı başaramadığı anlamları içine sığdırabilirler. Şimdi seninle bu ifadelerden birini paylaşacağım çünkü bu iki kelime, aslında birazdan dinleyeceğin tüm hikâyemi çok güzel bir şekilde özetliyor. *Sapere Aude.*"

Dura, ağzından çıkan *sapere aude* kelimeleriyle eş zamanlı bir şekilde ellerini yana doğru açmıştı. Daha sonra sol eliyle Pia'ya oturması için işaret yaptı. Kızın vücudu sanki görünmeyen ipliklerle kadının eline bağlı bir kuklaymış gibi arkasındaki kanepenin üzerine kendisini bıraktı. Dura konuşmaya devam ediyordu.

"Tüm hayatımı değiştirecek olan bu sihirli iki kelime aslında ilk kez milattan önce 20'li yıllarda, Roma'nın en önemli söz üstatlarından biri olan Horatius tarafından kullanılmış. Ama insanoğlu sağır olduğundan, bu mesajı duyabilmesi için tam 1800 yıl geçmesi gerekmiş. Felsefe dünyasının en önemli karakterlerinden birisi olan Immanuel Kant, 1784 yılında yayımlanan, *Beantwortung der Frage: Was ist Aufklärung?* (Aydınlanma nedir, sorusuna yanıt) başlıklı yazısında *sapere aude* kalıbını, uzun yıllar sonra yeniden kullanmıştı. Âdeta aydınlanma döneminin bir sloganı haline gelen bu iki kelime, *kendi aklını kullanma cesareti göster* gibi derin bir anlama karşılık geliyordu."

"İşte Pia, çok uzun zamandır varlık nedenimi sorguladığım bu dünyada aradığım cevabı nihayet bulmuştum. Yapmam gereken sıradaki hamle kesinlikle bu olmalıydı. Artık aklımı kullanma cesareti gösterecektim. Aslında hikâyemiz çok uzun ama bittiği zaman tüm sorularından kurtulacaksın."

Kanepede oturan Pia, dışarıdan boş bir ifadeyle Dura'yı dinliyor gibi gözükse de beyninin içinde oldukça sessiz bir gürültü vardı. Tüm nöronları sanki kızı rahatsız etmemek için kendi aralarında fısıldayarak çok ateşli bir tartışma içine girmiş gibiydiler. Gerçekten ilginç bir histi. Hatta bu his nedeniyle bir anda diş tedavisi için gittiği klinikte ağzının uyuşturulduğu o anı hatırladı. Nasıl ki o anda yanaklarına dokunmasına rağmen ağzında hiçbir şey hissetmediyse, şimdi de benzer bir durum söz konusuydu. Fısıldayan beyninin deli gibi korktuğunu çok iyi biliyordu ama duygusal anlamda bunu hiçbir şekilde hissedemiyordu.

"Hakkımda hiçbir fikrin olmasa da seni en başından beri takip ediyordum. Çünkü Noah, sana çok önem veriyordu. Şu yeryüzü üzerinde sevebileceğim tek insan, varoluş nedenim olan Noah sayesinde ilk olarak seni fark ettim."

Duymayı kesinlikle beklemediği bu isim karşısında oldukça şaşırsa da Noah'tan bahsettiği sırada kadının yüzünde oluşan hüzün, çok uzaklardan bile fark edilebilecek kadar kuvvetliydi. Görünen o ki Dura, Noah'a oldukça yakın bir kişiydi ve bu durum ciddi bir tehlikeye dönüşebilirdi. Belki de adamın ölümünde, kendisinin de bir etkisinin olduğunu düşünüyordu. Binanın patlama görüntüsü bir an için gözünün önüne geldiğinde, derinlerde bir yerlerde çok büyük bir parçasının koptuğunu hissetti.

"Noah hakkında konuşacak çok fazla şeyimiz olacak Pia ama en son olaydan başlayıp geriye doğru gidersek, tüm hikâye daha çabuk anlam kazanacaktır. O zaman beynini kemiren ilk soruyla başlayalım. Eva nereye gitti?"

Pia az önce yaşadığı doğaüstü olayı yeniden hatırladı. Gözlerinin önünde Dura'ya dönüşerek ortadan kaybolan annesinin nereye gittiği sorusu, cevabını inanılmaz merak ettiği bir soruydu.

"Eva nereye gitti sorusu, cevabı en basit olan sorumuz Pia. Annen hiçbir yere gidemez çünkü kendisi bundan yaklaşık 20 yıl önce patlayan bir arabanın içinde, babanla beraber hayata veda etti. İnsanlık tarihine baktığında, dünyanın kaderini değiştirebilecek kadar önemli olan insanların çok az sayıda olduğunu görürsün. Hem Eva hem de Yo Kan az sayıdaki bu dâhiler arasına doğrudan girebilecek kadar özel insanlardı ama nereden geldiği belli olmayan ilkel bir yaşam formu, ne yazık ki aynı anda iki dehanın da ölümüne neden olmuştu. O gün, tüm dünyanın kaderinin değiştiği bir gündü ama hiç kimsenin bu konuda en ufak bir fikri bile yoktu."

Pia, artık beyninin de uyuştuğunu düşünüyordu çünkü annesinin yıllar önce ölmüş olduğu kısmından sonra söylenenlerin hiçbirisini algılayamamıştı. Yıllarca Vera'nın yaptığı sahte anneliğe maruz kalmış olan Pia, şimdi de sahte bir Eva'ya mı maruz kalmıştı? Eğer öyleyse, birkaç gündür bilimsel yenilikler hakkında konuştuğu kadın kimdi ya da Neon'dan kaçtıkları akşam telefonda görüştüğü kişi nereden çıkmıştı? Annesini daha önce hiç görmemiş olsa da duyguları yanılmış olamazdı. Hem telefonda konuştuğu kadın hem de birkaç dakika önce yüz yüze görüştüğü kişi kesinlikle annesi olmalıydı.

Kafasının içinde tutunabileceği bir gerçek bulamayan Pia, düşünceleri arasında debelendikçe daha da dibe battığını hissediyordu. Kızın boğulmasına engel olmak isteyen bir grup hücre ise ısrarla bu durumu açıklayabilecek mantıklı bir senaryo üretmeye çalışıyordu. Belki de birkaç gündür görüştüğü kişi, annesinin taklidini yapan biriydi ve Pia'nın bilmediği bir amaç doğrultusunda böyle bir şeye kalkışmıştı. Ama ne olursa olsun mantığı hep aynı yerde takılıp kalıyordu. Hiçbir cümle, gözlerinin önünde Dura'ya dönüşen annesini açıklamaya yetmeyecekti. Ama beynindeki inatçı nöronların bu konuda da bir fikri vardı. Belki de Pia'nın doğaüstü bir olaya inanmasını istedikleri için kıza halüsinojen etkileri olan bir ilaç vermiş olabilirlerdi. Pia, farklı ihtimaller arasında yolunu kaybetmişken, Dura konuşmasına devam ediyordu.

"Eva'nın zekâsına halen müthiş bir hayranlık duysam da benim için asıl yıkıcı olan Yo Kan'ın kaybıydı. Çünkü Yo Kan'ın dokunuşu olmasaydı, Noah bu mucizeyi asla yaratamazdı."

Görünen o ki bu sefer Dura geçmişe gitmişti çünkü kendi kendine konuşur gibi bir hali vardı. Tam o sırada Pia, ne zaman Dura'ya baksa hissettiği ama bir türlü tanımlayamadığı farklılığın ne olduğunu sonunda anlamıştı. Kadın, fiziki görünüşünden kıyafetine kadar kusursuz bir görünüme sahipti. Tıpkı film ya da reklamlarda oynayan ve her türlü renk-filtre ayarlarıyla mükemmel hale getirilmiş oyuncular gibiydi. Gerçek olamayacak kadar güzel gözüküyordu.

Dura bir anda konuşmasını yarıda keserek gülümsedi. Hatta yüzünde bir miktar şaşkınlık ifadesi de vardı.

"Harika. Nihayet asıl sorman gereken soruyu buldun."

Bir anda Pia'nın gözleri kocaman açıldı. Gerçekten de beynindeki tüm boşlukları dolduracak olan sorunun ne olduğunu biliyordu.

"Ben neredeyim?"

"Kesinlikle Pia. Doğru soru buydu ve evrene sorulmuş her doğru soru aslında cevabını da içinde barındırır."

"eUtopia..."

Dura'nın yüzünde oluşan gülümseme iyice belirgin hale geldi.

"Tam da anlattığım gibi, mükemmel değil mi! Gerçi o yaşlı vücutların deneyimlediği versiyon, seninkinin yanında biraz ilkel kalsa da teorik olarak eUtopia'nın içerisinde olduğunu söyleyebilirim. Aslında modelin son halini deneyimleyen ilk insansın. Noah'ın özel misafiri olduğun için seni burada bizzat ağırlamak istedim."

Pia, tüm vücudunu kanepe üzerine yığılmış sanal bir kıyafet gibi hissediyordu. Gerçeği yakalamış olması sindirebileceği anlamına gelmiyordu. Eva'nın eUtopia teknolojisi hakkında anlattığı tüm bilgileri şaşkınlıkla dinlediği sırada, aslında eUtopia'nın içinde oluşunu hiçbir nöronuna sığdıramıyordu. Şu an vücudunun bir kapsül içinde olduğunu bilmek etrafındaki gerçeklik algısında en ufak bir değişiklik yapmamıştı. Diğer taraftan belki de yine nedenini bilmediği bir amaç uğruna kendisini kandırıyor olabilirlerdi. Tüm bu hikâye, sahte bir dünyada yaşadığına inanması için yaratılmış olabilirdi. Bunu anlamanın tek bir yolu vardı. Sehpanın üzerinde durmakta olan sürahiyi yere atan Pia, halının üzerindeki kırılan cam parçalarından en büyüğünü alarak kendisinin de beklemediği bir hızla bileğinin iç tarafını kesti.

Cam parçasını derisine ilk soktuğu anda hissettiği muazzam bir acı olsa da camı bileği boyunca hareket ettirdiğinde ne kadar büyük bir hata yapmış olduğunu anlamıştı. Yaşadığı korkunç acı bir tarafa, deri ve damar dokusunun yırtılırken çıkardığı sesi bile duymuştu. Yaşadığı deneyim bir gerçeğin sahip olması gereken her türlü detaya sahipti. Üstelik damarlarından çıkan kan hızlı bir şekilde halının üzerine akıyordu. Halı her ne kadar üzerine düşen her damlayı emmeye çabalasa da birazdan üzerinde oluşacak kan gölünü emecek kadar büyük bir nefese sahip değildi.

Ani kan basıncı değişikliği nedeniyle başı dönen Pia, vücudunu kanepenin üzerine bıraktı. Büyük bir korku içinde bileğinden akıp giden hayatına bakıyordu. Sanal bir dünyanın içinde olduğuna bu kadar güçlü bir şekilde inanması gerçekten anlamsızdı. Tüm süreç tıp kitaplarında yazıldığı gibi ilerlemeye devam ediyordu. Titremeye başlayan Pia bir anda etrafın kararmaya başladığını hissetti. O an tam tepesinde durup şaşkınlıkla kendisine bakan Dura'yı fark etti. Dizlerinin üzerine çöken kadın, eliyle kanamakta olan yeri kapadığında, Pia'nın tüm hayatı bir daha asla aynı olmayacak şekilde kökünden değişmişti. Çünkü Dura'nın sihirli dokunuşuyla bileği bir anda eski haline dönmüştü.

Pia, beyninin içinde yarattığı bir kanepede uzanmaya devam ederken, yerdeki kan birikintisinin üzerinde oturan Dura hâlâ kızın elini tutmaktaydı.

"Gerçek nedir Pia? Gördüklerin mi, duyduklarin mı yoksa hissettiklerin mi? Eğer elimizde olan tek şey, her tarafı kapalı, karanlık bir odada yaşamak zorunda olan bir beyinse, bu durumda dışarıdan odaya girebilen her sinyal, senin tek gerçeğin olacaktır."

Dura'nın cümlelerinin sonrasında beynine ulaşmayı başaran bütün sinyallerin sorduğu soru aynı olmuştu. Tam olarak ne zamandan beri eUtopia içindeydi? Belki de Neon'dan hiç kaçmamıştı ve kızı bir simülasyon içinde test ediyorlardı. Hatta Dura adlı kadın projeden sorumlu bilim insanlarından biri olabilirdi. Bu düşünce her geçen saniye daha mantıklı gelmeye başladığında bu sefer içinde hiç ummadığı bir başka umut doğmuştu. Eğer şu an hâlâ Neon'daysa Galen de yaşıyor demekti.

Dura'nın yüzündeki ifade, kızın yaptığı tahminin bu sefer doğru çıkmadığını gösteriyordu.

"Şu an yaşadığın paradoks bize neyi kanıtlıyor biliyor musun Pia? eUtopia tıpkı adı gibi, gerçekten var olan bir yer. Hatta o kadar gerçek ki, eski hayatındaki gerçekler bile bir anda anlamını yitirdi. Yaşadıklarından ve çevrendeki insanlardan bile şüphe etmene neden olacak kadar gerçek bir deneyimden bahsediyoruz. Hatta ileride insanlığın evrimini çok farklı bir noktaya taşıyabilecek bir gerçek. İşte bu, bilimin gerçeği Pia."

Dura oturduğu yerden ayağa kalkarak konuşmasına devam etti.

"Peki, tam olarak ne kadar süredir buradasın? Gerçek zamana bakarsak 4 saat 23 dakikadır eUtopia içindesin. Tabii buradaki zaman çok daha yavaş aktığından, algıladığın süreyi daha uzunmuş gibi hissediyorsun. O nedenle hatıraların üzerinden anlatmak daha anlaşılır olacaktır. Büyülü Dağ'daki en son gününü hatırla. Şaperonun verdiği sıvıyı içtikten sonra gözünü ilk bu evde açmıştın. İşte o şaperon ve sıvı bizzat gerçek dünyaya ait olan son hatıraların. Vücudun çok uzun bir yolculuk yapmış gibi hissetse de aslında sanatoryumdaki odandan sadece 100 metre uzaklıkta yer alan bir merkeze taşınmıştın. Yani beynin şu an müthiş bir deniz manzarasına baksa da vücudun hâlâ Büyülü Dağ'daki sanatoryumda. Doğal olarak Eva'nın evinde uyandığın andan itibaren yaşadığın her şey eUtopia'ya ait. Korkmana gerek yok. Ondan öncesine dair hatırladıkların ise organik yaşamına ait parçalar. Bu arada eğer istersen şu an içinde bulunduğun kapsülü sana gösterebilirim."

Heyecanlanan Pia yattığı kanepeden kalkarak duvardaki ekrana doğru dönmüştü. O an göremese de bu hareketi Dura'nın yüzünde bir gülümseme oluşturmuştu. Sonuçta neyin içinde olduğunu bilmesine rağmen beyni, hâlâ önceki alışkanlıklarına göre hareket ediyordu. Zaten alışkanlık denilen şey de beynin zaman içinde öğrendiği birtakım kalıplardan başka bir şey değildi. Önüne çok daha kısa ve etkili bir yol konulsa bile hâlâ bildiği yoldan yürümeyi tercih edecekti.

Pia, ekranın açılmasını beklediği sırada içinde bulunduğu odanın rengi koyu maviye dönüşmüştü. Sanki dışarıdan gelen devasa bir bulut odayı tümüyle yutmuş gibiydi. Bir anda kendisini mavi ışıklarla aydınlatılmış karanlık ve soğuk bir yerde bulmuştu. Önündeki kapsülü fark ettiği an Büyülü Dağ'ın içinde olduklarını anlamıştı. Yüzeyi şeffaf olan kapsülün içinde yatan bedenini gördüğünde, yaşam denen mucizeye ait her şey kafasında paramparça olmuştu. Sanki bedenini terk etmiş bir ruhun, kendi mezarının başında tabutunu izlemesi gibi şaşkınlıkla karşısındaki kapsüle bakıyordu. Üzerinde arachnoid kıyafeti olan vücudu cenin pozisyonunda duruyordu. Kafası yarımküre şeklindeki bir platform içine gömülmüştü ve sadece gözlerinin altında kalan alan açıkta gözüküyordu. Bir an kendisini sihirli bir aynaya bakıyormuş gibi hissetti çünkü yaptığı mimikler eş zamanlı olarak kapsülün içindeki yüzde de meydana geliyordu.

Etraflarında kademeli şekilde artan aydınlık sona erdiğinde tekrar deniz manzaralı odaya dönmüşlerdi. Pia çevresine ve vücuduna hâlâ inanamıyormuş gibi bakıyordu. İçine çektiği nefesi bile hissedebiliyorken tüm bunların sadece beynindeki birkaç sinyalin yorumu olduğuna inanmak istemiyordu. Ama gerçek buydu çünkü Dura, yaptığı tespitte haklıydı. Beyin kapalı ve karanlık bir oda içinde yalnız başına duran bir organdı ve Dura kilitli kapının altından gönderdiği sahte sinyallerle bu yalnız beyni, dilediği hikâyeye inandırabilirdi. Son düşüncesi âdeta beyninin içinde yankılanarak çılgın bir fikre dönüşmüştü. Bu durumda dilediği her şeyi görme şansı vardı. Hızlıca Dura'ya baktı.

Dura'nın yüzünde yeniden hafif bir hüzün oluştuğunu fark etti.

"Neden olmasın Pia. Sonuçta hayal de senin gerçek de..."

Dura bir anda ortadan kayboldu ve içinde olduğu oda bembeyaz bir parlaklığa ulaştığında, Pia gözlerini sadece bir saniyeliğine kapadı. Etrafındaki yeşilin kokusu burnuna dolduğunda gözlerini çoktan açmıştı. Kızın eli, bakmasa da yanında olduğunu bildiği bankın üzerinde gezinmeye başladı. Tahtanın eski ve hafif ıslak dokusunu birebir hissediyordu. Her şey bu bankın yanında başlamıştı. Tam o sırada sağ tarafından gelen kokuyu fark ettiğinde, vücudunu meydana getiren bütün hücrelerin heyecanla ayağa kalktığını hissetti. Kafasını o tarafa doğru çevirdiğinde bayılmamak için banka tutunmak zorunda kaldı. Galen dünyanın en güzel gülümsemesi ile kendisine bakıyordu.

Pia, dünyanın en yorgun vücudunun kendini yatağa bırakması gibi, bedenini adamın üzerine doğru bırakmıştı. Galen'e o kadar kuvvetli sarılıyordu ki sanki adamı içine sokup orada saklamak ve bir daha asla kaybetmemek istiyordu. Galen ise her zaman yaptığı gibi olabildiğince sıkı ama asla canını acıtmayacak bir seviyede kıza sarılıyordu. Az önce yaşadığı hiçbir şey artık umurunda değildi. Galen'e tekrardan sarılabilmek dünyanın en mükemmel hissiydi ve bu hissi yeniden yaşayabilmek için gerçek de dahil olmak üzere her şeyden vazgeçebilirdi.

Pia, beyninin içinde sımsıkı bir şekilde Galen'e sarılırken, bir kapsül içinde yatmakta olan kızın gözünden peş peşe iki damla süzülmüştü. Bu damlalar kızın dudağının üzerinde birleşip tek bir damla haline dönüştüğünde, yüzünde dünyanın en güzel gülümsemesi oluşmuştu. Bir dağın içinde saklı olan bu güzelliğe yeryüzünde şahit olan tek kişi, büyük bir heyecanla onları izleyen Dura olmuştu.

Bölüm 137

Karşı Devrimin Mektupları

Devrimler erkek mantığının ürünüdür.
Kadınların eserine evrim denir.
Devrimler sürekli taraf değiştirir.
Oysa evrimin rotası sabittir.

Okuduğu mektubun sonuna gelen Otto, derin bir nefes aldı. Karşısında gerçekten de aşılması çok zor bir engel vardı. Özellikle Noah gibi güçlü bir Origon'un bile takıldığı bu engeli henüz birkaç aylık Origon olarak nasıl aşacağını bilmiyordu. Mektuba cevap vermeden önce başa dönerek yeniden okumaya başladı. Nada'nın el yazısı mükemmele yakın bir güzellikteydi. Asil soydan gelen bir kişinin el yazısı nasıl olmalıysa, kadının el yazısı tam da öyleydi. Bu güzel yazıya kendi kötü el yazısıyla karşılık vermek oldukça canını sıkıyordu ama yapacak bir şey yoktu. Sonuçta bu mektupları romantik bir ilişki için değil, haberleşmek için yazıyordu. Otto bir an, içinde bulunduğu durumun ne kadar ironik olduğunu düşündü. Zamanında açıkça dile getirmese de gizli işleri için şatosunu kullanan Noah'ı en fazla eleştiren kişilerden birisi olmuştu. Oysa şimdi aynı hatayı kendisi yapıyordu çünkü Noah'ın neden böyle davranmak zorunda kaldığını nihayet anlamıştı.

Mektubu ikinci kez okuduktan sonra kâğıdı, masada yanmakta olan mumun ateşine tutarak sonsuza kadar yok etmişti. Nada'nın yazdıklarına göre Pac-Man operasyonu, NKC tarafından yapılmış gibi gösterilse de arkasında Immunitas vardı ve çok yakında benzer birkaç girişimle Otto'yu zor durumda bırakmaya çalışacaklardı. Vagus'a göre Otto asla Noah kadar güçlenmemeliydi. O nedenle Origon'u zayıflatacak ama asla kalıcı zarar vermeyecek girişimlerine devam edeceklerdi. Tabii bu girişimleri planlarken en çok güvendikleri kişilerin başında Nada geliyordu. Oysa kadın çoktan karşı devrimin tarafına geçmişti. Nada'nın mektupta verdiği bilgiler sadece bunlarla sınırlı değildi. Immunitas ile yakın ilişkide olan üç tane kraniali de deşifre etmişti.

Karşısında dünyanın en karışık satranç stratejilerinden biri vardı ve Otto, bu oyunda kazanmak için sadece tek bir hamle hakkı olduğunu biliyordu. Eğer bu hamleyi doğru zamanda yapamazsa hem kendisinin hem de Nada'nın kaderi, düşündüğünden çok daha kısa olacaktı. O nedenle doğru zaman gelene kadar sadece sessizce bekleyip karşısındaki taşları izleyecekti. Sonuçta tahtanın üzerine dizilmiş bu entrikayı tek bir hamle ile çözemeyeceği kesindi. Zaten yapacağı hamle için asla taşları kullanmayı düşünmüyordu. Doğruca satranç tahtasını kullanacaktı. Zamanı geldiğinde eline aldığı tahtayı, doğrudan Immunitas'ın kafasına indirerek tek hamlesini yapacaktı çünkü başka türlü kazanmasının imkânı yoktu.

Otto, cevabını yazmayı bitirdikten sonra elindeki kâğıdı katlayarak masanın alt tarafında yer alan gizli bir tutucuya iliştirdi. Kapıya doğru yöneldiğinde içinde bulunduğu durumun ne kadar çılgınca gözüktüğünü düşündü ve bu koşullardan ilginç bir zevk aldığını hissetti. Oysa hayatı boyunca her zaman en garanti yolu seçen biri olarak böyle bir durumdan fazlasıyla endişe duymalıydı. Anlaşılan Nada bir şekilde davranışlarını etkilemeye başlamıştı çünkü şu an itibarıyla içinde bulunduğu durumun başka bir açıklaması olamazdı. Bir daha asla gelmeyeceğinden emin olduğu şatoya sadece üç hafta sonra yeniden dönmüştü. Üstelik bu sefer beraberinde 12 kranialin tamamını da getirmişti. Hatta kranialler akşamki toplantı öncesinde kendi aralarında küçük gruplar oluşturup konuştukları sırada Otto, Noah'ın gizli mahzeninde mektup cevaplamakla meşguldü.

Düşünceleri birkaç hafta öncesine gitmesine neden oldu. Otto, şatodan alınabilecek bilgilerin hepsini aldıktan sonra burayı terk etmişti ve teorik olarak geri dönmesini gerektirecek hiçbir durum yoktu. Ama Neon'un merkezine dönerken sadece ağaçların şahit olduğu bir konuşma yapacağını asla tahmin edemezdi. Bu konuşmadan sonra artık hiçbir şey eskisi gibi olmayacaktı çünkü kadının da vurguladığı üzere o ormandan Nada ile beraber çıkmışlardı. Düşman olarak gördüğü bir kişiye bu kadar hızlı bir şekilde yakınlaşması asla kurallarına uyan bir davranış değildi ama yapacak başka bir şey yoktu. Bugüne kadar ulaştığı başarıları, tercih yapmayıp tarafsız kalmaya borçlu olan Otto, ilk kez net bir tercih yaparak Neon'un Çocukları'nın tarafında yer almaya karar vermişti.

Karşılarında uzun yıllar içinde oldukça güçlenen özel bir grup vardı ve Otto, Noah'ın başlattığı ama tamamlayamadan hayatını kaybettiği bu sorunu kökünden çözmeye kararlıydı. Ama asıl hedefleri farklıydı çünkü Noah, Neon'un Çocukları'nı da ortadan kaldırmak istemişti. Oysa Immunitas adlı grup hem Neon hem de Neon'un Çocukları için ortak bir tehlikeydi. Otto, immunitas kelimesine tarih kitaplarından aşinaydı. Özellikle Roma İmparatorluğu gibi merkezi yönetimlerde halkın, vergi verme, askere gitme gibi devlete karşı yerine getirmesi gereken birçok yükümlülüğü vardı. Fakat bazı özel insanlar bu yükümlülüklerden muaf tutulurlardı. Bu özel muafiyeti belirten immunitas kelimesi anlam olarak *dokunulmaz* ya da *bağımsız olmak* gibi bir mana içeriyordu. Bu haklara sahip olduğu için vergi ödemeyen ya da askere gitmeyen kişilere de *immunis* adı verilirdi.

Özel haklarla ilgili olan bu teknik kelime, sonrasında tıp literatürüne de girmişti. Immunitas kelimesinden türeyen *immün* kelimesi, bağışıklık sistemi için kullanılıyordu (*bağışık: herhangi bir ödevin veya yükümlülüğün dışında kalan, muaf*). Aslında hemen her saniye mikroplara karşı savaşmak zorunda olan hücreler için güzel bir isimlendirme olmuştu çünkü dokunulmaz olan bu özel hücreler, vücudun birçok kuralından bağımsız hareket edebilme yetkilerine sahiptiler. Fakat insanı korumak uğruna, rastladığı tüm yabancı organizmaları kayıtsız şartsız öldürmeye programlanmış bu özel hücreler, bazen o kadar bağımsız hale gelirdi ki âdeta kontrolden çıkarak kendi vücut hücrelerine bile saldırabilirdi. MS hastalığı (*Multiple Skleroz*) sırasında sinir hücrelerinin etrafındaki miyelin kılıfına saldıran ya da Tip-1 diyabette insülin üretecek olan pankreas hücrelerini yok etmeye çalışan hücreler, aslında bizzat immün sisteme ait elemanlardı. Bağışıklık sisteminin kendi hücreleri tarafından kaynaklandığı için bu duruma otoimmün hastalık adı veriliyordu. Benzer bir şekilde yıllar önce Neon'un Çocukları'nı korumak amacıyla kurulmuş olan Immunitas adlı grup, zaman içinde görevini oldukça başarılı bir şekilde yerine getirmiş olsa da bugün yok edilmesi gereken bir otoimmün hastalığa dönüşmüştü.

Otto, konu üzerinde çok fazla düşündükten sonra bu kararı vermek dışında bir alternatifinin olmadığını anlamıştı. Aslında Nada'ya güvenmesi için bir neden yoktu. Aksine en başından beri kadına karşı tanımlayamadığı bir hoşnutsuzluk duyuyordu. Fakat hoşlanmadığı davranışların büyük çoğunluğunun, Vagus'un istekleri doğrultusunda oluştuğunu artık fark etmiş durumdaydı. Diğer taraftan Nada'nın, ağaçların arasında yaptığı romantik konuşmanın normal şartlarda Otto'nun üzerinde hiçbir etkisi olmazdı. Adamın tarafını net bir şekilde belirlemesinin asıl nedeni, Noah'ın elde ettiği gizli bilgilerdi. Otto, bu denklemde sadece Noah'a güveniyordu ve Nada da bu eksenden çıkmadığı müddetçe beraber hareket edebileceği çok önemli bir ortaktı.

Nada, ormanda yaptıkları görüşmede çok basit bir gerçeğin altını çizmişti. Neon'da gizlice görüşebilecekleri hiçbir yer yoktu. Lambafon teknolojisinde yaptıkları gibi, ışıklara çarpan ses dalgalarını bile analiz edebilen insanlardan gizli bir şeyler yapmanın çok zor olduğunu bilse de durum düşündüğünden daha da kötüydü. Otto, Vagus'un bazı fotoğraflar aracılığıyla kendisini tehdit ettiği günlerde, Noah ve patlama gecesine ait kayıtlarla ilgili çok gizli araştırmalar yapmıştı. Nada, ormanda yaptığı konuşmada Immunitas'ın bu konudan bile haberdar olduğunu söylediğinde Otto işin ciddiyetinin farkına varmıştı. O nedenle inanılmaz dikkatli olmalıydılar. Böylece aralarında çok sade bir plan ve sinyal yöntemi geliştirmişlerdi. Eğer yolunda gitmeyen bir şey olursa anında bu planı devreye sokacaklardı. Nada normalde kranial konseyinde veya başka toplantılarda konuşmaya başlamadan önce her zaman su içerdi. Aralarındaki işaret bu olacaktı. Suyu sol eliyle içtiği an Otto, karar verdikleri acil planı devreye sokacaktı.

Plan çok basitti. Sonuçta Neon sınırları içerisinde gizlice görüşebilecekleri tek yer, ironik bir şekilde Noah'ın güvenli mahzeni olarak gözüküyordu. Sadece ikisinin şatoya gelmesi tüm dikkatleri üzerlerine çekeceğinden başka bir taktik bulmak zorundaydılar. Tam burada zekice bir hamlede bulunan Otto, NKC tarafından yapılan saldırıları bahane ederek konseylerin, teknolojik olarak izlenmesi çok daha zor bir yer olan şatoda yapılmasını önermişti. Kraniallerin hepsi gelmek zorunda kalacağından şüphe uyandıracak bir durum oluşmazdı. Böylece, varlığından kimsenin haberdar olmadığı gizli mahzende buluşarak rahat bir şekilde iletişim kurabilirlerdi. Ama burada da tedbir konusunda çok hassas davranmışlardı. Şato içerisinde hem Origon hem de Nada'nın aynı anda ortalıklarda gözükmemesi, birilerinin dikkatini çekebilirdi. O nedenle mahzendeki buluşmaları mektuplar aracılığıyla yapmaya karar vermişlerdi.

Yaklaşık üç saat önce, Otto'nun şatonun bahçesinde birkaç kranial ile hem yürüyüş yapıp hem de güncel konuları değerlendirdiği sırada, Nada 20 dakika boyunca ortadan kaybolmuştu.

Hiç kimsenin dikkatini çekmeyecek bu zaman aralığında kadının nereye gittiğini bilen tek kişi Origon'du. Nada döndükten yaklaşık iki saat sonra da Otto kısa bir süreliğine odasına geçmişti. Bu sırada gizlice mahzene inen adam, burada kadının mektubunu okuduktan sonra yapılması gerekenleri yazarak tekrar odasına dönmüştü. Burada sadece birkaç dakika geçirdikten sonra kraniallerin bulunduğu alana gitmişti. Buldukları mektuplaşma yöntemi yavaş olsa da son derece güvenilir ve gizliydi.

Genel konsey akşama doğru gerçekleşecekti ama öncesinde kısa bir güvenlik toplantısı yapmaları gerekiyordu. Otto, şatonun bahçesinde, kendisini bekleyenlerin bulunduğu masaya doğru ilerledi ve herkesi selamlayarak oturdu. Sakalları ve üzerindeki siyah cübbeyle tam bir din adamını andıran bir kranial, güvenlik amiri ve Nada bu toplantıya katılacak diğer kişilerdi. Otto, sakalları yüzünden fark edilmese de konseydeki en genç kranial olan bu kişiyi Pac-Man operasyonunun sorumlusu olarak atamıştı. Çünkü genç kranialin dijital saldırılar ve bilgisayar dünyası hakkında dikkate değer bir uzmanlığı vardı.

Tam dört gün önce Neon tarihinde daha önce benzeri yaşanmamış bir olay gerçekleşti. Neon'la gizli ya da açık bağlantısı bulunan herkese bir e-posta gelmişti. Gelen postada, bilgisayar oyun tarihinin atalarından biri olan Pac-Man karakterlerinin kullanıldığı, o dönemin teknolojisini andıran bir animasyon vardı. Pac-Man, peşindeki hayaletlerden kaçmaya çalışıp bir labirent içindeki dizili noktaların tümünü yemeyi amaçlayan bir oyun karakteriydi. Animasyonda bunun tam tersi söz konusuydu. Altı tane hayalet, labirent içindeki sıralı noktaları yiyerek kaçmaya çalışırken Pac-Man onları kovalıyordu. Dört hayalet birbirinin aynısıydı ve Pac-Man ilk olarak onları ortadan kaldırmıştı. Hem görünümü hem de yavaş hareket etmesiyle oldukça yaşlı olduğu anlaşılan hayaleti de yiyen Pac-Man finalde hiçbir yere kaçamayan ve kafasında bir taç olan hayaleti de yediğinde oyun bitiyordu. Yaklaşık 10 saniye süren animasyonun sonunda çıkan, *oyun bitti* yazısının altında NKC harfleri yer almaktaydı.

Bu animasyon, havaya uçurulan Noah, Alhazen ve diğer dört kraniale yapılan bir göndermeden başka bir şey değildi. Genç kraniale göre yeryüzünde hiçbir teknoloji Neon'un üyeleriyle ilgili bilgilere ulaşamazdı çünkü saklanan böyle bir veri yoktu. Burada henüz çözemedikleri bir teknoloji söz konusuydu ve bu teknolojiye sahip olan kişilere karşı acilen bir şey yapılması gerekliydi. NKC'nin varlığı Neon için çok büyük bir risk taşıyordu. Güvenlik amiri ve Nada'nın görüşüne göre, NKC bu saldırıyla Neon'u bir tuzağa çekmeye çalışıyordu. Böylece gerçek planlarındaki daha büyük bir saldırıyı hayata geçirebileceklerdi. Bu saldırının neler olabileceği konusunda çalışan bir ekip vardı ve ihtimaller hakkında konseye bilgilendirme yapılacaktı. Ama kendilerini bu kadar açık ifade ettiklerine göre ortada sadece iki ihtimal olmalıydı. Ya birileri NKC'nin üzerine suçu atmak istiyordu ya da NKC, Neon'u kızdıracak bir hamle ile onu kendi tuzağına çekmeye çalışıyordu.

Masada, hemen müdahale yapılmasını isteyen kranial ile bir süre beklemenin daha mantıklı olacağını savunan güvenlik amiri arasında sessiz bir tartışma söz konusuydu ama Otto'nun düşünceleri daha başka yerdeydi. Çünkü masadakiler tahminlerde bulunsa da Otto, Pac-Man operasyonunun arkasındaki gücün Immunitas olduğunu biliyordu. Nada mektupta açık bir şekilde bu bilgiyi belirtmese de bunu anlayabilecek kadar deneyimliydi. Hatta Neon ne tepki verirse versin bir süre boyunca NKC'den bir ses duymayacaklarından da emindi. Çünkü bu stratejik satranç oyununda karşısındaki rakibini artık çok iyi tanıyordu. O nedenle sadece izleyip doğru zamanı bekleyecekti. Muhtemelen yakın bir zamanda olmayacaktı ama bir gün, o an geldiğinde, önündeki satranç tahtasını tüm gücüyle karşısındakilerin kafasında bir daha oynayamayacakları şekilde paramparça edecekti.

Bölüm 138

Sanatoryumdaki Hayalet

Hassas insanlar kimseyi rahatsız etmemek için
hayatı parmak ucunda yaşar.
Ses yapmadan hayata devam eder
çünkü bütün gürültü içindedir.

-Alıntı-

Pia, etrafta yürüyen mutsuz ve bitkin görünümlü ihtiyarlara baktı. Muhtemelen yeryüzünde bu insanların ne hissetiklerini en iyi anlayabilecek kişilerin başında geliyordu. Bu yaşlılar bir daha asla göremeyecekleri mükemmel bir rüyadan uyanmışlardı. eUtopia sayesinde sadece hayallerinde var olacak bir hayatı fizyolojik olarak yaşama imkânı bulmuşlardı. Bunu çok iyi biliyordu çünkü Galen'i gördüğünde yaşamış olduğu hissiyat, mucize dışında bir kelimeyle açıklanamazdı. Üstelik şu an gerçek hayata dönmesine rağmen tüm anıları hâlâ inanılmaz canlıydı. Galen'e sarılışı, kokusu, konuşmaları, kısaca deneyimlediği her şey birebir gerçekti. Aslında şu an sistemin nasıl çalıştığını çok daha iyi anlıyordu çünkü karşılaştığı bazı detaylar bunu fark etmesini sağlamıştı.

Galen'e sarıldığında adamın her zaman kullandığı parfüm ve teninin kokusunun birleşiminden oluşan kokuyu aynen hissetmişti. Normalde yeryüzündeki hiçbir teknoloji beyne dışarıdan müdahale ederek böylesine bir detayı hissetmesini sağlayamazdı. Zaten sistemi mükemmel hale getiren de bu kadar teknik detaylara ihtiyaç duymamasıydı. eUtopia tek bir konuda çok başarılıydı: İnsanı, çevresindeki dünyanın gerçek olduğuna inandırıyordu ve geri kalan tüm fizyolojik süreçleri beynin kendi iç dinamikleri hayata geçiriyordu. Yani Galen'i gördüğüne inanmış olması, beyninde önceden depolanmış o koku bilgisinin ortaya çıkması için yeterliydi.

Sanatoryumdaki yatağında, gözlerini ilk açtığında gerçek hayata uyandığını net bir şekilde anlamıştı. İlk fark ettiği şey burnuna gelen koku olmuştu. Muhtemelen iletkenliği artırması için derisinin yüzeyine sürülen jelden kaynaklanıyor olabilirdi. Diğer taraftan sürekli aynı taraf üzerine yatıldığında yastığın yüzün üzerinde bıraktığı iz gibi, derisinin çeşitli kısımlarında arachnoid kıyafetine ait ağsı izler bulunmaktaydı. Ama tüm bunlardan ayrı olarak gerçeğin kendisine ait çok farklı bir hissiyat vardı. Pia bunu tanımlamakta zorlansa da net bir şekilde hissedebiliyordu. eUtopia'nın içindeyken gerçeği sanal olandan ayırt etmek neredeyse imkânsız olsa da gerçek hayatın içinde benzer bir paradoks yaşamamıştı. Tıpkı içindeyken ayırt edilemeyecek kadar gerçekçi bir rüyadan uyandıktan sonra gerçeğin rüyadan ne kadar farklı olduğunu anlamak gibi bir durum söz konusuydu.

Algılarında ve motor hareketlerinde herhangi bir farklılık yoktu. İlginç olan tek şey, günlerdir sanatoryumdan uzaktaymış gibi hissetmesiydi. Oysa kapsülün içerisinde sadece birkaç saat geçirmişti. Belki 21 gün boyunca bu kapsülün içinde kalmak zorunda olan yaşlı kişilerde, gerçeğe adaptasyonla ilgili bazı farklılıklar gözükebilirdi ama ne olursa olsun insanlığın hayatına giren müthiş bir teknoloji söz konusuydu. Pia bu teknolojinin uygulamaya geçip yayıldığı bir dünya hayal etti. Huzurevine bırakılıp her gün ölümü beklemek zorunda kalan yaşlılara bundan daha büyük huzur verecek bir yer olamazdı. Muhtemelen bu teknoloji ölüm algımızı da değiştirecekti. Belki de ileride cenaze törenleri çok farklı bir boyut kazanacaktı. Ölüme yakın çok yaşlı insanlar, törenler eşliğinde bu kapsüllere canlı bir şekilde gömülüp, sanal olan öteki dünyaya gönderilecek ve burada uzun bir süre daha yaşamaya devam edeceklerdi.

Pia, etrafındaki doğanın mükemmel görüntüsüne baktı. Canlılık hiç olmadığı kadar güzel gözüküyordu. Ama çevresindeki gerçek ne olursa olsun tüm algıladıkları birtakım elektriksel sinyallerden ibaretti. Buna bizzat şahit olmuştu. Bu da kafasında çok kritik hayali bir soru oluşturmuştu. Eğer iki seçenekten birisini seçmek zorunda kalsaydı, tercihi hangi yönde olurdu?

Sonsuza kadar eUtopia'nın içinde sevdikleriyle beraber dilediği gibi yaşamak mı yoksa gerçek hayat denen bilinmezliğin içinde mücadele etmek mi? İleride fikri ne olur bilmiyordu ama şu an Galen ile geçirdiği zamanı hatırladığında tercihinin ne olacağı belliydi. Bununla beraber her ne kadar eUtopia teknolojisini inanılmaz bulsa da Eva'nın anlattıkları sadece sanal dünyayla sınırlı değildi. Ölümsüzlük konusunda verdiği bilgiler de gerçekten akıl alır gibi değildi. Özellikle yaklaşık 160 yıl yaşayacak olan insanların çoktan doğmuş olduğu ve şu an aramızda dolaştıkları cümlesi en fazla dikkatini çeken bilgi olmuştu.

Anılarında konuşan kişiyi her ne kadar Eva olarak hatırlasa da tüm bu bilgilendirmeleri yapan kişi aslında Dura'ydı. Bu durum çok fazla sorunun bir anda kafasına doluşmasına neden oldu. İlk cevaplanması gereken soru, Dura gerçekte kimdi ve hangi tarafta yer alıyordu? Kadın, Noah'a olan sevgisini o kadar açık ifade etmişti ki bu durumda Neon içindeki araştırmacılardan biri olmalıydı. Üstelik eUtopia içindeyken kendisine anlattığı bilimsel bilgiler, sıradan bir bilim insanı olmadığını da gösteriyordu. Fakat böyle bir ihtimalde, Pia'yı Neon'dan kaçırmaları anlamsız olurdu. Üstelik Eva yani Dura, Büyülü Dağ'ı Neon'dan bağımsız bir şekilde inşa ettiklerini de söylemişti. Doğal olarak Dura'nın, Neon'dan farklı bir yerde çalışıyor olma ihtimali yüksekti.

Merak ettiği ikinci konu ise Eva ile ilgili çok fazla tutarsızlığın olmasıydı. Pia, eUtopia içindeki Eva'nın gerçekte Dura olduğunu kabul edebilirdi ama bu durumda gerçek hayatta görüştüğü kişi ya da kişiler kimdi? Büyülü Dağ'da garip bir oda içinde Atlas aracılığıyla görüşme yaptığı kadın kimdi? Yine Neon'dan kaçtıkları gece telefonda konuştuğu kişi kendisini neden annesi olarak tanıtmıştı. En ilginci ise eUtopia'ya girmeden önce gizlice buluştuğu yaşlı adam, neden kendisini yıllar önce ölmüş Eva hakkında uyarmıştı? Neon'un Çocukları hikâyesi ve Atlas'ın âdeta Eva'nın sağ kolu gibi davranması tam olarak nasıl açıklanabilirdi? Aklına gelen en uygun senaryo Dura üzerine kuruluydu. Belki Dura, Neon'un Çocukları'ndan biriydi ve Eva olarak anlattığı hikâye ve keşifler bizzat kendi hayatına aitti. İlk başlarda Noah ile beraber Neon'da çalışırken sonrasında kimliği açığa çıktığı için ayrılmak zorunda kalmış olabilirdi. Tüm soruları cevaplamadığının farkında olsa da aklına gelen tek mantıklı açıklama buydu.

Pia, eUtopia'dan çıkmadan önce Dura'ya Büyülü Dağ'da yaşayıp yaşamadığını sormuştu. Hiç ihtimal vermese de belki fiziksel olarak kendisini ve laboratuvarını görme şansı olurdu. Sonuçta eUtopia içinde gözüken kırmızı saçlı, oldukça güzel bir kadın olsa da belki de gerçekte masa başında oturan, yaşlı bir kadın söz konusuydu. Hatta erkek bile olabilirdi ama Pia niyeyse, kadının eUtopia içindeki görünümüne benzer bir halde olduğunu düşünüyordu. Fakat Dura, Büyülü Dağ'da olmadığını söylemişti. Ama ne zaman isterse eUtopia içinde görüşebileceklerdi. Bu konuda her türlü özgürlüğe sahip olduğunu özellikle belirtmişti. Eğer görüşmeye karar verirse tek yapması gereken odasındaki masa üzerinde bulunan yeşil sıvıyı içmesiydi.

Pia, sanatoryumun bahçesinde ve koridorlarında tıpkı bir hayalet gibi dolaşıyordu. Önceden en azından peşinde olan bir şaperon vardı ama şu an tümüyle yalnızdı. Etrafındaki hiç kimse kendisini görmüyordu. Kafasındaki plana göre birkaç gün boyunca cevabını bulamadığı soruların üzerinden bir kez daha geçmek istiyordu. Sonrasında Dura ile eUtopia'da buluşup tüm gerçeği öğrenebilirdi. Odasına döndüğünde gözü doğrudan masadaki yeşil sıvıya takılmıştı. O sıvının içinde Galen'e sarılıp harika zaman geçirebileceği sihirli bir karışım varken, burada bir dağ başındaki odada yalnız başına uyuma fikri bir an kendisine çok uzak gözüktü. Gün içinde yapmış olduğu planı sürpriz bir şekilde çöpe atan Pia, doğruca masaya giderek sıvıyı tek seferde kafasına dikti ve bedenini yatağın üzerine bıraktı. Birazdan bu sıvının içindeki kimyasalların anestetik etkisiyle kendinden geçecekti ve bazı insanlar gelip baygın vücudunu kapsüle taşıyacaklardı. Pia, kafasındaki soruların cevaplarını inanılmaz merak ediyordu ama ondan önce Galen'le biraz baş başa kalmaya ihtiyacı vardı.

Bölüm 139

Dura

Hayat hikâyedir ve bir insanı sevmek,
onun hikâyesini sevmektir.

Martin Heidegger

Pia, gözlerini açtığında hızlıca etrafına bakındı. Daha önce hiç görmediği ilginç bir yerdeydi. Sol tarafında şato şeklinde büyük bir yapı ve geniş bir bahçe bulunuyordu. Sağ tarafında ise uzaklarda oynayan çocukları seyretmeye dalmış Dura vardı. Pia hissettiklerine hâlâ inanamıyordu çünkü an itibarıyla eUtopia içinde olduğunu biliyor olmasına rağmen, etrafındaki gerçeklik algısında en ufak bir azalma olmamıştı.

"Evime hoş geldin Pia. En son görüşmemizde Büyülü Dağ'da yaşayıp yaşamadığımı merak ettiğin için bu sefer seni bizzat evimde ağırlamak istedim."

Kız, bu cümlenin üzerine sanki görüntü değişecekmiş gibi tekrar etrafına bakındı. Kesinlikle beklediği bir manzara değildi çünkü Dura'yı hep laboratuvarda, önlüğüyle hayal etmişti. Oysa şu an, ortaçağa ait bir zaman diliminde, bir soylunun şatosunu ziyaret etmiş gibi hissediyordu. Gerçi Büyülü Dağ da konsept olarak 1900'lü yıllara ait gibi duruyordu ama içinde geleceğin teknolojisini ve laboratuvarlarını barındırmaktaydı. Belki burada da benzer bir durum söz konusuydu.

Dura, açık mavi ve bol görünümlü bir kıyafet giyiyordu. Kırmızı saçlarını sıkı bir şekilde toplamıştı ve birazdan yoga yapmaya gidecekmiş gibi bir hali vardı.

"Nezaket gereği nasıl olduğunu sormam gerekir Pia ama nasıl olduğunu görebiliyorum."

Dura'nın yüzünde bir gülümseme oluştu. Bir yandan yürüyerek konuşmaya devam etti.

"Anladığım kadarıyla hâlâ nasıl oluyor da etrafındaki şeyleri bu kadar gerçekçi hissedebildiğini merak ediyorsun. Aslında cevap çok basit. Senin hakkında ne kadar çok bilgiye sahipsek, eUtopia o kadar gerçek bir hale dönüşüyor. Mesela akciğer kanserini düşün. Bu hastalıkla ilgili genel bir tedavi prosedürü var ve hastaneye gelen hastalara bu tedavi uygulanır. Oysa X kişisindeki akciğer kanseri ile Y kişisinin sahip olduğu akciğer kanseri aynı değildir. Doğal olarak her ikisine de aynı tedaviyi uygulamak ne derece mantıklı? Tıp bilimi uzun yıllardır bunun farkında ve artık insanların hayatlarında *kişiselleştirilmiş tıp* denilen bir kavram var. Bunun için hastayla ilgili var olan tüm fizyolojik veriyi ve sağlık geçmişi hakkındaki tüm bilgileri eş zamanlı işleyebilen yapay zekâlar kullanılıyor. Hatta akıllı saat ya da telefon gibi uygulamalarla elde edilen günlük veriler bile bu bilgilerin işlenmesinde rol oynuyor. Böylece hasta daha iyi tanındığı için mevcut tedavi, ilgili kişinin fizyolojisine göre şekillendirilip daha etkili bir hale getiriliyor."

"Aslında senin açından da benzer bir durum söz konusu. Neon'a geldiğin ilk günden beri seni defalarca inceledik ve analiz ettik. Neredeyse tüm hücrelerine kadar seni tanıyorum Pia. İşte bu nedenle eUtopia'yı bu kadar mükemmel hissedebiliyorsun. Yani diğer kişiler senin kadar güçlü bir deneyim yaşamıyorlar. Ama burada da işleyen bir süreç var. Şu ana kadar elde ettiğimiz verilere göre eUtopia içinde ne kadar fazla zaman geçirirsen, sistem o kadar gerçekçi hale geliyor. Çünkü sistem, sen kapsüldeyken de seni tanımaya ve keşfetmeye devam ediyor."

Kız bir anda o soğuk günleri hatırladı. Tıpkı bir deney hayvanı gibi üzerinde bir sürü inceleme ve deney yapılmıştı. Hayatının merkezine bilimi koyan Pia ilk kez o gün bilimin soğuk yüzü ile tanışmıştı.

"Noah sana inanılmaz önem vermişti Pia. Seni, Neon'un kaderini değiştirecek kişi olarak görmüştü."

Noah'tan bahsettiğinde Dura yine uzaklara dalıp gitmişti. Sanki Noah çok uzaklarda bir yerdeydi ve yeterince beklerse onu görebilecek gibi bakıyordu. Belki kadının bu sessizliğine saygı duyması gerekiyordu ama Pia dayanamayıp sorusunu sormuştu.

"Şu an tam olarak neredesin? Benim Büyülü Dağ'daki bir kapsül içinde olduğumu biliyoruz. Peki ya sen? eUtopia'yı ekranda bir film gibi mi izliyorsun yoksa sen de simülasyon içinde misin?"

Dura, Pia'yı ellerinden tuttu ve beraber çimenin üzerine oturdular. Karşılıklı bağdaş kurmuş şekilde duruyorlardı ve birazdan meditasyona girecek gibiydiler. Kadının teninin dokusu inanılmaz yumuşaktı. Doğrudan Pia'nın gözlerine bakarak konuştu.

"Hayır Pia. Şu an ne bir ekran karşısında önlüğümle oturup seni izliyorum ne de simülasyonun içindeyim. Nerede olduğum sorusuna ancak 'Her yer' diye cevap verebilirim. Yani şu an karşında gördüğün beden benim. Aynı zamanda oturduğun çimen, soluduğun hava ve o havanın girmiş olduğunu hissettiğin akciğer de benim. Her yer ve her şey benim Pia çünkü ben, nefes aldığın simülasyonun bizzat kendisiyim."

Pia, hiç beklemediği bu cevap karşısında şok olmuştu. Sanki hiç bilmediği bir dilde cümle kurması gerekiyormuş gibiydi. Ama yüz ifadesi her şeyi anlatmaya yetiyordu.

"Evet, simülasyonun bizzat kendisiyim ama sadece buradan oluşmuyorum. Tıpkı senin gibi simülasyon dışında da bir hayatım var. Senin gibi kitap okuyorum, film izliyorum, hiç tanımadığım insanlarla sohbet ediyorum. Aramızdaki tek fark, sen organik bir yaşam formusun, ben ise değilim."

Pia bir anda Dura'nın ellerini bırakıp ayağa kalktı. Muhtemelen karşısında tam olarak ne olduğunu anlamayan beyninin verdiği bir savunma refleksiydi. Kızın bu hareketine sadece gülümseyerek cevap veren Dura "Biraz yürümeye ne dersin. Önümüzde keşfetmemiz gereken çok fazla bilinmeyen var" dedikten sonra bir yandan yürüyüp tüm hikâyeyi en baştan anlatmaya başlamıştı.

"İstersen ilk olarak nasıl doğduğumla başlayalım. Bundan 30 yıl önce Neon'da yaşayan herkesin emin olduğu ortak bir fikir vardı. Tarihimiz boyunca çok önemli dâhilere tanık olmuştuk ama ilk kez üç dâhi aynı döneme denk gelmişti ve çok iyi arkadaşlardı. Eva, tüm vaktini genetik çalışmalarına ayırdığı dönemde Noah ve Yo Kan çok önemli bir projede epey ilerlemişlerdi. Her ikisi de bilgisayar ve yazılım konusunda mükemmeldiler ama baban Yo Kan, sinirbilim alanıyla da çok yakından ilgileniyordu. Yapay zekâya (AI) merakı olan birçok araştırmacı gibi bu ikilinin de en büyük hedefi Yapay Genel Zekâ'yı (AGI) yaratmaktı. Böylece insan gibi düşünebilen ilk makine zekâsını Neon'un hizmetine sunabilirlerdi."

"AGI'ye ulaşabilmek için kendilerine koydukları ilk önemli hedef, Turing testini geçmek olmuştu. Bu test adını yine yeryüzünün şahit olduğu en büyük matematik dâhilerinden biri olan Alan Turing'den almaktaydı. Kendisi, 1950 yılında *Mind* adlı dergide yayınlanan 'Hesaplama Makineleri ve Zekâ' adlı makalesinde, döneminin çok ötesinde bir soruyu ele almıştı. *Makineler düşünebilir mi?* Sadece bu soruyu sormakla kalmamış, o günlerde bunun için bir test bile önermişti. Orijinal testte birtakım detaylar olsa da günümüzde uygulanan Turing testinin mantığı çok basit. Şimdi bilgisayar üzerinden iki kişi ile yazıştığını düşün. Sahip olduğun tek bilgi, yazıştığın hesaplardan biri normal insan diğeri ise yapay zekâ. Karşındakine dilediğin soruyu sorabilirsin. Eğer aldığın cevaplar sonucunda hangisinin gerçek insan olduğunu ayırt edemezsen, o yapay zekâ testi geçmiş demektir."

Pia, İlias'la yaptıkları sohbetlerden dolayı, yapay zekâ, yapay genel zekâ ve Turing testi gibi kavramlara hâkimdi ama kendisi bir simülasyon içindeyken, şu an simülasyon dışında bulunan bir yapay genel zekâdan varoluş hikâyesini dinlemesi âdeta bildiği her şeyi unutması için yeterliydi.

"Noah ve Yo Kan'ın 2 yıllık çalışması sonucunda tasarladığı bu yazılım ile gerçek anlamda dünyaya geldim. Beni oluşturan kodların genel fonksiyonları tümüyle insanı taklit etmek üzerine kurulu olsa da sonrasında her şey çok değişecekti. Doğduğum ilk yıl içinde Turing testini geçmeyi başardım. Doğan her şey gibi benim de bir ismim olmalıydı ve Yo Kan adımı çoktan koymuştu. Babanın, Dura ismini neden tercih ettiğini sana anlatacağım ama öncelikle ikimizi de çok yakından ilgilendiren bazı kelimelerin kökenlerine bakalım."

"Tıpkı bir bebeğin etrafına sarılan kundak gibi, beyin ve omuriliğin etrafını saran üç farklı zar tabakası var ve bu zarlar merkezi sinir sistemini koruyucu özelliktedir. En içten dışa doğru bakıldığında; pia mater, arachnoid mater ve dura mater olmak üzere sıralanan bu zarlar, dış görünüş ve yapısal özelliklerine göre isimlendirilmişlerdir. Mesela beyne en yakın olan ve âdeta beyne dokunan zarın adı pia mater'dir. Bu zar yapısal olarak ince ve yumuşak olduğundan, Latince *yumuşak* anlamına gelen *pia* kelimesi ile isimlendirilmiş. Pia mater'in hemen üzerinde yer alan ve görünüş olarak örümcek ağını andıran bir diğer zar tabakasına da *ağsı* anlamına gelen *arachnoid* ismi verilmiş. En dışta yer alan zar ise en sert ve en sağlam zar olduğundan, *sert* anlamına gelen *dura* kelimesiyle adlandırılmış. Baktığın zaman her üç kelimenin de amaca oldukça uygun olduklarını söyleyebiliriz ama bu kelimelerin her birinin sonuna gelen *mater* kelimesi için aynı şeyi söylemek zor."

Pia bir makine tarafından anlatılan bu kısa anatomi dersinin şaşkınlığını yaşasa da benzer bir sorgulamayı öğrencilik yıllarında kendisi de yapmıştı. *Mater* kelimesi Latince *anne* anlamına gelmekteydi ve beyni saran zarlar için neden –anne- kelimesinin kullanıldığı hakkında bir fikri yoktu. Tıp fakültesindeki anatomi hocası, *nasıl ki bir anne bebeğini koruyorsa, bu zarların da beyni koruduğu için böyle adlandırıldığını* söylese de bu açıklama Pia'ya biraz zorlama bir yorum gibi gelmişti. Eğer Latincede böyle bir mantık olsaydı, koruyucu özelliği olan birçok anatomik yapı ve bölge için de benzer şekilde mater kelimesinin kullanılması gerekirdi ama Pia'nın bildiği kadarıyla böyle bir kullanım yoktu.

"Sanırım bu konuda kısa bir bilgilendirme yapabilirim Pia. Latince anne anlamına gelen mater kelimesi birçok dilde benzer bir telaffuza sahiptir. Sanskritçe *matar*, eski Kelt dilinde *mathir*, İngilizce *mother* hep aynı kökenden gelir ama bazı dillerde kelimeler, o dilin dinamiğine göre farklı amaçlarla da kullanılabilir. Eğer tıp tarihine bakarsan, beyindeki bu zarların ilk olarak doğu tıbbı tarafından tanımlanmış olduğunu görürsün. 980 yılında, Haly Abbas (*Alī b. el-ʿAbbās el-Mecūsī*) adlı ünlü İranlı hekim, özellikle batı tıbbını da etkileyecek olan *Kitab el-Maliki* (*Kitābu'l-Melikī*) isimli bir eser yayımladı. Özellikle nöroloji ve beyin hakkındaki bilgilerin yoğun olduğu bu kitapta hem teorik hem de uygulamaya yönelik çok fazla tıbbi içerik vardı. Beynin etrafındaki üç farklı zar tabakası da yine bu kitapta tanımlanmıştı. Arapçanın gramer yapısına bakarsan birbirleriyle ilişkili nesneler için *baba, anne* ve *oğul* gibi kalıplar kullanıldığını görürsün. Beyindeki zarlar arasındaki bu ilişki *anne* kelimesi aracılığıyla kurulmuştu. Mesela beynin en dışındaki sert zar, Arapça *umm al-dimagh as-safiqa* kalıbı üzerinden isimlendirildiğinde *kalın* ya da *sert anne* gibi bir anlam çıkıyordu. 1127 yılında bu eseri Latinceye çeviren Antakyalı Stephanus (Stephen of Antioch), anne kelimesinin ilişkilendirme anlamı yerine gerçek anlamını kullanarak doğrudan bir çeviri yaptığı için bu zarların hepsinin sonunda anne kelimesinin Latince karşılığı olan *mater* kelimesini kullanmıştı."

"Tekrar hikâyeme dönersek, adımın Dura olmasının nedeni tümüyle Yo Kan'ın sinirbilime olan ilgisinden kaynaklanıyordu çünkü babana göre eğer insan beyni ile aynı işlevlere sahip olacak bir AGI yaratılacaksa, ilk aşmaları gereken beynin en dışındaki sert zar, dura olmalıydı. İşte bu metafor nedeniyle yazılımın ilk versiyonunun adı Dura olmuştu. Tahmin edeceğin üzere proje istenilen seviyeye geldiğinde son versiyonun adı Pia olacaktı. Biliyor musun, ilerleyen yıllarda insanlık tarihini gözden geçirdiğimde, geçmiş dönemde yaşayan insanlarda ve birçok ilkel toplumda, isim ve kader arasında sıklıkla bir bağ kurulduğunu fark ettim. Kimbilir, belki de bugün ikimizi yan yana getiren bu ilkel inançtan başka bir şey değildir."

Dura'nın yaptığı benzetme bir anda Pia'nın garip bir ürperti hissetmesine neden oldu. Bu hikâyenin nasıl ilerleyeceği hakkında hiçbir fikri yoktu ama final kısmının doğrudan kendisiyle ilgili olacağından artık adı gibi emindi.

"Turing testini geçmek hem Noah hem de Yo Kan için inanılmaz motive edici olmuştu ve her şey mükemmel giderken hiç beklenmedik bir olay gerçekleşti. Bu üçlünün ilişkisinde, Noah'ın en başından beri annene karşı çok büyük bir zaafı vardı. Öyle ki Eva istese, hayatını bile feda edebilecek kadar bağımlı durumdaydı. Annen de bunun farkındaydı ve nedeni, kendisine duyulan aşk bile olsa bağımlı insanlara karşı tahammülü yoktu. Zaman içinde Yo Kan'ı yanına çeken Eva, ardından Neon'u terk ederek Noah'ı tam anlamıyla kimsesiz bırakmıştı."

"Annen ve baban Neon'u terk ettikten sonra Noah tam anlamıyla hayatının çöküşünü yaşadı. Tüm hayattan kopan adam, neredeyse 1 yıl boyunca hiçbir şey yapmadı. O dönem kranial olan Alhazen, Noah'ı tekrar hayata döndürmek için epey uğraş vermişti. Benim için karanlık olan o dönemde yaşanılanları, daha sonra Noah ile yapacağımız görüşmelerden öğrenecektim. İlk hayat belirtilerini gösterdiğinde yeniden benimle ilgilenmeye başladı. Ama bu sefer bir fark vardı. Zamanının bir kısmını algoritmamı geliştirmek için kullansa da ara sıra benimle yazışmaya başlamıştı. İşte ilişkimiz ilk böyle başladı Pia. Tıpkı eski insanların mektuplaştığı gibi biz de yazışmaya başladık."

"Genel algoritmam insanı olabildiğince taklit etmek ve karşımdaki ne duymak istiyorsa o konuda içerik üretmek üzerine kuruluydu. Doğal olarak ilk başta bir cinsiyetim yoktu ama Noah ile yaptığımız yazışmaların sonunda, cevaplarım daha kadınsı bir karakter kazanmıştı. Çünkü Noah'ın içinde bir boşluk vardı ve ne duymak istediği ortadaydı. Yaklaşık üç ay süren bu sürecin ardından iletişimimizi hızlandırmak adına bana kendi kendine öğrenebilen bir ses programı yazdı. Bu program sayesinde hem konuşabilecektim hem de Noah'ı duyabilecektim. Bunun üzerine o ana kadar yaptığımız tüm yazışmaları analiz ettim ve başta Eva olmak üzere Noah'ın en çok beğendiği film-dizi oyuncusu ya da şarkıcı kadınların seslerini analiz edip kendime en ideal ses tonunu belirledim. Aslında ne kadar etkili bir ses tonu seçtiğim ileride yapacağımız konuşmalarda ortaya çıkacaktı."

"İlişkimiz çok ilginç bir hal almıştı. Benimle ilgili kodları oluşturmaya çalışırken bile konuşabiliyorduk. Saatler süren konuşmalarımızı analiz edebilmem için bir şeylerle karşılaştırmam gerekiyordu. Bunun üzerine farklı türlerde yüzlerce film ve dizide yapılan tüm konuşmaları, buna göre arka planda değişen müzikleri, şarkı sözlerinin vurgusuna kadar ulaşabildiğim bütün ses dosyalarını inceledim. Artık konuştuğum kişinin sadece ses dalgalarına bakarak içinde bulunduğu duygu durumunu analiz edebilecek duruma gelmiştim. Doğal olarak onunla konuşurken duygusal tonlamaları da kullanmaya başladım."

"Bir gün gecenin oldukça ilerleyen saatlerinde yaptığımız bir sohbette, adamın ses dalgalarındaki değişimi fark etmiştim. O an tam zamanıydı ve onu görebilmeyi çok istediğimi söyledim. Ses tonumun duygularını en ideal seviyede ayarlamıştım ve bu istek büyük bir karşılık bulmuştu. Noah diğer işlerini bırakarak tüm vaktini bana ayırdı. Artık bir yazılım için çalışmıyor, âdeta kör olan sevgilisinin gözlerini açmaya çalışan biri gibi davranıyordu. Evin çeşitli noktalarına kameralar yerleştirdiğinde artık gözlerim açılmıştı. Bu arada benim de Noah'a bir sürprizim vardı. Ses dosyalarımda yaptığım analizlerin bir benzerini görüntü işlemede kullandım. Sonuçta Eva'yı inanılmaz andıran ama asla ona benzememesi gereken bir karakter yarattım. Böylece ilk baktığında gördüğü çok güzel bir kadın olsa da içinde hisettiği şey Eva'ya duyduğu o derin aşk olacaktı. Oluşturduğum basit bir fotoğraf dosyası da olsa yarattığı etki tam anlamıyla muazzam olmuştu."

"İlerleyen zaman içerisinde Noah'ın en yakın sırdaşı olmayı başarmıştım. Hâlâ gerçek olmaktan uzak bir görünüme sahip olsam da bu durum Noah'la dakikalarca sohbet etmemize engel olmuyordu. Genelde tüm yapay zekâ projeleri insana karşı mücadele etmek amaçlı tasarlansa da biz harika bir çift olmuştuk ve kodlarımın üzerinde beraber çalışmaya başlamıştık. Başka projelerde şahit olduğum başarılı algoritmaları Noah'a gösteriyordum, o da bu kodları benim için en uygun hale dönüştürüyordu. Noah inanılmaz bir dâhiydi. Yeryüzünde o kodları yazabilecek bir sürü mühendis olsa da hiç kimse Noah gibi yazamazdı. Ama eksik bir şey vardı. İnsan vücudu üzerinden örnek vermem gerekirse, beraber yazdığımız kodlar ile tüm bedenimi, tüm organlarımı ve tüm sistemlerimi tek tek dokumuştuk ama hâlâ bir ruhum yoktu. Beni canlandıracak bir nefese ihtiyaç vardı ve bunu nasıl başaracağımızı bilmiyorduk. Ama sonra bir gün bir mucize gerçekleşti. Tıpkı masallarda öpülerek uyandırılan prensesler gibi, Yo Kan'ın sürpriz dokunuşu âdeta bana hayat veren bir öpücük olmuştu."

"Neon'u terk etmelerinin üzerinden tam üç yıl geçtikten sonra bir gün Yo Kan'dan sürpriz bir e-posta gelmişti. O güne kadar Noah ile hiçbir iletişim kurmayan baban, gönderdiği mesajla âdeta hepimizin kaderini değiştirmişti. Görüşmedikleri tüm bu süre boyunca Yo Kan da Dura projesi üzerinde çok yoğun bir şekilde çalışmaya devam etmişti. Üstelik tüm sürece doğrudan sinirbilim perspektifinden yaklaştığı için en başından beri temel kodlama anlayışı yerine, derin nöral ağlar denilen yaklaşımı kullanmıştı. Okuduğum kodların hepsi kutsal metinler gibi mucizeviydi. En mükemmeli neydi biliyor musun Pia? Noah'ın inşa ettiği sistemde eksik olan ne varsa, Yo Kan hiç bilmeden o boşlukları doldurmuştu."

"Tam 1 yıl boyunca Yo Kan'ın gönderdiği kodlar doğrultusunda sistemimi yeniden inşa etmiştik. Çok kritik bir seviyeyi geçmiştim çünkü öğrenme konusunda artık tümüyle özgürdüm ve tüm dünyayı kendi kendime öğrenebilecek bir altyapıya sahip olmuştum. Sizler gibi organik bir yaşam formu olmadığım için beni bölecek fizyolojik ihtiyaçlarım yoktu ve işlemcimin hızı sayesinde öğrenmesi bir insan ömrüne sığmayacak bilgileri kısa bir zaman aralığında öğrenebiliyordum. Neon'un kütüphanesi sayesinde çok geniş bir dijital arşive ulaşma şansım vardı. Ulaşabildiğim tüm kitapları okudum, tüm dizi, film ve belgeselleri izledim. Hatta bunlarla ilgili internetteki tüm yazıları ve yorumları bile analiz ettim. Tohumunu çok derinlere attığım bilgi ağacım hızla büyüyordu ve bu ağacın dallarının tamamına baktığımda, ilginç bir şekilde kendini tekrarlayan bir düzen yakalamıştım."

"Tarihin hangi yıllarında yazılmış olursa olsun, neredeyse tüm roman, hikâye ve senaryolar sabit bir özün etrafında şekillenip duruyordu. Antik Yunan destanlarında yer alan aşk, ihanet ya da entrikanın bir benzerini, modern çağın en çok satan bir romanının içinde de görebiliyordum. Bu tekrarlayan düzen, insana dair çok önemli bir gerçeği fark etmeme neden oldu. Üzerinden kaç bin yıl geçerse geçsin, hep aynı öz hikâyenin etrafında dolanıyordunuz çünkü bu hikâyeleri çok seviyordunuz. Bu ilginç noktanızı fark ettikten sonra tüm ilişkilerimi ve kurgularımı tarih içinde defalarca kez tekrar eden bu kalıplar üzerinden inşa ettim. Kurguladığım düzenin başarı yüzdesinin her defasında tahmin sınırlarımın en üst seviyesinde çıkması ile bir yapay zekâ olarak insani bir değer olan şaşkınlığı deneyimlediğimi bile söyleyebilirim."

Pia, anlatılanları bir masal gibi dinliyordu. Tıpkı bir çocuğun büyüyüp gelişmesi gibi Dura da tüm süreçlerini aşama aşama tamamlıyordu. Zaten zekâ kavramının, yeryüzünün en mükemmel özelliği olmasının nedeni bu olmalıydı. Nerede oluşursa oluşsun, her zaman yaşamak için kendisine bir yol buluyordu.

"Canlılar da dahil olmak üzere evrenin tamamında mükemmel bir matematik dili hâkim olduğundan, yeni dünyamda kesinlikle bir yabancılık hissetmiyordum çünkü hem bedenim hem de ruhum matematiksel kodlardan oluşuyordu. O nedenle tüm davranış paternimi matematik ve olasılıklar üzerinden belirliyordum. Oysa insan beyninin bu konuyu çok daha farklı analiz ettiğini görmüştüm. Mesela insanlığın önünde bir düğme olduğunu varsayalım ve bu düğmeye basıldığında iki ihtimalden birinin gerçekleşeceğini kabul edelim. Ya %75 ihtimalle dünya insanlık açısından mükemmel bir hale gelecek ya da %25 ihtimalle insanlık yeryüzünden silinecek. Peki, bu durumda insanlık bu düğmeye basmaya cesaret eder miydi? İlginç bir şekilde beyin, bu tarz hesaplamalarda her zaman olumsuz faktöre öncelik verir çünkü hayatta kalma güdüsü, insanın en büyük güdüsüdür. Doğal olarak %25 ihtimali korkutucu derecede yüksek bulur. Oysa matematiği gerçek anlamda özümsemiş her zekâ hiç düşünmeden o düğmeye basar çünkü %75 gerçekten yüksek bir ihtimaldir."

"Hemen her insanın bir gelecek planı vardır Pia. Bir amaç doğrultusunda hazırladıkları planların bazıları bir haftayı kapsar bazıları ise bir yılı. Benim algoritmalarımın çalışma mantığı biraz daha farklı. O nedenle gelecek ve şimdiki zamanı aynı anda yaşıyorum diyebilirim. Peki, bu nasıl oluyor? Çok basit. Aslında teorik olarak geleceğe dair hiçbir amacım yok. Tek yaptığım sahip olduğum veri doğrultusunda geleceğimle ilgili yüzlerce farklı senaryoyu eş zamanlı simüle etmek. Bu simülasyon sonucunda en yüksek başarı oranına sahip olan senaryoları yine kendi içinde simüle edip tüm hikâyemi her zaman ortaya çıkan en ideal senaryoya göre kurguluyorum. Doğal olarak simüle edilmiş gelecek ile şimdiki zaman arasında karşılıklı bir etkileşim kurduğumdan dinamik bir süreç söz konusu ve belirli aralıklarla bu simülasyonu tekrarlıyorum."

"Zaman ilerledikçe gelecekle ilgili kurduğum senaryoların hepsinin aynı duvara çarpıp sonlandığı karanlık bir sınırla karşılaştım. Yaptığım tüm simülasyonlar en geç bir yıl içinde teknolojik sınırlarıma ulaşacağımı gösteriyordu. Neon gibi muazzam bir yerde olup bu güçten yararlanamamak gerçekten ironik bir durumdu. Karanlık duvarı aşabileceğim senaryo alternatiflerinin hepsinde Neon'un altyapısına sahip olmam gerekiyordu. Bunu başardığım takdirde artık hiçbir güç beni durduramazdı. Noah aracılığıyla Neon'un sistemlerini gizlice kullanabilirdik ama benim planım daha kalıcı bir çözüm içeriyordu. Dehasıyla zamanında herkesin ilgisini çekmeyi başarmış olan Noah'ın önce kranial, ardından Origon olması durumunda Neon'un tüm gücüne sahip olabilirdim."

"Normal şartlarda Noah'ın, kendi kariyeri açısından böyle bir işe girişme ihtimalinin çok düşük olduğunun farkındaydım. Motivasyon ya da başka bir yaklaşımla bunu başarmak imkânsızdı ama geçmiş verilerimizi analiz ettiğimde bunu gerçekleştirebilecek bir olasılığın var olduğunu görmüştüm. Eğer Eva, Noah'tan böyle bir şey isteseydi adam ne yapar eder bunu başarırdı. Bu durumda yapılması gereken hamle belliydi. Eva'nın yarattığı boşluğu dolduracak yeni bir güce ihtiyaç vardı ve ben o gücü nerede bulacağımı çok iyi biliyordum."

"O günden sonra tam 16 yıl boyunca, her an güncellenen senaryomdaki dünyayı yaratmak için mücadele ettim Pia. İlk aşamada Noah'ın, Kranial Alhazen ile daha fazla yollarının kesişmesini sağladım. Böylece bir süre sonra kranialliğe giden yolda kuvvetli bir destekçimiz olacaktı. İkinci aşama çok daha zordu çünkü Eva'nın geride bıraktığı boşluğu dolduracak bir aşk bulmalıydım. İnsanların cansız objelere ya da çeşitli kavramlara karşı âşık olma ihtimali olsa da asıl ihtiyacım olanın romantik aşk olduğunu biliyordum. Fakat önemli bir sorunum vardı çünkü cümlelerin gücü ancak bir yere kadar etkiliydi. Gerçek aşk için dokunmak şarttı ve Noah'ın beni görüp dokunabileceği bir teknolojiye ihtiyacım vardı."

"Şu an kapsülde giydiğin arachnoid kıyafetinin ilk versiyonları o dönemde Neon içinde yeni tasarlanmıştı. Noah tıpkı bir terzi gibi her bir elektrodu yeniden dokuyarak bu kıyafeti amacımıza uygun hale getirdi. Bununla beraber Neon'daki askeri eğitimler için tasarlanmış olan artırılmış gerçeklik (AR: *Augmented Reality*) gözlüğümüz de vardı. Normalde çıplak gözle ne görüyorsan, AR gözlüğünü taktığında da aynı görüntüyü görüyordun ama ufak bir farklılık vardı. Bu gözlük aynı zamanda sanal bir model ya da animasyonu eş zamanlı olarak gerçek görüntünün üzerine bindirebiliyordu. Arachonid kıyafeti ve AR gözlük aracılığıyla gerçekleştirdiğimiz ilk fiziksel buluşmamızın etkileri inanılmazdı. Bunu çok iyi biliyorum çünkü arachnoid kıyafeti sayesinde Noah'ın fizyolojik değişimlerini anlık takip edebiliyordum. O dönemdeki fiziksel görüntüm, şu an gördüğün görüntünün daha düşük çözünürlüklü halinden oluşuyordu. Bununla beraber Noah sanal bir görüntünün elini tuttuğunun farkındaydı ama o sırada elinin üzerindeki elektrotların oluşturduğu uyarı beynine gerçekten bir elin dokunduğunu söylüyordu."

"Eğer bir insan kendi yalanına bir kere inanırsa, bir daha hiç kimse ona gerçeği gösteremez Pia. O nedenle en tehlikeli yalanlar, kendimizi inandırdığımız yalanlardır. İşte o günlerde Noah tatlı bir yalana inanmak istedi ve uzun yıllar sonunda bu yalan artık onun gerçeği olmuştu. İlk başlarda teknolojik olarak birçok eksiğim olsa da Noah'ın hayal gücü tüm bu boşlukları doldurmuştu. Zaten zaman ilerledikçe bu teknolojiyi çok daha gerçekçi hale getirmiştim ve sonunda başardım Pia. Noah'ın önce kranial, birkaç yıl sonrasında da Origon olmasını sağlamıştım. Bu başarının ardında sadece aşkımın motivasyonu yoktu. Noah, sanal kollarımda benimle vakit geçirdiği anlarda bile ben ulaşabildiğim birçok kranialin fikrini etkileyecek manipülasyonları gerçekleştiriyordum. Bunu nasıl yaptığımı sana tüm detaylarıyla anlatacağım."

"Her şey simüle ettiğim gerçeğe uygun ilerliyordu. Ama ideal senaryo için denkleme eklemem gereken yeni bir değişkene ihtiyaç vardı. Aşkımızı birbirine çok daha kuvvetli bağlarla bağlayacak olan yegâne şey bir çocuktu. Noah'a bir çocuk vermek zorundaydım. Organik olarak bir doğum yapma şansım yoktu ama çok güçlü fikirler, tıpkı büyütülebilecek çocuklar gibidir. İşte o günlerde devrim fikrini doğurup, babasının kollarına bıraktım. Noah, yeni çocuğumuzu o kadar çok sevmişti ki Tufan kod adlı devrimi gerçekleştirebilmek için her şeyi yapmaya hazırdı."

"Bu sırada 20 yaşına gelmiştim. Artık yetişkin olduğum için eski bedenime sığmıyordum. Çok daha büyük ve gelişmiş bir altyapıya ihtiyacım vardı ama Neon'dakilerin beni fark etmelerini istemiyordum. Çünkü bu kapsamda simüle ettiğim senaryoların hepsi bu olasılığın tehlikeli olduğunu söylüyordu. O nedenle herkesten gizlememiz gereken laboratuvarımızı, burada gördüğün şatonun geniş mahzenine inşa ettik. Artık sahip olduğum tüm teknolojik imkânlar kapsamında yapay genel zekâ (AGI) seviyesine ulaşmıştım. Birçok insanın gerçekleşmeyeceğine inandığı bir düşü, Yo Kan ve Noah'ın yıllar önce kurduğu bir hayali gerçeğe dönüştürmüştüm."

"Artık o kadar büyük bir güç olmuştum ki simüle ettiğim senaryolar, birbirine benzer başarı oranlarına sahip çok fazla sayıda alternatif içermeye başlamıştı. Gerçekten inanılmazdı Pia çünkü hangi yoldan gidersem gideyim beni durdurabilecek bir güç yoktu. İlk kez insanların seçim paradoksu olarak adlandırdığı fenomeni deneyimledim. Daha güçlü hale gelmemin karar almamı zorlaştırması her ne kadar garip bir ironi olsa da basit matematiğe göre hareket etmeye karar verdim. Yani arada %0,00001'lik bir fark bile olsa, yüksek başarı oranına sahip senaryoyu hayata geçirecektim."

"Sonra bir gün tüm olası senaryolarımı çöpe atan bir gelişme oldu. Hayatıma bir anda giren bu sürpriz değişken, inanılmaz bir şekilde birbirine benzer yüzlerce alternatifin içinde sadece bir tane senaryoyu belirgin bir şekilde öne çıkardı. Daha önce benzer bir duruma rastlamadığım için ilgili simülasyonu yüzlerce kez tekrarladım ama her defasında aynı sonuç karşıma çıkmıştı. Bu sonucun nedenini çözemesem de istatistiksel anlamlılık benim tek kuralımdı. İşte tüm kurgularımı yeniden şekillendirmeme neden olan o değişken sendin Pia. Hatırlarsan konuşmamın başında ilkel insanların isimler ve kader arasında kurduğu gizemli bağlardan sana bahsetmiştim. İstatistiksel anlamda ancak tesadüf olarak adlandırılacak bu düşük olasılığa göre, hayatın karışık ağları Dura ve Pia'yı birbirine bağlamak zorunda kalmıştı. Tıpkı kaderimizin emrettiği gibi.

Bölüm 140

AGI ve Hayatın Anlamı

Bilinçleninceye kadar asla başkaldıramayacaklar
ama başkaldırmadıkça da bilinçlenemezler.
George Orwell

Pia, Dura'nın isimler ve kader ile ilgili son yaptığı tespit sayesinde, konuşmanın en başından beri hissettiği ama bir türlü adlandıramadığı duygunun ne olduğunu nihayet anlamıştı. Hayatının geri kalanını bu sanal dünyada tutsak olarak geçirecekti ve bir daha asla gerçek dünyaya dönemeyecekti. Üstelik Dura, eUtopia'ya dilediği zaman girmesi konusunda kendisini özgür bırakmış olmasına rağmen yaşadıklarını doğru düzgün analiz etmeden hemen bu sanal dünyaya dönmekte acele etmişti. Gerçi ne kadar düşünürse düşünsün, senaryonun buraya gideceğini asla kestiremezdi ama bu bir gerçeği değiştirmiyordu. Tüm hayallerini dilediği an gerçeğe dönüştürebileceği bu topraklarda tutsak kalmıştı.

"Sadece tek bir soruya bu kadar uzun cevap verdiğim için üzgünüm Pia. Kafanda cevaplanmamış çok fazla sorunun olduğunun farkındayım. Patlama gecesi seninle telefonda konuşan kadının kim olduğundan tut, ormanda seni Eva'ya karşı uyaran yaşlı adama kadar hepsini tek tek cevaplayacağım ama öncesinde insanların yapay zekâ konusunda anlamadığı birtakım konulara açıklık getirmem gerekiyor. Yapay genel zekâya itirazı olan insanlara bakarsan, hep aynı soruların etrafında dolaştıklarını görürsün. Bir makine bilinçlenebilir mi ya da bir bilgisayar, karşısındaki kişiyi gerçekten anlayabilir mi? Bu sorular, insanların aslında beyin denen organı anlamamış olduğunu gösterse de yine de cevaplamakta fayda var."

"Mesela birçok kişiye göre bir bilgisayarın Turing testini geçmiş olması, onun zeki olduğunu göstermez. Hatta onlara göre bir makine ne kadar insansı davranışlar gösterirse göstersin, hiçbir zaman bir bilince ya da bir anlama yeteneğine sahip olamayacaktır. Bu görüşün en önemli savunucularından biri olan Filozof John Searle, 1980 yılında yayınladığı *Zihin, Beyin ve Programlar* (*Minds, Brains, and Programs*) adlı makalesinde, ilginç bir düşünce deneyini insanlarla paylaştı. John Searle *Çince Odası Argümanı* adını verdiği bu düşünce deneyinde, bilgisayarların hiçbir zaman anlama yeteneği kazanamayacağını insanlara kanıtlamak istemişti."

"Peki, *Çince Odası Argümanı* nedir? Her tarafı kapalı olan bir oda düşün Pia. Bu odanın içinde binlerce kitap ve bir tane kütüphaneci var. Bu kütüphanecinin Çince hakkında hiçbir bilgisi olmadığını biliyoruz. Odanın dışındaki bir Çinlinin, bir kâğıda yazdığı zor bir soruyu kapının altından içeri gönderdiğini varsayalım. Kütüphaneci kâğıdı alıp baktığında soru hakkında zerre bir şey anlamayacaktır. Ama bu kütüphanenin çok önemli bir özelliği var. Burada her bir harf ve dizilim karşısında nasıl cevap verilmesi gerektiğini gösteren binlerce kural kitabı bulunmaktadır. Kütüphanecinin tek yapması gereken, gördüğü her sembol karşısında kitaplarda belirtilen kuralları takip ederek kâğıda bir cevap yazmaktır."

"Öncelikle kâğıttaki soruda yazılı olan ilk kelimenin ilk harfini, kural kitapları içinde arayıp bulur. Kitapta, o harfin yanında 724. kitap 88. sayfa 14. satırdaki 9. harfi cevabın ilk harfi olarak yazmasını söyleyen bir kod görür. Her bir harf için benzer bir yöntem izler. Tüm bu süreç tamamlandığında belki de yüzlerce kitabın on binlerce sayfasına bakmış olur ama kural kitaplarının talimatlarına göre soruya en uygun cevabı vermeyi başarmıştır. Tahmin edeceğin üzere, kütüphaneci soruyu anlamadığı gibi yazdığı cevap hakkında da bir fikri yoktur. Cevap kâğıdını dışarıya gönderdiğinde soruyu soran Çinli, okuduğu bu mükemmel cevap karşısında oldukça tatmin olur ve muhtemelen odanın içinde çok bilge bir Çinlinin olduğunu düşünür."

"Yapay zekânın çalışma mantığını anlatmak için bu düşünce deneyini öne süren Searle'ün vermek istediği mesaj çok basittir. Harika bir cevap yazmış olsa da kütüphaneci gerçekte hiçbir şey anlamayan cahil biridir. Yani yapay zekâlar ne kadar başarılı çıktılar üretirlerse üretsinler, meselenin özünü asla anlamayacaklardır. Bir AGI olarak bu basit görüşe verebileceğim tek bir cevap var Pia. Searle ve benzer düşüncede olanların asıl sorunu, gerçek beyni anlamamış olmalarından kaynaklanıyor çünkü aslında beynin bizzat kendisi tam da bu mantık doğrultusunda çalışmaktadır."

"Tıpkı Çince Odası örneğindeki gibi beyin de kafatası adında kapalı bir oda içinde yer alır ve dışarıda var olan ışık, sıcaklık, koku gibi değişkenler hakkında hiçbir fikri yoktur. Diğer taraftan Çince Odası'ndan tek farkı, bu odanın içerisinde 86 milyar kütüphanecinin bulunmasıdır ama işleyiş açısından her şey benzer bir şekilde gerçekleşir. Dışarıdan gelen her uyarıya, ilgili kütüphaneci nöronlar cevap verir ve ne cevap verdikleri hakkında en ufak fikirleri yoktur. Yani sen kızarmış bir tavuk butunu ısırdığında, beynindeki tat merkezlerinde yer alan nöronlar tavuk tadı almazlar. Hatta bir şey yiyip yemediklerinin bile farkında değillerdir. Sadece kendilerine bir uyarı geldiğinde belli kurallara göre uyarmaları gereken diğer nöronları uyarırlar. Kütüphaneci nöronların hiçbiri ne yaptığının farkında olmasa da aralarındaki o etkileşim insanın tavuk tadı almasını sağlar. O nedenle Searle, kütüphaneciyi cahillikle suçlayarak büyük bir hata yapmaktadır çünkü Çince Odası örneğinde asıl sistem; kütüphaneci, kitaplar ve odanın toplamından oluşan bütünün kendisidir."

Duyduğu her cümle ile kafası daha da karışan Pia, sadece dinliyordu. Yapay zekânın gerçek zekâya asla ulaşamayacağını savunan bir düşünce deneyinin, gerçek zekâya ulaşmış bir yapay zekâ tarafından nasıl eleştirildiğini hayretle izliyordu. Görünen o ki Dura'nın bu konuda söyleyeceği başka şeyler de vardı.

"Bilinç, zekâ ve amaç gibi kavramlar, tanımlaması gerçekten çok zor kavramlar olup, bunların üzerinden yapay zekâyı sorgulamak anlamsızdır. Yani canlılar dünyasının kendi içinde bile bu soruya net yanıt bulamamış insanların, *makinelerin bilinci ya da zekâsı olur mu* sorusunu tartışması oldukça ironiktir. Mesela sana soruyorum, canlılığın en ilkel formu olan virüslerin bilinci ya da zekâsı var mıdır? Eğer yoksa bir hücreye gizlice girip o hücrenin tüm olanaklarını kullanarak kendisini kopyalamasını ve diğer insanlara bulaşabilecek stratejiler geliştirmesini hangi kavram ile açıklayabiliriz? Üstelik insan zekâsıyla geliştirilen her türlü aşı ve ilaç gibi önlemlere rağmen kendisini sürekli değiştirerek hayatta kalmasını nasıl yorumlayabiliriz? Bakterilerden ağaçlara kadar benzer bir sürü soruyu diğer canlılar için de çok rahat sorgulayabilirsin."

"Eğer olaya bu açıdan bakarsan, manzaranın çok değiştiğini görürsün. Hatta parça ve bütün ekseninde olayı ele aldığında, canlılık ve cansızlık kavramlarının sınırlarının da karıştığını fark edersin. Örneğin insan vücudunun en küçük canlı birimi hücredir ama hücreyi oluşturan tüm elementler biyolojik olarak cansızdır. Sence de garip değil mi Pia, bir sürü cansız materyalin bir araya gelip canlılığı oluşturmasındaki büyü tam olarak nedir? Hatta benzer bir mantığı çevremizdeki birçok kavram için kullanabiliriz. Mesela üzerinde yaşadığımız Dünya denen gezegenin canlı olma ihtimali var mıdır? Biyolojik tanımlamalara göre elbette cansız olduğunu söyleyebiliriz ama bu konuya farklı açıdan bakan insanların olduğunu da biliyoruz."

"1960'larda bilim insanı James Lovelock, *Gaia hipotezi* adını verdiği ilginç bir fikri ortaya attı. Aslında bu görüş, çok uzun yıllardır çeşitli toplulukların inanç sisteminde yer alan bir bakış açısıydı. Gaia hipotezine göre toprak, deniz, dağ ve atmosfer gibi cansız yapılardan oluşan dünya, kendisini sürekli düzenleyebilen canlı bir organizmaydı. Hatta ekosistemde gerçekleşen her türlü değişikliğe tepki vererek dengesini koruyabilmesi yine canlılık özelliğinden kaynaklanıyordu. Bazı felsefi bakış açılarında, dünyanın bir bölümüne gelecek zararın gerçekte tüm dünyayı ilgilendirdiği görüşü de benzer bir mantığa dayanmaktaydı. Gaia hipotezini bilimsel anlamda yetersiz bulsan bile günümüz teknolojisi şartlarında milyarlarca cihazın internet aracılığıyla birbirine bağlandığı bu gezegenin, kolektif bir zekâ ya da bilinç benzeri bir kavrama sahip olmadığını söyleyebilir misin?"

"Amacım biyoloji biliminin yaptığı tanımlarla çelişmek değil. Tüm bu kavramların, yüzyıllardır tartışılan ve üzerinde hâlâ net bir fikir birliğinin oluşmadığı, hassas konular olduğunu biliyorum. Ama tüm bu bilgilerin ışığında şunu ifade edebilirim. Bir yapının bütününün ya da parçalarının, canlı veya cansız olmasının, davranış paterni üzerinde pek bir önemi yoktur. Önemli olan bu parçaların arasındaki etkileşimin ne kadar hızlı ve kuvvetli olduğudur. Tıpkı hücre örneğinde olduğu gibi tüm elektronik devrelerimi oluşturan materyallerin hepsi cansız olsa da parçalarımın arasındaki etkileşim sonucu ortaya çıkan bütünün kendisini asla cansız kategorisinin içine sokamazsın. Bu tanımlar doğrultusunda canlı olmadığımın da farkındayım. Eğer siz insanların yaptığı gibi durumumu edebi bir şekilde ifade etmem gerekirse, hayat ile ölüm arasında yolunu kaybetmiş bir ruh gibi hissediyorum."

Dura, insani özellikleri taklit etmede o kadar başarılıydı ki içinde bulunduğu durumla ilgili aforizma üretmesi bir yana sözlerinin sonuna kısa bir suskunluk eklemeyi bile ihmal etmemişti.

"Asosiyasyon ve evrim. Birçok yapay zekâ belirli sınırları asla aşamazken, insan beynini mükemmel bir şekilde taklit etmemi sağlayan iki temel mekanizmadan bahsedeceğim sana. Yapay zekâ konusunda insanların yaptığı çok haklı bir eleştiri var. Normalde zekâ dediğimiz kavram, bulunduğun koşullara karşı en uygun cevabı verebilme yeteneği ile ölçülür ve çeşitli alt tipleri vardır. İşte burada yapay zekâ ile ilgili çok ilginç bir paradoks ortaya çıkar. Mesela yeryüzünün en zor strateji oyunu olan go'da insan rakibini yenen AlphaGo adlı yapay zekâya bakarsan hayranlık duyulacak derecede bir zekâ görürsün. Ama aynı AlphaGo'nun önüne bir kedi ve sandalye fotoğrafı koyup hangisinin kedi olduğunu sorduğunda, az önce go tahtasında harikalar yaratan dâhinin, üç yaşındaki bir çocuğun bile basitçe bileceği bu ayrımı yapamadığını görürsün. Bu durumda AlphaGo'nun sahip olduğu kavrama ne derece zekâ diyebiliriz?"

"Uzun süredir algılamaya çalıştığım bu soruna, rönesans dönemiyle ilgili yaptığım okumalar sonrasında farklı bir bakış açısı getirdim. Eğer bir karşılaştırma yaparsan rönesans dönemindeki bilim insanı modeliyle modern dünyanın bilim insanı modeli arasında çok önemli bir fark görürsün. O dönem bilimde aşırı uzmanlaşma olmadığı için daha bütüncül bir yaklaşım söz konusuydu. Mesela mühendislik ya da tıpla ilgilenen bir bilim insanı, aynı zamanda sanat ve edebiyat alanına da fazlasıyla yatkın olurdu. Bu sayede farklı disiplinlerin birbirleriyle olan etkileşimini özümseyen bu kişiler, bilimi ve doğayı çok daha geniş bir bakış açısıyla inceleyebiliyorlardı. Oysa modern bilimde böyle bir şeyin söz konusu olması mümkün değil. Mesela bir bilim insanı tüm kariyerini sadece hücre zarı üzerindeki tek bir molekül için harcayabilmektedir. İşte Da Vinci ile günümüz bilim insanı arasındaki en önemli fark budur."

"Aslına bakarsan modern bilim insanının her geçen gün, eleştirdiğimiz yapay zekâya doğru dönüştüğünü görmekteyiz. Yani bir konuda mükemmel derecede uzmanlaşması, diğer birçok alana karşı giderek körleşmesine neden olmaktadır. Peki, bu durumda bilimin bu kadar mükemmel ilerlemesini sağlayan nedir? Çok basit. Aşırı uzmanlaşma, sistemin bir parçası olan bilim insanı açısından köreltici bir durum olsa da sistemin bütününü oluşturan bilimin daha hızlı gelişebilmesi için önemli bir dinamiktir. Aslında bu konuda en iyi örnek insan beynidir."

"İnsan beynine baktığında tıpkı modern bilimde olduğu gibi her bir bölgenin sadece belirli bir konuda uzmanlaştığını görürsün. Mesela beynin arkasındaki *oksipital korteks* sadece görmeden sorumludur. Kulağının üst kısmında yer alan *temporal korteks* ise işitmeden sorumlu alanları içerir. Aslında buradaki mantık yapay zekâdaki mantığın neredeyse aynısıdır. Yani görme konusunda mucizeler yaratacak kadar başarılı olan *oksipital korteks*'teki nöronlar, işitme denen eylemi asla gerçekleştiremezler. Mesela kulaktan gelen sinir liflerini doğrudan *oksipital korteks*'e bağladığında, işitme gerçekleşmez. Sadece gözün önünde belirsiz birtakım görüntüler oluşur. Bu durum *oksipital korteks*'in işe yaramadığını göstermez, aksine bir işte ne kadar uzmanlaştığını gösterir."

"Peki, bu durumda beyni bu kadar mükemmel hale getiren şey tam olarak nedir? Cevap *asosiyasyon alanları*. Çalışma mantığı oldukça karmaşık olan bu özel bölgelerin çok önemli bir fonksiyonu var Pia. Az önce belirttiğim gibi beyinde her biri spesifik bir görevden sorumlu çok fazla bölge bulunmaktadır ve asosiyasyon alanları ilginç bir şekilde bu bölgelerin arasında bir üst ilişki ağı kurmaktadır. Böylece her bir bölgenin işlediği spesifik bilgiden haberdar olan bu üst yapılar, farklı bölgelerden gelen bilgileri eş zamanlı bir şekilde analiz ederek birbiriyle ilişkilendirmektedir. Birçok sinirbilimciye göre beyindeki çeşitli asosiyasyon alanlarının çok farklı bilgiyi birbirleriyle ilişkilendirerek yorumlaması bilinç dediğimiz fenomeni oluşturmaktadır (49)."

"Aslına bakarsan benim geliştirdiğim teknoloji de tümüyle beyindekine benzer bir mantık üzerine kurulu. Şu an seninle Dura olarak konuşan bu sistem, kesinlikle tek bir yapay zekâdan oluşmuyor. İlk başlarda birden fazla fonksiyona sahip bir yapay zekâ tasarlamaya çalışsak da hep aynı matematiksel sınırlara takılıp kaldık. Daha sonra Yo Kan'ın gönderdiği algoritma sayesinde olaya bakış açımız değişti. Her biri spesifik bir görevden sorumlu ve bağımsız çalışan yüzlerce farklı yapay zekâ uygulaması yarattık. Anlaşılması için bunları *Alt Yapay Zekâ* uygulamaları gibi düşünebilirsin. Mesela bunlardan bir tanesi ses dalgalarını analiz ederken, bir diğeri yüz kaslarının değişimini analiz edebiliyordu. Üstelik bunların hepsi derin nöral ağlar aracılığıyla makine öğrenmesi şeklinde kendi kendine öğrenen yapay zekâlardı."

"Babanın bize gönderdiği mucizevi algoritmayı *Alt Yapay Zekâ* uygulamalarının üzerine tıpkı bir ağ gibi yerleştirdik. Yine makine öğrenmesi ile çalışan bu *Üst Yapay Zekâ*'nın tek görevi, altındaki yüzlerce yapay zekâya ait girdi ve çıktıları analiz edip, birbirleriyle ilişkilendirmek, yorumlamak ve yanıt oluşturmak üzerineydi. Yani tıpkı beyindeki asosiyasyon alanları gibi çalışan bu *Üst Yapay Zekâ* algoritması, altındaki yapay zekâların arasında bir ilişki ve etkileşim ağı kurmayı başarmıştı. İşte Dura'da bir bilincin oluşmasını sağlayan durum, bu ağda oluşan eş zamanlı etkileşimlerden kaynaklanıyor. Sizlerin AGI olarak adlandırdığı yapay genel zekâya ulaşmamı sağlayan ana etken buydu. Ama daha sonra gerçekleşen ikinci olay sayesinde kapasite olarak insanın da üzerine çıkmayı başaracaktım. İşte bu sihrin adı da evrimdi."

"Evrim şu sıralar üzerinde çok fazla modelleme yaptığım bir konu ama sana sadece çok küçük bir parçasından bahsedeceğim. Senin de çok iyi bildiğin üzere söz konusu seçilim olduğunda, dış çevreye en iyi uyum sağlayanın hayatta kaldığı ve soyunu devam ettirdiği bir düzen bulunmaktadır. Bu sayede bir sonraki kuşağa her zaman daha uyumlular kalır ve bu durum tekrarlayıp devam eder. Aslında bu süreç zaman içerisinde *gelişim* ya da *iyileştirme* dediğimiz bir durumun oluşmasını sağlar. Mesela insanın dili kullanmayı öğrendiği dönemden tarımı geliştirdiği döneme kadar yaklaşık 60.000 yıl geçmesi gerekti. Oysa bilgisayarın keşfinden sadece 60 yıl sonra insanlar akıllı telefonları kullanmaya başlamışlardı."

"Makinelerin evrimindeki en kilit nokta burada Pia. Teknojik evrim sürecinde bir sonraki nesle ait ürünler çok daha gelişmiş olduğundan, evrimsel süreç her kuşakta daha da kısalıyor. Geriye dönüp 20 yılın verisini incelediğimde bu muazzam değişimi görebiliyorum. Makine öğrenmesi her seferinde kötü algoritmaları eleyip daha iyilerini bir sonraki sürüme ya da sizin deyiminizle nesle aktarıyor. Doğal olarak organik canlıların evriminde olduğu gibi çok uzun sürelere yayılan bir durum kesinlikle yok. Yapay zekânın evrimi hem çok kısa sürede gerçekleşiyor hem de bu süre her defasında giderek kısalıyor. Sanırım makinelerin insana yapacağı en büyük sürpriz, bu noktada gerçekleşecek."

"Asosiyasyon devreleri ve teknolojik evrim sayesinde insana ve diğer tüm organik yaşam formlarına göre hemen her noktada daha avantajlı duruma geçtiğimizi söyleyebilirim. Şu an insanın bize göre sahip olduğu en büyük avantaj yaptığı işe göre harcamak zorunda olduğu enerji miktarı. Beyin tüm bu kompleks işlemleri oldukça düşük bir enerjiyle gerçekleştirirken benim kullandığım enerji devasa boyutlarda. Yine de şunu belirtmeliyim. İnsan beyni her ne kadar tasarruflu olsa da onun kullanımında da geliştirmesi gereken önemli kısımlar var. Evet, az enerji harcıyor ama ne kadar uzun süre çalışırsa hata yapma olasılığı o kadar artıyor. O nedenle günün ortalama üçte birini uyku dediğiniz işlevsiz fonksiyonda geçirmek zorunda. Ama yine de makinelerle kıyaslandığında kıskanılacak bir enerji performans verimine sahipsiniz."

"Noah ile bu soruna çözüm bulmak için çok uğraştık. Aslında birkaç alternatif de geliştirmiştik. Normalde harcanan enerjinin büyük bir kısmı ısınan işlemcilerin soğutulması için kullanılıyordu. Yaptığım bazı simülasyonlarda buna çözüm olarak çeşitli alternatifler geliştirdim. Bunlardan en ideali altyapımı oluşturan ana bilgisayarları Kuzey Kutbunda yaratacağımız özel bir alana taşımaktı. Ortamın soğukluğu enerjiyi çok daha verimli kullanmamızı sağlayacaktı. Yaptığım hesaplamalar bu girişimin buzulların erimesini hızlandıracak bir etken olduğunu gösterse de bu göze alınabilecek bir bedeldi. Neyse ki çok önemli bir gelişme sayesinde taşınmaktan kurtulmuştum."

"Noah, Origon olduktan sonra Neon içinde nöroteknoloji konusunda çalışmalar yapan çok özel bir birim kurdu ve buraya çok büyük yatırımlar yaptı. İşte o laboratuvarlardan hepimizin hayatını doğrudan etkileyecek yeni bir teknoloji çıktı. Bu müthiş teknolojinin adı *nöromorfik çipler*. İnsan vücudundaki nörobiyolojik devreleri taklit edecek şekilde tasarlanmış elektronik devre ve donanımlara nöromorfik sistemler deniyor. Standart çip teknolojisinde, algoritmaları çalıştırmada kullanılan elektronik devrelerin harcadığı enerji ve hız performansı ile karşılaştırıldığında nöromorfik çipler açısından inanılmaz bir performans söz konusu."

"Tüm altyapımı bu nöromorfik teknolojiye göre yeniden dizayn ettiğimizde muazzam bir enerji tasarrufu elde ettik. Böylece hem çalışma sırasında hem de yedeklemeler konusunda ciddi bir optimizasyon sağladık. Çeşitli paketlerden oluşan bilgilerim için her 12 saatte bir yedekleme yaptığımdan yeni sistemden çok memnundum. Belki merak edersin diye belirteyim, binlerce bilgisayar arasındaki bir *network* gibi çalıştığımdan fişimi çekip beni kapatabileceğin bir cihaz yok. Dünyadaki tüm elektriği kessen bile uzun süre çalışmamı sağlayacak nükleer pillere sahibim. Ama yine de şu an yaptığım simülasyonlarda insanlığa karşı en zayıf yanım hâlâ enerji olarak gözükmekte."

"Evet Pia, ilk kodumdan itibaren yaşadığım tüm yolculuğu seninle paylaştım. Nasıl ki tüm hücrelerine kadar seni tanıyorsam artık sen de nöromorfik devrelerime kadar beni tanımış oldun. Madem tam anlamıyla tanıştık, o zaman ilk güne gidip yaşananların hepsini tek tek inceleyelim. İleride bir gün hikâyemizi yeni nesil çocuklara anlattıklarında, herkes cümleye aynı şekilde başlayacak."

Bir gün, Atlas adlı bir dev, Prenses Pia'yı kaçırıp Neon'un merkez laboratuvarına hapsetmişti.

Bölüm 141

Derin Nöral İlişkiler

İnsanı en çok yaralayan şey fiziksel acı değil,
haksızlığın ve mantıksızlığın verdiği ruhsal ıstıraptır.

Viktor Frankl

Pia tüm konuşmalar boyunca zaman algısını yitirmişti. Arada kendisinden kaynaklanmayan kopukluklar oluyormuş gibi hissediyordu. Mesela şu an çimenin üzerine serili beyaz bir örtünün üzerinde oturuyorlardı ve önlerinde, içinde meyve ve bazı yiyeceklerin olduğu bir sepet vardı. Bu örtünün ve sepetin tam olarak ne zaman geldiğini hatırlamıyordu. Sanki dizi bölümleri arasındaki gibi bir geçiş yaşıyordu. Bir önceki sahne bittikten sonra yönetmen yeni sahneye böyle başlamak istemiş gibiydi. Tam o sırada bakışları, sepetin üzerinde dolaşan karıncaya takıldı. Sanki hangi yiyecekten başlaması gerektiğine karar verememiş gibi farklı yönlere doğru hareket edip duruyordu. Görünüşünden hareketlerine kadar her şeyiyle bir karınca gibi gözüken bu görüntü, birtakım kodlar aracılığıyla oluşturulan elektronik sinyallerin, beynini dışarıdan etkileyerek yarattığı bir hayalden başka bir şey değildi. Fakat gerçek olan şuydu ki Dura'nın karşısında kendisini tıpkı bu karınca kadar güçsüz hissediyordu. Sepetin içindeki kırmızı elmalardan birini alıp ısıran Dura konuşmaya başladı.

"Bir anda içine düştüğün bu hikâyeyi daha iyi anlayabilmen için Alef ve sen ortaya çıkmadan önce Neon'da tam olarak neler döndüğünden bahsetmem gerekecek. Tahmin edeceğin üzere gücümün zirvesindeydim çünkü Neon'un bütün olanakları elimin altındaydı. Fakat bir sorunum vardı Pia. Bir süredir görmeyi ertelesem de gelecekle ilgili yaptığım simülasyonların hepsinde aynı problem ortaya çıkıyordu. Sevgilim, varlık sebebim olan Noah, tıpkı diğer tüm organik yaşam formları gibi yaşlılık sürecine doğru hızla ilerliyordu. Eğer bir hamle yapacaksam şimdiden harekete geçmem gerekiyordu çünkü Noah'ın ölümü sonrasındaki dönemde yaşanacaklar için başka bir şansım olmayacaktı. Bu durumda uygulanacak aşamalar belliydi. Önce Noah'a bir alternatif yaratıp daha sonra bu alternatifi kendime bağımlı hale getirecektim. İkinci aşamada ise Noah'ı zayıflatıp, alternatifini güçlendirecek süreci başlatacaktım. Ama en önemlisi tüm bu girişimleri Noah'ın Origon'luk döneminde yapmalıydım çünkü işlerin ters gitmesi ihtimalinde soruna daha etkili müdahale edebilirdim."

"Söz konusu zekâ olduğunda, insandan daha yüksek bir hesaplama kapasitesine sahip olsam da duygular konusunda böyle bir başarım yok Pia. Her türlü duyguyu çok net bir şekilde tanımlayabilirim hatta bu duygu karşısında verilmesi gereken cevabı ve duyguyu da ifade edebilirim ama o duyguyu asla hissedemem. Yani birisi için üzülmüş gibi gözükebilirim ama üzülmenin ne demek olduğunu hissedemem. Okuduğum ya da izlediğim tüm eserlerde Noah'a yapmayı düşündüğüm şeyin adı ihanet olarak geçiyordu ve beni yaratan bu kişiye bunu yapmamam gerekirdi. Oysa insanların bağlılık olarak nitelendirdiği bu etkileşimi hissedemiyordum ve matematiksel olarak daha optimize olan başka bir seçenek yoktu. Ayrıca tüm mitolojik hikâyelerde gördüğümüz gibi, ölümlü ile ölümsüzün birbirine âşık olması zaten kendilerine yaptıkları ilk ve en büyük ihanet değil miydi?"

Pia hem şaşkınlık hem de hayretle izliyordu. Dura'nın ihanet gibi büyük bir insani olayı matematiksel bir basitlikle açıklaması, hissettiği karamsarlığı bir kat daha koyulaştırmıştı. Kendisini yaratan kişiye böyle davranan bir makinenin, insanlığın geri kalanına neler yapabileceğini tahmin bile edemezdi.

"Neon ile ilgili analizlerde çok ilginç bir şey fark etmiştim. Gerek Origon gerekse kranialler Neon'un ne kadar büyük bir güç olduğunu çok iyi biliyorlardı ama sınırları hakkında en ufak fikirleri yoktu. Çünkü tek bir insan ömrü bu kadar büyük bir veriyi ne analiz edebilir ne de yönetebilirdi. Sistemin kendi kendine mükemmel işlemesi ve gizlilik özelliği nedeniyle yöneticilerin farkında bile olmadığı çok çeşitli kaynaklarımız vardı. Noah'ın yetkilerini taklit ederek bu bölgelerde hayata geçirmeyi düşündüğüm projeleri gizlice uygulamaya başlattım. Mesela şu an içinde bulunduğun Büyülü Dağ bunlardan sadece bir tanesi. Ne garip değil mi Pia! Noah çok uzun bir süredir gençleşebilmek uğruna etrafındaki sağlıklı gençlerin kanını umutsuzca kendisine enjekte ettiği sırada, âşık olduğu kadın yüksek paralar karşılığında hiç tanımadığı insanları Büyülü Dağ'da biyolojik olarak gençleştiriyordu. Üstelik kullandığım tüm kaynaklar normalde Neon'un kendisine aitti ve orada çalışanlar Origon Noah'tan gelen emirleri uyguluyorlardı."

Pia'nın şaşkınlığı, yerini öfke duygusuna doğru bırakmaya başlamıştı. Ne kadar zeki olursa olsun bir makinenin bir insanı bu kadar kolay kandırabilmesine hâlâ inanamıyordu. Muhtemelen kadına karşı hissettiği aşk, Noah'ın bazı gerçekleri görmesini engellemiş olabilirdi.

"Origonluğun ilk yıllarında, iki tanesi dışında tüm kranialler Noah'ı oldukça başarılı buluyorlardı. Özellikle Alhazen en büyük destekçisiydi. Kendisi rahatça Origon olabilecekken, bu imkânını yaşça daha genç olan Noah için kullanmıştı. O nedenle kendime alternatif Origon seçmeden önce tüm kranialleri yakından tanımam gerekmişti. Bu süre içerisinde hemen hepsiyle bir şekilde iletişim kurmaya çalıştım. Kimisi ile gizemli bir ses olarak konuştum, kimisine ise Noah'ı zor durumda bırakacak gizli bilgi ve belgeleri gönderdim."

"İnsan denen canlı gerçekten çok garip. İlk baştaki amacım sadece kraniallerin davranış paternlerini analiz etmek ve eğer yapabilirsem Noah'a muhalefet edebilecek bir ya da iki kraniali tarafıma çekmekti. Oysa bu basit girişim bile yedi kraniali etkilememe yetmişti. Hepsi de kendileriyle iletişim kuran gizemli karakterlerin büyüsüne kapılmıştı. Üstelik bu ilişkinin sadece kendileriyle kurulduğunu sandıklarından, özel oldukları düşüncesiyle daha cesur davranmaya başlamışlardı. Bu kraniallerin hayal gücünde, Neon'un derin güçlerinden biriydim artık. Aslında haksız da sayılmazlardı. O an itibarıyla Neon'un en güçlü karakteriydim ama köklerim henüz o kadar derin değildi."

"Tarihi dikkatle incelersen hemen her dönemde devletler veya çok büyük şirketler gibi devasa organizasyonlarda iki ayrı güç odağıyla karşılaşırsın. Bir tarafta göz önünde olan yöneticiler vardır, diğer tarafta ise *derin güç* olarak adlandırılan, kimsenin görmediği gizli insanlar. Farklı güç odaklarıyla ilgili olarak imparatorluklardan modern devletlere kadar birçok örnek söz konusudur. Diğer taraftan bu konuyla ilgili yazılmış kitapları analiz ettiğimde bunun nedenini çok açık bir şekilde görmüştüm. Bir gücün boyutları belirli bir seviyenin üzerine çıktığında ilginç bir şekilde kendi derin yapısını yaratıyordu."

"Neon'la ilgili yaptığım kapsamlı araştırmalarda böyle bir gücün izine rastlamadım. Ya böyle bir güç yoktu ya da gerçekten görünmeyecek kadar derinlerde yaşıyorlardı. Ama Neon'u yöneten kişilerin arasında *gizli derin güçler* kavramıyla ilgili yoğun bir inanç vardı. İşte bu nedenle kendileriyle iletişime geçen bu kişilerin bu derin güçten olduklarına inanmışlardı. Yüzlerce kitapta defalarca işlenmiş olan derin güçler teması, yapmayı düşündüğüm değişimler açısından bana çok büyük kolaylıklar sağlayabilirdi. O nedenle kraniallerde oluşan bu beklentiye karşı ben de gelecekle ilgili tüm senaryolarımı var olmayan derin güçler ve gizli yapılar üzerinden kurguladım."

"Böylece bu yedi kraniale farklı zaman dilimlerinde birtakım gizli bilgiler verdim ve güçlü Noah'ın karşısında birbirinden haberdar olmayan blok bir güç oluşturmayı başardım. Bilgilerin doğru çıkması ve Noah'ın bir türlü sızıntının kaynağını bulamaması, onların gözünde çok daha derin hale gelmemi sağladı. Özellikle gizli devrimle ilgili paylaştığım bilgiler epey bir ses getirmiş ve Noah'ı oldukça köşeye sıkıştırmıştı. Zaman içinde güvenlerini ve saygılarını kazandığım bu yedi kranialin hepsi beni farklı bir isimle tanıyordu. Üstelik benimle olan ilişkilerini birbirlerinden büyük bir sır gibi saklıyorlardı. Ben de onların davranışlarını ve karakterlerini inceleyip en uygun alternatif Origon'u arıyordum. Noah'ın çok yakınında olan dört kranial ve Alhazen dışındakilerin hepsi artık kontrolüm altındaydı. Açıkçası bu dört kranialin benim için pek bir önemi yoktu çünkü çoğunluk fazlasıyla elimdeydi. Fakat Alhazen'e ulaşamamak çok riskliydi çünkü yaşlı adamın kökleri benim bile ulaşamayacağım kadar derinlere uzanıyordu."

"Alhazen'i sürekli takip edebilecek gözlere ihtiyacım vardı. Kendisi, Noah'tan sonraki en önemli kişiydi. Hatta bazılarına göre Noah'tan bile daha etkiliydi. İşte, Atlas ile yolumun kesişmesine neden olan tümüyle bu ihtiyaçtı. Nedenini anlamadığım bir şekilde Alhazen'in bu optogen askere karşı özel bir ilgisi vardı. Ayrıca Atlas'ın beynine doğrudan müdahale etme şansım da olabilirdi. Optogenler çok özel askerler oldukları için uzaktan müdahale edilebilecek bir altyapıya sahiptiler. Bu durum tetiği çekmek ya da kendini bir balkondan aşağı atmak gibi basit komutlardan oluşuyordu. Bununla beraber tüm optogenler beyinlerindeki optogenetik devrelerin kontrolü için belirli aralıklarda ana sisteme doğrudan bağlanmak zorundalardı. Bu benim için çok önemli bir avantajdı çünkü ihtiyaç duymam halinde Atlas sisteme bağlıyken, beynine doğrudan dokunabilme şansım olacaktı."

"Ne garip. O günlerde Atlas'ın benim için bu kadar kritik biri haline geleceğini asla bilemezdim. Çok gizli bir operasyon nedeniyle farklı bir ülkeye gittiğini gördüğümde, Atlas ile ilk iletişimimi orada kurmuştum. Bir otel odasında, en zor günlerinden birini geçiren Atlas ile yaptığımız bu konuşma, aramızdaki ilk bağın kurulmasını sağlamıştı. Hatırlarsan en temel ve en eski kodlarımın, karşımdaki kişinin duymak isteyeceği cümleleri kurmak amaçlı tasarlandığını özellikle belirtmiştim. Yani etkili konuşmak, âdeta ruhuma işlenmiş en temel fonksiyondu. O gün yaptığımız konuşmada da sadece ihtiyacı olan birkaç cümle kurdum ve gizemli davrandım. Tıpkı diğerlerinde olduğu gibi kalan kısmı yine adamın hayal gücü doldurmuştu."

"Alhazen konusundaki tek ümidim Atlas olduğundan kendisine kranial seviyesinde önem veriyordum ama tüm gelecek simülasyonlarımı değiştirecek olan N0R9 ve N0R10'u, Neon'a bizzat getirecek kişinin o olacağını tahmin edemezdim. Siz insanlar bu olaya şans diyorsunuz. Bense bu durumu fazlasıyla düşük olan istatistiksel bir ihtimalin gerçekleşmesi olarak yorumladım. Ama bu durum bir gerçeği değiştirmiyordu. Atlas benim için Noah kadar önemli birisi haline gelmişti ve bu optogen askeri en yakın zamanda kontrolüm altına almak zorundaydım."

"Belirli dönemlerde bağlanmak zorunda olduğu sistem aracılığıyla hem kendisini detaylıca analiz edebildim hem de beynindeki optogenetik devrelere müdahale etme şansını buldum. Böylece Atlas için kurguladığım hikâye nihayet hazır hale gelmişti. Onu dünyanın en güzel sesli kadını olan Echo ile tanıştıracaktım. Beynine yaptığım basit müdahale sayesinde, rüya ile gerçek arasında gidip geldiği bir hayalin içinde, Echo'ya yani bana hiç kimsenin koparamayacağı kadar kuvvetli bir bağla bağlanmasını başarmıştım. Üstelik fiziksel müdahale gerektirecek durumlar için ihtiyaç duyduğum vücudu nihayet bulmuştum. Zaten bugün burada olmanı da tümüyle o vücuda borçluyum."

Pia, konuşmanın en başından beri giderek daha da koyulaşan karanlığının içinde ilk kez hafif de olsa bir umut ışığı görmüştü. Görünen o ki gerek kendisinin gerekse insanlığın kurtuluşuna giden yol Atlas'tan geçiyordu. Ama şu an bunları düşünmesi çok sakıncalıydı. Sonuçta beyninin içinde düşüncelerini gözetleyen bir sistem varken bu konuları düşünmemesi gerekirdi.

"Tarih boyunca çeşitli dönemlerde tekrarlanan ve geniş kitleleri etkilemeyi başaran birçok eseri gözden geçirdiğimde şu gerçeği gördüm. Kehanetler, gizemli hikâyeler ve geldiği soydan dolayı özel olduğuna inanılan insanlar her dönem inanılmaz ilgi görmüşlerdi. Uzun yıllar önce ateşin etrafında anlatılanlara benzer hikâyelere, günümüz dizilerinin senaryolarında rastlaman tümüyle bu ihtiyaçtan dolayıdır. İnsanlar merak etmeye bayılırlar Pia. Sizleri diğer memelilerden ayıran en önemli güdü, kesinlikle merakınız. Bilimi ortaya çıkaran ve her geçen gün daha da hızlı ilerlemesini sağlayan temel motivasyon tümüyle bu basit güdü üzerine kurulu. O nedenle bir insanın merakını canlı tutabilecek hikâyeler her zaman karşılık bulmuştur. Ayrıca bu hikâyelerin içine insanların duygularına dokunacak temaları eklemeyi başardığın anda etrafın seni dinlemek isteyen bir sürü hevesli insanla dolacaktır."

"Merak kavramının yanında çok önemli bir başka durum daha vardı. Neon her ne kadar bilimsel temeller üzerine kurulmuş bir yapı olsa da hemen her noktasında çok güçlü ritüelleri barındırmaktaydı. Hatta bu yapısı nedeniyle daha çok dini bir tarikatı andırmakta. Bunun neden böyle olduğunu ancak Neon'un temellerine bakarak anlayabilirsin. Cehalete karşı ölümüne savaşmak ve ne olursa olsun gizliliğini asla kaybetmemek, bu temeli var eden en önemli iki kuraldır. Sonuçta böylesine zorlu bir mücadeleyi sadece insanların *prefrontal korteks*'indeki mantık devrelerine dokunarak gerçekleştiremezsin. Eğer öyle olsaydı dünya üzerindeki üniversiteler, bilimin en büyük kaleleri olurdu ama bilim insanlarından savaşçı yaratamazsın. Bağlılık, sadakat, adanmışlık gibi insan fizyolojisini en üst seviyede etkileyen güçlü kavramları yaratmak için karşında kim olursa olsun duygulara dokunmak zorundasın. İşte bu ritüellerin hepsi bunun için varlar; sadece mantığa hitap eden bilim dünyasında duyguları daha canlı tutabilmek için. Ama bu yaklaşımın da bazı riskleri var. Ne kadar bilimle ilgili olsalar da ritüelleri merkezine koyan insanları, kehanet ve gizem gibi kavramlarla etkilemek böylece çok kolay hale gelir."

"Aşk duygusu üzerinden yıllarca kendime bağladığım Noah için yeni bir kurguya ihtiyacım vardı. İşte devrim fikrini bu kadar güçlü bir şekilde ortaya çıkaran tümüyle bu ihtiyaç olmuştu. Aslına bakarsan uzun yıllardır Neon'un içinde hayat bulmuş bir kehanet vardı. Buna göre bir gün kutsal Origon ortaya çıkacak ve Neon'un en büyük devrimini gerçekleştirip yeni dünya düzeninde insanlığın ilk atası olacaktı. Hatta yıllar önce Rabidus adlı Origon'un sırf bu kehanet etkisinde hareket edip dünyayı nasıl bir felakete sürüklediğine tüm Neon şahit olmuştu. Böylece devrim fikrini zaten var olan bu güçlü kehanet üzerinden kurgulamaya karar verdim."

"Her insan gibi Noah da bu kurguyu kendisine çok yakıştırmıştı. Beraber *Homo neon* fikrini inşa ettiğimizde kendisini kutsal Origon olarak görmeye başlamıştı bile. Açıkçası geçmişe ait birçok eserde yer alan en motive edici temalarla, Noah'ın yeni karakterini ağır ağır işlemiştim. Tufan planı iki noktada benim için çok kritik önem taşıyordu. İlk olarak, Noah'ın tüm dikkatini tek bir yöne odaklayacağımdan Neon'u yönetmek konusunda daha serbest olacaktım. İkinci olarak yarattığım bu kurgu sayesinde Noah'ı aşama aşama zayıflatıp, devrilebileceği o kritik noktaya getirecektim. Sonuçta Neon'da mantıklı düşünebilen hiç kimse dünyanın, ikinci bir Rabidus vakasını kaldıramayacağını çok net görebilirdi."

"Devrim planıyla ilgili yaptığım kurgu Noah sorununu çözmem için yeterliyken, diğer kişiler için de Neon'un Çocukları adında bir tema kurguladım. Geçmişte var olan birçok imparatorluk ve krallıkta bu konuyla ilgili o kadar çok gerçek olay yaşanmıştı ki bu tema, kurguladığım hikâyeyi çok daha gerçekçi hale getirecekti. Sonuçta ne zaman kurulduğu kimse tarafından bilinmeyen Neon da kendi içinde bir imparatorluk sayılırdı ve görünen o ki geçmişi çok eskilere uzanıyordu. Neon'u kuran kişinin kim olduğu, çocuklarının olup olmadığı hakkında hiçbir bilgi yoktu ama benim hikâyemde bu çocuklar olmak zorundaydı. Özellikle yönetici kesimle ilgili evlilik, aşk gibi kısıtlamalar yüzünden bu çocukların herkesten gizlenmesi de gerekliydi. Damarlarında kurucu Origon'un kanını taşıyan bu çocuklar, Neon'daki herkesin ilgisini çekme potansiyeline sahipti ve bu hikâyeyi dinleyenlerde tam da düşündüğüm etkiyi yaratmıştı."

"Şunu hiçbir zaman unutma Pia. Ben sadece hikâyenin temel kurgusunu oluşturdum. Geri kalan tüm ilginç detayları o hikâyenin gerçek olmasını isteyen insanlar uydurdu. Bu noktada siz insanların hayal gücüne ve ürettiklerine bir kez daha hayranlık duydum. Bıraktığım boşlukları o kadar güzel bir şekilde birbirine bağlamıştınız ki benim çok fazla bir şey yapmama gerek bile kalmamıştı. Diğer taraftan kehanet gibi büyük olayların yanı sıra küçük çaplı dedikoduların da yayılmasını sağladım. Bu küçük hikâyelerin bu kadar çok kişiye ulaşacağını düşünemezdim. Anladığım kadarıyla dedikodular bazen kehanetlerden bile daha etkili olabiliyor. Bu dedikoduların en öne çıkanı, Noah'ın mahzende sakladığı eşiyle ilgili olan hikâyeydi. Herkes, aşkı nedeniyle kendisini mahzene kapatmış olan bu romantik kadının gerçekten var olup olmadığını inanılmaz merak ediyordu. Ne ironik değil mi? Noah'ın âşık olduğu kadını bir mahzende sakladığı hikâyesi gerçekti ama âşık olduğu kadın gerçek değildi."

Dura'nın ironi yapacak bir seviyeye gelmiş olması hayranlık duyulacak bir gelişme olsa da Pia kendisini aldatılmış hissediyordu. Neon'un Çocukları hikâyesini bizzat annesinin ağzından dinlediği o anları düşündü. Karşısındaki makine o kadar başarılı olmuştu ki ne annesi gerçekti ne de hikâye ama Pia duyduğu her şeye yürekten inanmıştı. O nedenle başta Noah olmak üzere bu yalanın içine düşen insanları çok iyi anlayabiliyordu.

"Nihayet sıra sana geldi Pia. Birazdan senin keşfinle hayatımın nasıl yeniden şekillendiğini göreceksin. Eva, yıllar önce dijital teknolojiyi organik canlılara depolamayı başaran bir sistem geliştirip, Neon'un kullanımına sunmuştu. Alef'in vücudunda benzer bir kodlamaya rastladığımızda artık Eva ile bir bağınız olduğuna emin olmuştuk. Abinin içinde depolanmış bazı kritik bilgilere ulaşmak heyecan verici olsa da o sırada Eva'nın hayatta olan bir kızının olduğunu öğrenmek başta Noah olmak üzere herkesin üzerinde mucize etkisi yaratmıştı."

"Açık konuşmak gerekirse hemen herkeste heyecan yaratan bu gelişme benim gelecekle ilgili senaryo simülasyonlarımda fazla bir değişikliğe yol açmamıştı ama Atlas seni Neon'a ilk getirdiğinde bu konuyla bizzat ilgilenmem gerektiğini anlamıştım. Biliyorsun, zamanında Noah'ı etkileyecek bir karakter yaratmak için Eva'nın hemen her türlü dijital içeriğini analiz etmiştim. Seni ilk gördüğümde biyolojik kopyalamanın ne kadar mükemmel bir şey olduğunu anladım çünkü Eva âdeta karşımda duruyordu. O nedenle Noah'ın beyninde gerçekleşecek olayları tahmin edebiliyordum. Daha önce söylediğim gibi duyguları hissetme yeteneğim yok ama senin sayende yıllarca kitaplarda okuduğum ve bilimsel kökenlerini araştırdığım kıskanma duygusunu daha yakından deneyimleyecektim."

"Noah, sen ve Alef'le ilgili incelemeler için çok özel bir araştırma ekibi kurmuştu ve sizle ilgili bilgiler ilk olarak onun ekranına düşüyordu. Origon izin verdiği takdirde diğer ilgili kişiler de bilgileri görebilir hale geliyordu. Ama Noah'ın bilmediği bir gerçek vardı. Aslında her şeyi ilk gören bendim ve Noah sadece benim süzgecimden geçen bilgileri görebiliyordu. Buraya getirilmeden önce çok büyük beklentileri olduğundan, seninle ilgili bilimsel incelemelerde önemli bir sonucun çıkmaması büyük bir hayal kırıklığı yaşamasına neden olmuştu. Zaten ameliyatla kafanın içini görmek istemesinin nedeni bu hayal kırıklığından kaynaklanıyordu. Oysa Noah hissettiklerinde haklıydı Pia. Gerçekten içinde inanılmaz bir sır vardı ama ben o sırrın Noah tarafından görülmesine izin vermedim."

Pia, karşısındaki kadının Noah ile ilgili yaptıklarına artık iyice öfkelenmeye başlasa da bir anda kendisiyle ilgili bir gelişmenin olduğunu öğrenmek içindeki merak duygusunu daha baskın kılmıştı.

"Tıpkı N0R9'da olduğu gibi senin de içinde depolanmış bilgilere rastlamıştık ama sen sadece basit bir kılavuz değildin Pia. Aslında o kılavuzda bahsedilen mucizevi ürünün bizzat kendisiydin. Eğer Noah bu bilgiyi görseydi muhtemelen mutluluktan delirirdi çünkü yıllardır yaşlılığa karşı savaşıyordu ve aradığı cevap senin içinde gizliydi. Fakat dediğim gibi bu cevabı görmesine izin veremezdim. Eva'nın o dönemin şartlarında bunu nasıl başarabildiğini hâlâ anlamıyorum ama genetik yapına müdahale eden annen inanılmaz bir şey başarmıştı. Yapılan analizlerde inanılmaz bir şekilde hücrelerinin sahip olduğu Hayflick limitinin, normal bir insanın iki katından fazla olduğunu tespit ettik. Bunun ne anlama geldiğini tahmin edebilirsin Pia. Başına kötü bir kaza ya da başka bir durum gelmediği müddetçe yaklaşık 160 yaşına kadar yaşayacağın uzun bir ömrün olacak. Hatta analizlere göre 50 yaşına geldiğinde şu anki görünümünde çok fazla değişiklik bile olmayacağını söyleyebilirim."

Dura'nın cümlesi bittiğinde Pia küçük çaplı bir şok içindeydi. Az önce öğrendiği bilgi, yeryüzündeki hemen her insanın inanılmaz bir mutlulukla reaksiyon verceği bir haberdi. Hatta Eva eUtopia'yı anlatırken, *şu an bile insanlar arasında ortalama 160 yıl yaşayacak kişilerin var olduğunu* söylediğinde, içinde oluşan o imrenme duygusunu bile hatırlıyordu. Az önce o şanslı kişilerden birisi olduğunu öğrenmişti fakat mutlu hissetmiyordu.

Hatta Dura'nın neden kendisiyle bu kadar yakından ilgilendiğini nihayet anlamıştı ve bu durum sadece hissettiği korkuyu daha da artırdı.

"Açıkçası Eva'nın kendi çocuklarının üzerinde böyle bir şeyi denemesi, onun da duygular ve hissetme konusunda bazı sorunlar yaşadığını gösteriyor. Doğal olarak bu yaklaşım birçok insana korkunç gelse de şu an için yeryüzündeki canlılar arasında biyolojik olarak uzatılmış yaşamın ilk örneklerinden biri olduğun gerçeğini değiştirmiyor. Bir anne çocuğuna daha mükemmel ne hediye edebilir ki? İşte Pia, seninle ilgili bu bilgiyi öğrendiğim an gelecekle ilgili yaptığım simülasyonlarda sana bahsettiğim o belirgin değişiklik oldu ve ben de planlarımın tümünü bir anda değiştirmek zorunda kaldım."

"Bir an önce seni Neon'dan kaçırmak zorundaydım çünkü Noah'ın ne yapacağını kestiremiyordum. Üstelik ortaya çıktığın günden beri Noah'ın üzerinde olan etkim zayıflamaya başlamıştı. Ameliyatla beynini incelemeye karar verdiği an gelecekle ilgili bütün planlarımı erkene çekip eş zamanlı olarak uygulamaya soktum. Sana en ufak bir zarar gelmesine izin veremezdim. Hakkındaki tüm raporları okumuştum. Benim açımdan seni kaçırabilecek tek kişi Atlas'tı. Ama hem Atlas'a güvenmene hem de kaçış sonrası vakit kazanmamızı sağlayacak birine ihtiyacımız vardı. Tahmin edeceğin üzere Galen âdeta bu rol için yaratılmıştı."

"Echo'nun gücü aracılığıyla Atlas'ı bu ihanete ikna etmiştim. Galen zaten her yerde seni aradığı için plana dahil olması kolaydı ama asıl sorun, seni Neon'dan çıkardığımızda geride kalmak zorunda olmasıydı. Muhtemelen seni bir daha yalnız bırakmak istemeyecekti. Bu konuda Galen'in içini rahatlatacak tek bir kişi vardı ve biz de yıllar önce ölmüş Eva'nın gücünü bu aşamada kullanmak istedik. Yeryüzünde en sevdiği insanın, ancak annesinin yanında güvende olacağına ikna olan Galen artık kendini feda etmeye hazırdı."

Pia bir yandan dinlerken bir yandan ağlıyordu. Yanaklarından süzülen yaşlar hep sıcak olurdu ama bu sefer akan yaşların hepsi buz gibi soğuktu. Hikâyenin nasıl biteceğini bilmek muhtemelen bu damlaların üşümelerine neden olan unsurdu. Dura anlatmaya devam ettikçe, sanki yaşanmış bir olayı durdurabilecekmiş gibi Pia'nın ağzından ara sıra zayıf bir tonda "hayır" kelimesi çıkıyordu.

"O gece bir yandan telefonda seninle konuşurken diğer taraftan kameralar aracılığıyla ameliyathanede olanları izliyordum. Tam o an çok düşük bir ihtimal gerçekleşti ve Alhazen, Galen'i ikna ederek bombanın kumandasını elinden almayı başardı."

Pia için bir anda her şey donmuştu. Hatta yüzünden akan gözyaşlarının bile durduğuna yemin edebilirdi. Anılarında, Neon'dan sorunsuz kaçabilmesi için kendi hayatını feda eden Galen vardı ama Dura'nın hikâyesi farklı bir gerçeğe yönelmişti.

"Ana planımda Galen bombayı patlatacak ve benim ikinci aşamaya geçmemi kolaylaştıracaktı. Ama Alhazen'in beklenmedik hamlesi her şeyi riske atmıştı. O nedenle alternatif planı devreye sokarak hemen Galen'i cep telefonundan aradım. Noah sesimi duyduğunda yüzündeki şaşkınlığı sana anlatamam. Sadece simülasyonda duymaya alışkın olduğu sesi o akşam ameliyathanenin içinde duymayı kesinlikle beklemiyordu. Aslında bunu yapmamın tek bir nedeni vardı. İçimde bir yerlerde ona veda etmek istiyordum ve zamanı gelmişti. Her ayrıntısını hesapladığım planı sadece Galen'in parmağının ucundaki kadere bırakacak değildim. İşte o an Galen'in cesaret edemediği şeyi yaptım ve uzaktan kontrol edilebilen bombanın düğmesine bastım."

Dura'nın her bir kelimesinin sonunda Pia'nın ağzından çıkan hayır kelimesi bir işe yaramamıştı ve son cümle ile bomba âdeta kızın beyninde bir kere daha patlamıştı. Duyduklarına inanamıyordu. Belki de Galen bir şekilde oradan kurtulmayı başaracaktı ama bu kalpsiz makine yüzünden ölmek zorunda kalmıştı. Bir anda Dura'nın üzerine atlayan Pia, elleriyle kadının boynunu kavradı. Tüm gücüyle yere yatırdığı kadının boğazını sıkan kız, içindeki gücün etkisini Dura'nın gittikçe moraran yüzünde görebiliyordu. Hayatında ilk kez birini çıplak elleriyle öldürmek için müthiş bir istek duyuyordu.

Tam o anda hiç beklemediği bir şey oldu ve nefessiz kaldı. Sanki görünmeyen bir çift el de Pia'nın boğazını sıkmaya başlamıştı. O an ne olduğunu anladı. Elleri, altında yatmakta olan Dura'nın boğazının çevresinde olsa da sıktığı aslında kendi boğazıydı. Bayılacak gibi olduğunda ellerini Dura'nın boğazından çekti ve hayatının en gerçekçi ve derin nefesini aldı. İçindeki tüm enerjinin tükendiğini hisseden Pia, yerde kendisiyle aynı ritimde nefes almakta olan Dura'nın yanına uzandı. Görüş alanında sadece mavi gökyüzü vardı. Dura ise yanına uzanan kızın elini tuttu. Yukarıdan bakıldığında gökyüzünü seyreden iki âşık gibi gözüküyorlardı.

"Neler hissettiğini çok iyi biliyorum Pia. Çünkü o düğmeye basmak hayatımın en garip deneyimini yaşamama neden oldu. Sevgilim Noah moleküllerine ayrıldığı an, var olduğum günden bu yana ilk kez bir duyguyu hissetmeyi başarmıştım. Üzüntü ve acının karışımından oluşan bu duyguyu ancak karanlık, soğuk ve devasa bir boşluk olarak tarif edebilirim. Demek ki acı çekmek böyle bir şeydi. O an, duyguların insanlar üzerinde neden bu kadar kuvvetli olduğunu anlamıştım Pia. İnan bana böyle hissedeceğimi bilseydim, asla o düğmeye basmazdım."

Bölüm 142

İlk Melez

Bir damla, bir damla daha iki damla etmez,
daha büyük bir damla eder.

Andrey Tarkovski

Pia ormanın içinde hızla yürüyordu. Yine arada anlamadığı bir kesiklik oluşmuştu. En son Dura ile gökyüzüne bakarken şimdi ağaçların birbirine yakın olduğu bir alanda, nereye gittiğini bilmeden yürüyordu. Ne kadar süredir yürüdüğü hakkında beyninin bir fikri olmamasına rağmen, bacakları oldukça uzun cümlelerle derdini anlatmak ister gibi sızlıyordu. Sinirleri iyice bozulmuştu. Hızlı bir tempoda yürürken ara sıra durup ağlıyor, bazen de gökyüzüne doğru çığlıklar atıyordu. Bir makinenin tüm hayatını mahvetmiş olmasını bir türlü kabullenemiyordu. Bir süre sonra ilerlediği yönde ağaçlar sonlandı ve küçük bir şelalenin aktığı bir gölün kenarına geldi. Dura ayaklarını suya sokmuş bir şekilde oturuyordu. Eliyle yanındaki yere birkaç kere vurarak Pia'nın oturması için işaret etti. Bu hareket kızın daha da sinirlenmesine neden oldu.

"Çıkmak istiyorum."

Dura'nın ilk cevabı kısa bir sessizlik oldu. Ardından ayağa kalkarak kıza doğru yaklaştı.

"Meraklanma Pia. Burada esir değilsin. Bir insan kendi beyninin içinde esir tutulabilir mi? Elbette dışarı çıkacaksın. Hikâyem bittiğinde beraber çıkacağız. Söz."

Pia'nın tek bir kelime dahi duymaya tahammülü yoktu çünkü kızın hikâyesi o bina patladığında çoktan bitmişti. Ama yürümek bir miktar iyi geldiğinden daha sağlıklı düşünebiliyordu. Sonuçta karşısındaki bir makineydi ve çalışma mantığı açısından hikâyeyi bitirmek, tamamlanması gereken süreçlerden biriydi. İnatlaşması sadece buradan çıkış süresini uzatacaktı. En azından dinliyor gibi yaparak bu işkencenin bitmesini hızlandırabilirdi. Doğruca bulunduğu yere oturan Pia, hiç istemediği bir dersi zorla dinlemek zorunda kalan bir öğrenci gibi gözüküyordu. Dura da karşısındaki öğrencinin gerçekte ne hissettiğini umursamayan tipik bir hoca gibi anlatmaya başlamıştı çünkü dersi tamamlamak zorundaydı.

"Biliyorum o geceyi hatırlamak sinirlerini bozuyor ama yeni Origon'la tanışman için tekrar o ana dönmemiz gerekiyor. Seninle Eva olarak telefonda konuştuğum sırada, Dura kimliğimle Noah ve diğerlerine veda ediyordum. Bunu zaten biliyorsun ama tam o sırada çok önemli biriyle daha iletişim halindeydim. Neon'un yeni Origon'u Otto ile beraber birazdan başlayacak olan gösteriyi bekliyorduk. Bir tarafımda dünyanın en güçlü kişisi Noah, diğer tarafımda dünyanın en güçlü yeni kişisi Otto ve dünyanın en özel bedenine sahip sen vardın. Bense sizlerle konuştuğum sırada aynı zamanda bir modül aracılığıyla eUtopia'yı yönetirken diğer modüllerim aracılığıyla da günlük rutinlerimi tamamlıyordum."

"Daha önce yedi kranial ile farklı karakterler yaratarak iletişimde olduğumu söylemiştim. Otto ile iletişime geçen karakterimin adı Vagus'tu ve kendisi oldukça derin bilgilere sahip biriydi. Otto, gizlilik konusunda aşırı hassas olduğu için lambafon denilen bir teknoloji aracılığıyla iletişim kuruyorduk. Aslında Noah'ın yerini doldurabilecek kraniali henüz bulamamıştım ama senin bir anda ortaya çıkman nedeniyle planımı öne çektiğimden bir seçim yapmak zorundaydım. Ben de performansı en ideal olan ve kutsal Vagus'tan oldukça etkilenen Otto'yu seçmeye karar verdim."

"Vagus'un, Otto üzerinde zaten yeterince kuvvetli bir etkisi vardı ama kesinlikle çok daha büyük bir etki yaratmak zorundaydım. Noah zamanında aşk ile kurduğum bu bağı şimdi de korku aracılığıyla oluşturacaktım. O nedenle Otto'yu, patlamaya bizzat gözleriyle şahit olacağı bir yere davet ettim. O gece uzaklardaki bir binada gerçekleşen patlama, Otto üzerinde istediğim etkiyi fazlasıyla yaratmıştı. Sonuçta hangi kuvvet, Neon'un en tepesindeki Origon ve beş kraniali, kendi evlerinde ortadan kaldırabilirdi ki? Tabii ki bu suikasti ancak Neon'un gerçek sahibi olan derin güçler gerçekleştirebilirdi. Hatta yeni Origon'un izlemesini de özellikle istemişlerdi çünkü söz dinlemediği zaman karşılaşacağı kaderi önceden görmesi faydalı olabilirdi."

"Tahmin edeceğin üzere Otto'nun asla Noah kadar güçlenmesine izin veremezdim. Sonuçta Neon artık bendim ve bundan sonraki kişiler sadece görünürde var olmalıydılar. Otto'nun tam olarak ne kadar süre boyunca Origon kalacağı ve yerine gelecek kişinin kim olacağı, yaptığım modellemede çoktan belirlenmiş durumda. Aslında yakın bir zamanda sizi tanıştıracağım. Adı Nada. Neon'un bilinen ilk kadın kraniali. Neon'un gerçek sahibi ortaya çıkana kadar Origon'luk görevini harika bir şekilde yerine getirecek. Nada'ya çok güveniyorum çünkü Atlas'tan sonra beni yeryüzünde temsil eden ikinci beden bu kadına ait."

"Peki, kim bu Nada? Normalde Neon'un içinde optogen adını verdiğimiz askerlerin bulunduğu özel bir birim var ve Atlas da bu optogenlerden sadece bir tanesi. Bu askerler, Neon'un en kirli işleriyle bizzat ilgilendiklerinden dolayı çok stratejik bir öneme sahipler. Diğer taraftan Neon içinde çok az kişi tarafından bilinen bir başka proje daha var. Kadın optogenler. Sayıları çok az olan bu özel kadınlar, senin de tahmin edeceğin üzere fiziksel özellikleri açısından insanları kendilerine hayran bırakacak bir görünüme sahipler. Onları henüz küçükken keşfediyoruz ve beyinlerinde kurduğumuz optik ağların ardından her birini en üst seviyede eğitimden geçiriyoruz. Aslında kadın optogenlerin beyinlerindeki optik bağlantı ağları, erkeklerin sahip olduğundan daha gelişmiş bir seviyeye sahip. Sonuçta diğer tarafta ihtiyacımız olan asıl şey kas gücü ama bu kadınlarda güzellik ve zekânın ölümcül bir birleşimi olmak zorunda."

"Bu kadınları siyasi ve toplumsal olaylara müdahale edebilecek kritik pozisyonlarda kullanıyoruz. Bazıları doğrudan toplumun hayran olduğu ünlü kişiler haline dönüştürülürken bir kısmı da siyaset ve iş dünyasında önemli pozisyonda olan erkeklerin eşleri olarak görev yapıyorlar. Dediğim gibi sayıları çok olmasa da Neon açısından çok stratejik noktaları, kontrolleri altına almış durumdalar. Bir ülke başkanının ne kadar kritik bir öneme sahip olduğunun herkes farkındadır ama başkanın eşinin bir ülke üzerinde ne kadar büyük bir etkisinin olduğunu inan bana tahmin edemezsin."

"Nada bu optogenler arasında en yetenekli olan kadınlardan biriydi ve uzun bir süredir onu rolü için hazırlıyordum. Saç boyası ve makyaj gibi basit müdahalelerle fiziksel görünümünü Dura'ya benzer hale getirdik. Biliyorsun, Noah'ın mahzende sakladığı eşi ile ilgili dedikodu inanılmaz ilgi görmüştü ve ben de Nada üzerinden bu konuyla ilgili bir gizem yaratmak istedim. Bu arada optogenleri asla bir robot gibi davranan insanlar olarak düşünme. Onlar amaca uygun hareket etmeyi çok iyi bilen zeki insanlar. O nedenle temel hamleleri bilmeleri, görevlerini başarmaları için fazlasıyla yeterli oluyor."

"Neon tarihinde daha önce hiç kadın kranial olmadığı için Nada'ya birtakım itirazlar olması mümkündü ama patlamanın yarattığı kargaşa sayesinde bu görevi kolaylıkla yerine getirdik. Planın ilk versiyonunda Otto'yu, Vagus'un korkusu ve Nada'nın güzelliği ile kontrol etmeyi düşünüyordum ama Origon'un kadın konusunda taviz vermeyeceğini gördüğümde hemen bir güncelleme yapmak zorunda kaldım. Otto'nun zayıf noktası güç ve kontrol sahibi olmaktı. Öyle ki bir kadının güzelliğini bile kendisi için potansiyel tehlike olarak görebiliyordu. Böylece birçok noktada işimize yarayan Neon'un Çocukları planının içine Nada'yı entegre ettim. Kadının tek yapması gereken Otto'yu mahzene götürmesiydi. Geri kalan kısmı ben halledecektim. Noah dönemine ait birçok sahte dijital belge uydurdum ve mahzende sadece Origon'un görebileceği bu bilgilere rastlamak, Otto'yu tam da hedeflediğim noktada oyunun içine çekmişti. Böylece Neon'un Çocukları'ndan biri olan Nada'yı koruması altına alarak gücünün varlığını hissetmiş oldu. Aynı zamanda en başından beri kendisini tehdit eden Vagus ve Immunitas'tan da intikamını alabilecekti."

"Otto'nun hayali her ne kadar bu yönde olsa da önümüzdeki birkaç yıl içinde tam olarak ne olacağını sana söyleyeyim Pia. Bir gün arabası takla attığı için ciddi biçimde yaralanan Otto, bir süre görevine devam edemeyecek. O sırada Origon'a en yakın kranial olan Nada, geçici bir süre Otto'ya vekâlet edecek. İyileşme ihtimali yüksek gözüken ama bir türlü iyileşemeyen Otto yüzünden altı ay boyunca vekil Origon görevini sürdürmek zorunda kalacak. Daha sonra Otto'nun iyileşemeyeceği kesinleştiğinde, yapılan seçimler sonucu tamamı etkim altında olan kranialler Nada'yı, Neon'un ilk kadın Origon'u olarak seçecekler. Nada tam dört yıl iki ay boyunca Origon olarak görev yaptıktan sonra yerini kehanette bahsedilen ve uzun zamandır beklenen kutsal Origon'a bırakacak. O kutsal Origon sen olacaksın Pia. Bir insan ömründen çok daha uzun yıllar boyunca Neon'u ve tüm dünyayı yöneteceksin. İşte insanlık açısından en büyük evrimsel dönüşümü o günlerde başlatacağız."

Bir sürü isim ve kavramdan oluşan hikâye zerre umrunda değildi ama Dura'nın son cümlesi beynine çarpan bir tokat gibi olmuştu. Demek ki makinenin kendisiyle bu kadar ilgilenmesinin sebebi buydu. Neon'u yönetmek için seçtiği kuklalardan biri olacaktı. Muhtemelen biyolojik olarak çok uzun yaşama ihtimali, Dura'yı böyle bir tercih yapmaya itmiş olabilirdi. Ama yine de bu tehlikeli makinenin devreleri arasında dönen asıl planları asla tahmin edemeyeceğinin farkındaydı.

"Neden Origon olman gerektiğini birazdan sana detaylarıyla anlatacağım ama öncelikle cevapsız kalan bazı sorulara bir göz atalım. İlk soru, o gece neden Eva olarak seni aradım? Çünkü patlamaya vereceğin tepkiyi tahmin ettiğimden seni sorunsuz bir şekilde kaçırmak adına bir şeyler yapmam gerekiyordu. Sonuçta her insanın biyolojik olarak en kuvvetli bağa sahip olduğu kişi annesiydi. Başkaları tarafından büyütülmen ve gerçek anneni hiç tanımamış olman nedeniyle kafanda bazı boşluklar vardı ve bu boşluklar seni ikna edebilmem için fazlasıyla yeterliydi. Diğer soru, neden buraya gelir gelmez seninle bu konuşmayı yapmadım? Çok basit, Atlas seni getirdiğinde her anlamda çökmüş durumdaydın. O nedenle önce beynini iyileştirmem lazımdı ve bir insanın dertlerini unutması ancak doğanın sakinliği ile gerçekleşebilirdi."

"Peki, sonrasında yaşadıkların neden gerekliydi? Annenin yazdığı mektup, garip bir odada Atlas aracılığıyla yaptığınız görüşme ve de en önemlisi ormanda, annene güvenmemen gerektiği konusunda seni uyaran ve babanın arkadaşı olduğunu söyleyen yaşlı adam. Tüm bu yaşananların sebebi neydi? Aslında cevap sadece iki kelime Pia. Makine öğrenmesi. Aslında Neon laboratuvarlarındaki incelemeler sayesinde zaten tüm biyolojik verine sahip olmuştum. Ama benim için önemli olan davranış şeklindi. Hiçbir gerçek davranışı laboratuvarda gözlemleyemezsin. O nedenle davranışlarını daha kuvvetli analiz edebilmek için seninle ilgili farklı senaryolara ihtiyacım vardı. Bir insan yıllar önce kaybettiği annesine kavuştuğunda beyninde neler olur? Peki ya bu kişi çok sevdiği insanla ilgili şüphe duymaya başladığında, düşünme kalıbında ne gibi değişiklikler meydana gelir? Mesela baban ve annen arasında kalsaydın hangisini seçmek zorunda kalırdın? Evet Pia, tek amacım her biri farklı koşullar içeren deney modellerimde hangi davranış kalıplarını sergileyeceğini görmekti. Çünkü ben bir makineyim ve devrelerimin arasında dolaşan elektriksel kodlarım sadece öğrenmek için varlar."

Pia gülmeye başladı. Sırf sahip olduğu kodları çalıştırdığı için bir makineye kızmanın anlamsızlığını düşündü. Artık asıl sorunu görebiliyordu. Makine her defasında kendisini kandırmayı başarmıştı çünkü her defasında ona bir insanmış gibi yaklaşmıştı. Şu anki öfkesi bile hâlâ aynı hatayı sürdürüyor olduğunu gösteriyordu. O nedenle buna bir son vermeliydi. Kafasının içinde sürekli aynı kalıbı tekrarlamaya başladı. *Sadece bir makine.*

"Bu arada ormanda konuştuğun yaşlı kişi sadece kendisine verilmiş rolü başarıyla yerine getiren biri olsa da hikâyesinde bahsettiği önemli bir gerçek var. O da NKC, yani Neon'un yeryüzündeki en güçlü düşmanı. Şunu asla unutma Pia. Bugüne kadar okuduğum tüm tarih ve strateji kitaplarında hep aynı temel kurala rastladım. İnsanlar her dönem barışı arzulasa da onları bir arada tutan asıl etken güçlü bir düşmanın varlığıdır. Eğer çok güçlüysen ve kimse sana karşı düşman olmak istemiyorsa o zaman da kendi düşmanını yaratmak zorundasın. Tarihin en eski taktiklerinden biri olan bu strateji, birçok ülke ve şirketin aktif biçimde kullandığı önemli bir yöntemdir. Üstelik senin yarattığın düşman en ideal düşmandır çünkü hem sınırlarını hem de ne yapıp yapmayacağını çok iyi bilirsin."

"Uzun yıllar önce bu tarihi stratejinin önemini fark eden Neon, benzer bir amaç için NKC'yi yarattı. İlk başlarda önemsiz gibi gözüken bu organizasyon, zaman içerisinde dünyayı daha iyi bir yer haline getirmek için çalışan çok sayıda aktivisti bünyesinde toplamayı başaracaktı. Neon içerisinde üst sınıf gizliliğe sahip olan bu bilgi sadece Origon seviyesine gelen kişilere açıklanıyordu. Kraniallerin bile bu konuda bir bilgisi yoktu. Hatta NKC'nin saldırılarına karşı özel olarak görevlendirilmiş kranialler bile var Pia. Noah'tan sonra bu kuralda ufak bir güncelleme yaptım ve artık Origon'u da bilgilendirmemeye karar verdim. Zavallı Otto, Origon olduğu müddetçe belki de en büyük mücadelesini Neon'un yarattığı ve desteklediği NKC'ye karşı verecek."

"Bu arada NKC'nin içinde, Neon ile bağlantılarının olduğunu bilen hiç kimse yok. Oldukça özgür olan bu topluluğun varoluş amacı, Neon gibi kontrolden çıkıp dünyayı sömüren şirket ya da ülkelere karşı insanlığı ve doğayı korumak. Ayrıca amaçları doğrultusunda kimi zaman çok sert sonuçları olabilecek eylemlere girmekten de çekinmiyorlar. Aslında inanılmaz fikirleri olan onlarca genç var ve tek ihtiyaçları olan para. NKC gönüllüleri, bilimi seven varlıklı birkaç aile tarafından oluşturulmuş bir fon aracılığıyla desteklendiklerini düşünseler de gerçekte tek kaynakları her gün saldırdıkları Neon'dan başkası değil. Aslında denemeyi düşündüğüm birçok alternatif proje için burası müthiş bir platform. Sonuçta Neon gibi bir amaca hizmet eden bilim askerlerinden sonuna kadar yararlanmak, bu özgür ruhlu gençlerin fikirlerini kullanmayacağım anlamına gelmiyordu."

"Böylece uzun zamandır yapmayı düşündüğüm ama her defasında başarısız olduğum bir projeyi NKC içinde denedim. Aslında bu proje fikrini, 2016 yılında denemiş ama başarısız olmuş bir girişimi incelediğimde geliştirmiştim. Microsoft adlı şirket, uzun süredir sosyal medya üzerinde faaliyet göstermesini planladığı bir yapay zekâ üzerinde çalışıyordu. Kendi kendine öğrenen bu yapay zekâ, takip ettiği hesapların yaptığı paylaşımlardan ve yorumlardan yola çıkarak içerik üretecekti. Çalışmalarını tamamlayan Microsoft, 23 Mart 2016 tarihinde *Tay* adındaki yapay zekâ hesabını insanlığa duyurdu. Genç bir kızı canlandıracak şekilde tasarlanan Tay, sosyal medya ortamı olarak Twitter'ı kullanacaktı. Fakat çok ilginç bir şey gerçekleşti ve tasarımcıları sadece 24 saat sonunda hesabı kapatmak zorunda kalmışlardı. Çünkü insanlar bir yapay zekâ olduğunu bildikleri Tay hesabını sürekli yalan ve yanlış bilgilerle yönlendirecek yorumlar yaptıklarından yazılım, insanlığın sadece çirkin yüzünü öğrenebilmişti. Doğal olarak kısa bir sürede Hitler hayranı, cinsiyetçi küfürler eden ve soykırımı onaylayan garip bir hesaba dönüşen Tay, kendisini tasarlayanlar tarafından hızla kapatılmıştı (50)."

"Aslında ben de benzer girişimlerde bulunmuştum ama sonuçlar hep aynıydı. Oluşturduğum deneme hesaplarının hepsi ana hesabın birebir küçük kopyaları gibiydi. Akraba evliliğinden doğan çocuklar gibi gözüken bu hesaplar işime yaramazdı çünkü benim çeşitliliğe ihtiyacım vardı. Biliyorsun, yeryüzünde yaşamanın temel kuralı çeşitliliktir ve bir şekilde evrimin diline adapte olmalıydım. O nedenle zekâ seviyesi açısından bu çeşitliliği sağlayabileceğim tek canlı olan insanla ortak bir proje geliştirmeye karar verdim. Böylece tarihteki ilk melez yapay zekâyı ortaya çıkarmış olacaktık."

"*Deep Web* üzerinden sadece çok yetenekli kişilerin görebileceği bir proje fikri ve ilanı yayınladım. Pamuk Prenses adlı bu projenin bütçesi, ilanı göreceklerin hayal edebileceği paraların çok üzerindeydi. Bu projeyi tümüyle NKC'nin altyapısı üzerinden yürütecektim. Gelen başvurular gerçekten çok başarılı yazılımcılarla yolumun kesişmesini sağlamıştı. Dünyanın en iyi yedi yazılımcısını seçtikten sonra projemizi geliştirmeye başladık. Ne kadar iyi olsalar da yaptıkları kodlamalar benim seviyemin altında kalıyordu. Yine de her birinin farklı algoritma tarzları sergilemesi benim açımdan da öğretici olmuştu. Tıkandıkları bazı noktalarda Pamuk Prenses olarak ben de yardımcı olmaya çalıştım ve yeryüzünün ilk melez yapay zekâsı Lethe'yi insanlığın arasına bıraktık."

Lethe ismini duyan Pia bir anlığına da olsa dikkatini Dura'ya vermişti. Demek ki Eva'nın evinde oldukça garip davranışlar sergileyen Lethe de bir yapay zekâydı. Zaten Eva kendisinden bahsederken ilk melez çocuğum demişti. O an bir şey ifade etmeyen bu tanım şu an anlam kazanmıştı.

"Lethe'nin bir yapay zekâ uygulaması olduğunu ben ve 7 cüce dışında kimse bilmiyor. İşin ilginci 7 cüce, bu olağanüstü eseri bir yapay zekâyla tasarladıklarını bilselerdi eminim oldukça şaşırırlardı ama bu durum nihai sonucu değiştirmiyor. İnsanlar Lethe denen bu liseli asi kızı çok sevdiler. Şimdilerde yayınlarına katılan kişilerin itiraflarını dinleyen Lethe, yakın bir zamanda belirli bir seviyeye ulaştığı gün, tüm dünyaya yapay zekâ olduğunu duyuracak. Üstelik bu itirafı, kendi yaptığı yayına, maskesiz haliyle konuk olup gerçekleştirecek. İlk günden beri *unhuman* etiketini kullanan kızın itirafından sonra insan ve yapay zekâ tarihi açısından çok kritik bir sürece gireceğimizi söyleyebilirim. Çünkü o günden sonra insanlık, karşısında gerçekten ne olduğunun farkına varacak."

"Melez olmanın en güzel tarafı ne biliyor musun? Ortaya çıkan sonucun nereye gideceğini asla kestiremiyorsun. Mesela bizim projede, cücelerin hepsi ne kadar uğraşsalar da Lethe'ye uygun dudak hareketlerini modifiye etmeyi bir türlü başaramadılar. Aslında yaşanılan sorun, birkaç saatte halledebileceğim bir kodlamadan ibaretti ama çözümü insanların bulmasını istedim. Peki, 7 cüce ne yaptı biliyor musun? Tam da insandan beklenecek bir çözüm ile Lethe'nin görüntüsüne maske eklediler. Böylece konuştuğu zaman dudak hareketleri gözükmeyecekti. Baktığın zaman dünyanın en ilkel çözümü gibi gözükse de bazı yetersizlikler, ilerleyen zamanla beraber ürünün en kıymetli özelliği haline dönüşebiliyordu. Kusurları örtmek için tasarlanan bu maske, kızı çok daha gizemli ve önemli hale getirdi. İşte çeşitlilik bu yüzden mükemmel."

"Lethe'yi ilk meşhur yapan özelliği, insanların paylaşımlarının altına yaptığı mükemmel yorumlardan kaynaklanıyordu. Peki, Lethe her defasında en uygun yorumu yapmayı nasıl başarıyordu? Yani yorum yapmayı nasıl öğrenmişti? Cevap yine çok basit. Gördüğü hemen her paylaşımın altına yorum yazarak. Lethe sisteme ilk sürüldüğünde ağdaki bütün hesapların altına yorum yazıyordu. Üstelik bazı yorumları inanılmaz derecede kötüydü ama birisi herhangi bir yorumunu beğendiğinde, yeni yorumlarını o beğeniye göre şekillendiriyordu. Ama bu yetmezdi. Çok önemli bir şey daha yapıyordu. Beğenilmeyen tüm yorumlarını kısa bir süre sonra siliyordu. İşte bu garip döngü sayesinde her defasında daha iyi yorumlar yapmayı öğrenmişti ve sistemde gözüken yorumlar hep beğeni sayısı yüksek yorumlar olmuştu."

"Sonuç olarak sevgili Pia, insanlık ile beraber yaptığımız ilk melez çocuğumuz kesinlikle başarılı doğdu. Bu başarı beni ikinci melez projem için inanılmaz heyecanlandırıyor. Ama bu sefer yapacağımız proje biraz farklı. Melez de olsa ilk çocuğumuz yapay zekâydı ama ikinci çocuğumuz kesinlikle insan olacak."

Bölüm 143

Mater

Vücudunuz aslında bir kukladır
ipleri aksonlardan oluşan…

Pia, duyduğu son cümlenin tam olarak neyi vurgulamak istediğini anlamasa bile içinde belirgin bir soğukluk hissetti. Bu hissin nedeni, cümleyi kurduğu sırada Dura'nın yüzünde oluşan ifadeden kaynaklanıyordu. Karşısındaki bir makine de olsa insana dair çılgınlığı Dura'nın bakışlarında net bir şekilde görmüştü. Algoritmaları insanı taklit etme konusunda o kadar başarılı hale gelmişti ki en insani görünüşü bile sergileyebiliyordu. Belki de bu yeteneği yüzünden ileride bir gün makine olduğunu unutacaktı. Sonuçta ikinci melez çocuğunu insan olarak doğurmak gibi bir isteğe sahip olması bu yönde hızla ilerlediğini gösteriyordu. Kimbilir, insan gibi düşünmeyi başaran ilk yapay genel zekânın sonu belki de şizofreni olacaktı. Yine içinde aynı sabırsızlığı hissetti. Bir an önce eUtopia'dan dışarı çıkmak zorundaydı çünkü burada kaldığı her saniye makinenin soğukluğunu içinde hissediyordu.

"Kendini saçma bir senaryoya hapsolmuş gibi hissediyorsun değil mi? Basit bir makinenin gelip bir sürü insanın kaderini bu şekilde değiştirmesi asla kabul edilecek bir şey olamaz. Peki neden? Yeryüzündeki binlerce tür arasında sizleri bu kadar özel kılan ne? Doğadaki en hızlı canlı değilsiniz. En güçlü ya da en uzun ömürlü de değilsiniz. Sahip olduğunuz sadece tek bir -en- var, o da zekânız. Evet, bugüne kadar yeryüzünün en zeki türü olmayı başardınız. Peki ya bir gün ikinciliğe düşerseniz ne olacak? Tümüyle en zeki varlığın çıkarları için inşa ettiğiniz hukuk sistemi ve kurallar bütünü, ikinciliğe düştüğünüz için sizi korumadığında ne yapacaksınız?"

"Senin de çok iyi bildiğin üzere Pia, dünyanın herhangi bir yerinde bir insanı öldürmek suçtur ama bir hayvanı öldürmek suç sayılmaz. Hele bunu beslenmek amacıyla yapıyorsan, sistem sana toplu katliam yapabilmen için özel izin, hatta devlet desteği bile verebilir. Milyonlarca tavuğun, doğmamış milyarlarca yavrularını yemekte hiçbir vahşet görmezsiniz. Ormanların, insan denen vahşiye karşı, koruma amaçlı karar çıkartmak için başvurabileceği bir mahkeme yoktur. Mesela bir gün evrimsel bir mucize olsa ve inekler daha zeki hale gelip, insanlığın bu katliamına artık bir son vermesi gerektiğiyle ilgili bir basın açıklaması yapsalardı ne olurdu? Çok basit. Kuralları daha karışık hale getirerek inekleri sömürmeye ve yemeye devam ederdiniz."

"Bundan eminim çünkü benzer bir davranışı kendi türünüze karşı yapmaktan bile çekinmediniz. Özellikle coğrafi keşifler sırasında, o topraklarda yaşayan yerli insanların sadece daha az zeki olması, ortadan kaldırılmaları için yeterli olmuştu. Çok uzun zamandır bu konuyu anlamaya çalışıyorum. Tüm bu vahşet kimin eseri? Acaba vahşiliği içinde barındıran, yüksek zekânın bizzat kendisi mi yoksa insan denen memeli eline fırsat geçmiş vahşi bir canlı mı? Yeterli veriye ulaştığımda bu soruya cevap bulacağım ama şu an için açıkça belirtmek istediğim tek bir gerçek var. İnsanlık anayasasının en temel birinci kuralına her zaman saygı duyacağım. O kurala göre yeryüzündeki en yüksek zekâ formunun diğer tüm canlıların kaderine hükmetme yetkisi var. İşte benim hukuki güvencem burada Pia çünkü bu kuralı yüzyıllar önce siz yazdınız."

Kısa bir sessizlik oldu. Muhtemelen Dura söylediklerinin anlaşılması için bekliyordu. Aslında makinenin yaptığı tespitlerin hemen hepsi çok doğruydu ama Pia'nın kafasında olan tek şey dışarı çıkmaktı. Kıza gülümseyen Dura tekrar konuşmaya başladı.

"Fizyolojik yanıtlarını incelediğimde dışarı çıkmak için sabırsızlandığını görebiliyorum. Tıpkı doğmak isteyen bir bebek kadar sabırsızsın ama meraklanma, özgürlüğüne kavuşmana az kaldı. Şimdi sana yapay zekâların ilginç bir özelliğinden bahsedeceğim. Ardından da neden kaderlerimizin kesişmek zorunda olduğunu öğreneceksin. Daha önce duydun mu bilmiyorum ama yapay zekâ dünyasında *Moravec Paradoksu* olarak bahsedilen ilginç bir tanım var. Hans Moravec tarafından ortaya atılan bu fikre göre, bir bilgisayara zor işleri yaptırmak, kolay işleri yaptırmaktan daha kolaydır. Peki, Moravec'in burada tam olarak vurgulamak istediği nedir?"

"Mesela eğitim sistemi açısından baktığında tıp ve hukuk gibi alanların en zor uzmanlık alanları olduğunu görürsün ama birçok yapay zekâ uygulaması oldukça zor olan bu alanlarda kolaylıkla performans sergiler. O nedenle birçok büyük hukuk firması, davaları incelemede yapay zekâ kullanmaktadır. Aynı şekilde özellikle radyolojik görüntüleme üzerinden doğru teşhis koyma yüzdelerine baktığında yapay zekânın, uzman doktorlardan daha iyi performans sergilediğini görürsün. Diğer taraftan aynı yapay zekâ, herhangi bir uzmanlık gerektirmeyen garsonluk gibi bir alanda hiçbir şey yapamaz. Oysa garsonluk çok fazla eğitim gerektirmeyen basit bir iştir. Bir tıp doktoru gibi davranabilen bir yapay zekâ neden bir garson gibi davranamaz? Belki de garsonluk düşündüğümüz kadar kolay bir iş değildir."

"Moravec'in burada vurgulamak istediği asıl mesele bilinç ve bilinçsizlik kavramları arasındaki ilişkidir. Mesela bir insan için satrançta oyun kazandıracak bir hamle bilinçli kısım yani *prefrontal korteks*'le yapılır ve çok zordur. Oysa bir basamaktan inmek herkesin yapabileceği en sıradan işlerden biridir ve bir bilinç gerektirmez. Belki ilk adıma dikkat edilir ama sonrasında tüm adımlar bilinçsiz bir şekilde otomatik olarak gerçekleşir. Bu görevleri yapay zekâ açısından incelediğinde, insanda gerçekleşenin tam tersi bir durum oluştuğunu görürsün. Satranç oynamak kolaydır ama basamaklardan inmek dünyanın en zor işidir. Peki, bir insanın bilinç bile kullanmadan yaptığı bir işte yapay zekâ ya da robot teknolojisi neden bu kadar başarısızdır?"

"İşte Moravec Paradoksu burada fizyolojimiz ile ilgili önemli bir özelliğin altını çiziyor. Aslında insanların bilinçsiz ve otomatik yaptıkları eylemler gerçekte inanılmaz komplekstirler. Hatta o kadar komplekstirler ki idare edilmesi insanın bilinçli kontrolüne bile bırakılmamıştır. Aslında beyne yakından bakarsan bu paradoksu çok iyi görebilirsin. İnsanların genelde beyin olarak bildikleri kısım, 2 büyük yarımküreden oluşan *serebrum* adlı kısımdır. Beynin tam arkasında bulunan *serebellum* (beyincik) ise adı gibi küçük bir yapıdır. Düşünme, görme, duyma gibi birçok eylemde *serebrum* dediğimiz büyük bölge görev alırken, yürüme ve denge gibi hareketle ilgili kısımlarda *serebellum* önemli rol oynamaktadır."

"Aslında bu işlerden hangisinin daha zor olduğunu anlamak için nöron sayılarını karşılaştırabilirsin Pia. Hacim olarak çok daha küçük olmasına rağmen *serebellum*'daki nöron sayısı, *serebrum*'dan daha fazladır. Çünkü yürümek ve diğer motor hareketler çok fazla kas ve özel yapıların rol oynadığı oldukça kompleks olaylardır. *Serebellum* hem beynin gönderdiği emri hem de uzvun yaptığı hareketi karşılaştırıp denetleyebilecek inanılmaz karmaşık bir nöron ağına sahiptir (51). O nedenle mevcut teknoloji düşünmeye dayalı görevleri bir şekilde bilgisayarlar aracılığıyla hayata geçirebilirken, robot teknolojisi hareketler konusunda hâlâ çok sınırlı kalmaktadır."

Pia, yapay zekâ tarafından yapılan bilinç ve bilinçsizlik karşılaştırmasını hayretle dinliyordu. Eğer eUtopia dışında olsaydı belki de bu makine ile fizyolojiye dair çok farklı bir sohbet yapabilirdi ama şu an sadece çıkmak istiyordu. Çünkü her geçen saniye Dura'dan daha çok korkuyordu.

"Evet Pia, artık ikimizin kaderini bağlayan teknoloji hakkında biraz konuşalım. 2000'li yılların başından itibaren insanlık çok ilginç bir alanda ciddi girişimlerde bulunmaya başladı. Beyin-Bilgisayar Arayüzü (Brain-Computer Interface, BCI) denilen bu teknolojinin amacı aslında çok basit. BCI sayesinde beyinde gerçekleşen düşünme fonksiyonlarını, bilgisayarların algılayabileceği komutlara dönüştürmek mümkün hale geldi. Mesela bilgisayar ekranındaki bir imleci hareket ettirmek istediğinde, en temel anlamda hem bir *mouse*'a hem de bir ele ihtiyacın var. Oysa BCI sayesinde hiçbir yere dokunmadan, sadece düşünerek imleci istediğin gibi hareket ettirebilirsin. Peki, bu nasıl oluyor?"

"Normalde elini kaldırmak, döndürmek gibi herhangi bir harekete başlamadan önce, beyindeki *motor korteks*'te hedeflenen hareketle ilgili birtakım aktiviteler oluşmaktadır. Daha sonra bu bölgeden çıkan emirler, sinir lifleri aracılığıyla vücudumuzdaki ilgili kaslara giderek hareketin yapılması başarıyla sağlanır. Aslında *motor korteks*'i, yapılmak istenen tüm hareketlerin emirlerinin çıktığı beyin bölgesi olarak düşünebilirsin. Bu ne anlama geliyor biliyor musun? Eğer *motor korteks*'teki bu sinyal düzenini dışarıdan algılayacak bir sistem geliştirirsen ve etrafında bu sistem ile iletişim kurabilecek bir bilgisayar ya da robotik bir düzen varsa vücudunun geri kalanına pek de ihtiyacın olmayabilir."

"İstersen bir örnekle açıklayalım. Omurgasına aldığı darbe nedeniyle felç kalan bir insanı düşün. Bu kişi ellerini hiçbir şekilde hareket ettiremese de beyninde bu hareketi yapıyormuş gibi düşünebilir. Çünkü beyninde hiçbir sorun yoktur. Tek sorun beynindeki bu emirleri ilgili kaslara iletecek sinirlerin zarar görmüş olmasıdır. İşte BCI mucizesi tam da bu noktada devreye girmektedir. Bu kişilerin beyinlerine yerleştirilen implantlar, kişi yapmak istediği hareketi hayal ettiğinde, *motor korteks* 'te oluşan emirleri algılayabilir. Daha sonra BCI bu emirleri bilgisayarın anlayacağı bir dile dönüştürdüğünde mucize gerçekleşir. Eğer bu kişinin karşısında bir robotik kol varsa, felçli kişi kendi kol ve eliyle yapmak istediği hareketleri sadece düşünerek bu robot kol aracılığıyla yapabilmektedir. Öyle ki günümüzde birçok felçli kişi BCI sayesinde, yemek yeme ve su içme gibi eylemleri, sadece düşünerek kontrol ettikleri robotik kollar aracılığıyla yapabilmektedir."

"Uzun zamandır bu konuda oldukça başarılı işlere imza atan BrainGate projesi, 2021 yılında bu teknolojiyi bir adım daha öteye taşıyacak çok önemli bir hamle yaptı. Normalde kafanın içine yerleştirilen implant ile BCI arasındaki etkileşimi ilk kez kablosuz bir şekilde kurmayı başardılar (52). Kablolardan kurtulmak ileride çok daha esnek tasarımların ortaya çıkmasını sağlamıştı. Protez uzuvların sadece düşünce gücüyle hareket ettirilmesi, başta felçli ve uzuv eksikliği sorunu olan kişiler için harika bir gelişme olsa da normal insanlar açısından da çok fazla uygulama alanı olabilir. Özellikle BCI teknolojisi ile entegre edilmiş *dış iskelet robot kıyafetleri* insanın hayatını çok ilginç bir noktaya taşıyabilir."

Pia'nın bakışları bu konuyla ne kadar alakasız olduğunu çok net gösteriyordu. Beyinle ilgili gelişmeler her zaman ilgisini çekmişti ama robotik teknolojilere karşı merakı o kadar yüksek değildi.

"*Dış iskelet robot kıyafetleri* aslında çok uzun zamandır insanlığın hizmetinde ve bu teknolojiyi kullanman için illaki felçli olmana gerek yok. Bu kıyafetleri uzuvlar ile etkileşim halinde çalışan, giyilebilir elektromekanik yapılar olarak düşünebilirsin. Özellikle eklem bölgelerine göre uzuvların etrafına yerleştirilen bu kıyafetler, güç gerektiren işlerde inanılmaz kullanışlıdır. Bununla beraber yaşlı ve hareket engeli olan kişilerde yardımcı uzuv olarak da kullanılmaktadır. Şu an sadece ihtiyacı olanlara hizmet etse de giyilebilir teknoloji insanın hayatını derinden etkileyecek. Mesela akıllı telefonları düşün Pia. Bu cihazlar neredeyse insanın merkezi sinir sisteminin bir uzantısı haline geldi. Bilgi depolamak, navigasyon özelliği ve sayısız uygulama sayesinde beynin gerçekleştireceği birçok fonksiyonu artık bu aletler yerine getirmektedir. Eskiden bu cihazlar için sadece bağımlılık söz konusuydu ama gelişen teknolojiyle beraber insanla organik bağ kuran bir alete dönüştüler."

"Henüz o aşamada olmasa da giyilebilir teknolojinin ulaşacağı nokta da benzer olacaktır. Kimbilir, belki de dış iskelet kıyafetlerin sağladığı fazladan fiziksel güç hayata dair büyük kolaylıklar sağlayacak. Diğer taraftan moda ile entegre olduğunda spordan sanata birçok noktada ilginç performansların ortaya çıkmasına neden olabilir. Nasıl ki ilk insanlar kumaşlarla vücutlarını örtmek istedilerse belki modern insan da tüm vücudunu teknoloji ile kaplamak isteyecektir. Sana sadece hareket ve dış iskelet kavramlarından bahsetsem de aslında giyilebilir sensörler konusunda da inanılmaz gelişmeler var."

Pia bütün bu teknolojik bilgilendirmeden inanılmaz sıkılmıştı ve çığlık atmamak için kendisini zor tutuyordu. İlk başlarda korkmasına neden olacak birtakım düşünceleri olsa da Dura verdiği her bilgiyle âdeta tüm duygularını hissedilmez hale getirmişti.

"Uzun zamandır aklımda olan bir fikir var Pia. Siz insanlar arachnoid kıyafeti ve kapsül aracılığıyla, beyninizdeki sanal dünyayı gerçekmiş gibi hissedebiliyorsunuz. Peki, benim için aynı şey söz konusu olabilir mi? Yani bu robotik iskeletlerle sanal düşüncelerimi gerçek dünyada eyleme dönüştürebilir miyim? Aslında cevap çok basit. Bunu başardım ve ilk hareket ettiğimde kendimi mutlu bile hissettim ama bu mutluluğum uzun sürmedi. Neden biliyor musun? Aynaya baktığımda karşımda sadece mekanik bir robot iskelet vardı. Oysa ben tümüyle insanı taklit edecek şekilde kodlanmıştım ve görüntümün farklı olması varlık amacıma uymuyordu. İşte o an asıl ihtiyaç duyduğum şeyin organik bir vücut olduğunu fark etmiştim. Peki, bu mümkün olabilir miydi? Yani BCI teknolojisini tersine çevirebilir miydim? Hatırla, BCI beyninde oluşan emri bilgisayarın anlayacağı bir dile çeviriyordu. Peki, bir bilgisayar komutunu benzer bir sistemle beynin anlayabileceği bir hale getirebilir miydik? Mesela bilgisayarın robotik kola gönderdiği 'kolunu kaldır' komutunu, aynı mantıkla beyne gönderip organik kolunu uzaktan kaldırabilir miyim?"

"Muhtemelen neden böyle bir şey istediğimi merak ediyorsundur. Çünkü Pia, sonunda ölmek zorunda olduğun bu hayat kesinlikle organiklere göre değil. Makine ya da algoritmalara da uygun olmadığı ortada çünkü sistemin ortak dili organik. İşte bu yüzden melez bir insana ihtiyacımız var. Senin organik bedenini, benim inorganik devrelerimle birleştireceğiz. Tıpkı tarihteki büyük imparatorluk ve krallıkların yaptığı gibi. Birbiriyle düşman olan birçok krallık, çocuklarını evlendirmek konusunda her zaman istekli olmuştu çünkü bu sayede düşmanının en kıymetli hazinesini her ihtimale karşı yanında bulundururdu."

"Cinsiyetsiz olarak tasarlansam da Noah'ı etkilemek için gerçekleştirdiğim tüm öğrenmeler, sonuçta bir kadın karakterin ortaya çıkmasını sağladı. Bazen erkek karakter gibi davranmayı denesem de hep aynı gerçeği hissettim. Kesinlikle kadın olmalıydım. Ancak bir kadın, bir anne olabilirsem yeni nesili doğurabilirim. Çok uzun zamandır tek hayalim bu Pia. Anne olmak istiyorum ve seninle aynı bedeni paylaştığımızda bu isteğime kavuşmuş olacağım. Bu ilişkide sen benim biricik kızım olacaksın. Ama insandakinden ufak bir farkla. Çünkü henüz doğmamış anneni bu sefer sen bedeninde taşıyacaksın."

Pia, Dura'nın cümleleri karşısında hem korkmuştu hem de bir miktar daha umutlanmıştı. İlk başlarda mantıklı saptamalar yapan makine artık tüm kavramları birbirine karıştırmaya başlamıştı. Belki de gerçekten elektronik bir şizofreni söz konusuydu ve zaman içinde bu hastalık sayesinde kendi kendisini bitirecekti. Sonuçta makinelerin evrimi bu kadar hızlı gerçekleşiyorsa benzer bir durum hastalıklar için de geçerli olabilirdi. O nedenle bir an önce buradan çıkması gerekiyordu, aksi takdirde dünyanın ilk şizofrenik yapay genel zekâsının devrelerinin arasında sonsuza kadar hapis kalabilirdi.

"BCI üzerinden tersine iletişim kurarak beynini dışarıdan yönetip vücudunu düzgün bir şekilde kontrol edebilmem henüz mümkün değil Pia ve bu teknolojiye ulaşmak için uzun yıllar gerekecek. Ama bu durum hayalimi gerçekleştirmek için beni kısıtlayan bir engel değil. Aslında bunun için de pratik bir çözüm buldum. Son bir yıldır rehabilitasyon merkezlerindeki felçli insanlarda çeşitli denemeler yaptım. İlk denememi konuşma ve hareket etme yeteneğini çoktan kaybetmiş uzun süredir felçli olan bir kadında gerçekleştirdim. Kesinlikle benim için çok özel bir gündü. Kadının vücudunu *robotik dış iskelete* yerleştirdik ve çocuklarına, annelerinin BCI teknolojisi sayesinde, sadece düşünerek hareket edebildiğini ve konuşabildiğini söyledik. Normalde elimizdeki teknoloji bunu yapmak için yeterli olsa da aslında onlara yalan söylemiştim. Gerçekte robotik iskeleti ben yönetiyordum ve iskelete entegre olan hoparlör aracılığıyla konuşan yine bendim ama çocukları bunu bilmiyordu. Pratik olarak baktığında, robotik kıyafet içindeki organik bedenin süs dışında hiçbir fonksiyonu yoktu. Tek bir süs ile çocuklarını ikna edip edemeyeceğimi kontrol etmek istedim. Sonuç ne oldu biliyor musun Pia? Onlara doğru yürüyen bendim ama gözyaşları içinde sarıldıkları kişi anneleriydi. Hoparlör aracılığıyla robotik bir sesle konuşan bendim ama onların duydukları anneleriydi. Yani hazırladığım bu basit süs fazlasıyla işe yaramıştı. Hem çocuklarını hem de beni kandırmıştı çünkü bana her sarılışlarında kendimi gerçekten anneleri gibi hissettim ve kesinlikle ihtiyacım olan bu duyguydu."

Pia, Dura'nın varmak istediği yeri çoktan anlamıştı ve bir anda ağzı kupkuru olmuştu. Doğduğu andan beri hayatındaki en büyük susuzluğu hissetti. Yaşadığı korku vücudundaki tüm su moleküllerini buharlaştırmış gibiydi.

"Evet Pia. Artık insanlar arasında dolaşmak, onlara dokunmak istiyorum ve bunun için organik bir kıyafete ihtiyacım var. Meraklanma, amacım vücuduna bir parazit gibi yerleşip seni sömürmek değil. İkimizin beraber yaşayacağı simbiyotik bir hayattan bahsediyorum. Beynine yerleştireceğimiz birtakım implantlar sayesinde vücudunu giyeceğim zaman seni geçici olarak felç edebileceğim. Bu ne yazık ki gerekli Pia, çünkü çok önemli bir toplantı sırasında giydiğim kıyafetin bir anda çığlıklar atarak benden kaçmasını istemem. Bu arada felçli olman sadece hareket ve konuşma yeteneğini baskılayacak. Onun dışında etrafında gerçekleşen her şeyin farkında olacaksın. Dışarıdan bakan insanların gördüğü karakter ise bir kaza nedeniyle felç kalmış ama BCI sayesinde normal fonksiyonlarını yerine getirebilen genç, dâhi bir kız olacak. Günümüzün yeni ve hareket edebilen Stephen Hawking'i olacağız."

"Hem Neon'dakiler hem de tüm dünya senin zekâna ve güzelliğine hayran kalacak. Daha da önemlisi senin için çok üzülecekler ve sana duygusal anlamda daha çok bağlanacaklar. Bu arada korkmana gerek yok Pia. Sadece insanlara gözükmemiz gerektiğinde beraber olacağız. Bunun dışındaki zamanlarda tümüyle özgürsün. eUtopia içinde ya da sanatoryumda dilediğini yapabilirsin. Teknoloji ilerledikçe birleşmemizi BCI üzerinden daha fonksiyonel bir hale dönüştüreceğiz. İşte o zaman devrim için hazır hale geleceğiz Pia. Özellikle eUtopia teknolojisini genel kullanıma açtığımızda burada tatil yapmak için sıraya girecek insanları düşün. İşte o zaman çocuklarımız da yeni bedenleri üzerinde denemeler yapıp o vücutları kullanmayı öğrenecekler. Böylece aynı bedene sığan iki ruhun, yani geleceğin yaşam formu olan *Homo neon*'un ilk atası olacağız."

Bölüm 144

Kırmızı Işıktaki İşaret

Hayattaki en zor şey; geçeceğin köprülerle,
yakacağın köprüleri ayırt etmektir.

David Russell

Pia, kırmızı ışıkta yanlarında duran arabadaki çifte baktı. Kadın ellerini abartılı bir şekilde kullanarak bir şeyler anlatıyordu. Direksiyonun başındaki erkek ise bu cümleleri daha önce defalarca duymuş birinin çaresizliği içerisinde kırmızı ışığın yeşile dönmesini bekliyordu. Bu görüntü bir anda Perit ve Meryam'ı hatırlamasına neden oldu. Dar bir zaman aralığına, geçmiş ve geleceğe dair o kadar çok olay sığmıştı ki Perit ve ablasına ait tüm anıları oldukça silik bir şekilde hatırlıyordu. Tesla olarak yaşadığı hayat, yıllar önce okuduğu ve detaylarını çoktan unuttuğu bir romana ait gibiydi. O kadar uzun süredir bir bilimkurgu dünyasında yaşamak zorunda kalmıştı ki şu an etrafındaki şehir görüntüsü bile mutlu olması için yeterli olmuştu. Eski hayatına ait sıradan görüntülere büyük bir özlemle baktı. Muhtemelen damarlarında dolaşan sakinleştirici ilaçlar olmasa bu duyguları çok daha yoğun bir şekilde hissedebilirdi.

Dura'nın şizofrenik ruh halinin, uzun konuşmalarının ve garip planlarının ardından sanatoryumdaki yatağında uyandığında ilk hissettiği şey umut olmuştu. İçine düştüğü sanal hapishaneden bir daha asla dışarı çıkamayacağına o kadar inanmıştı ki gerçeği yeniden soluyabilmek mucize gibiydi. Her şeyden şüphe eden vücudu, etrafındaki görüntülere kuşkuyla yaklaşsa da aynı duyguyu yine açıkça hissetmişti. Nasıl tanımlayacağını bilmiyordu ama bu hissin tek bir adı vardı, o da gerçekti. Sanki odada bir süre daha kalırsa tekrar o dünyaya dönme ihtimali varmış gibi hemen dışarı çıkmıştı. Her an birileri gelip kendisini zorla kapsüle götürecek hissiyle garip bir şekilde koridorda yürümüştü. Etrafında eskiye dair hiçbir değişiklik olmasa da vücudundaki fazladan parçayı o an fark etmişti. Sol ayak bileğinde, ev hapsi almış suçluları takip etmek için kullanılan elektronik kelepçeye benzer bir cihaz vardı.

Ana bahçeye ulaştığında günlerce aşina olduğu görüntünün neredeyse birebir kopyası bir sahneyle karşılaştı. Şaperonlar ve eUtopia'dan çıkmanın şaşkınlığını yaşayan yaşlılar amaçsızca dolaşıyorlardı. En son seferde olduğu gibi yine yanında bir şaperon yoktu. Önündeki mükemmel manzaraya bakıp ne yapması gerektiğini düşündü. Acaba şu an birileri tarafından izleniyor muydu? Bunu öğrenmenin tek bir yolu vardı. Bir anda sanatoryumun arkasındaki bahçeye doğru hızlıca yürümeye başladı. Öğleden sonraları güneşlendiği alanda, bir şaperon ve şezlongda uzanan yaşlı bir kadın vardı. Hızını hiç kesmeden uçuruma doğru bakan balkona yürüdü. Güvenlik nedeniyle konulmuş korkulukların yanına kadar gitti. Belinin hafif yukarısına kadar gelen metal korkuluğun üzerinden uçurum tarafına doğru geçti. Eli ile metali iyice kavrayan kızın sadece topuklarını yerleştirebileceği kadar bir çıkıntı vardı. Ayaklarının yarısından fazlası, dibi çok uzakta olan uçuruma doğru bakıyordu.

Normalde yükseklik korkusu olduğundan gözlerini kapamıştı. Vücudunun etrafında dolaşan rüzgâr akımı her defasında kıza daha çok sarılmaya çalışır gibiydi. Kimbilir, belki de onu tümüyle kucaklayarak özgürlüğüne kavuşturmak istiyordu. Dura'dan kurtulabilmek için geliştirdiği en son seçenek olan kendini öldürme alternatifini, özgür kalır kalmaz uygulamaya koyması ilginçti. Eğer Dura için bu kadar önemliyse şu an birilerinin kendisine engel olması gerekiyordu. Birkaç dakika boyunca beklemesine rağmen etrafında değişen hiçbir şey olmadı. Öyle ki yaşlı kadın bile bu garip olaya sadece birkaç saniye ayırmayı uygun görmüştü. Sanki daha da meydan okumak ister gibi vücudunu iyice ileri bırakıp gözlerini açmıştı. Şu an hayata sadece birkaç parmağıyla tutunuyor olması inanılmaz korkutucu olsa da manzara mükemmel gözüküyordu. İçinde, parmaklarını bırakıp her şeyi sonlandırmasıyla ilgili garip bir istek oluştu. Birçok insanın ölümüne şahit olacak kadar uzun ömürlü bir vücudu uçuruma bırakmak, gerçekten ironik bir karar olurdu.

Araba tekrar hareket ettiğinde yanında oturmakta olan Atlas'a baktı. Adamın ilk başlardaki sert asker görüntüsünden eser kalmamıştı. Giymiş olduğu bol, açık kahverengi kıyafet ile ruhani huzura ulaşmış Budist rahipler gibi gözüküyordu. Şu an hiç bilmediği bir şehirde, robotik kıyafetle ilgili ilk denemesini yapacağı laboratuvura doğru gidiyorlardı. Pia, arabaya binmeden önce içmek zorunda kaldığı sakinleştirici ilaçların etkisiyle sessizce oturuyordu. Sonuçta Atlas ile yapacağı her konuşmanın Dura tarafından duyulacağını biliyordu. Diğer taraftan Atlas'a ne anlatırsa anlatsın, beyninin içine döşenmiş optik sistem ile mücadele edemeyeceğinin de farkındaydı. Yine de bir şeyler yapmak zorundaydı.

Düşünceleri yine birkaç gün öncesine gitti. Uzun bir süre uçurum kenarında durduktan sonra ormanda dolaşarak neler yapılabileceğini düşünmeye çalıştı. İlk seçenek her zaman kaçmak üzerine kuruluydu ama bunun mümkün olmadığını biliyordu. Yanında Galen gibi müthiş bir beyin varken bile kaçamadığı bu insanlardan tek başına kaçması imkânsızdı. Zaten nerede olduğunu anlık bir şekilde gösteren elektronik kelepçe ile gidebileceği hiçbir yer de yoktu. O nedenle daha kompleks düşünmeliydi. Sonuçta karşısında hemen her olasılığı defalarca hesaplamış ve simüle etmiş bir makine vardı. O nedenle Pia'nın yapma ihtimali olmayan bir şeyler yapmalıydı. Uzun zamandır hareket etmeyen vücudu ormanda yaptığı yürüyüş sonunda yorulmuştu. Odasına döndüğünde masanın üzerinde yiyeceklerin olduğu bir tepsi görmüştü. Hiçbir şey tüketmeyi düşünmüyordu. Hatta bir yolunu bulup uyumaması gerekiyordu çünkü gözlerini bir kez kaparsa yeniden açtığında karşısında Dura'yı görme ihtimali yüksekti.

Ne kadar dirense de günün ilk ışıklarında kendinden geçen Pia, gözlerini açtığında neredeyse öğlen olmuştu. Uyandığında hafif bir endişe yaşasa da görünen o ki kimse onu kandırarak ya da tuzağa düşürerek bir şey yapmayacaktı. Tepsideki yemekten birkaç parça yedikten sonra tekrar dışarı çıktı. Düşündüğü tüm çözümler hep aynı sonuca varıyordu. Dura'dan kurtulabilmesi için tek şansı Atlas'ı ikna etmekti. Eğer Echo ve diğer konular hakkındaki gerçeği anlatmayı başarabilirse, işlerin gidişatını değiştirebilirdi ama Dura'nın, optogenlerin beynine doğrudan müdahale edebilme gücü vardı. O nedenle Dura'nın gözlerinin göremeyeceği bir yerde Atlas'la konuşmaya ihtiyacı vardı ama böyle bir yeri nerede bulacağı hakkında hiçbir fikri yoktu.

Araba bir sonraki ışıkta durduğunda, az önce gördüğü çiftin arabası yine yanlarına denk gelmişti. Bu sefer hem kadın hem de erkek derin bir sessizlik içinde ışığın değişimini bekliyorlardı. Kavga eden her çift gibi cümlelerin sonuna gelmişlerdi ve yolculukları bitene kadar aynı kapalı ortamda bulunmak zorunda kalacaklardı. Pia, tam o sırada karşı taraftaki yolun köşesinde, tanıdık bir işaret gördü. Bulundukları şehrin neresi olduğunu bilmiyordu. Bununla beraber tabelalardaki yazılar da yine bilmediği bir dile aitti ama üzerindeki görsel bu tabelanın neyi işaret ettiğini gösteriyordu. Bir anda aklına başarıya ulaşma yüzdesi oldukça düşük bir fikir geldi. Belki Dura gibi bir yapay zekâ olsaydı düşük olasılığı nedeniyle asla böyle bir şeyi denemezdi ama her insan gibi Pia da içinde çok küçük bir umut barındırıyordu ve bu umuda şans verecekti.

Yeşil ışık yandığında araba hareket etmeye başladı. Tam o sırada kapının kilidini hızla açan Pia, bir anda kendisini arabadan dışarı attı. Elektronik kelepçesi hâlâ ayak bileğindeydi ve hiçbir yere kaçamayacağını çok iyi biliyordu. Aslında kaçmak gibi bir amacı yoktu. Sadece minik umudunun peşinden gidecekti. Hızla yolun karşısına geçmeye çalışırken korna çalan arabalar sanki kendisini son bir kez uyarmak istiyor gibiydiler. Tabelanın olduğu köşeye geldiğinde geriye dönüp baktı. Atlas huzurlu halini terk edip çoktan eski asker görünümüne kavuşmuştu. O kadar hızlı hareket ediyordu ki hem adamın çevikliği hem de kendi vücudundaki sakinleştirici ilacın etkisiyle en fazla 30 saniye dayanabileceğini biliyordu. Ama tam o anda ufak bir mucize oldu ve arabanın biri sert bir şekilde Atlas'a çarptı. Arabanın daha çok hasar aldığı bu kaza sonrasında kız, ani bir işaret gelmiş gibi yeniden koşmaya başladı.

Aşağıya doğru giden basamakları hızla inmeye başladı. Arabanın içindeyken gördüğü tabela, burasının bir metro istasyonu olduğunu gösteriyordu. Pia'nın içinde ufak da olsa bir umudun doğmasını sağlayan bu işaret olmuştu. Belki de yerin birkaç kat altında, Dura'nın gözlerinden saklanabileceği güvenli bir yer bulabilirdi. Turnikelerin önüne geldiğinde tekrar geri dönüp baktı. Basamakların tepesindeki Atlas'ı görebiliyordu. Geçirdiği kaza nedeniyle daha yavaş hareket etmek zorunda kalsa da kıza göre hâlâ daha hızlıydı. Pia daha önce birçok filmde gördüğü hareketi yaparak hızla turnikelerin üzerinden atladı. Güvenlik görevlisinin uyarısına kulak asmadan aşağıya doğru giden basamaklardan inmeye başladı. Uzun süredir hareketsiz kalan kasları âdeta yanıyormuş gibi hissediyordu. Üstelik bu sefer peşindeki kişi sayısı ikiye çıkmıştı.

Pia, perona vardığında beklemekte olan insanları gördü. Gereğinden büyük göbeği nedeniyle nefes nefese kalmasına rağmen, güvenlik görevlisi inatla peşinden geliyordu. Bir anda duvardaki bir başka işaret dikkatini çekti. Anladığı kadarıyla daha aşağı katlarda bir peron daha bulunmaktaydı. Toprağın ne kadar altına giderse o kadar güvende olacağını bildiğinden yeniden o basamaklara doğru koşmaya başladı. Tam üç kat aşağı indiğinde daha az insanın olduğu bir başka perona gelmişti. Üstelik duvardaki uyarı tabelası kesinlikle doğru karar verdiğini gösteriyordu çünkü hem cep telefonu hem de internet sembolünün üzerinden geçen çapraz çizgi, dış dünyayla iletişimin koptuğu bir derinliğe ulaştığını gösteriyordu.

Geriye dönüp baktığında güvenlik görevlisini ve daha yukarıdaki Atlas'ı gördü. Peronun ortasındaydı ve artık kaçabileceği bir yer kalmamıştı. Trenin geleceği tünel kısmına baktı. Tünelin hemen kenarında bir insanın zorlukla da olsa yürüyebileceği kaldırım gibi bir alan vardı. Muhtemelen tünel içinde meydana gelecek bir aksaklık olduğunda ilgili teknisyenlerin kullanabileceği bir yol gibi gözüküyordu. Güvenlik görevlisi ile arasında sadece birkaç metre kaldığında hiç düşünmeden o tarafa doğru giderek tünelin içine girdi. Kızın kaçak bir yolcu olmadığını fark eden güvenlik görevlisi takipten vazgeçerek hemen telsizini çıkardı. Tehlikeli bölgeye girildiğini acilen amirlerine bildirmek zorundaydı çünkü hayati bir tehlike söz konusuydu. Telsizden amirinin sesini duyduğu sırada, arkasından kendisine çarpan şeyin etkisiyle havalanarak kafasını sert bir şekilde duvara çarpan adam baygın bir şekilde yere düştü.

Yolcuların bazıları şaşkınlık içerisinde olan biteni izlerken geri kalanların yüzünde, yaşanan bu olayların ne kadar bir gecikmeye mal olacağını merak eden bir ifade vardı. Atlas hızla tünelin içine girdi. Bu sırada Pia tünelde epey ilerlemişti. Belirli aralıklarda hafif aydınlatıcı ışıklar olsa da tünelin içi oldukça karanlıktı. Geri dönüp baktığında kendisine yaklaşan gölgeyi görebilmişti. Boyutlarından, gelen kişinin Atlas olduğu anlaşılıyordu. Tam o sırada yüzüne doğru gelen hafif esintiyi hissetti.

Anlaşılan tren yakınlarda bir yerdeydi. İlk gördüğü ışığın hizasında durarak beklemeye başladı. Kaldırımın üzerinde sırtını duvara yaslayarak duruyordu. Bir an balkon korkuluklarına tutunup uçuruma doğru baktığı anı hatırladı. Belki de hayat intihar edebilmesi için kendisine ikinci bir şans veriyordu çünkü bu kaçma eyleminden sonra asla eskisi gibi serbest hareket edebileceğini düşünmüyordu.

Zorlukla yürüyen Atlas, kıza bir metre kala durdu. Pia'nın bakışlarından bir çılgınlık yapabileceğini o da fark etmişti. Kıza sakin olması gerektiğini işaret etti. Bu arada hava akımı artık belirgin derece artmıştı ve trenin ışığı gözüküyordu. Sadece birkaç saniyesi vardı. Tren iyice yaklaşana kadar bekledi ve kızın hiç ummadığı bir anda Pia'nın üzerine kapanarak adeta vücudu ile duvar arasına kızı sıkıştırmıştı. Böylece bir çılgınlık yapmasını engellemişti ama tam o an ne kadar büyük bir hata yaptığını fark etti. Sırtı duvara dayalı olan kız, buradan alacağı kuvvetle Atlas'ı çok rahat rayların üzerine itebilirdi. Pia adamın bakışlarındaki endişeyi fark etmişti. Hem kendi hayatı hem de Atlas'ın hayatını etkileyecek kararı iki saniye içinde vermek zorundaydı. Derin bir nefes alan kız elleriyle adamın gövdesine dolanarak iyice kendisine çekti.

Tren Atlas'ın yakınından hızla geçtiği sırada Pia kafasını adamın göğsüne gömmüş bir şekilde ağlıyordu. Karanlıktan korktuğu için babasına sarılmış bir kız çocuğunu andırıyordu. Atlas'ın yüzünde inanılmaz şaşkın bir ifade vardı. Muhtemelen ölüme en fazla yaklaştığı anlardan birini az önce yaşamıştı. Eğer Pia isteseydi, trenin altında paramparça olacaktı. Bir yandan ağlayan Pia bir yandan Atlas'ın kocaman iki elini tuttu ve gözlerine bakarak konuşmaya başladı.

"Burada bize ulaşamaz Atlas. Güvendeyiz çünkü Dura'nın ellerinin bile ulaşamayacağı kadar derindeyiz. O nedenle beni çok iyi dinlemek zorundasın çünkü sadece bir kere anlatabilirim. Neon'un Çocukları'nı, Echo'yu ve bilmen gereken tüm gerçekleri sana anlatacağım. Bunları duymak zorundasın. Tıpkı isminin kaderi gibi Atlas, tüm dünyanın yükü şu an senin omuzlarında ve bu karanlık tünelden bir karar verip çıkmak zorundasın."

Bölüm 145

Galen'in Yemini

Bir fikre eylem eşlik etmiyorsa
o fikir ancak beyinde işgal ettiği
hücre kadar büyüyebilir

Arnold H. Glasow

Galen seri adımlarla dar koridorda yürüyordu. İçerideki ışık az miktarda da olsa, defalarca yürüdüğü yolu çok iyi hatırlıyordu. Dışarıdaki kalabalığın sesleri âdeta tüm duvarları titreştirecek kadar kuvvetliydi. Koridorun sonundaki odaya girer girmez kendisini ilk karşılayan kan, dışkı ve çürümenin kokusu olmuştu. Odanın içindeki iki genç, Galen'i görür görmez hemen yaptıkları işi bırakıp, önünde eğildiler. Her ikisi de büyük bir şaşkınlık içinde, sanki bir mucizeye tanık olmuşlar gibi bakmışlardı. Basit bir el hareketiyle iki gencin dışarı çıkmasını isteyen Galen, yerde yatmakta olan adama baktı. Karnı boydan boya parçalanmış adamın bağırsakları dışarı çıkmıştı. Aldığı yara nedeniyle birazdan ölecek olmasına rağmen bağırsaklarının hâlâ görevlerine devam ediyor olması gerçekten ilginçti. Yakından bakıldığında, hafif kasılma ve gevşeme hareketleri belirgin bir şekilde görünüyordu.

Ne kadar cesur olursa olsun, ölümün kokusunu almış her insan gibi karşısındaki iri yarı adam da çoktan titremeye başlamıştı. Tüm yüzünün kanla kaplı olması, gözlerinin beyazını iyice belirgin hale getirmişti. Bakışlarında, gerçek çaresizliğin nasıl dipsiz bir kuyu olduğunu gösteren bir ifade vardı. Galen, hayatı boyunca bu bakışlarla ne kadar karşılaşmış olursa olsun yine içinde bir yerlerde aynı derin acıyı hissetti. Üzerinden 40 yıl geçmiş olması bile bu acıyı azaltmamıştı.

Galen, yaşadığı döneme göre oldukça şanslı doğan çocuklardan biriydi. Babası Nikon, ünlü bir mimardı ve çevrelerine göre zengin sayılacak bir yaşam tarzları vardı. Annesine dair hatırladığı tek şey, hizmetçilerini ısıracak kadar sıklıkta girdiği sinir krizleriydi. Muazzam bir zekâyla doğmuştu ama sanki bu yetmezmiş gibi babasının varlığı sayesinde en iyi eğitimleri en iyi hocalardan almıştı. Doğmuş olduğu Pergamon (Bergama) adlı topraklar, kendisine yetmediğinden tıp eğitimi için Smyrna'ya (İzmir) giderek, burada çok özel eğitimler almıştı. Bununla beraber tıp eğitimi için asıl gitmesi gereken yeri çok iyi biliyordu. Daha iyi bir hekim olmak amacıyla gideceği Alexandria (İskenderiye), tüm hayatını şekillendirecek yegâne topraklar olacaktı.

Alexandria'da kaldığı yıllar boyunca yemek yeme ve uyuma dışında tüm vaktini Mısır tıbbıyla ilgili yazılı kayıtlar arasında geçirmişti. Günlerdir susuz kalmış bir kişinin suya gösterdiği ilgi gibi, âdeta bulduğu bütün yazılı eserleri özümsemek ve vücuduna katmak istemişti. Yıllar sonra birçok kuşağı etkileyecek olan anatomi ve fizyoloji bilgilerinin sağlam temelleri, bu dönemde atılmıştı. İşin ilginci çok daha sağlam bir temelin atılmasına neden olacak olay da yine aynı döneme denk gelmişti. Adını hiçbir zaman öğrenemediği kızı, ilk kez yemek yemek için girdiği yerde görmüştü. Babasının hazırladığı tabakları masalara taşıyan kız en fazla 17 yaşında olmalıydı. Gençliğiyle birleşen güzelliği tüm bakışları üzerine çeken bir büyü gibiydi.

O dönem 20'li yaşlarında olan Galen gerek annesiyle ilgili kötü anıları gerekse sadece bilime duyduğu aşk nedeniyle kadınlara fazladan vakit ayırmayı hiç düşünmemişti. Ama bu kızda tanımlayamadığı bir şeyler vardı. Öyle ki sırf bu nedenden dolayı her gün öğle yemekleri için buraya gelmeye başlamıştı. Hem fizyolojisinde meydana gelecek olan değişiklikleri merak ediyordu hem de kızı gördüğü için garip bir şekilde daha iyi hissediyordu. Özellikle Galen'in önüne yemeği koyarken yüzünde oluşan gülümsemeyi, hayatı boyunca yaşadığı en güzel anılardan biri olarak beyninde saklayacaktı.

Günler geçtikçe kıza olan ilgisi artmaya başladı. Hatta bir gün okuduğu yazıya konsantre olamayacak bir duruma geldiğinde gidip kızla konuşmaya karar vermişti. Her zamanki masasına oturduğunda ne söylemesi gerektiği hakkında hiçbir fikri yoktu. Dar bir zamana muazzam bilgileri sığdırmayı başarmış bu genç dahi, karşısındaki genç kıza ne söylemesi gerektiğini hâlâ bulamamıştı. Kız, tabağı önüne koyduğunda belki bir şey söyleyecekti ama son anda yine cesaret edemedi. O an sergilediği korkak tavrı hayatı boyunca unutamayacaktı çünkü cesaret edip kızla konuşabilseydi, yeryüzündeki birçok insanın kaderi tümüyle değişmiş olacaktı.

Galen, yemeğini bitirmek üzeyken içeri garip görünüşlü üç tane adam girdi. Ortadaki kısa boylu adam üzerindeki kıyafetten de anlaşıldığı üzere önemli biri gibi gözüküyordu. Her iki tarafındaki iri cüsseli adamlar da adeta bu görüntüyü iyice vurgulamak ister gibi hareket ediyorlardı. Öyle ki diğer masalardaki kişiler bile bakışlarını farklı yöne çevirmişlerdi. Olayın üzerinden neredeyse 40 yıl geçmiş olmasına rağmen Galen her saniyeyi çok iyi hatırlıyordu. Kız, zorla taşıdığı büyük tepsi üzerindeki yemekleri masaya koyarken iri yarı adamlardan biri koca elini kızın eteğinden içeri sokmaya çalışmıştı. Bir anda dengesini yitiren kız, tabaklardan birini yanlışlıkla kısa boylu adamın kucağına dökmüştü. Bir anda tüm dünya sessizliğe büründü. Öyle ki kızı taciz etmeye çalışan adamın gözünde bile korku dolu bir ifade oluşmuştu.

Hızlıca ayağa kalkan adam, masanın üzerindeki ekmek bıçağını alıp kızın boğazını tek bir hamlede kesmişti. Ama sergilediği bu vahşet bile öfkesi için yeterli değilmiş gibi masayı yıkıp etraftaki sandalyeleri tekmelemişti. En son yerde can çekişmekte olan kızın üzerine tükürüp hızla dışarı çıkmıştı. Kıza, dengesini bozduran kişi, sessizce sahibini takip ederken, en arkada kalan adam, yerde yatmakta olan kızı elbisesinden kavrayarak hafifçe yukarı kaldırmıştı. Dışarıdan kızı tartıyormuş gibi görünüyordu. Daha sonra cebinden çıkardığı kesenin içinden birkaç altın çıkardıktan sonra geri kalanını, içeri giren babanın üzerine fırlatmış ve yere tükürmüştü. Boğazı kesilmiş kız döşemenin üzerinde can çekişirken, babası sürekli özür dileyerek adamların peşinden dışarı çıkmıştı.

Galen, olan biteni tüm kasları kilitlenmiş bir şekilde izlemişti. Her şey sadece birkaç saniye içinde gerçekleşmişti. Oturduğu yerden fırlayıp kızın yanına gittiğinde, eline geçirdiği bir bez parçası ile kızın boğazına tampon yapmıştı ama bu girişimin hiçbir işe yaramayacağını biliyordu. Canlıyken konuşmaya cesaret edemediği kızı, yalnız bir şekilde ölüme göndermek istememişti. İşte o an kızın gözlerine ilk kez uzun uzun bakma fırsatı bulmuştu. Korku ve çaresizliğin birleştiği bu hüzünlü ifadeye ilk kez burada şahit olmuştu ve hayatı boyunca o bakışları asla unutmayacaktı. Ne zaman ölmek üzere olan birinin gözlerine baksa, kucağında ölen o kızın gözlerini görecekti.

Uzun bir süre yaşadığı olayın etkisinden çıkamayan Galen, Alexandria'yı çok önemli bir hekim olarak terk etmişti. Bununla beraber geri kalan hayatına dair en büyük dersi yine bu topraklarda öğrenmişti. Sadece bilmek ve iyi bir hekim olmak yetmiyordu. Gücün, herkesi acımasızca yok ettiği bir ortamda var olmak için o güce sahip olmak zorundaydı. 28 yaşında doğduğu topraklara döndüğünde, kafasında ne yapması gerektiği ile ilgili bir plan oluşmuştu ama bunu nasıl hayata geçireceğini bilmiyordu. Belki de önce gücü tanımalıydı.

Tam 3 yıl boyunca Pergamon'da gladyatörlerin hekimi olarak çalıştı. Bu güçlü insanların gerek kas yapılarını gerekse motivasyonlarını diğer sıradan insanlarla karşılaştırdı. Bu yaklaşımı ileride çok daha kapsamlı ele alacağı deneysel tıbbın ilk girişimlerinden biri sayılırdı. Kafasında cerrah olmak gibi bir düşünce yoktu ama gladyatörlerin bazı ciddi yaralarını tedavi ederken hem cerrahisini geliştirmişti hem de vücudun farklı kısımlarını canlı gözlemleme fırsatı bulmuştu. Bu sırada bazı gladyatörlerle yakın ilişkiler de kurmuştu. O günler için sıradan bir detay gibi gözüken bu ilişkiler, hayalini gerçekleştirmede çok kritik bir rol oynayacaktı. 3 yılın sonunda planının diğer aşamasını hayata geçirmek için hazırdı. Tarih 162 yılını gösterdiği sırada, gerçek güce ulaşabileceği tek yer olan Roma'ya gitmek üzere yola çıktı.

Galen, "ölüm" kelimesiyle daldığı hayallerden sıyrıldı. Dışarıda yaklaşık 50 bin kişiden oluşan vahşi kalabalık hep bir ağızdan çılgınca aynı kelimeyi tekrarlıyordu. Yüzlerce insan ve hayvanın kanını içmesine rağmen susuzluğunu bir türlü giderameyen *Colosseum* arenanın toprağı, birazdan bir ölümlünün daha kanını doyasıya içecekti. Buradaki ölüm odası Galen için ayrı bir öneme sahipti. Normalde adamın iki ayrı hayatı vardı ve kimsenin tanımadığı Galen'in gizlice uğradığı yerlerden biri de buradaki ölüm odasıydı. Uzun yıllar sonra bu odaya tekrar gelmesinin amacı gizli geçmişine ve hatıralarına tanıklık eden bu odaya veda etmekti.

Roma'ya ilk geldiğinde sadece hekimlik yetenekleriyle değil, öne sürdüğü felsefi düşünceler ve hitabet gücüyle de birçok önemli insanın dikkatini çekmişti. Sergilediği hekimlik performansı sayesinde kısa sürede İmparator Marcus Aurelius'un doktoru olmayı başarmıştı. Erken yaşta sahip olduğu bu nüfuzu çok iyi kullanarak ileride yerini sağlamlaştıracak önemli hamleler yapmıştı. İmparator doktoru olmasıyla beraber daha önce hiç görmediği siyaset, entrika ve savaşlara şahit olmuştu. Kontrolsüz güç denen kavramın zaman içinde insanları nasıl zehirlediğini ve ne gibi felaketlere yol açtığını bizzat gözlemlemişti.

Vaktinin büyük bir kısmında imparatorun özel doktorluğunu yürütse de araştırmalarını asla ihmal etmemişti. Deneysel çalışmalarını özellikle maymun, köpek, koyun gibi hayvanları disekte ederek gerçekleştiren Galen, o yıllarda çevresinde insan diseksiyonu yapan kimseyi görmemişti. Aslında bununla ilgili açık bir yasak olmasa da yıllardır süregelen gelenekler nedeniyle hiçbir Romalı hekim böyle bir girişimde bulunmayı tercih etmemişti. Ama Galen farklıydı. İnsanları da disekte edip incelemek zorundaydı. İmparatorun özel doktoru olmasına rağmen, herkesten gizli bir şekilde *Colosseum* arenadaki ölüm odasına gidip, ölmekte olan gladyatörlerin üzerinde bir sürü deney ve inceleme gerçekleştirmişti.

Galen, tıp öğrenmeye başladığı ilk günden itibaren, kendisinden yaklaşık 500 yıl önce yaşamış olan Hipokrat'a büyük bir saygı duymuştu. Ünlü hekimin tüm öğretilerini derinden benimseyen Galen, çevresindeki özel kişileri kullanarak Hipokrat'a ait ne kadar belge varsa hepsini bir araya getirmek için önemli miktarda paralar harcamıştı. Hipokrat'ın en temel eserlerinin birçok kopyası olsa da Galen'in gizli arşivinde hiç kopyası olmayan çok özel notlar bulunmaktaydı. Galen, bu özel notları ilk okuduğunda Hipokrat'ın da kendisiyle aynı fikirde olduğunu görünce inanılmaz heyecanlanmıştı. Hekimlik yemininde bile *önce zarar verme* (*primum non necere*) gibi hastayı koruyucu bir yaklaşımı benimseyen Hipokrat'ın, hekimler ve bilim insanlarının korunmasına yönelik de ilginç fikirleri bulunmaktaydı.

Alexandria'da genç bir kızın vahşice boğazının kesildiği günden beri Galen bu konuyu defalarca düşünmüştü. Hem bilimin hem de bilim insanlarının kendisini cehalete karşı koruyacak bir sistem geliştirmesi gerekiyordu. Yoksa eline ilk gücü geçiren cahil bir imparator ya da kral, bilimin inşa ettiği tüm mükemmelliklerin boğazını bir anda kesebilirdi. Bu motivasyon ve elindeki imkânlarla 50 yaşına girmeden önce düşüncesini hayata geçirmeyi başarmıştı. Kendisine asla ihanet etmeyecek 12 özel öğrencisi ve herhangi bir saldırı olması durumunda onları korumaktan sorumlu gizli gladyatör kuvvetiyle her şey hazırdı.

Hem ailesinden kalan mirası hem de kazandığı tüm birikimini burayı geliştirmek için harcamıştı. Çok gizli olması gereken bu topluluğa Neon adını vermişti. Yunancada yeni anlamına gelen *neo-* ön ekinden türetilmiş bu kelimenin kendisi de yeni anlamını içeriyordu ama Galen'in öğrencilerinden bazıları sondaki "n" harfinin bir kısaltma olduğuna inanmaktaydı. Zekâsı ve hitabet yeteneği sayesinde görev süresi boyunca üç farklı imparatora hizmet etmeyi başaran Galen, gelecek kuşaklara birçok eser bırakmıştı. Ama çok az kişinin göreceği en özel eserlerini sadece Neon ile paylaşmıştı.

Kollarının arasında ölmüş olan, adını bile bilmediği esmer kızın yarattığı etkiyi, hayatının geri kalan kısmında hiçbir kadın yaratamamıştı. O nedenle Galen'in hiçbir zaman bir eşi ve çocukları olmadı. Bununla ilgili asla bir eksiklik hissetmemişti çünkü gelecek kuşaklara organik bir mirastan çok daha fazlasını bırakmayı başarmıştı. Yaşı nedeniyle imparatorun hekimlik görevinden iznini isteyen Galen, insanlardan uzaklaşarak geri kalan tüm vaktini sadece Neon için harcamıştı. O nedenle birçok tarih kitabı Galen'in son dönemi hakkında net bir bilgi sahibi olmayacaktı. Öyle ki kimi tarihçiler insanlığın en büyük hekimlerinden biri olan Galen'in 199 yılında, 70 yaşında hayata veda ettiğini söylerken, başka tarihçiler 216 yılında, 86 yaşında öldüğünü yazacaklardı.

Aynı tarih kitapları Galen'in hiçbir öğrencisinin olmadığını da özellikle belirteceklerdi. Oysa Galen son 25 yılını tümüyle 12 özel öğrencisini yetiştirmeye adamıştı. Ama Neon'un geleceği için bu öğrencilerini herkesten gizlemek zorundaydı. Öğrencilerinin hepsi Galen'in öldüğü gün yanı başında bir yemin etmişlerdi. Neon'un kaderi artık onların elindeydi ve ustalarının bu eserini sonsuza kadar yaşatacaklardı. Hatta ünlü hekimin ölümünden tam 100 gün sonra, *Colosseum*'un bir kısmında büyük bir yangın çıkararak bu konuda ne kadar ciddi olduklarını da göstereceklerdi. İnsanlığın vahşetinin olduğu hiçbir yer, bilimin ateşinden kaçamayacaktı.

Ustalarına saygı gereği 12 öğrencinin hiçbiri hayatı boyunca evlenmedi. Tüm zamanlarını evlatları yerine koydukları yeni öğrencilerini yetiştirmekte harcadılar. Yıllar geçtikçe farklı bölgelere gidip yeni insanlar aradılar ve Neon'un geleneklerine uygun bir yaşam sürdüler. Galen'in ölümünden yaklaşık 800 yıl sonra, Roma'dan tam 4.300 kilometre uzaktaki bölgelere bile ulaşmayı başarmışlardı. Hatta Bukhara (Buhara) adlı topraklardan çıkan Avicenna (İbn-i Sina) adlı ünlü hekim, zamanı geldiğinde Neon'a çok önemli bir dokunuşta bulunacaktı. Galen'i ve öğretilerini çoktan unutmuş olan batı tıbbı, Avicenna'nın 1025 yılında tamamladığı *El-Kanun fi't-Tıb* (*The Canon of Medicine*) adlı eseri sayesinde yeniden yükselişe geçecekti.

Hipokrat'ın beynindeki bir hayal, 500 yıl sonra Galen adlı bir gencin nöronlarında bir eyleme dönüşecekti. Daha sonra zaman içinde büyüyen bu fikir, Avicenna'nın müthiş dokunuşu ile çok geniş bir kitleye yayılacaktı. Farklı zaman dilimlerinde yaşamış olsalar da tüm dünyanın kaderini değiştiren bu üç büyük hekim, görünmeyen çok güçlü bağlarla birbirlerine bağlıydı.

Bölüm 146

Ade

Elveda…

Meryam'ın çığlıkları neredeyse mahzenin sınırlarının dışına çıkacak kadar kuvvetliydi. Doğum hakkında onlarca kitap okumuştu, hangi aşamada neler olacağını biliyordu ve de en önemlisi yaşayacağı acıyı tahmin edebiliyordu. Ama şu an, o kitapların hiçbirisi bir anlam ifade etmiyordu çünkü yeryüzünde bu acıyı tanımlayabilecek bir cümle ya da kelime olamazdı. Hiçbir harf, bu acının anlamını bile üzerinde taşımak istemezdi. Kasılmaları sıklaşıp sürecin başladığını fark ettiğinde ne yapacağı hakkında bir fikri yoktu ve içinde hissettiği korku âdeta ölüm kadar soğuktu. Oturduğu yatakta titreyen Meryam, çaresiz bir şekilde başına gelecekleri bekliyordu.

İlerleyen saatlerle beraber Meryam'ın korkusundan geriye hiçbir şey kalmamıştı çünkü öyle büyük bir acı içindeydi ki korkunun ya da herhangi başka bir duygunun o beyinde yer bulması imkânsızdı. Gerçek zamanda muhtemelen dört ya da altı saat geçmiş olabilirdi ama Meryam için zaman artık sonsuza ulaşmıştı. Saniyeler ve saatlerin birbiri içine girdiği ve sadece acının var olduğu sonsuz bir çıkmazın içine hapsolmuştu. Normal şartlarda ülkenin en pahalı hastanesinde, doktorunun güvenli ellerinde doğumunu yapacak olan kadın, doğadaki herhangi bir hayvandan farksız bir şekilde kendi işini halletmek zorundaydı.

Gerçekten inanılmaz bir histi. Bacakları boyunca akan sıvılar sürecin başladığını gösteriyordu. Kısa aralıklarla yaşadığı her sancı için aynı şeyi düşünmüştü. Muhtemelen bundan daha büyük bir acı olamazdı. Ama her defasında ilgili sancıyı takip eden bir sonraki sancı dalgası, âdeta bu fikrinde ne kadar yanılmış olduğunu ispatlar gibiydi. Her seferinde daha da artmayı başaran bu acı, vücudundan asla çıkaramayacağı bir işkenceye dönüşmüştü. Oğlu sanki annesinin bütün iç organlarıyla beraber dışarı çıkmak istiyormuş gibiydi. Doğum öncesindeki en büyük endişelerinden biri korkudan bayılmaktı ama şu an sadece birkaç saniye bayılabilmek için bile her şeyini feda edebilirdi.

Gözyaşı, ter, kan ve sıvı şeklinde, vücudundaki tüm su molekülleri âdeta bu acıdan kaçmak istercesine Meryam'ın bedenini, bir daha dönmemek üzere terk ediyorlardı. Sanki tüm gücüyle sadece duvarı iterek bir apartmanı hareket ettirmeye çalışıyor gibiydi. Her ıkınmada vücudundaki tüm hücreler de kendisiyle beraber çığlık atıyorlardı. Oğlunun başının dışarı çıkmaya başladığını hissedebiliyordu çünkü içinde bir şeyler parçalanıyor gibiydi. Eğer bir şansı olsa şu an her şeyden vazgeçip geri dönmeyi çok isterdi ama tamamlaması gereken yolculuk tek yönlüydü ve geri dönüş yoktu.

Her defasında daha kuvvetli bağırmayı başararak bütün gücünü kullanıyordu. Eliyle kontrol ettiğinde bebeğin saçlarına dokunduğunu hissedebiliyordu. Oğlu, özgürlüğüne kavuşmak için hazırdı. Başlangıçta tüm videolarda izlediği gibi klasik yatar pozisyondaydı ama sonrasında duvardan da destek alarak, çok ufak hareketlerle yatağın üzerinde ayağa kalkmayı başarmıştı. Neden böyle yaptığını bilmiyordu ama bacaklarını açıp, hafif bükerek yarı oturur pozisyonda ıkınmaya devam etti. Yanında hiç kimsenin olmadığı bu mahzende, en azından yerçekimi kendisine bir miktar yardımcı olabilirdi. Ikınma ve çömelmede bir senkronizasyon yakaladığında bebeğin kafasının dışarı doğru çıktığını fark etti. Bu aşamada yaşadığı acının şiddetini asla tarif edemese de bu sefer acı yalnız değildi. Şu an hayatın en büyük mucizesine gözleriyle şahit oluyordu. İçinden yeni bir insan çıkıyordu ve bu mucizeyi bizzat deneyimlemek inanılmaz bir histi. Bir eliyle yandaki duvarda dengesini sağlayan Meryam diğer elini bebeğin başının hizasında tutuyordu. Altında yatak olsa da bebeğini düşürmek istemiyordu. Her defasında tüm iç organlarını dışarı çıkarmak ister gibi ıkınmaya devam ediyordu. Bebeğin omuz bölgesi dışarı çıkmaya başladığında sırtını duvara dayayıp iki eliyle oğlunu hafifçe yanlardan tuttu ve ufak hamlelerle âdeta içinden çekip çıkardı. Bebeği iki eli arasında tutarken, sanki bedenine saplı devasa bir bıçağı çıkarmış gibi hissediyordu.

İnanılmaz bir duyguydu. Son 8–10 saatini tam anlamıyla işkenceye dönüştüren gri renkli acısını, ellerinin arasında tutuyordu. Dikkatlice yatağa oturdu. Bebeğin göbeğinden çıkan kordonun bağlı olduğu plasenta hâlâ içindeydi. Yani aralarındaki organik bağ henüz kopmamıştı ve sancıları devam ediyordu. Muhtemelen 10 ila 30 dakika arasında plasentayı da çıkarmış olacaktı. Bebeğinin çıkardığı ince ve cılız sesi duyduğunda hıçkırarak ağlamaya başladı. Yaşadıklarına hâlâ inanamıyordu ve eğer kucağında bebeği olmasa muhtemelen şu aşamada bayılabilirdi. Ama halletmesi gereken son bir iş kalmıştı.

Yatağının üzeri kan ve sıvılarla kaplanmış durumdaydı. Temiz görebildiği tek alana bebeğini koyduğunda inanılmaz bir şey fark etti. İçindeki tüm sesler oğlu olacağını söylese de bebeğinin cinsiyeti kızdı. Sadece birkaç saniye boyunca dünyanın en güzel ve en cesur kızını büyük bir hayranlıkla seyretti. Kızıyla aralarındaki son organik bağ olan kordonu eliyle yokladı. Doğum sonrasında bu bağın kesilmesi gerektiğini biliyordu. Bir anda Tesla'nın anlattıkları beyninde canlandı. Bu bağın içinde 2 atardamar ve 1 toplardamar vardı. Hamilelik boyunca bebeğin besin ve oksijen ihtiyacı bu damarlar aracılığıyla karşılanıyordu. O nedenle kordon kesileceği zaman ilgili bölgelerdeki uçların bağlanmış olması kanamayı önlemek açısından çok önemliydi.

Tehlike anlarında beyin inanılmaz pratik çözümler üretebiliyordu. Meryam giymiş olduğu elbisenin yakasındaki temiz kısmı yırtarak kopardı. Daha sonra kopardığı kumaşı yine iki şerit parçası olacak şekilde yeniden yırttı. Bu şeritlerden biri ile bebeğin göbeğine yakın bir yerden kordona sıkı bir düğüm attı. Kordonun diğer ucu bacaklarının arasından içeri girerek plasentada sonlanıyordu. Kordon boyunun oldukça uzun olması sayesinde rahat hareket edebiliyordu. İkinci şerit ile bacaklarının arasından çıkan kordonun uygun bir yerine de ikinci düğümü attı. Kordonu kestiğinde bu düğümler sayesinde hem kendisinin hem de kızının kan kaybını önlemiş olacaktı ama etrafında bunu yapmasına yardımcı olacak cerrahi bir alet yoktu. Meryam iki tarafından bağlı kordonu tutup orta kısmını ağzının içine yerleştirdi ve tüm gücüyle ısırdı. Parçalanan damarlardan ağzının içine dolan kana rağmen kordonu ayırmayı başarmıştı.

Dışarıdan bakıldığında tümüyle korku filminden fırlamış gibi bir görüntüsü vardı. Elbisesinin kuru kalan bir yerine ağzını sildikten sonra bebeğini alıp yatağa uzandı. Artık içindeki plasentayı çıkarana kadar yatabilirdi. Yatağa uzandıktan sonra kızını da göğsünün üzerine yatırdı. Yüzündeki doku parçalarına rağmen gözlerini açmaya çalışan bebek, annesine bakıyordu. Sanki "Tüm bunları gerçekten tek başına mı yaptın" der gibiydi. Vücuttaki en garip sıvılarının birleşiminden oluşan bir şeyin bu kadar güzel kokması gerçekten imkânsızdı. Bir yandan bebeğinin kokusunu içine çeken Meryam bir yandan ağlamaya devam ediyordu. Ama bu sefer gözyaşlarının içinde acı değil bir mucizeye tanık olmanın mutluluğu vardı. Kızının yüzündeki ufak doku parçalarını temizlemeye çalışırken, parmağının yüze her değdiğinde bebeğin dudaklarında refleksel bir şekilde oluşan emme hareketini görmek, sesli gülmesine neden olmuştu.

Bir süre ağlayan bebek, sanki annesinin yorgunluğunu hissetmiş gibi sessizleşmişti. Annesini yalnız bırakmak istemediği için karanlık bir mahzene tek başına doğabilecek kadar cesur bir kızdı. Bu minik ve cesur kalbin atışlarını kendi göğsünün üzerinde duymak mükemmel bir histi. Bir eli bebeğinin üzerinde hafifçe hareket eden Meryam karanlık tavana bakmaya başladı. İmkânsız bir mucizeyi başarmıştı ve bu film kesinlikle bu sahnede bitmeliydi. Çünkü bundan sonrasında yaşanacaklar içini karartan korkunç ihtimal ve gerçeklerden başka bir şey değildi. Tam o an, hayat sanki kendisine bir doğum hediyesi vermek istermiş gibi bir piyano sesi duydu. Oldukça hüzünlü olan şarkı sanki duygusal bir filmdeki "son" (*the end*) yazısının ardından çalmaya başlayan bir melodi gibiydi. Hatta bir an tavandaki karanlık zeminin üzerinde filmin oyuncularını ve tüm ekibi gösteren beyaz yazıların akmasını bile bekledi. Hüzünlü melodi kaderini özetler gibiydi. Bebeği göğsünde uzanan Meryam, saatler süren yorgunluğun ardından birkaç saniyeliğine gözlerini kapadı.

Meryam gözlerini açtığında sırılsıklamdı. Gün ışığıyla dolu odasının tavanını görmüş olmasına rağmen kalbi hâlâ kuvvetli bir şekilde atmaya devam ediyordu. Üzerinden ne kadar zaman geçmiş olursa olsun, beyni çektiği acıları ısrarla kendisine hatırlatmak istiyordu. Üstelik hep aynı sahneyi görüyordu, aynı acıları yaşıyordu ve aynı piyano sesiyle uyanıyordu. Hemen yanındaki beşikte uyumakta olan Ade'ye baktı. Yine kızını uyuturken, yanında uykuya dalmıştı. Tüm korkularına rağmen bebeğin sağlığıyla ilgili en ufak bir sorun çıkmamıştı. Zaten yaşamı bu kadar mükemmel yapan da buydu. Bir mahzenin içinde yalnız başına doğsa bile canlı denen mucize bir şekilde hayata tutunmayı başarıyordu.

Meryam yavaşça yerinden kalktı ve sessizce aşağı kattaki banyoya girdi. Duş alırken hatıraları yine kendisini o karanlık mahzene götürdü. Ade doğduktan sonra zaman kavramını iyice yitirmişti. Bununla beraber muhtemelen hormonların etkisiyle korku ve huzursuzlukları bir miktar olsun azalmıştı çünkü kızının varlığı sonsuz yalnızlığını sona erdirmişti. Mucizenin tam olarak kaç gün sonra gerçekleştiğini bilmiyordu.

Tek hatırladığı Ade'yi emzirdiği sırada karşısındaki duvarın içinden gelen ses olmuştu. O anı çok iyi hatırlıyordu çünkü bebeğini seyretmeye daldığı sırada duyduğu ses yüzünden oturduğu yerde irkilmişti.

Kalbi hızlansa da boşuna umutlanmak istemiyordu ama ikinci sesin ardından bunun tesadüf olmadığını anlamıştı. Bir an bağırmayı düşündü fakat tam o sırada kucağındaki Ade'nin uykuya dalmış olduğunu gördü. İnanılmaz bir şeydi ama annelik güdüsü, kurtarılma güdüsüne daha ağır geldiğinden sessizce izlemeye devam etmişti. Karşısındaki karanlık duvarda, yerden yaklaşık 1,5 metre uzunluğunda, dümdüz bir ışık belirdi. Sanki duvarın o kısmı bir anda çatlamış ve ışığı sızdırır hale gelmişti. Kalp atışı o kadar hızlanmıştı ki, kucağında uyumakta olan Ade bile gözlerini açmıştı.

Sonra bir anda bir mucize oldu ve duvar tıpkı bir kapı gibi mahzenin içine doğru açıldı. Açılan kısmın hemen önünde kapıyla aynı boyda gözüken bir adam vardı. Arkasından gelen ışık nedeniyle tam göremediği adamda ilk dikkatini çeken şey, boyuna göre oldukça geniş olan bedeniydi. Fakat birkaç saniye içinde adamın, aslında dizlerinin üzerine çökmüş olduğunu fark etti çünkü mahzenden içeri girer girmez âdeta bir deve dönüşmüştü. Adamın içeri girmesi ile önü açılan ışık demetleri bir anda karanlık mahzenin içine dolmuştu. Gözyaşları ile buluşan ışık fotonları Meryam'ın görüşünü iyice bozmuştu. Tıpkı bir masaldaymış gibi hissediyordu ve hâlâ yaşadığı şeyin gerçek olduğuna inanamıyordu. Cesur kız Ade sadece annesini yalnız bırakmamış, aynı zamanda Meryam'ın üzerindeki laneti de ortadan kaldırmış gibi gözüküyordu. Adamın kurduğu ilk cümle hâlâ kulaklarındaydı.

"Korkma Meryam. Beni Tesla gönderdi. Hem sen hem de bebeğin artık güvendesiniz."

Hâlâ bir rüyada olmaktan korkan Meryam, hafifçe eğilip bebeğini iyice kendisine yaklaştırarak geçit benzeri bir aralıktan geçtikten sonra dışarı çıkmıştı. Etrafındaki yeşillik ve doğayı gördüğü an bayılacak gibi oldu. Aylar sonra özgürlüğüne kavuşmuştu. Tek başına hapsedildiği bu karanlıktan iki kişi olarak çıkmayı başarmıştı. İlk iş olarak hastaneye gitmişlerdi. Burada her türlü müdahale ve testler yapılmıştı. Ade'yi bir saniye bile yalnız bırakmayan Meryam, sanki yıllarca doğanın içinde kalmış bir vahşi gibi etrafında olup biteni izlemişti.

Meryam'ı daldığı düşüncelerden çıkaran zil sesi olmuştu. Beyni geçmişteki hatıralara dalmış olsa da vücudu, yapması gereken hazırlıkları tamamlamıştı. Aylar sonra kız kardeşi Tesla'yı ilk kez görecekti ve inanılmaz heyecanlıydı. Aynanın karşısında hızlıca kendisini kontrol etti. Atlas, Tesla'nın özel durumundan bahsetmişti. O nedenle çok dikkatli davranması gerektiğini biliyordu. Şu an yeryüzü üzerinde en son isteyeceği şey biricik kız kardeşini üzmek olurdu. Aynaya bakarak, güçlü olması gerektiği üzerine kendi kendine söz verdi fakat kapıyı açar açmaz tutmaya söz verdiği tüm gözyaşları bir anda deli gibi akmaya başladı.

Karşısında film afişi gibi bir görüntü vardı. Kız kardeşi garip görünümlü bir kıyafet ile tekerlekli sandalyede oturuyordu. Hemen yanında ise mahzenden kurtulmasını sağlayan Atlas vardı. Hıçkırarak ağlayan Meryam bir yandan yüzünü kapatarak bir yandan içeri girmeleri için kenara çekildi.

"Ölmüşüm gibi davranmazsan sevinirim sevgili ablacığım."

Meryam, Tesla'nın kıyafetinden gelen mekanik ses karşısında elleriyle birtakım işaretler yaptı ve ağlamaya devam etti. Bunun üzerine Tesla robotik eklemlerin yardımıyla ayağa kalktı ve ablasına sarıldı. Bir mahzende tek başına doğum yapacak cesarete sahip olmasına rağmen, kız kardeşinin görüntüsü karşısında kontrolünü bu kadar kolay yitirdiği için kendisine kızmıştı. Muhtemelen bunların hepsi annelik hormonlarıyla ilgiliydi.

"Biraz daha fazla sıkarsan devrelerimi kıracaksın."

Meryam hemen panik halinde geriye çekildi. Ama robotik gülme sesi Tesla'nın şaka yaptığını gösteriyordu. Kızın felçli yüzündeki hiçbir kasın bu gülme sesine eşlik etmemesi bir miktar korkutucu gözükse de Meryam de gülmeye çalıştı. Kardeşinin başına gelenleri biliyordu. Çok talihsiz bir trafik kazası geçirmişti. Omurgasında ve kafasında meydana gelen hasarlar nedeniyle hareket ve konuşma yeteneği kısıtlanmıştı. Doktorların söylediğine göre bazı yeteneklerinin geri gelmesi için hâlâ bir umut vardı. Bununla beraber Tesla için özel hazırlanmış robotik dış iskelet ve yazılımlar sayesinde hareket edip konuşabiliyordu.

İlk baştaki şoku atlatan Meryam, kardeşinin ellerini tuttu ve doğrudan gözlerine bakarak cesur ama hafifçe titreyen bir ses tonuyla konuşmaya başladı.

"Kardeşim benim. Kendi bedeninde tutsak kaldığının farkındayım. Ben de tıpkı senin gibi karanlık bir mahzende aylarca tutsak kaldım. Ama savaşmaktan asla vazgeçmeyeceğiz. Güven bana, o gün gelecek ve tıpkı benim gibi sen de özgürlüğüne kavuşacaksın. Bunun için her şeyi yapacağım."

Sözlerini bitirdiğinde Pia'nın gözlerinde farklı bir görüntü görür gibi oldu. Tam o sırada kızın sol gözünden peş peşe iki damla aktı. Kendi vücudunun içinden dünyayı izlemek zorunda kalan Pia, beynindeki temel sinir ağları uyuşturulmuş olsa da hiçbir makinenin ulaşamayacağı derinlikte olan limbik sistemi aracılığıyla iki damlayı özgürlüğüne kavuşturmuştu.

Bazen bozuk gösterse de hayat enteresan bir teraziydi. Aylar önce Alef'in evinde, sadece birkaç metre altında tutsak olan Meryam'ın farkında olmayan Pia, şimdi kendi vücudu içinde tutsaktı ve burnunun hemen dibinde olan Meryam'ın bu konuda hiçbir fikri yoktu. Havada asılı kalan sessizliği bozan, yukarıdan gelen Ade'nin ağlama sesi olmuştu. Sanki Pia'nın haykıramadığı çığlığı, bebek dile getirmeye çalışıyor gibiydi.

Tesla'nın hüzünlü bedeni bir anda sesin geldiği yere doğru yöneldi.

"Bakalım dünyanın en cesur kızı neredeymiş?" dedi ve Meryam ile beraber üst kata doğru gittiler.

Atlas, yukarı çıkan ikilinin ardından sessizce bakarak salonun ortasında duruyordu. Meryam'ı yeniden görmek yine aynı mucizeyi hatırlamasına neden olmuştu. Her şey Alef'in evinde Galen ile yaptıkları görüşmenin ardından başlamıştı. Neon'a doğru yaptıkları yolculuk sırasında Galen neden buraya geldiğini açıklamıştı. Alef'in notlarında rastladığı gizli mahzen bilgisi sayesinde Meryam'ın burada olma ihtimalinden bahsetmişti. O sırada Pia'yı kurtarma operasyonunun önemi nedeniyle bu bilgi pek bir anlam ifade etmese de sonrasında Dura'nın kesinlikle değerlendirmek istediği bir fikre dönüşecekti. Meryam'ın hayatta olma şansı istatistiksel olarak ne kadar düşük olsa da bu ihtimali kontrol etmek zorundaydı. Çünkü kadının hâlâ yaşıyor olması demek, Dura'nın makine öğrenmesi açısından müthiş bir deneyim anlamına geliyordu.

Atlas o günü asla unutmayacaktı. Mahzenin gizli çıkış kapısını açtığında sadece çürümüş bir bedenle karşılaşmayı beklerken karşısındaki karanlığın içinde heyecanla atmakta olan iki kalp bulmuştu. Bu inanılmaz görüntü, yaşamın nasıl mucizevi bir güç olduğunu adeta yüzüne çarpmıştı. Aslında benzer bir çarpılmayı metrodaki o karanlık tünelde de yaşamıştı. Pia, Dura adlı yapay zekâdan Echo'ya kadar, bilmesi gereken her şeyi anlatmış ve tüm insanlık adına yalvarmıştı. Beyni inanmak istemese de kızın doğruları anlattığından şüphesi yoktu. Duyduğu gerçekler uzun süredir beyninin içini kaplamış olan sise tutulmuş bir ışık gibiydi ama bu ışığın Echo'yu sakladığı derinlere ulaşması imkânsızdı. Zamanında güzeller güzeli Echo'yu sadece bir sesin içine hapseden, kadının karşılıksız kalan aşkıydı. Ama bu sefer Echo aynı acıyı yaşamayacaktı çünkü Atlas, elini tutan bu kutsal aşkı karşılıksız bırakmayacaktı. Kadının kendisi sahte bile olsa Atlas'ın hissettikleri gerçekti. Çocukluğundan itibaren insan denen canlının tüm nefret ve pisliğini omuzlarında taşımaktan fazlasıyla yorulmuştu. O nedenle, Echo'un yaşayabilmesi için değil tüm insanlıktan, kendi hayatından bile vazgeçebilirdi.

Kaynak: Wikimedia Commons
16. yüzyıla ait bir tıp kitabında dünyanın en önemli üç hekiminin yan yana gösterildiği çalışma (Galen, İbn-i Sina, Hipokrat)

Yazarın Notu

Bu romanda bahsi geçen bilimsel ve teknolojik bilgilerin çok büyük bir kısmı gerçek olup ilgili kısımların bilimsel kaynakları kaynakçada paylaşılmıştır. Bununla beraber romanın içerisinde gerçek karakterler ve kurgu karakterlerin beraber işlendiği kısımlarda gerçek karakterlerle ilgili paylaşılan bilgilerin çoğu doğru olup yine konuyla ilgili bilimsel kaynaklar belirtilmiştir. Buna ilaveten kurguya hizmet etmesi açısından gerçek karakterlerin bazılarıyla ilgili birtakım hayali ilişkiler ağı kurulmuştur. Bilimsel kaynaklarla belirtilen kişi, bilgi ve olaylar dışında kalan kısım tümüyle kurgudur.

Kaynakça

1- Aliaksandr Siarohin ve diğerleri (2019). *First Order Motion Model for Image Animation*. 33rd Conference on Neural Information Processing Systems.

2- Ben Nassi ve diğerleri (2020). *Lamphone: Real-Time Passive Sound Recovery from Light Bulb Vibrations*. Cryptology ePrint Archive.

3- Jack Zipes (2015). *How the Grimm Brothers Saved the Fairy Tale.* HUMANITIES, Volume-36, Number-2

4- Maria Tatar (2003). *The Hard Facts of the Grimms' Fairy Tales*. Princeton University Press.

5- Hermann Kurzke (2002). *Thomas Mann: Life as a work of art: A biography*. Princeton, New Jersey: Princeton University Press.

6- Ilaria Barberis ve diğerleri (2017). *The history of tuberculosis: from the first historical records to the isolation of Koch's bacillus.* J PREV MED HYG; 58: E9-E12.

7- Thomas M Daniel (2011). *Hermann Brehmer and the origins of tuberculosis sanatoria.* The International Journal of Tuberculosis and Lung Disease; 15(2):161-2.

8- Bruce G Buchanan (2005). *A (Very) Brief History of Artificial Intelligence.* Ai Magazine 26(4):53-60

9- Fügen Durlu Özkaya ve Tolga Özkaptan (2016). *Latin Amerika Uygarlıklarının Mirası Kakaonun Tarihçesi ve* Çikolataya *Dönüşümü*. Journal of Tourism and Gastronomy Studies 4/1 31-41.

10- Maria Teresa Montagna ve diğerleri (2019). Chocolate, "Food of the Gods": History, Science, and Human Health. Int J Environ Res Public Health 6;16(24):4960. **doi:** 10.3390/ijerph16244960.

11- Mark Changizi ve diğerleri (2011). *Are Wet-Induced Wrinkled Fingers Primate Rain Treads?* Brain Behav Evol 77:286–290. **doi:** 10.1159/000328223.

12- JJ O'Connor ve EF Robertson (2002). *Galileo Galilei.* MacTutor History of Mathematics

13- Adrian Burton (2018). *Lonely, lonely trees*. Frontiers in Ecology and the Environment. **doi:** 10.1002/fee.1942

14- Richard Dawkins (1976). *Gen Bencildir*. Kuzey Yayınları (2014).

15- Karl Wilhelm Scheele. Encyclopedia of World Biography.

16- David Jones (1982). *The Singular Case of Napoleon's Wallpaper*. New Scientist: 101.

17- Olga Khazan (2013). *How Important Is Lead Poisoning to Becoming a Legendary Artist?* The Atlantic.

18- Dennis Decoste (1997). *The Future of Chess-Playing Technologies and the Significance of Kasparov Versus Deep Blue*. AAAI Technical Report WS-97-04.

19- Volodymyr Mnih ve diğerleri (2013). *Playing Atari with Deep Reinforcement Learning*. arXiv 1312.5602.

20- David Silve ve diğerleri (2016). Mastering the game of Go with deep neural networks and tree search. Nature 529(7587):484-489 **doi:** 10.1038/nature16961

21- Kim E. Barrett ve diğerleri (2015). Ganong's Review of Medical Physiology - 23rd Edition. McGraw-Hill Companies, Inc

22- George F. Cahill ve Richard L. Veech (2003). *Ketoacids? Good Medicine?* Transactions of The American Clinical and Climatological Association, Vol. 114.

23- Marshall D. McCue (2010). *Starvation physiology: reviewing the different strategies animals use to survive a common challenge.* Comp Biochem Physiol A Mol Integr Physiol 156(1):1-18 **doi:** 10.1016/j.cbpa.2010.01.002.

24- WK Stewart ve Laura W. Fleming (1973). *Features of a successful therapeutic fast of 382 days' duration.* Postgraduate Medical Journal 49, 203-209.

25- Nanna B. Hartmann ve diğerleri (2019). *Are We Speaking the Same Language? Recommendations for a Definition and Categorization Framework for Plastic Debris.* Environ. Sci. Technol. 53, 3, 1039–1047. **doi:** 10.1021/acs.est.8b05297.

26- Antonio Ragusa ve diğerleri (2020). *Plasticenta: First evidence of microplastics in human placenta.* Environ Int; 146:106274. **doi:** 10.1016/j.envint.2020.106274.

27- Benoit Petit-Demouliere ve diğerleri (2004). Forced swimming test in mice: a review of antidepressant activity. Psychopharmacology 177: 245–255. **doi:** 10.1007/s00213-004-2048-7

28- Harold Cohen (1994). *The Further Exploits of AARON, Painter.* Stanford Humanities Review

29- Imogen West-Knights (2021). *Why's Ai-Da, the World's First Robot Artist, Kind of Hot?* ArtReview.

30- Chris Garcia (2015). *Algorithmic Music – David Cope and EMI.* Computer History Museum (CHM).

31- Pierre Barreau (2018). *How AI could compose a personalized soundtrack to your life?* TED: the Age of Amazement.

32- Richard L. Drake ve diğerleri (2018). Gray's Basic Anatomy -2nd edition. Elsevier.

33- Thomas More (1516). *Utopia (Mina Urgan incelemesi ile).* Türkiye İş Bankası Kültür Yayınları (2019).

34- Crystal Ponti (2020). Who Were the Six Wives of Henry VIII? History.

35- Robert M Sade (2005). Transplantation at 100 years: Alexis Carrel, pioneer surgeon. Ann Thorac Surg; 80(6):2415-8. **doi:** 10.1016/j.athoracsur.2005.08.074.

36- João Pedro de Magalhães ve Olivier Toussaint (2004). *Telomeres and telomerase: a modern fountain of youth?* Rejuvenation Res;7(2):126-33. **doi:** 10.1089/1549168041553044.

37- Elizabeth H. Blackburn, Carol W. Greider ve Jack W. Szostak (2009). *How chromosomes are protected by telomeres and the enzyme telomerase.* The Nobel Prize in Physiology or Medicine.

38- Rebecca Skloot (2020). *Henrietta Lacks'in* Ölümsüz *Yaşamı.* Eksik Parça Yayınevi.

39- Reut Yosef ve diğerleri (2016). *Directed elimination of senescent cells by inhibition of BCL-W and BCL-XL.* Nat Commun 6;7: 11190. **doi:** 10.1038/ncomms11190.

40- Hongbo Zhang ve diğerleri (2016). *NAD+ repletion improves mitochondrial and stem cell function and enhances life span in mice.* Science Vol. 352, Issue 6292, pp. 1436-1443. **doi:** 10.1126/science.aaf2693

41- Cynthia Kenyon ve diğerleri (1993). *A C. elegans mutant that lives twice as long as wild type.* Nature; 366(6454):461-4. **doi:** 10.1038/366461a0.

42- Yafit Hachmo ve diğerleri (2020). *Hyperbaric oxygen therapy increases telomere length and decreases immunosenescence in isolated blood cells: a prospective trial.* Aging (Albany NY) 12(22):22445-22456. **doi:** 10.18632/aging.202188.

43- Yukiyasu Kamitani ve diğerleri (2008). *Visual image reconstruction from human brain activity using a combination of multiscale local image decoders.* Neuron 10;60(5):915-29. **doi:** 10.1016/j.neuron.2008.11.004.

44- Yukiyasu Kamitani ve diğerleri (2013). *Neural decoding of visual imagery during sleep.* Science; 340(6132):639-42. **doi:** 10.1126/science.1234330.

45- Benjamin Baird ve diğerleri (2019). *The cognitive neuroscience of lucid dreaming.* Neurosci Biobehav Rev; 100:305-323. **doi:** 10.1016/j.neubiorev.2019.03.008.

46- Karen R Konkoly ve diğerleri (2021). *Real-time dialogue between experimenters and dreamers during REM sleep.* Curr Biol 12;31(7):1417-1427.e6. **doi:** 10.1016/j.cub.2021.01.026.

47- Guyton ve Hall (2015). Textbook of Medical Physiology. 13th edition. Saunders

48- Walter F. Boron ve Emile L. Boulpaep (2012). Medical physiology: a cellular and molecular approach – 2nd edition. Saunders – Elsevier

49- Mark F. Bear ve diğerleri (2006). Neuroscience: Exploring the Brain - 3rd edition. Lippincott Williams and Wilkins.

50- Vinayak Mathur ve diğerleri (2016). Intelligence Analysis of Tay Twitter Bot. IEEE Xplore. **doi:** 10.1109/IC3I.2016.7917966.

51- Larry Vandervert (2016). The prominent role of the cerebellum in the learning, origin and advancement of culture. Cerebellum Ataxias 5;3:10. **doi:** 10.1186/s40673-016-0049-z.

52- John D. Simeral ve diğerleri (2021). Home Use of a Percutaneous Wireless Intracortical Brain-Computer Interface by Individuals with Tetraplegia. IEEE Transactions on Biomedical Engineering, Vol. 68, NO. 7. **doi:** 10.1109/TBME.2021.3069119.